PHYSIOLOGIE

TRAVAUX DU LABORATOIRE

DE

M. CHARLES RICHET

PROFESSEUR A LA FACULTÉ DE MÉDECINE DE PARIS

TOME DEUXIÈME

CHIMIE PHYSIOLOGIQUE — TOXICOLOGIE

Avec 129 figures dans le texte

PARIS

ANCIENNE LIBRAIRIE GERMER BAILLIÈRE ET Cie

FÉLIX ALCAN, ÉDITEUR

108, BOULEVARD SAINT-GERMAIN, 108

1893

PHYSIOLOGIE

—

TOME DEUXIÈME

PHYSIOLOGIE

TRAVAUX DU LABORATOIRE

DE

M. CHARLES RICHET

PROFESSEUR A LA FACULTÉ DE MÉDECINE DE PARIS

TOME DEUXIÈME

CHIMIE PHYSIOLOGIQUE — TOXICOLOGIE

Avec 129 figures dans le texte.

PARIS

ANCIENNE LIBRAIRIE GERMER BAILLIÈRE ET CIE

FÉLIX ALCAN, ÉDITEUR

108, BOULEVARD SAINT-GERMAIN, 108

1893

XX

LA PHYSIOLOGIE ET LA MÉDECINE

Par M. Charles Richet

MESSIEURS [1],

Le jour où les professeurs de la Faculté de médecine de Paris m'ont fait le grand honneur de me désigner pour la chaire de physiologie, le but de ma vie a été atteint. Je vous promets ici — et c'est un engagement presque solennel que je prends devant vous tous — de consacrer ma vie entière à l'enseignement et à la science.

Je ne me dissimule pas que ma tâche sera difficile. Voici à peu près un siècle que la Faculté de médecine de Paris a été constituée telle qu'elle est aujourd'hui. Or, les professeurs

1. Cette leçon inaugurale ne rentre évidemment pas dans le cadre des mémoires de physiologie contenant des expériences nouvelles et des faits expérimentaux. J'ai cru cependant devoir la faire paraître dans les *Travaux du Laboratoire de physiologie*; car elle indique assez exactement quelles sont mes tendances et mes opinions. Peut-être les trouvera-t-on peu orthodoxes; mais je ne crois pas qu'il y ait d'orthodoxie en matière scientifique. L'union de plus en plus étroite de la physiologie et de la médecine s'affirme chaque jour, et j'ai pensé qu'on avait le droit de l'affirmer, quelle que fût pour cette affirmation la forme adoptée, même celle d'une leçon inaugurale qui s'adresse plutôt à des élèves qu'à des maîtres. Enfin, il m'a paru juste de reproduire ce que je disais de J. Béclard, mon éminent prédécesseur à la chaire de physiologie de la Faculté de médecine de Paris.

qui ont, en cette place, enseigné la physiologie furent tous, à des degrés divers et avec des qualités très différentes, professeurs excellents et savants distingués. Je ne prétends pas les égaler : mon ambition est plus modeste; je désire seulement vous être utile et vous assurer de mon amour pour la science... je dirai même de mon enthousiasme. Oui, je m'estimerais heureux si je pouvais faire passer dans vos veines quelque peu de ma passion pour la physiologie, cette belle science, si profonde, si féconde, à qui nous devons déjà tant de découvertes et qui est appelée à en faire tant d'autres.

Aux xvie et xviie siècles, dans les amphithéâtres de l'École, la physiologie n'était pas enseignée : d'ailleurs, la Faculté de Paris était constituée sur de tout autres bases qu'à présent : au xviiie siècle, un des docteurs de la Faculté, tous les ans, à tour de rôle, donnait l'enseignement de la physiologie. A vrai dire, il se livrait à de vagues commentaires sur les écrits d'Hippocrate et de Galien, plutôt qu'il ne faisait de physiologie véritable. Malgré Harvey, malgré Haller, la physiologie expérimentale, comme nous l'enseignons aujourd'hui, n'avait pas sa place à notre École de médecine.

En 1795, la Faculté fut réorganisée. Il y eut des professeurs titulaires, et le premier professeur de physiologie fut Chaussier. Chaussier s'occupait surtout de médecine légale. On lui doit d'importantes recherches sur quelques empoisonnements. Mais, en physiologie, il ne fut ni novateur ni inventeur.

En 1819, Chaussier fut remplacé par Duméril, qui enseignait déjà l'anatomie depuis dix-huit ans. En 1801, il avait été nommé après un brillant concours dans lequel il avait eu l'honneur de lutter contre Bichat. Duméril n'était point un physiologiste : c'était un anatomiste laborieux, un zoologiste consciencieux et habile, qui a laissé un ouvrage, resté classique, sur l'anatomie et l'organisation des reptiles. Ce choix d'un anatomiste pour enseigner la physiologie paraissait tout

à fait naturel alors. Il y a soixante ans, la physiologie n'était
pas, comme aujourd'hui, une science autonome. On la considérait, suivant une expression célèbre, comme la servante de
l'anatomie. Les travaux de Magendie, de Jean Muller et de
Claude Bernard lui ont conquis l'indépendance.

En 1831, Pierre Bérard succéda à Duméril. Bérard a fait
quelques travaux sur la respiration et la circulation; mais il
fut professeur plus qu'expérimentateur. Son cours de physiologie, qui a été publié, était un véritable modèle pour la clarté,
le bon sens, la précision et l'exactitude des détails [1]. Pendant
vingt-sept années, de 1831 à 1858, il professa dans cet amphi-
théâtre avec un éclatant succès.

En 1858, Longet lui succéda; vous le connaissez surtout
par son beau *Traité de physiologie*. Quoique notre science ait
fait, depuis 1858, des progrès considérables, le traité de Longet
doit être encore lu et médité. On y trouve quantité de faits,
une bibliographie exacte, et des remarques judicieuses, expo-
sées méthodiquement et clairement.

Longet était un expérimentateur de premier ordre; il fut,
dans sa longue carrière, l'émule, et souvent aussi l'adversaire,
de Claude Bernard. Certes, il a produit de moins brillantes
découvertes que son illustre rival, et il n'a pas exercé la même
prodigieuse influence. Mais il serait injuste d'oublier les services que Longet a rendus à la physiologie. Pendant trente
ans, Longet et Claude Bernard furent en rivalité, rivalité féconde qui souvent contribua à leurs découvertes.

Quoique le savant supporte souvent avec impatience la
contradiction, c'est une bonne fortune pour lui que d'être contesté, et même rudement contesté. Il est, par cela même,
forcé à plus de rigueur dans ses démonstrations. Il ne s'en-
dort pas sur une expérience insuffisante; car cette expérience

---

1. Mon père, étant aide d'anatomie et prosecteur à la Faculté, était attaché au
cours de Bérard, et il a rédigé toutes les leçons du savant professeur, en quatre
gros cahiers qu'il avait conservés et que j'ai donnés à la Bibliothèque de notre
Faculté.

imparfaite, qui ne lui a montré qu'une partie de la vérité, est, s'il a des ennemis, discutée avec acharnement, avec âpreté, parfois avec injustice. Alors il est contraint de la reprendre, de la vérifier, de la perfectionuer, de lui donner une précision qu'elle n'avait pas. C'est ainsi que la longue émulation de LONGET et de CLAUDE BERNARD nous a acquis toutes les belles expériences, d'origine française, qui déterminent les propriétés du suc gastrique, les fonctions du larynx, la sensibilité récurrente, le rôle des nerfs spinaux et pneumogastriques, l'irritabilité musculaire, la dégénérescence nerveuse; toutes données aujourd'hui classiques, et qui forment la base la plus solide de nos connaissances physiologiques actuelles.

Ce fut JULES BÉCLARD qui, en 1872, succéda à LONGET. Ceux d'entre vous qui ont eu le bonheur de l'entendre ont certainement conservé le souvenir de ce professeur incomparable qui faisait comprendre avec une clarté éloquente les vérités les plus difficiles de la physiologie. Il savait rendre intéressantes les questions les plus abstraites, et on ne sortait jamais d'une de ses leçons sans être à la fois enchanté et instruit.

Comme doyen de la Faculté, BÉCLARD a laissé des souvenirs que le temps n'effacera pas. Sa vive et pénétrante intelligence savait, dans les cas les plus embarrassants, trouver rapidement les solutions vraies. Et puis, — ce qui est à mon sens une des qualités les plus précieuses de l'homme, — il avait l'âme généreuse. Il aimait la justice, il aimait les jeunes gens, et son cœur, en dépit de l'âge, était resté jeune. On affecte parfois d'élever en principe qu'il faut, pour avoir de l'autorité, un visage sévère et un cœur dur. Messieurs, je ne crois pas que ce soient là des mérites enviables. BÉCLARD était bon et aimable; son accueil était toujours bienveillant, et l'étudiant qui venait rendre visite à son doyen était charmé de voir que son doyen était son ami.

BÉCLARD a laissé plusieurs études ingénieuses sur divers points de physiologie. Son *Traité de physiologie* est resté classique, et la plupart d'entre vous l'ont entre les mains; mais surtout il a, dans un mémoire remarquable, fixé la science sur un point très important. Je vous demande la permission de vous l'exposer avec quelques détails, car c'est une œuvre excellente qui sera le principal titre de gloire de notre maître.

Il y a une théorie qui domine la science contemporaine. Elle a subi des phases diverses, mais elle est maintenant universellement acceptée, car la démonstration en est rigoureuse, irréprochable, de sorte qu'elle constitue la base de la physique et de la chimie générales. C'est la théorie de la conservation de l'énergie et des forces. Avant BÉCLARD, elle était restée dans le domaine des sciences physico-chimiques. Mais BÉCLARD, en 1860, a eu l'heureuse idée d'étudier simultanément le travail et la chaleur musculaires. Il a ainsi fait rentrer dans l'ordre général les mouvements que l'homme et les animaux accomplissent. Qu'il s'agisse d'une planète, d'une machine ou d'un muscle, la loi qui régit leurs mouvements, loi de la conservation de la force, est la même. La démonstration que BÉCLARD en a donnée est aussi élégante que précise. Mais je dois d'abord vous indiquer brièvement comment cette théorie s'était introduite dans la science.

Ce fut un ingénieur, dont le nom est, à bien des titres, glorieux pour la France, SADI CARNOT, qui, en 1824, formula et démontra le premier théorème de la thermodynamique, théorème fondamental, qu'on appelle théorème de CARNOT. Son mémoire est intitulé : *Réflexions sur la puissance motrice du feu*. Avant lui, on ne soupçonnait aucune relation entre le travail d'une machine et la chaleur qu'elle consomme. On ne savait même pas que le travail consomme de la chaleur. CARNOT établit que le travail est mesuré par la différence de température et de chaleur avant le travail et après le travail. Ce n'est pas tout à fait sous cette forme qu'il a posé et résolu le problème; mais je crois vous en donner une idée plus claire en vous le présentant ainsi qu'en développant des formules mathématiques.

Ainsi était fondé le grand principe de l'équivalence du mouvement et de la chaleur, et de la transformation de la chaleur en travail[1].

Guidée par ce principe, que SADI CARNOT a eu la gloire d'établir en 1824, la physique générale allait désormais faire d'étonnants progrès.

En 1839, un Français nommé SEGUIN, le neveu de notre grand MONTGOLFIER, ce même SEGUIN qui a inventé la chaudière tubulaire des locomotives, émit la même hypothèse que CARNOT, et la précisa. Une partie de la chaleur disparaît, dit-il, par le fait du travail mécanique, et les deux phénomènes sont liés entre eux par des conditions qui leur assignent des relations invariables.

Deux ans avant SEGUIN, un pharmacien allemand, nommé MOHR, avait très nettement conçu l'idée de la transformation et de l'équivalence des forces. Il avait consigné ses vues dans un petit écrit qu'il envoya à un journal renommé : les *Annales de physique et de chimie de Poggendorff*. On lui répondit dédaigneusement que son travail, ne contenant pas d'expériences nouvelles, ne pouvait être inséré. Il se rabattit alors sur une petite publication obscure qui paraissait à Vienne, et lui adressa son mémoire ; mais il n'eut pas de réponse ; on ne lui retourna même pas son manuscrit. Alors, découragé, il renonça à la physique générale et se remit à la pharmacie. Vous comprendrez sans peine quelle douleur il dut éprouver quand il vit sa théorie, magnifiquement développée, devenir universelle et

---

1. Dans des notes inédites, publiées seulement en 1871, on trouve exprimées formellement les idées que Mayer devait développer et faire triompher vingt années plus tard : « La chaleur, disait Sadi Carnot, dans une de ses notes, n'est autre chose que la puissance motrice, ou plutôt le mouvement qui a changé de forme. Partout où il y a destruction de puissance motrice, il y a en même temps production de chaleur en quantité proportionnelle à la quantité de puissance motrice détruite. Réciproquement, partout où il y a production de chaleur, il y a production de puissance motrice. » (Voy. BERTRAND, *Thermodynamique*, 1888, p. 58.

attribuée à un autre. Pendant trente ans, il assista à ce désastre. Enfin un jour, par hasard, en 1868, dans le cours d'une discussion à un congrès scientifique, il apprit que le petit journal inconnu auquel il avait envoyé son mémoire l'avait conservé et même imprimé. — Imprimé! il avait été imprimé en 1838! — Je m'imagine que peu de savants ont dû avoir une joie semblable, et aussi légitime.

C'est dix-sept ans seulement après les vues prophétiques de Sadi Carnot que la théorie mécanique de la chaleur et le principe de l'équivalence des forces furent introduits définitivement dans la science par Robert Mayer. Les Allemands et les Anglais ont été injustes pour Carnot. Nous ne devons pas imiter ce détestable exemple, et il faut rendre justice à Mayer. Sachons rendre à chacun la gloire qui lui est due. La science n'a pas de nationalité ; et, en fait de science, notre vraie patrie, c'est la justice. Si Carnot a tracé les premières lignes de la théorie de la conservation de la force, Mayer l'a généralisée, étendue et démontrée. — Dans la suite de nos leçons nous aurons souvent à parler des travaux faits par des étrangers, des Allemands surtout. Eh bien! nous tâcherons de leur rendre pleine justice, et nous serions heureux s'ils pouvaient avoir vis-à-vis de nous la même impartialité sereine, la seule qui soit digne du savant, et que nous nous efforcerons de toujours garder.

C'est un fait physiologique qui a mis Mayer sur la voie de sa découverte. — Il est bon de le constater, et vous ne devrez pas oublier que c'est aussi une observation physiologique qui a été, entre les mains de Galvani, puis de Volta, l'origine de toutes nos connaissances sur l'électricité. De même encore que Graham Bell a réalisé l'admirable invention du téléphone en étudiant l'art de faire parler les sourds-muets. — A l'époque de Mayer on saignait beaucoup. Or, Mayer, dont l'existence fut très accidentée, pratiquant la médecine à Java, fit cette remarque que, dans les pays chauds, le sang qui sort de la veine est plus rouge, moins foncé, que chez les individus qui vivent dans les climats froids. Il se livra alors, pour expliquer cette différence, à une série de raisonnements erronés. Mais ce n'est pas la première fois qu'entre les mains d'un homme de génie une erreur d'interprétation conduit à une grande découverte. Si le sang est plus rouge, pensa MAYER, c'est que le sang circule plus vite dans les pays chauds. Et pourquoi circule-t-il plus vite, sinon parce qu'une partie de la chaleur extérieure se communique à lui et se transforme en mouvement? Tous ces raisonnements sont manifestement inexacts, et la physiologie de l'homme aux pays chauds est bien plus compliquée; mais peu importe le détail, puisque de cette observation incomplète MAYER a su faire sortir la grandiose théorie de la conservation de la force.

Il a alors, par des expériences exactes, calculé la quantité de chaleur nécessaire pour effectuer tel ou tel travail mécanique; il a donné l'équivalent mécanique de la chaleur. La quantité de chaleur qui élève de 1° 1 kilogramme d'eau équivaut au travail nécessaire pour élever 367 kilogrammes d'eau à 1 mètre de hauteur.

Le nombre qu'a trouvé MAYER n'est pas tout à fait exact : les expériences mémorables de JOULE l'ont déterminé avec plus de précision. Puis sont venus d'autres travaux : ceux de M. CLAUSIUS, ceux de M. HIRN, si remarquables même au point de vue physiologique, puis ceux de M. BERTHELOT, mon illustre maître, qui ont établi définitivement la loi de l'équivalence des forces et de la conservation de l'énergie pour les actions chimiques, mécaniques et thermiques.

Je ne puis entrer ici dans le détail. Aussi bien cela nous conduirait vite à des calculs de hautes mathématiques, pour lesquels la compétence me manquerait, et à vous peut-être aussi. Mais il n'est pas besoin des mathématiques pour comprendre cette loi de la conservation de la force. La force ne se détruit pas, elle se modifie sans cesse. Chaleur, électricité, action chimique, mouvement, elle a des apparences mul-

-ples ; mais sa quantité est invariable. Elle se transforme, elle ne se perd ni ne se crée. Chaleur, électricité, action chimique, mouvement : c'est toujours la même quantité de force qui circule dans l'univers.

« Apprenez-moi, disait un philosophe à VOLTAIRE, s'il n'y a pas toujours égale quantité de mouvement dans le monde. — C'est, lui répond VOLTAIRE, une ancienne chimère d'ÉPICURE, renouvelée par DESCARTES. »

Eh bien ! messieurs, grâce à CARNOT, grâce à MAYER, cette chimère est devenue la base de la physique, et nous pouvons ajouter que, grâce à HIRN et à BÉCLARD, elle est devenue aussi une des bases de la physiologie.

Quand nous contractons nos muscles, nous produisons une certaine quantité de travail. En même temps nous dégageons de la chaleur. Ce sont deux faits simultanés, et l'observation en est presque élémentaire. Il suffit de courir pour s'échauffer. Tout exercice du corps amène une transpiration abondante due à l'hyperthermie générale. La source de cette chaleur est dans les combinaisons chimiques intramusculaires plus actives. De même qu'une machine à vapeur produit mouvement et chaleur par la combustion de son charbon, de même, quand nous faisons contracter nos muscles, le mouvement et la chaleur musculaires sont accompagnés d'une consommation plus active d'oxygène et d'un dégagement plus actif d'acide carbonique. LAVOISIER, qui eut l'intuition de tout, avait déjà démontré cette loi.

Ce que BÉCLARD a admirablement prouvé, c'est qu'il y a une relation entre le travail et la chaleur musculaires, et que cette relation est, pour la machine animale, la même que pour les autres machines. Après que CARNOT, MAYER et JOULE eurent montré que le mouvement se transforme en chaleur, et réciproquement, BÉCLARD établit que, quand nous faisons contracter un muscle, les mouvements produits et la chaleur dégagée sont complémentaires. Pour une certaine quantité q d'action chimique, nous produisons un travail T et une chaleur C; donc la somme C + T est égale à q, l'action chimique mise en jeu.

Je suppose que j'élève à 1 mètre un poids de 5 kilogrammes : si j'applique un thermomètre délicat sur mon bras, j'aurai constaté une légère augmentation de chaleur, d'un demi-degré, par exemple. Par conséquent, le résultat de ma combustion et de ma contraction musculaires sera : 1° un travail de 5 kilogrammes; 2° un demi-degré de chaleur, je suppose.

Supposons, au contraire, qu'au lieu d'élever ce poids je le maintienne soulevé : il n'y aura plus de travail effectué, quoique la contraction musculaire soit la même; elle sera, comme le dit très bien BÉCLARD, *statique* et non plus *dynamique*. Alors, que deviendra la chaleur? Eh bien! la chaleur sera plus forte que dans le cas précédent, quand j'avais fait un travail de 5 kilogrammètres, en dégageant la même quantité d'énergie chimique. J'aurai, au lieu de 5 kilogrammètres et un demi-degré, 0 kilogrammètre et 1 degré de chaleur.

Telle est, très résumée, la démonstration donnée par BÉ-CLARD. Pour une contraction musculaire, la quantité de chaleur produite ne représente pas la totalité de l'effet. Il faut tenir compte du travail produit, qui entre en déduction de la chaleur. Deux contractions musculaires égales entre elles et, par conséquent, dues au dégagement de la même quantité d'énergie chimique, produisent une quantité de chaleur *égale* si elles sont suivies du même travail, mais *différente* si l'une d'elles est accompagnée de travail extérieur et si l'autre est sans travail. Celle qui est avec travail produira moins de chaleur, car une partie de l'énergie chimique dépensée se sera transformée en action mécanique.

Si nous faisons la somme, d'une part, de la chaleur produite, d'autre part des actions chimiques dégagées, nous trouverons, chez l'homme qui exécute un travail, un certain déficit, et les actions chimiques sembleront supérieures à la chaleur dégagée. Mais ce déficit n'est qu'apparent; la somme totale des forces dépensées est la même, car il s'est dépensé du travail mécanique qui a absorbé de la chaleur.

C'est donc une machine que l'organisation des êtres vivants, machine que l'on peut comparer aux machines industrielles; mais c'est une machine excellente, qui, pour une très petite quantité de combustible, est capable de donner beaucoup de mouvement.

Vous voyez combien est importante la loi découverte par Béclard. Grâce à lui on peut étendre à tous les animaux et à l'homme la loi de la conservation de l'énergie et faire rentrer tous les mouvements musculaires dans le cadre des lois physiques universelles. Ne trouvez-vous pas admirable cette grande loi de la nature qui gouverne les êtres vivants et les choses inertes? Partout, dans le monde, l'unité de la force qui est impérissable et éternelle. Cette force, cachée dans la matière sous la forme d'énergie chimique, éclate au moment où l'énergie chimique se dégage. De même qu'un tonneau de poudre immobile contient dans sa masse noire une somme prodigieuse de force latente qu'une étincelle va dégager brusquement, en produisant travail et chaleur; de même l'être vivant contient dans ses muscles une somme énorme d'énergie chimique que l'étincelle nerveuse va dégager brusquement en produisant aussi travail et chaleur. Tous, nous nous mouvons d'après cette même loi. Tous les mouvements des innombrables êtres qui pullulent à la surface du globe ou dans les profondeurs des mers, toute cette activité, ce désordre apparent, ne s'exercent que dans les limites étroites d'une même quantité de force immuable qui ne diminue ni n'augmente.

Si j'ai insisté ainsi sur cette belle découverte de Béclard, ce n'est pas seulement parce qu'elle constitue un progrès considérable, c'est aussi parce qu'elle nous indique la voie que la physiologie doit suivre. Notre science ne peut faire de progrès que si nous nous appuyons constamment sur les lois de la physique et de la chimie. Les phénomènes de la vie sont des phénomènes physiques et chimiques. LAVOISIER l'a établi, MAGENDIE, WILLIAM EDWARDS, JEAN MULLER, HELMHOLTZ, CLAUDE BERNARD l'ont répété après LAVOISIER. La physiologie est un chapitre de la physique et de la chimie. On dit que PLATON avait fait inscrire au fronton de son école : « Nul n'entre ici s'il n'est géomètre. » Je serais tenté de mettre à l'entrée d'un laboratoire de physiologie : « Nul n'entre ici s'il n'est physicien ou chimiste. » Si je vous avais bien convaincus de cette vérité primordiale, je croirais vous avoir, pour aujourd'hui, suffisamment instruits. Les êtres vivants se meuvent, respirent, digèrent, sentent, d'après les mêmes lois qui régissent la matière inanimée.

Dans le cours de ces leçons, je tâcherai de vous montrer comment la physique et la chimie générales s'accordent admirablement avec la physiologie. En cela je ne ferai que marcher dans la voie que m'a tracée mon éminent prédécesseur, non seulement par son enseignement même, mais encore et surtout par ses importantes découvertes.

Quelque attaché cependant que je sois aux principes de la chimie et de la physique, je n'aurai garde d'oublier que je parle à des étudiants en médecine. La physiologie que j'ai mission de vous enseigner, c'est la physiologie humaine, médicale, celle qui doit vous servir un jour dans l'exercice de votre belle profession. Je sais qu'il ne s'agit pas de faire de vous des savants, mais des médecins. La plupart d'entre vous ne peuvent consacrer plus d'une année à l'étude de la physiologie. Aussi mon cours sera-t-il rapide et élémentaire : je tâcherai qu'en une année vous puissiez parcourir à peu près tout le cycle de la physiologie. Je ne me crois pas le droit, parce qu'une question m'intéresse plus que les autres, de la traiter avec détail au détriment des autres. Assurément je serais heureux qu'il y eût parmi vous des physiologistes, aimant la science, capables de chercher, d'expérimenter, de s'intéresser par eux-mêmes aux graves et curieux problèmes qui se présentent à tout instant; mais je ne pourrai pas dans mon cours approfondir ces problèmes : ma mission est autre : il s'agit de vous enseigner le résumé de ce qui est bien connu, et de vous apprendre tout ce que, sous peine d'être de mauvais médecins, il ne vous sera pas permis d'ignorer. On ne devient pas physiologiste pour avoir entendu quelques leçons de physiologie. Il faut pendant plusieurs années fréquenter les laboratoires et les bibliothèques; il faut avoir vu, expérimenté, réfléchi, tandis que, pour connaître les éléments de cette science, une année doit à peu près suffire. Avec les cours complémentaires, avec les travaux pratiques, vous aurez, si vous êtes assidus et laborieux, une suffisante idée de la physiologie qui est indispensable au médecin.

Mais, en fait de physiologie, qu'est-ce qui est indispensable au médecin? Quels sont les rapports de la physiologie avec la médecine? Quels services la physiologie a-t-elle rendus à la médecine? Telles sont les questions que je veux débattre aujourd'hui devant vous.

Et d'abord, avant tout, je voudrais bien dissiper ou tout au moins contribuer à dissiper une vieille erreur qu'on redit parfois sans en comprendre toute l'ineptie : c'est qu'il y a antagonisme entre la science et la médecine. Peut-être trouverait-on, dans quelque endroit écarté du globe, des médecins disant : « Moi, je ne fais pas de science; je ne me préoccupe pas de ce que font les savants; je suis clinicien, et je ne connais que ce que la clinique m'enseigne. Le reste ne m'importe guère. »

Messieurs, c'est là une erreur, j'oserais presque dire un blasphème. L'antagonisme entre deux vérités est un non-sens. Il peut y avoir antagonisme entre deux hommes, entre deux opinions, entre deux théories : il est impossible qu'il y

ait antagonisme entre deux faits. Deux faits, quels qu'ils
soient, s'ils sont bien observés, sont vrais l'un et l'autre; ils
ne peuvent pas se contredire, et, s'ils paraissent se contredire, c'est que l'un ou l'autre a été mal observé ou qu'on
en tire des déductions illégitimes.

Opposer le médecin au physiologiste et l'homme de science
au clinicien, cela signifie qu'on n'a rien compris ni à la physiologie ni à la médecine, et qu'on veut appliquer la même
méthode à des phénomènes différents.

Je suppose qu'un physiologiste constate qu'on peut injecter à un chien, sans déterminer la mort, un demi-gramme
d'atropine. Il peut affirmer cela, car c'est un fait qu'il a bel
et bien constaté, et qui est absolument vrai. Mais, de ce que
le fait est vrai, le médecin a-t-il le droit de conclure qu'il
pourra donner à un de ses malades la même dose de ce redoutable poison? Voyez-vous le défaut de méthode? Certes
ce serait une erreur, et quelle déplorable erreur! mais le médecin n'aurait pas le droit de la reprocher au physiologiste.
Ce n'est pas la science qui se trompe, c'est l'imprudent qui
applique mal à propos un fait physiologique à un fait médical. La physiologie n'est pas responsable des applications
maladroites et des conclusions prématurées. On a étudié la
dose toxique de l'atropine sur des lapins, des chiens, des grenouilles : il serait déraisonnable d'en déduire la dose toxique
sur l'homme.

CLAUDE BERNARD, ayant constaté que la piqûre du quatrième ventricule produit de la glycosurie, aurait eu tort de
conclure que le diabète est produit chez l'homme par une
lésion du quatrième ventricule.

J'ai montré que les chiens, dont la température s'élève à
41°.5, fournissent aussitôt une respiration six fois plus fréquente que leur respiration normale; mais j'aurais fait une
singulière erreur si, de ce fait, si positif qu'il soit, j'avais
conclu que dans toute fièvre un malade ayant plus de 41° respire 120 fois par minute.

Je le répète, c'est par ignorance qu'on parle de contradiction entre la physiologie et la médecine. Peut-être une physiologie hâtive, mal expliquée, mal comprise, offrirait-elle quelque danger. Mais cette physiologie hâtive, je la renie, comme je renie toute application prématurée; et je ne défends ici que la bonne, et saine, et solide physiologie, à laquelle on ne fait pas dire plus qu'elle ne dit. Donc l'antagonisme n'existe pas, et c'est là une telle vérité que je ne perdrai pas mon temps à réfuter cette opinion insoutenable.

Mais je veux vous prouver quelque chose de plus : c'est que la physiologie est nécessaire à la médecine, c'est que les progrès de la médecine sont dus aux progrès de la physiologie, c'est qu'un médecin digne de ce nom doit savoir les faits que la science a démontrés et que la clinique ne peut apprendre.

Il me suffira de vous donner un exemple pour vous prouver l'influence féconde que les sciences biologiques ont exercée sur la marche de la médecine.

Messieurs, il y a un homme, un Français, qui a fait à lui tout seul, quoiqu'il ne soit ni médecin ni chirurgien, des découvertes plus importantes en médecine et en chirurgie que dix générations de travailleurs. Par lui, toutes les doctrines médicales, thérapeutique, prophylaxie, hygiène, ont été bouleversées et régénérées. En vingt-cinq ans, par une succession ininterrompue d'admirables découvertes, il a ouvert à nos sciences médicales des voies absolument nouvelles. Le mot de contagion, dont on ne comprenait pas la portée, il l'a enfin commenté, éclairci, déterminé.

Il faudrait plusieurs leçons pour vous donner même le résumé sommaire de ce qu'il a fait. Et ce qu'il a fait est moins encore que ce qu'il a inspiré. Vous avez deviné que je veux parler de M. PASTEUR, de M. PASTEUR, qui est sans contredit l'instigateur et le maître de tous ceux qui font de la médecine ou de la chirurgie ; de même que tous ceux qui font de la chimie sont les élèves de LAVOISIER. Oui, nous devons le dire bien haut, car ce n'est que justice, aujourd'hui, tous sans exception, nous sommes les élèves, et les humbles élèves, de M. PASTEUR ; nous suivons le sillon qu'il nous a tracé, nous marchons derrière lui, et ce que nous savons, grâce à lui, des germes, des ferments, des vaccinations, des immunités, des microbes, de la contagion, tout cela, c'est à lui que nous le devons. Jamais, à aucune époque, un seul homme n'a fait autant pour la médecine. Comme le disait VULPIAN, mon regretté maître : « Alors que nos noms à tous seront ensevelis dans l'oubli le plus profond, le nom de PASTEUR, plus grand encore qu'aujourd'hui, dominera l'histoire scientifique de ce siècle. »

Pour moi, Messieurs, je ferais volontiers cette classification dans l'histoire de la médecine : il y a eu la médecine avant PASTEUR : il y aura la médecine après PASTEUR.

Si vous doutez, consultez les comptes rendus des sociétés savantes, de l'Académie des sciences, de la Société de Biologie, de l'Académie de Médecine, de la Société médicale des Hôpitaux, de la Société de Chirurgie. Ouvrez les journaux de médecine, français et étrangers, qu'ils s'impriment à Philadelphie ou à Moscou, à Londres ou à Berlin, et vous verrez que l'étude des ferments organisés, des microbes — puisque ce nom est universellement adopté — constitue une bonne moitié de tous les travaux qui sont faits en médecine. N'est-ce pas là une confirmation éclatante de l'influence puissante, incomparable, que M. PASTEUR a exercée sur son siècle ? Oui, M. PASTEUR a ouvert à la médecine une voie nouvelle, absolument nouvelle, dans laquelle toute la nouvelle génération médicale s'engage avec une admirable ardeur.

Il vous semble, n'est-il pas vrai ? qu'après un tel exemple on est mal venu de reprocher à la science son inefficacité en médecine. Et cependant, Messieurs, on a prononcé, en parlant de M. Pasteur, les mots de science inutile, science chimérique, qui n'a rien à faire avec la clinique.

Il y a quelques jours, je rencontrais un honorable praticien assez âgé — et c'est là son excuse — qui me dit avec une sorte de pitié méprisante : « Est-ce que vous croyez aux microbes, vous ? »

On raconte aussi qu'un médecin célèbre, quand on est venu lui apprendre la découverte du micro-organisme de la tuberculose, s'écria : « Bah! ce n'est qu'un microbe de plus! »

Comment! voici la tuberculose, cette épouvantable maladie qui décime l'humanité, qui fait plus de ravages à elle seule que le choléra, la variole, la fièvre typhoïde, le cancer, la diphtérie tout ensemble; et on vient nous démontrer que cette maladie, au lieu d'être une entité vague, un mal abstrait, insaisissable, inattaquable par conséquent, est un parasite, un être vivant, dont on donne la taille, la forme, les réactions physiologiques et chimiques, la résistance aux agents de destructions thermiques ou toxiques; qu'on peut cultiver, ensemencer, développer, accélérer, ralentir ou arrêter dans son développement; inoculer..., atténuer peut-être!... On démontre que ce parasite existe dans les organes malades, qu'il se répand en poussière dans l'atmosphère, qu'il contamine les lits, les rideaux, les vêtements, les planchers, les aliments; et un médecin vient dire : « Ce n'est qu'un microbe de plus! » J'en appelle à tout juge impartial.

Assurément, ce n'est pas tout que de connaître le microbe de la tuberculose, et je sais assez de médecine pour ne pas m'imaginer que cette connaissance scientifique suffit. En présence de tel malade qui, dévoré par une fièvre ardente, tousse, crache du sang, respire à peine et menace d'étouffer, il ne sera pas suffisant de connaître les réactions histologiques du microbe que l'on trouve dans ses crachats. Le premier devoir qui s'impose au médecin, c'est de soulager cet homme qui est là devant lui. Il faut que ce malheureux souffre moins; il faut qu'il puisse passer une nuit moins cruelle; il faut que l'hémoptysie s'arrête, que l'asphyxie diminue ; il faut qu'il reprenne quelque apparence de vie. Pour cela, les notions scientifiques seront d'un assez médiocre secours : un médecin expérimenté et prudent rendra plus de services qu'un savant.

On ne me fera jamais dire que la science physiologique suffit pour faire un bon médecin. D'ailleurs où est donc le physiologiste imprudent qui prétend remplacer la clinique par l'expérimentation ?

Non certainement, si par malheur je venais à être atteint par une maladie grave, ce n'est pas un physiologiste qui me soignerait. Supposons, par exemple, un anthrax charbonneux. M. PASTEUR a fait sur le charbon des découvertes merveilleuses ; c'est lui qui a établi la nature de cette maladie, le mode de contagion, les procédés de vaccination et d'atténuation. Ses admirables travaux sur le charbon ont été le point de départ de tout ce qu'on sait aujourd'hui. Eh bien ! malgré cela, ce n'est pas M. PASTEUR que j'irai consulter. Non certes ! Tel médecin de la Beauce, habitué à soigner les anthrax charbonneux, tel chirurgien, habile opérateur et clinicien expérimenté, m'inspireront, pour le traitement de mon anthrax, plus de confiance que M. PASTEUR.

La science à elle toute seule n'est pas en état de faire un bon médecin capable de soulager et de guérir. Que si nous étions réduits à être soignés par des savants, physiciens, chimistes ou physiologistes, nous serions fort à plaindre ; car il faut quelque chose de plus que la science : il faut l'observation des malades.

La physiologie n'apprend pas à démêler, dans la complexité des troubles pathologiques multiples, la nature même de la maladie ; elle ne suffit ni·au diagnostic, ni au pronostic, ni au traitement. Nous savons combien il faut de morphine ou de chloral pour déterminer la mort d'un chien ou d'un lapin ; mais cela nous apprend mal la dose que peuvent supporter un homme, un enfant, un malade souffrant de telle affection, ayant tel tempérament. Pour être en état de bien soigner un malade, il faut les connaissances spéciales qui constituent la médecine proprement dite.

C'est cette médecine clinique que vous apprendrez dans les hôpitaux. Vous trouverez des maîtres éminents, mes collègues dans cette illustre Faculté de Paris, qui vous enseigneront l'art d'observer. Héritiers des anciens, ils vous communiqueront les fruits de leur longue et sagace expérience, et ce n'est pas dans nos laboratoires que vous pourrez devenir de bons médecins.

J'espère qu'après cette profession de foi on ne me reprochera pas de méconnaître les droits de la clinique. Laissez-moi maintenant vous parler des droits de la science et des services qu'elle a rendus à l'art de guérir.

Messieurs, il fut un temps où la médecine était exclusivement empirique. On savait, par tradition plus encore que par observation, que certaines drogues contribuent à rendre la santé aux malades. Quant aux maladies, on les reconnaissait vaguement à l'aide de tel ou tel caractère extérieur. Eh bien ! si les médecins en étaient restés à ce simple examen des malades, jamais ils n'auraient pu sortir de l'ornière. Ils n'auraient fait qu'amplifier les préceptes hippocratiques, et ils se seraient arrêtés, immobilisés dans leur étroit empirisme, constatant des faits sans les expliquer et ne comprenant rien aux phénomènes qui se déroulent devant eux. Mais fort heureusement, les médecins ne se sont pas contentés d'être observateurs : ils ont été expérimentateurs. Ils ont essayé des médications nouvelles ; ils ont fait ainsi, sur l'homme et sur les animaux, de véritables expériences. Ils sont devenus chimistes, physiciens, physiologistes, naturalistes. Dans les sciences naturelles, les noms des plus grands savants sont des noms de médecins. La médecine a été pour ces grands hommes l'introduction à la science ; et, grâce à leurs efforts, les sciences biologiques ont marché de l'avant. Elles ont fait d'étonnants progrès, enrichissant à chaque instant, par des découvertes nouvelles et fécondes, le patrimoine de nos connaissances.

Or il s'est trouvé que chaque pas fait dans la vérité scientifique entraînait presque immédiatement une application nouvelle à l'art de guérir. Les progrès de la médecine sont dus exclusivement aux progrès de la science et de la physiologie.

On entend dire de tous côtés par des gens qui, étant malades, n'ont rien de plus pressé que d'aller consulter un médecin : « La médecine n'a pas avancé depuis HIPPOCRATE. » Cela est bien facile à dire. Si HIPPOCRATE revenait parmi nous, quel est parmi ces incrédules celui qui le prendrait pour médecin ?

Est-ce que le diagnostic n'est pas à chaque instant dépendant de la physiologie ? Cette dépendance est si étroite qu'aujourd'hui, vivant au milieu des bienfaits de la science acquise, le médecin peut difficilement s'en rendre compte.

En fait de diagnostic, c'est la physiologie qui nous donne, sur toutes les fonctions, les données les plus précises. Est-il possible de comprendre une maladie du cœur sans connaître le mécanisme de la circulation cardiaque ? Peut-il être un médecin, celui qui ignore la manière dont le sang passe de l'oreillette droite dans le ventricule droit, puis dans le poumon, puis dans l'oreillette et le ventricule gauches ? Les données si positives, si claires, si simples, que fournit la méthode graphique, sur le pouls, l'onde artérielle, la pression artérielle, la pression veineuse, le retard du pouls, le dicrotisme normal, le dicrotisme pathologique, le choc du cœur, les bruits du cœur, qu'est-ce donc, sinon le moyen de faire un diagnostic exact, rigoureux, scientifique ? Pour établir le diagnostic d'une maladie de cœur, il faut savoir très bien la physiologie ; il faut très bien connaître le maniement de nos appareils de précision, sphygmographe, pneumographe, cardiographe. Vouloir s'en passer, ce serait, pour un médecin, faire de la médecine comme, pour un astronome, faire de l'astronomie sans lunette ni télescope.

Dans le diagnostic des maladies nerveuses, quel est le guide, sinon la connaissance des fonctions nerveuses, des propriétés de chaque nerf, de la moelle, du cerveau? L'électro-physiologie, qui, à elle seule, est presque une science, tellement elle est riche de faits et de lois, est absolument indispensable. Dans toute affection cérébrale, il est évident qu'on ne peut diagnostiquer le siège de la lésion que si l'on connaît la physiologie cérébrale. Il y a quinze ans, on ignorait qu'il y eût des localisations dans le cerveau : ce sont les physiologistes qui les ont montrées aux cliniciens. Et vous savez combien, entre les mains de M. CHARCOT, cette localisation des maladies du cerveau est devenue précise et délicate, si bien qu'elle compte à présent parmi les données les mieux établies du diagnostic médical.

Je suis même prêt à reconnaître, avec M. CHARCOT, que la médecine, aidée par une anatomie pathologique savante, a puissamment servi à la physiologie, et que l'observation clinique prolongée, minutieuse, a fait pour l'analyse des fonctions de la moelle et du cerveau au moins autant que l'expérimentation. Mais je ne vois pas là de contradiction. Que la médecine aide la physiologie, cela n'est pas douteux; mais il n'est pas douteux non plus que, sans la physiologie, la médecine serait aussi grossière et empirique qu'au temps d'Hippocrate. Parce que la chimie est très utile à la physique, s'ensuit-il que la physique soit inutile à la chimie?

Quant aux fièvres, aux infections, aux empoisonnements, la physiologie est constamment invoquée pour aider au diagnostic. Existe-t-il encore un médecin qui n'admette pas que le thermomètre est un des meilleurs éléments de son diagnostic? Alors, s'il ne connaît pas les faits qui se rattachent à la chaleur animale, que pourra-t-il conclure d'un examen thermométrique? L'analyse de l'urine, le dosage de l'urée, des sels, de l'acide urique, du sucre, de l'albumine, est-ce autre chose que la physiologie chimique, c'est-à-dire une bonne moitié de la physiologie? Le médecin se contentera-t-il de dire que l'urine est pâle ou rouge, avec ou sans sédiments?

Autrefois les médecins goûtaient l'urine pour savoir si elle était sucrée. Il me semble qu'il vaut mieux se servir de la liqueur de Fehling. C'est un procédé plus agréable et plus exact.

Pour juger des progrès acquis et pour ne pas être ingrats envers ceux qui ont mis tant de précision dans notre science, comparez les tableaux d'analyse qu'on donne aujourd'hui à ce que disaient les médecins du temps passé. Voici comment s'exprimait à la fin du xviie siècle, en 1683, le grand WILLIS, assurément un des médecins les plus illustres de son siècle :

« Dans les fièvres, dit-il à la page 70 [1], la liqueur de l'urine est fort rouge, à cause qu'il se fait une grande dissolution de sel et de soufre, et qu'un grand nombre de leurs particules sont cuites dans la sérosité ; car, lorsque les humeurs sont échauffées et agitées par la cause de la fièvre, il se fait une grande dissolution de corpuscules salés et sulfureux qui sont brûlés par la chaleur qui est augmentée, et, comme ils sont cuits avec la sérosité, ils lui impriment aussi une assez forte teinture. Il en est de même de la lessive de cendre, qui devient plus rouge quand on la fait cuire sur le feu que quand elle se fait par infusion. »

Ainsi vous serez d'accord avec moi pour reconnaître que nos diagnostics d'aujourd'hui sont bien supérieurs aux diagnostics d'autrefois. Entre eux, il y a peut-être la même différence qu'entre l'arquebuse du xvie siècle et le fusil d'aujourd'hui, à répétition et à petit calibre.

Ces grands progrès ne sont dus qu'à la science; ou plutôt la médecine et la science sont liées ensemble par un lien si étroit qu'on ne peut supposer le progrès de l'une sans le pro-

---

1. *Dissertation sur les urines.* Trad. française. — Un vol. in-16. Paris, chez Laurent d'Houry, 1683.

grès de l'autre. Pour faire un bon diagnostic, et un diagnostic complet, il faut connaître presque toutes les lois de la physiologie, et, si notre diagnostic est aussi imparfait encore, c'est que notre physiologie est encore bien imparfaite.

« Il est vrai, dira-t-on, que le diagnostic est lié à la physiologie ; mais, quand il s'agit de soigner un malade, ce n'est pas tant le diagnostic détaillé, minutieux, qui est intéressant, c'est le traitement. Il importe assez peu qu'on puisse dire avec une précision surprenante quelles quantités d'urée, d'acide urique, de créatine, sont excrétées en vingt-quatre heures, quelles fibres du cerveau sont lésées par une tumeur, quelles cellules de la moelle épinière ont été atteintes par la sclérose, quelles sont les formes des microbes qui circulent dans le sang. Tout cela est assez superflu. Ce qui est utile, et vraiment utile, c'est de guérir le malade. Pour bien connaître les lésions de l'ataxie, est-ce qu'on a mieux guéri l'ataxie ? Parce qu'on a diagnostiqué avec une précision minutieuse les épaississements de la valvule mitrale, soulagerat-on davantage le malheureux qui, assis sur son lit de douleur, succombe dans l'angoisse d'une longue et progressive agonie ? Il importe peu au malade qu'on ait bien décrit sa maladie : il veut être soulagé ou guéri. Les anciens médecins, qui n'en savaient pas autant que nous, savaient guérir à peu près aussi bien que nous. Pour administrer les médicaments utiles, ils n'avaient pas besoin de notre vaine précision... »

Messieurs, je ne crois pas que ce dernier recours de l'empirisme puisse supporter un sérieux examen, et il vous semblera, comme à moi, tout à fait évident que la bonne thérapeutique dépend d'un bon diagnostic. Prétendre que l'exactitude et la minutie du diagnostic sont du luxe, c'est commettre une véritable hérésie.

Pourtant j'accepte cela ; mais je prétends que la thérapeutique elle-même, celle qui, aux yeux des empiriques, est la seule partie nécessaire, je prétends qu'elle doit beaucoup à la physiologie.

D'abord les chimistes et les physiologistes ont débarrassé la médecine des drogues et des simples. On a maintenant des substances chimiques, principes actifs extraits des plantes. Au lieu d'une décoction de quinquina, on donne le sulfate de quinine; au lieu de suc de pavot, on prescrit de la morphine ou de la codéine. Les infusions, si infidèles, de feuilles de digitale et de belladone ont été remplacées par la digitaline et l'atropine. Des corps cristallisés, purs, homogènes, dont les propriétés ont été étudiées en détail, prennent la place de cette abominable thériaque, sur laquelle on écrivait des in-folio. Elle comprenait au moins soixante substances, et il fallait six mois pour en faire une bonne préparation [1].

Des médicaments nouveaux, dont l'efficacité puissante est incontestable, l'iodure et le bromure de potassium, le chloral, les salicylates, la cocaïne, l'antipyrine, sont dus à des chimistes et à des physiologistes qui ont, les uns, purifié, pré-

---

1. Voici, ne fût-ce qu'à titre de curiosité, la composition de la thériaque — je veux dire de la bonne thériaque, celle d'Andromachus — telle qu'on la préparait à Venise :

Trochisques de squilles, 48 drachmes.

Trochisques de vipères. Hedichroï, poivre long, opium; de chaque, 24 drachmes.

Iris de Florence, roses rouges, suc de réglisse, semence de bunias, scordium opobalsamum, cannelle, trochisques d'agaric; de chaque, 12 drachmes.

Myrrhe, spicnard, dictame de Crète, racines de quintefeuilles, gingembre, costus; rhapontic, marrube blanc, stœchas arabique, jonc odorant, semence de persil de Macédoine, calament de montagne, casse odorante, safran, poivre blanc et noir, troglotides, oliban, térébenthine de Chio; de chaque, 6 drachmes.

Amome en grappe, racines de gentiane, acorus vrai, meu athamantique, valériane, nard celtique, chamæpitys, sommités d'hypericum, semences d'ammi, thlaspi, anis, fenouil, seseli de Marseille, petit cardamone, feuille indienne, sommités de pouliot de montagne, chamædris, opobalsamum, suc d'hypocystes et du vrai acacia, gomme arabique, storax calamite, terre de Lemnos, chalucitis vrai, sagapenum; de chaque, 2 drachmes.

Racine de petite aristoloche, sommités de petite centaurée, semence de daucus de Crète, opoponax, galbanum pur, bitume de Judée, castoreum; de chaque, 2 drachmes.

Du meilleur miel cuit et écrémé, trois fois le poids de tous les ingrédients secs.

Du vin vieux de Canarie, autant qu'il sera nécessaire pour mêler et dissoudre tous les ingrédients.

Faire bouillir le tout selon l'art.

paré, découvert ou produit ces substances; les autres, analysé leurs propriétés sur les êtres vivants. Certes, c'est l'observation clinique qui prononce en dernier ressort sur leur valeur dans les maladies. Il ne suffit pas d'avoir démontré que le chloral fait dormir un chien, il faut savoir à quelle dose il fait dormir un homme, quels sont ses dangers, dans quelles maladies il faut le proscrire ou le prescrire, à quels médicaments on peut l'associer, toutes notions que le physiologiste ne peut pas donner. Nous arrivons toujours à la nécessité d'une double méthode : l'*expérimentation physiologique*, qui inaugure, et l'*observation clinique*, guidée par l'expérimentation, qui rectifie, précise, détermine, appliquant au malade les données de l'expérimentation.

Le rôle du physiologiste est d'indiquer tant bien que mal au médecin les propriétés physiologiques et la puissance toxique des innombrables substances que nous donne la chimie. Nous ne pouvons guère, nous physiologistes, prédire ce que telle substance va faire dans le traitement d'une maladie; mais nous pouvons bien connaître ce qu'elle est en général : convulsivante, paralysante, anesthésiante ou purgative, éliminable ou non par le rein; abaissant ou élevant la température; devant être administrée par grammes, par centigrammes ou milligrammes; accumulant ses effets ou ne les accumulant pas.

Il y a quelques années, j'ai étudié les propriétés des sels de rubidium. J'ai montré que les sels de ce métal se comportent physiologiquement à peu près comme les sels de potassium. N'étant pas clinicien, je n'ai pu étudier leur action thérapeutique. Ce n'était pas là mon affaire. J'ai seulement conseillé aux médecins d'essayer le bromure et l'iodure de rubidium dans quelques maladies. Car, tout en ayant la même fonction générale, ils sont peut-être, dans certains cas, préférables aux sels de potassium. Cette étude médicale n'a pas encore été entreprise. Il me paraît cependant qu'elle mérite de l'être. Si donc, par hasard, on vient à trouver que, dans une maladie quelconque, certains sels de rubidium ont des effets utiles, j'aurai, dans une certaine mesure, contribué à ce progrès, ayant prouvé d'abord que les sels de rubidium ne sont pas plus toxiques que les sels de potassium et, ensuite, que leurs effets ne diffèrent que peu, mais diffèrent un peu, des effets produits par les sels de potassium.

La physiologie est incessamment appliquée à la thérapeutique. Il n'y a peut-être pas une ordonnance signée par un médecin, où ne soit fait quelque emprunt à nos connaissances physiologiques.

Je sais bien que les anesthésiques ont été découverts empiriquement; mais les physiologistes n'en ont-ils pas réglé l'emploi? L'électrothérapie, qui donne parfois des résultats merveilleux, est dirigée uniquement par la physiologie.

Mais, c'est surtout dans les travaux de notre grand Pasteur et de ses élèves que vous trouverez la plus belle victoire de la science sur la maladie, par l'application immédiate, formelle, puissante, d'une découverte physiologique à une thérapeutique efficace.

Je ne veux pas parler ici de l'admirable découverte de la vaccination contre la rage. Elle est contestée par ceux qui n'ont pas étudié la question, et je suis bien convaincu que, sur ce point comme sur tant d'autres, M. Pasteur ne s'est pas trompé. Laissons de côté aussi toutes les espérances, presque illimitées, qu'on peut concevoir sur les vaccinations par des virus atténués et par des produits solubles. Non; je veux vous parler d'un fait absolument acquis, indiscutable, évident, que l'on doit admettre comme aussi bien démontré que la rotondité de la terre ou la composition chimique de l'ammoniaque. Il s'agit de l'efficacité des antiseptiques dans le traitement des plaies. Le jour où Pasteur, précédant Lister et Alphonse Guérin, a prouvé que, dans les plaies qui suppurent, il y a quantité d'organismes microbiens qui, répandus dans l'air, viennent se développer et infecter le malade; que, par conséquent, il faut baigner la plaie avec des liquides qui empêchent la vie de ces microbes ; ce jour-là, la science a rendu à l'humanité un service incomparable. Dès que la méthode antiseptique a été appliquée, aussitôt, dans les opérations chirurgicales, la mortalité s'est abaissée de 50 p. 100 à 5 p. 100; dans les services d'accouchements, dont la réforme est due au travail mémorable de M. LE FORT sur les maternités, la mortalité a diminué plus encore. Elle est tombée de 200 p. 1 000 à 3 p. 1,000. N'admirez-vous pas ces chiffres? Songez qu'ils représentent des vies humaines. Depuis quinze ans, la méthode antiseptique a sauvé plus d'existences que n'en peut détruire sur un champ de bataille la folie des hommes.

Je m'imagine que ces exemples vous suffiront, et que, désormais, si l'on vient à vous parler, soit de l'impuissance de la médecine à guérir, soit de l'impuissance de la science à faire progresser la médecine, vous trouverez de quoi répondre, en affirmant l'union intime, étroite, de la pathologie et de la physiologie ; et vous pourrez dire hardiment que chaque progrès de la science est un progrès dans l'art de guérir.

Mais le diagnostic et la thérapeutique ne sont pas toute la médecine. Il est une autre partie de l'art médical aussi importante et qui doit plus encore à la science physiologique : c'est l'hygiène. C'est très bien de connaître une maladie et de la guérir, mais combien il est préférable de la prévenir!

Et pourtant, hélas! l'hygiène n'a pas, dans les conseils du gouvernement, la place prépondérante qu'elle devrait occuper. Les ingénieurs et les architectes, qui ont la direction administrative de tous les services, ne veulent pas en entendre parler ; ils l'ignorent et la méprisent. Et cependant croyez-vous qu'il y ait une considération quelconque, sociale ou autre, plus importante que l'hygiène publique?

Les travaux de M. PASTEUR nous ont montré la voie à suivre. — Vous m'excuserez d'y revenir encore, mais vraiment il est impossible de faire autrement ; car tout a été régénéré par lui.

Quand je parle d'ailleurs des travaux de PASTEUR, j'entends aussi ceux de ses élèves. Or ses élèves, qu'ils le reconnaissent ou non, qu'ils soient Allemands, Anglais ou Italiens, qu'ils se posent en adversaires ou en rivaux, ce sont tous ceux qui vont chercher dans les parasites microscopiques la nature des maladies. Eh bien, les travaux de M. PASTEUR et de ses élèves — je tiens à ce mot d'élèves; car il en est qui méconnaissent leur maître — ont démontré que la plupart des maladies, le choléra, le charbon, la rage, la tuberculose, la variole, la diphtérie, la scarlatine, la rougeole, la septicémie, l'infection puerpérale, l'érysipèle, la fièvre typhoïde, sont dues à des germes infectieux, à une contagion, non plus à cette vague et insaisissable contagion qu'on ne savait prendre sur le fait, mais à des germes vivants, susceptibles d'être tués si on les soumet à telle ou telle température, à tel ou tel agent chimique. On peut donc les détruire; on peut s'attaquer aux germes contagieux! C'est ainsi que le problème de l'hygiène presque tout entière se pose aujourd'hui sous une forme qui est admirable de simplicité, je dirais presque de naïveté : « Il faut détruire les germes contagieux. »

Détruire les germes contagieux, éviter la contagion, voilà comment les physiologistes ont formulé le problème. Il est assurément plus facile à poser qu'à résoudre; mais n'est-ce pas beaucoup que de savoir ce qu'il faut faire, et dans quelle voie il faut avancer?

Les hommes sont parfois d'une inconséquence étonnante. On s'accorde à reconnaître que la vie est le bien le plus précieux. Cependant on ne fait aucun effort pour la protéger. Si l'on daignait réfléchir, si la routine ne gouvernait pas le monde, on ferait de l'hygiène, réglée, dirigée et inspirée par la physiologie, la première de toutes les sciences. La construction d'un hôpital, celle d'une caserne, celle d'une école ou d'une prison, ou d'un campement, ou d'un égout, ont des conséquences si graves que la responsabilité de ceux qui en sont chargés me paraît vraiment accablante. A vrai dire, ils n'en paraissent guère accablés, et c'est la tête vide et le cœur léger qu'ils se mettent à l'œuvre.

N'êtes-vous pas frappés de ce désaccord extraordinaire entre la science et la pratique? Nous savons exactement la quantité de mètres cubes d'air qu'il faut pour que l'air ne soit pas vicié; nous connaissons les conditions nécessaires à un bon système d'égout ou de vidange; nous savons quelles sont les qualités d'une bonne eau potable. Et, en pratique, architectes et ingénieurs ne tiennent aucun compte de ces données scientifiques formelles, comme s'ils ignoraient que chaque erreur en pareille matière se paye par des existences humaines.

Un jour on s'étonnera de cette incurie invraisemblable. Quoi! nous savons que la fièvre typhoïde se transmet par les eaux; nous savons cela, et nous ne réussissons pas à préserver les trois millions d'habitants de Paris contre les dangers de cette eau chargée de germes!

A force de soins, de prudence, de science, de patience, un médecin très occupé finit par sauver, dans le cours de sa longue pratique, une quarantaine de malades atteints de fièvre typhoïde et qui seraient morts sans lui; mais l'erreur d'un ingénieur amène en quelques mois la mort de 2 000 à 3 000 jeunes gens.

Et l'alcoolisme? Et l'alimentation des nouveau-nés? Quelles graves questions, et comme toutes les solutions qu'on donne entraînent aussitôt des conséquences formidables, dans le bien comme dans le mal! Tous les problèmes d'hygiène sont des questions sociales, et même les questions sociales les plus importantes de toutes, puisqu'il s'agit de l'existence même des hommes. Or qui pourrait les résoudre, sinon la science?

D'ailleurs, je ne puis insister. Mon but était de vous prouver que l'expérimentation physiologique a rendu quelques services à l'humanité. Mais ce n'est qu'un commencement.

L'avenir est illimité, et nos petits-enfants verront sans doute de belles choses.

Jusqu'ici, Messieurs, je vous ai montré en quoi la médecine et la physiologie s'accordent. Il me reste à vous dire en quoi elles diffèrent. Quoiqu'elles ne fassent en réalité qu'une seule et même science : « la science de la vie », il y a entre elles, pour le but comme pour la méthode, de notables différences. L'esprit scientifique n'est pas l'esprit médical. Il n'existe aucun antagonisme entre la clinique et la physiologie, mais il existe une sorte d'antagonisme entre l'esprit scientifique et l'esprit médical.

Cette proposition a une apparence de paradoxe que je dois justifier.

L'esprit scientifique peut se résumer en un mot : c'est la *curiosité;* tandis que l'esprit médical, c'est la *sécurité.* Toute expérience nouvelle, ingénieuse, vraisemblable ou non, tente le physiologiste; tandis que le médecin n'a pas le droit de se livrer à ces écarts d'imagination. Il n'a pas à s'occuper de la vérité, mais de son malade. Avant tout, il doit ne pas nuire.

L'esprit scientifique est tout autre; si j'avais à le définir, je dirais qu'il consiste à être aussi hardi dans l'invention des hypothèses que rigoureux dans la démonstration des hypothèses.

L'histoire des sciences nous donne à cet égard de formels enseignements : les savants ont péché de tout temps par un double défaut : ils ont été à la fois timides dans leurs hypothèses et peu rigoureux dans leurs démonstrations.

Ils ont péché par défaut de hardiesse; car jamais, il y a trois siècles, il y a cent ans même, on n'eût osé prévoir la science d'aujourd'hui. Nous avons démontré quantité de faits qui nous paraissent aujourd'hui bien simples, et qui, pourtant, dépassent les conceptions, même les plus aventureuses, de nos pères. Ils regardaient la science de leur temps comme achevée. Paresse d'esprit, routine, préjugés, parti pris, ils restaient dans l'ornière, suivant docilement le sillon tracé. Aveuglés par les doctrines reçues, n'osant pas s'écarter des principes admis, ils ne savaient pas penser autrement que leurs maîtres, et c'est ainsi que les erreurs se sont conservées et perpétuées d'âge en âge.

La timidité dans l'hypothèse marche de pair avec l'absence de rigueur dans la démonstration. D'une part, on n'a pas le courage de concevoir autre chose que ce qui a été conçu; d'autre part, on se contente de l'insuffisante démonstration qui a été enseignée. On ne veut ni la contester ni la vérifier. On accepte comme acquis des faits qui ne sont pas acquis; on recule lâchement devant une hypothèse contradictoire, parce qu'elle entraînerait des expériences nouvelles et un pénible labeur. On est à la fois peu rigoureux et timide: peu rigoureux, puisqu'on se satisfait d'une démonstration incomplète; timide, puisqu'on a peur de combattre une doctrine reçue.

Mais le vrai savant doit agir et penser d'une manière bien différente; d'abord il tente les expériences les plus invraisemblables, celles qui contredisent tout ce qu'on lui a appris; ensuite, quand il s'agit d'en venir à la démonstration, il n'est satisfait que quand il a accumulé les preuves formelles, irrécusables, indiscutables. A vrai dire, il ne doit jamais être satisfait, car chaque preuve nouvelle est une expérience nouvelle, qui élargit son horizon et donne à la question qu'il étudiait des aspects toujours renaissants.

Il faut être très exigeant en fait de preuves: l'affirmation des auteurs les plus classiques ne doit pas nous suffire; on doit toujours examiner de près, et de très près, ce qui a été dit. Ayons toujours présente à l'esprit cette grande vérité, que la science d'aujourd'hui n'est pas la science de demain, et que ce qui, hier, était une erreur est aujourd'hui une certitude.

Les vieilles hypothèses, qui sont établies par droit d'ancienneté dans la science, il faut avoir le courage de les contrôler et de les contester avec la même rigueur que si elles étaient toutes nouvelles ; car l'expérience a prouvé que ces hypothèses classiques deviennent au bout de cinquante ou de cent ans des hypothèses erronées.

Aussi dès qu'un savant, plus audacieux que les autres, vient émettre une opinion nouvelle, quels obstacles aussitôt ne dresse-t-on pas devant lui !

Quand on présente à un animal, à un enfant, à un sauvage, un objet nouveau, dont la forme et l'allure lui sont inconnues, le premier mouvement de l'animal, de l'enfant ou du sauvage est un sentiment de méfiance ou de frayeur qui s'exprime par la fuite et les cris. J'ai cru pouvoir donner à ce sentiment très général le nom de *néophobie* (crainte du nouveau). Nous sommes tous, hélas ! plus ou moins néophobes, et cette horreur du nouveau croît, paraît-il, avec l'âge. Mais le vrai savant doit être tout le contraire d'un néophobe ; il ne doit pas se faire, avec les opinions routinières qu'on lui a enseignées dans son enfance, une sorte de rempart impénétrable contre le progrès et la vérité.

Que d'exemples, et d'exemples éclatants, je pourrais citer de cette aversion pour les vérités nouvelles, quelque bien démontrées qu'elles soient !

Quand HARVEY a prouvé au monde que le sang circule, n'a-t-il pas trouvé des contradicteurs acharnés ? Comment accepter ce renversement de toutes les leçons des maîtres, de tous les préceptes d'HIPPOCRATE, de GALIEN, d'AVICENNE ? Alors on lui opposa des arguments absurdes. Il a dit quelque part que, quand le cœur bat, on entend dans la poitrine un certain bruit : *Exaudiri sonitum in pectore licet.* Un médecin italien lui répond : « Il est possible qu'à Londres on entende battre le cœur dans la poitrine ; mais, à Venise, nous n'entendons rien de semblable. »

Vous savez qu'il est aujourd'hui démontré que les couches terrestres sont formées par les dépôts des anciennes mers, élevées par des soulèvements volcaniques sur les flancs et les sommets des montagnes. Nos grandes chaînes de montagnes sont donc constituées par des couches marines où sont accumulées d'innombrables coquilles. Cette hypothèse grandiose, qui nous paraît aujourd'hui si simple, et qui n'est même plus une hypothèse, tellement les preuves qui l'établissent sont nombreuses et claires, n'a pu être acceptée qu'à grand'peine. Quand on venait dire à VOLTAIRE qu'on trouve des coquillages dans les montagnes, il a prétendu que c'étaient des coquilles abandonnées par les pèlerins qui revenaient des croisades. Pourtant VOLTAIRE n'était pas suspect d'asservissement aux doctrines classiques; mais il n'osait pas, en matière de coquillage, imaginer comme possible ce que la science de notre siècle a si bien démontré, à savoir que les mers, jadis, couvraient le globe et que les dépôts marins d'alors constituaient nos montagnes d'aujourd'hui.

Plus tard, quand CUVIER a exhumé les restes fossiles et gigantesques des monstres antédiluviens, il a rencontré une opposition formidable. Au Jardin des Plantes, dans la galerie d'anatomie comparée, un savant honorable, appartenant à plusieurs Académies, se tenait devant le Paléothérium reconstitué par CUVIER, et il interpellait les visiteurs innocents, les prenant à témoin de la naïveté de CUVIER : « Voilà, disait-il, l'animal que M. CUVIER prend pour un fossile; c'est un simple squelette de cheval. »

Quand DENIS PAPIN a réalisé cette sublime conception d'un bateau à feu marchant par la vapeur, on a raillé cette audacieuse tentative. Qui donc aurait eu alors le courage de supposer qu'un peu de flamme sous une chaudière, cela suffit pour faire marcher les plus lourdes machines? Quelque cent ans après, quand FULTON est venu proposer le premier bateau à vapeur à NAPOLÉON, NAPOLÉON, dont on vante pourtant l'intelligence universelle, l'a éconduit comme s'il avait eu affaire à un fou.

Rappellerai-je le scepticisme qui a accueilli l'établissement des premiers chemins de fer. Il n'y a pas un demi-siècle que M. THIERS disait au Parlement : « Croyez-vous, de bonne foi, que les chemins de fer pourront jamais remplacer les diligences? » Et tout le monde était de son avis.

Quand on est venu nous apporter la nouvelle de l'admirable invention du téléphone, il s'est trouvé à l'Académie des sciences un électricien compétent qui a déclaré cette invention impossible; et, à la séance suivante, quand on est venu apporter un phonographe, un autre académicien illustre a prétendu que celui qui faisait parler le phonographe n'était qu'un ventriloque.

Et notre grand PASTEUR, quels obstacles n'a-t-il pas rencontrés! En Allemagne, on reconnaît ses découvertes: mais on ne les lui attribue pas. On prétend que toute cette succession de travaux sur les virus, les vaccins, les cultures artificielles, la panspermie, le charbon, le choléra des poules, le rouget des porcs, la septicémie sont dûs à des savants allemands. En France, le système est autre; il se trouve encore des hommes honorables et instruits qui ne croient pas à ses découvertes, et, si vous lisez certaines feuilles médicales, vous le trouverez contesté et discuté avec un acharnement dont l'Académie de médecine elle-même ne dédaigne pas parfois de se faire l'écho. Mais, qu'importe? l'histoire est là pour prouver qu'une découverte nouvelle, quelque bien établie qu'elle soit, rencontre une opposition furieuse et tenace, et que les attaques de la routine sont la consécration de la gloire.

CARL VOGT, mon illustre collègue de l'Université de Genève, me disait un jour : « Si je n'avais pas été professeur, j'aurais découvert la théorie de la sélection naturelle. » Il voulait dire par là qu'étant professeur il était forcément attaché aux doctrines de l'école et contraint de plier son esprit à l'enseignement des vérités connues. Malgré lui, en effet, le professeur, chargé de l'enseignement des théories classiques, ne se lance pas dans les conceptions nouvelles, audacieuses, qui contredisent la science qu'il a mission d'apprendre à ses élèves. Heureux celui qui, tout en respectant l'autorité des maîtres de la science, pense qu'il est nécessaire de ne pas les croire sur parole et sait se délivrer de la routine scientifique.

Garder sa complète indépendance d'esprit, c'est impossible, ou presque impossible. Nous vivons et nous pensons peu par nous-mêmes. Nous sommes entourés d'opinions que nous faisons nôtres, qui nous paraissent absolument indiscutables, qui représentent pour nous le bon sens et l'évidence, et hors desquelles toute science nous paraît fausse, impossible.

Dans un livre remarquable, publié en 1875, un éminent savant anglais, M. Balfour Stewart, parlant des germes de maladies, suppose que ces germes existent; mais il ajoute : « Nous avons lieu de douter qu'une seule personne ait jamais vu un seul de ces organismes. » Les dix années qui ont suivi devaient lui donner un étrange démenti.

En 1839, un physiologiste illustre, qui a fait beaucoup pour la physiologie, Jean Muller, parlant de la transmission du courant nerveux, osa dire que la vitesse en est telle que jamais on ne pourrait arriver à la mesurer. Cette prédiction n'est pas restée vraie longtemps. En 1841, par un procédé aussi simple qu'ingénieux, M. Helmholtz a mesuré exactement la vitesse de l'onde nerveuse, et l'a évaluée à 30 mètres par seconde. Malgré son génie, Muller avait manqué de hardiesse.

Deux physiologistes célèbres, qui ont fait sur le sang d'admirables recherches, Prévost et Dumas, osent dire en 1821[1] : « Telle est la manière dont s'opère la distribution des matériaux du sang, et nous avons répété nos observations à tant de reprises depuis deux années que nous ne conservons pas le moindre doute à cet égard. Elle explique parfaitement l'inutilité des tentatives pour isoler la matière colorante, et donne presque la certitude qu'on ne pourra jamais y parvenir. »

Eh bien! nous avons donné un démenti à cette proclama-

---

1. *Bibliothèque universelle de Genève*, 1821, t. XVII, p. 294.

tion d'impuissance. M. Hoppe-Seyler a préparé la matière colorante du sang : grâce à Claude Bernard, grâce à Hoppe-Seyler, l'histoire chimique de l'hémoglobine est une des parties les plus précises de la physiologie.

Faut-il aussi citer l'affirmation quelque peu téméraire de M. Pasteur, qui disait que la synthèse chimique ne pourrait sans doute jamais créer des substances douées de propriétés polarisantes? M. Jungfleisch a réussi, il y a plusieurs années, à préparer synthétiquement un acide tartrique doué du pouvoir rotatoire (*Ann. de Chim. et de Phys.*, t. LXI, p. 484), en partant de l'acide succinique synthétique.

Messieurs, vous pouvez être assurés que la science nous réserve des surprises pareilles, et c'est vraiment trop d'audace dans la timidité que d'oser dire : « La science ne pourra pas. »

Qui donc, il y a cinquante ans, aurait pu prévoir qu'on calculerait les quantités de fer et de sodium qui se trouvent dans Sirius? Qui donc aurait admis qu'on peut photographier un mouvement qui dure un millième de seconde?

Si je prends, dans la physiologie, quelques progrès tout récents, vous allez voir combien la routine empêche les découvertes nouvelles, même les plus légitimes. Aussi aurez-vous raison de conclure que, si nous sommes peu exigeants pour la démonstration des faits soi-disant acquis et classiques, nous sommes ridiculement difficiles, même injustes, pour la démonstration des vérités nouvelles.

Je choisirai trois exemples : la formation du sucre par les animaux, le somnambulisme provoqué et l'action des antiseptiques.

Pour la formation du sucre, il régnait, avant Claude Bernard, une opinion universellement admise : c'est que les plantes seules peuvent fabriquer du sucre. On opposait les végétaux et les animaux; on disait : « Les végétaux font du sucre, mais les animaux détruisent le sucre; par conséquent, ils n'en produisent pas. » C'était là l'opinion classique; elle triomphait sans contestation, quoiqu'elle se fût établie sans preuve. — N'admirez-vous pas combien ces axiomes, qui ne sont pas prouvés, prennent pied dans la science parce qu'ils sont très anciens? Mais, dès que Claude Bernard eut émis l'idée que l'animal peut fabriquer du sucre, aussitôt on lui opposa quantité de mauvaises raisons : 1° il n'y a pas de sucre dans le foie; 2° le sucre est emmagasiné, non produit; 3° c'est un phénomène cadavérique et non physiologique. Claude Bernard a victorieusement répondu à ces mauvaises objections, et, enfin, on a dû admettre la glycogénèse animale. Mais que de luttes pour la faire passer dans la science!

Parlerai-je du somnambulisme, décrit aujourd'hui sous le nom d'hypnotisme? Il a été tellement conspué, et il est maintenant en tel honneur que cette versatilité de l'opinion scientifique est un des plus curieux spectacles que l'on puisse voir. En 1875, un médecin distingué, laborieux, intelligent, érudit, M. Dechambre, le créateur et le directeur du beau *Dictionnaire encyclopédique des sciences médicales*, faisait un grand article sur le mesmérisme (c'est ainsi qu'il appelait dédaigneusement le magnétisme) et il terminait par ces mots, qui résumaient sa pensée et qu'il imprimait en énormes caractères, les plus gros de tout le livre, comme étant la conclusion formelle et dernière de la science : « En définitive, disait-il, le magnétisme animal n'existe pas. » M. Dechambre n'a pas été heureux dans cette imprudente négation. Trois mois après, je publiais sur le somnambulisme un mémoire où, par un ensemble de preuves, que je croyais et que je crois encore excellentes, je démontrais que le somnambulisme existe.

Depuis lors les faits ont parlé, et il me semble qu'ils m'ont donné raison. J'ai bien fait, je crois, de n'être pas timide; mais, quelle que fût alors mon audace, je ne pouvais soupçonner que j'aurais si prompte et si complète satisfaction.

La méthode antiseptique a rencontré moins d'obstacles,

et pourtant elle a eu quelque peine à se répandre. Peut-être même trouverait-on quelques chirurgiens qui ne l'admettent pas encore ; mais cependant, après quinze ans de péripéties, elle s'est maintenant établie universellement, et la démonstration de sa puissance est irréprochable. Mais voyez comme les faits ont dépassé nos conceptions. Qui donc, avant Pasteur et Lister, aurait supposé que l'on peut arrêter les germes morbides mis au contact d'une plaie ? Est-il possible qu'une solution d'acide phénique empêche la gangrène, l'érysipèle, le phlegmon, la suppuration, l'infection purulente ? Quel chirurgien aurait osé, en 1872, ouvrir le péritoine ou une articulation ? Et cependant, cela se fait aujourd'hui presque sans danger, et l'audace légitime des chirurgiens contemporains confondrait leurs maîtres de stupeur.

Messieurs, si je vous ai donné tous ces exemples, au risque de fatiguer votre attention, c'est pour vous prouver que la routine est mauvaise conseillère, dans les sciences au moins. Ne nous laissons pas embarrasser par les doctrines régnantes ; allons en avant et osons penser des progrès. Sachons distinguer, dans la science d'aujourd'hui, les faits et les théories. Les faits sont positifs, indiscutables ; mais nous n'en tenons qu'un tout petit nombre, et la plupart des vérités répandues autour de nous dans la nature nous échappe complètement. Soyons bien persuadés que nous sommes environnés de faits que nous ne voyons pas. Quant aux théories, sachons les apprécier ce qu'elles valent ; bien peu de chose assurément. Je suis convaincu que nos idées actuelles sur la structure des cellules, les fonctions du cerveau, le développement de l'ovule, la constitution chimique des corps, l'électricité, l'élasticité, la loi de la conservation de l'énergie, seront aussi démodées dans cent ans que le sont aujourd'hui les idées de Paracelse sur la fermentation et celles d'Ambroise Paré sur les monstres.

Ainsi la conclusion de toute cette énumération d'opinions routinières, c'est qu'il faut avoir de l'audace. Or cette audace du savant dépend de sa curiosité. Oui! c'est bien là le vrai mot qui peut définir l'esprit scientifique. Celui qui n'est pas curieux peut faire un excellent citoyen, un commerçant distingué et probe, un père de famille irréprochable : il ne sera jamais un savant. Le vrai savant, dans la vie qui l'entoure, trouve partout des problèmes curieux à résoudre. Il doit toujours se dire : « Pourquoi? Comment? » vivant dans une inquiétude perpétuelle, cherchant des solutions qu'il ne pourra pas trouver, hélas! aux problèmes innombrables qui l'entourent. Il me semble, pour ma part, que nous sommes plongés dans une ombre épaisse, et que tout ce qui est autour de nous est mystérieux et doit être approfondi. NEWTON comparait avec raison notre science à celle d'un enfant qui a ramassé un caillou au bord de la mer et croit avoir pénétré les mystères de l'Océan.

Est-ce à dire qu'il faille faire table rase de tout ce qui a été dit, et qu'il soit urgent de fermer les livres et les bibliothèques? Vous m'auriez bien mal compris si vous me prêtiez cette ridicule opinion. Ce serait folie que de dédaigner les admirables travaux de nos prédécesseurs. Ils ont vu quantité de phénomènes, les ont approfondis, commentés, et, sur les faits qu'ils ont vus, il n'y a plus guère à revenir. Il faut les connaître ; car on se donnerait inutilement beaucoup de mal pour retrouver ce qui est déjà connu et mieux connu. On n'a le droit d'être très audacieux que si l'on est en même temps très érudit.

Pour prendre un exemple entre mille, l'excitation du bout périphérique du pneumogastrique arrête pour quelques instants les battements du cœur. C'est là un fait certain, avéré, que tout le monde a vu, que tout le monde peut voir. Mais combien l'explication en est insuffisante! Les théories qu'on donne — et il y en a beaucoup, je vous assure — sont toutes destinées à périr promptement. Je ne sais point quelle théorie définitive l'avenir nous donnera : mais je sais qu'elle sera différente de celle que nous admettons aujourd'hui.

Ainsi consulter les livres, étudier les ouvrages classiques, savoir ce qui a été fait dans les innombrables laboratoires et cliniques qui couvrent le monde, c'est le strict devoir du savant.

Mais il faut surtout étudier dans le livre de la nature; il faut penser et regarder par soi-même. La nature est une mine inépuisable. Suivant une belle expression de PASCAL, « l'imagination se lasse de concevoir plutôt que la nature de fournir ».

Je vous parlais tout à l'heure des faits et des théories. Même quand il s'agit d'un fait, il faut beaucoup de temps et de prudence avant de l'admettre comme définitif. L'histoire des sciences nous apprend qu'il y a, sur les faits eux-mêmes, d'immenses et colossales erreurs.

Si vous saviez à quel point il est difficile de voir ce qu'on ne connaît pas. Un phénomène qui nous est inconnu passe près de nous sans que nous puissions le soupçonner, et notre aveuglement à tous est vraiment prodigieux.

Quand on lit les auteurs anciens, voire même les écrivains des xviie et xviiie siècles, on est stupéfait de voir combien les choses les plus simples et les plus évidentes ont été alors inconnues, incomprises, dénaturées.

Quoi de plus simple que l'anatomie du cœur! et, cependant, que d'erreurs longtemps répétées ! ARISTOTE, ce sublime observateur, n'a-t-il pas soutenu que l'origine de tous les nerfs du corps était dans le cœur?

GALIEN avait dit que la cloison qui sépare les deux ventricules est percée d'un orifice qui les fait communiquer l'un avec l'autre. Je n'ai pas besoin de vous dire que cette cloison n'existe pas, et qu'il n'y a, au moins chez l'adulte, aucun pertuis entre ces deux ventricules, aucune voie de passage. Cependant tous les anatomistes qui sont venus après GALIEN ont cru, jusqu'à MICHEL SERVET, que la cloison interventriculaire était perforée; ils ont décrit cette communication dont il était si facile de constater la non-existence. Les plus audacieux disaient seulement que ce trou était fort petit.

Pour des observations plus faciles encore, quelles erreurs énormes! Dans Pline, par exemple, non seulement il y a des récits fabuleux, de vrais contes de nourrice, qu'il rapporte très sérieusement d'après les récits de tels ou tels voyageurs; mais encore, pour des faits qu'il pourrait voir par lui-même et contrôler, il déploie une crédulité extraordinaire. En ouvrant au hasard un passage de ce grand naturaliste, je vois qu'il trouve que l'étoile de mer brûle tout ce qu'elle touche comme avec une flamme, et que la langouste a une telle frayeur du poulpe qu'elle meurt de peur dès qu'elle l'a vu.

Et ce n'est pas seulement chez les auteurs anciens, c'est encore et surtout chez les auteurs du moyen âge et chez les écrivains du xvie, du xviie et même du xviiie siècle, qu'on trouve de ridicules fables.

On est vraiment confondu quand on voit l'imperfection de l'observation. Un missionnaire du moyen âge raconte que dans ses voyages il est arrivé à l'endroit où le ciel et la terre se touchent et que, parvenu à cette limite, il était obligé de se courber pour avancer.

Claude Duret, président à Moulins, en Bourbonnais[1], nous décrit un arbre dont les fruits sont merveilleux. Cet arbre, vu par Pigafette, porte des feuilles qui vivent et qui cheminent. « Elles avaient comme deux pieds courts et pointus. Moi, Antoine Pigafette, en ai tenu et conservé une en une escuelle durant huit jours et, quand je la touchais, elle allait tout à l'entour de l'escuelle. » Il décrit un arbre plus merveilleux encore, dont les fruits tombent tantôt sur la terre, tantôt dans l'eau pour s'organiser et se développer. S'ils tombent sur terre, ils deviennent oiseaux; et une figure nous montre une sorte de canard dérivé de ces fruits, avec les formes de transition entre une pomme et un canard. Si, au contraire, la

---

1. *Histoire admirable des plantes et herbes esmerveillables et miraculeuses en nature, mesme d'aucunes qui sont vrayez zoophites ou plant'animales, plantes et animaux tout ensemble, pour avoir vie végétative, sensitive et animale.* — In-12; Paris, chez Nicolas Buon, 1605.

pomme tombe dans l'eau, elle devient poisson; et sur la même figure on voit toutes les transitions entre la pomme et le poisson.

Le même Claude Duret, dans un autre livre[1], nous dit aussi : « Il s'engendre dans la mer deux fois plus de sortes d'animaux que sur la terre, non seulement les poissons, mais aussi quelques oiseaux nommés bernaches. Même on voit plusieurs autres petits oiseaux et des rats et des souris engendrés du sel qui est dans les navires, voire mesme les femelles s'engrossent sans conjonction du mâle, en léchant seulement du sel. »

Cette génération spontanée de rats et d'oiseaux nous paraît maintenant une absurdité colossale; mais ne vous pressez pas trop de vous indigner; il n'y a pas plus de trente ans, on croyait encore à la génération spontanée des champignons et des moisissures. Il a fallu que M. Pasteur vînt nous prouver qu'il n'y a pas de génération spontanée. Et maintenant la création d'un être, si petit qu'il soit, nous paraît aussi absurde que celle d'un canard ou d'un poisson. Qu'il s'agisse d'un champignon ou d'un canard, la génération spontanée est tout aussi invraisemblable, au moins aujourd'hui.

Voici, à titre de spécimen d'absurdité, quelques citations extraites d'un petit livre fort curieux, datant de 1571 et intitulé : *la Description philosophale, forme et nature des bestes.*

« Le *gryphon* est une beste ayant quatre pieds et six ailes; il est si fort qu'il porte un cheval en l'air et un homme dessus. Les gryphons gardent les montagnes où est l'or et les émeraudes, et n'en laissent rien emporter.

« Le *lynx* a une urine qui se convertit en pierre précieuse; mais cette beste ne veut point que ces pierres profitent aux hommes, et pour cette cause elle cache son urine sous terre.

« La chair de *l'ours*, étant cuite, croît. L'ours n'a point de

---

1. *Discours de la vérité des causes et effects des divers cours, mouvemens flux et reflux et saleure de la mer Océane, mer Méditerranée et autres mers de la terre.* — In-12; Paris, chez Jacques Reze, 1600.

sang qu'entour le cœur. Quand il a la vue troublée, il cherche des mouches à miel, et les mange, et les mouches poignent l'ours de leurs aiguillons, le faisant saigner, et sa vue s'en éclaircit. Les ours ont le cerveau envenimé.

« Quand la *singesse* a deux faons, elle porte entre ses bras celui qu'elle ayme le mieux, le serrant par grand amour si fort qu'elle le tue, et, quand elle le voit mort, elle nourrist l'autre plus simplement. Le singe se réjouit quand la lune est nouvelle, et est triste quand elle est pleine ou vieille.

« La *souris* est engendrée par pourriture et de l'humeur de la terre.

« Le *lièvre* a autant de pertuis sous la queue comme il a d'ans, et a le sexe de mâle et de femelle, et engendre sans mâle, et pour ce en est-il beaucoup.

« Le *cerf*, quand il est grevé de maladie, attire un petit serpent par le vent de ses narines, et le mange, et il est guéri.

« Le *bouc* est de si chaude nature que son sang chaud brise la pierre du diamant qui ne peut être brisée par fer ne par feu.

« La *girafa* est une beste d'Éthiopie, engendrée du chameau et de la parde (léopard), ayant la teste et le col assez semblables au chameau, les cuisses et les pieds du buffle, et le corps taché comme un pard.

« Le *mouton* perd sa fierté quand on lui perce la corne près des aureilles. Quand le vent d'Aquillon vente, il engendre des mâles, et quand le vent d'Auster vente, il engendre des femelles. Quand ils boivent eau salée, ils sont plus tôt en amours ; quand les vieils moutons sont plus tôt en amours que les jeunes, c'est signe de bon temps ; mais, si les jeunes plus tôt que les vieils, c'est signe de pestilence et de mortalité.

« La *salamandre* à toucher le feu, elle l'esteint comme ferait la glace. Elle naît comme l'anguille en eau, et n'a ni mâle, ni femelle, et ne conçoivent ni ne font œufs, ni aucuns petits. Il n'est beste qui vive au feu, sinon la salamandre.

« Le *phénix* vit six cents ans ; quand fort vieux est, se met tout en cendre, dont s'engendre un autre phénix, et n'en est jamais qu'un au monde.

« Aux pays des nains les *grues* combattent contre eux.

« Quand le *coq* est trop vieil, il fait des œufs petits et ronds, et, quand ils sont couvés en un fumier par aucune beste venimeuse, ils deviennent basilic. Le Lyon redoute le coq, et par spécial s'il est blanc. »

J'aurais pu multiplier ces sottes légendes, fables, croyances. Mais je pense que cela suffira. Qu'on remarque bien qu'il s'agit là presque toujours de faits faciles à constater, comme l'œuf du coq, le sang du bouc, ou le sexe du lièvre. Mais vraiment il n'y a eu aucune constatation; une crédulité absurde, invraisemblable, et rien d'autre.

Dans l'œuvre admirable de notre grand PIERRE BELON, qui écrivit quelque quinze ans avant qu'ait paru ce stupide petit livre, on ne trouve rien d'analogue à ces inepties. Mais PIERRE BELON avance de près d'un siècle et demi. Il est par son génie presque le contemporain de LINNÉ.

AMBROISE PARÉ, un des plus grands chirurgiens dont s'honore notre patrie, AMBROISE PARÉ, qui a eu l'idée simple et admirable de lier avec un fil l'artère coupée qui donne du sang, AMBROISE PARÉ est d'une naïveté incroyable. Dans son chapitre *des monstres*, que je vous conseille bien de lire, si vous voulez passer quelques bons moments de gaieté, il raconte les histoires les plus extraordinaires et décrit des formes étonnantes dont il donne l'image *au naturel* :

« L'an mil cinq cent dix-sept, en la paroisse de Bois-le-Roi sur le chemin de Fontainebleau, nasquit un enfant ayant la face d'une grenouille, qui fust vu et visité par maistre Jean Belanger, chirurgien en la suite de l'artillerie du roi. Ledit Belanger, homme de bon esprit, désirant savoir la cause de ce monstre, s'enquit au père d'où cela pouvait procéder, lequel lui dit qu'il estimait que, sa femme ayant la fièvre, une de ses voisines lui conseilla, pour guarir sa fièvre, qu'elle print une grenouille vive en sa main, et qu'elle la tînt jusques à ce que ladite grenouille fust morte; la nuict elle s'en alla coucher avec son mari, ayant toujours ladite grenouille en sa main; son mari et elle s'embrassèrent, et conceut, et, par la vertu imaginative, ce monstre avait été ainsi produit, comme tu vois par ceste figure. »

Au début de ce chapitre sur les monstres, PARÉ en donne les causes : « La première est la gloire de Dieu; la seconde est la colère de Dieu; la troisième, la trop grande quantité de semence; la quatrième, la trop petite quantité; la cinquième, l'imagination; la sixième, l'angustie ou petitesse de la matrice; la septième, l'assiette indécente de la mère, comme, étant grosse, s'est tenue trop longtemps assise les cuisses croisées et serrées contre le ventre; la huitième, par chute; la neuvième, par maladies héréditaires; la dixième, par pourriture ou corruption de la semence; la onzième, par mixtion ou mélange de semence; la douzième, par l'artifice des méchants bélitres; la treizième, par les démons et diables. »

Ce sont là des exemples, pris pour ainsi dire au hasard parmi les fantaisies des observateurs anciens. Tous ces voyageurs, tous ces naturalistes du xvie et du xviie siècle voyaient de leurs propres yeux quantité de choses qui n'ont jamais existé, et il ne faut pas trop nous en étonner, car ils s'imaginaient avoir parfaitement observé la nature qui les entourait; et nous mourrons sans doute, nous aussi, dans la même illusion.

Mes amis de la *Society for psychical Research* ont recueilli un grand nombre de cas de mauvaises observations : ils ont très bien prouvé que, quand il s'agit de fixer son attention pendant une demi-heure ou une heure, on omet quantité de détails importants; on voit des choses qui n'ont pas eu lieu, de sorte que les comptes rendus, qu'on croit fidèles et qu'on a écrits de très bonne foi, fourmillent d'inexactitudes, d'erreurs et d'approximations.

Toute la lamentable histoire des possédés, des démoniaques, des sorcières, du sabbat, est là pour nous prouver que ces mauvaises observations s'étendent, non pas seulement à un groupe d'individus, mais à plusieurs générations d'hommes doctes. C'est une des hontes de l'humanité que d'avoir si longtemps cru au diable. Passe encore pour cette croyance absurde, si elle n'avait entraîné la mort de malheureuses folles! Nous nous indignons aujourd'hui quand nous lisons le récit de ces tortures, de ces bûchers, de ces massacres. Mais les juges et les médecins d'alors étaient unanimes; ils croyaient de bonne foi au diable, au sabbat, à la possession démoniaque, et, comme ils y croyaient, ils voyaient des faits qui n'existaient pas.

Leur crédulité tient vraiment du miracle. Voici un exemple pris au hasard; car assurément, en pareille matière, nous n'avons que l'embarras du choix.

Il s'agit d'une petite fille de cinq à huit ans que l'on fit exorciser. C'est BOGUET, grand juge au comte de Bourgogne, qui nous apprend comment les choses se passèrent. « Le premier jour, dit-il, se découvrirent cinq démons, les noms desquels étaient Loup, Chat, Chien, Joli et Griffon, et, comme le prêtre demanda qui lui avait baillé le mal, elle répondit que c'était Françoise[1]. Pour ce jour-là les démons ne sortirent point. Le lendemain matin, sur l'aube du jour, la fille se trouva plus mal que de coutume; mais enfin, s'étant penchée contre terre, les démons sortirent par sa bouche en forme d'une pelote grosse comme le poing et rouge comme feu, sauf que le chat était noir. Les deux que la fille estimait être morts se partirent les derniers, et avec moins de violence que les autres. Tous ces démons étant dehors firent trois ou quatre voltes à l'entour du feu et disparurent, et dès lors la fille commença à se porter mieux qu'auparavant. »

Cette crédulité entraînait dans la thérapeutique des conséquences bien extraordinaires. PARACELSE raconte le cas d'un gentilhomme, qui, dans la guerre de Charles-Quint

---

1. Cette accusation a suffi pour faire brûler la pauvre Françoise.

contre le roi de France, reçut une balle dans la vessie. Comme la plaie ne guérissait pas, on lui demanda conseil; alors il prescrivit de cueillir les herbes sous leur constellation, c'est-à-dire durant le temps que le signe de la Vierge monterait à l'horizon. Ces herbes étaient bien compliquées : « racine de concombre, racine de symphyton et d'aristoloche, feuilles de prunelle, d'aigremoine et de bétoine, baies de juniperum, l'extrémité des plumes de la queue d'un paon, fleurs d'hypericon, le tout à faire macérer pendant vingt-quatre heures, distiller jusqu'à ce que la liqueur soit réduite au tiers, à boire à quatre heures du matin dans le lit ».

Et, pour terminer, PARACELSE recommande de toujours savoir sous quel signe marche le soleil et en quel degré il est le jour qu'on va cueillir les herbes, bien que ceci, dit-il, appartienne plutôt aux apothicaires qu'aux médecins.

Eh bien, vraiment, cette crédulité de nos ancêtres m'effraye un peu pour notre science contemporaine. Qui sait ce que nos petits-neveux penseront de nous? PARACELSE, AMBROISE PARÉ, PIERRE BELON, JEAN BODIN, n'étaient pas plus bêtes que nous le sommes; et nous serions follement présomptueux, si nous pensions que leur intelligence et la nôtre ne sont pas faites d'une même étoffe. Si nous regardons avec dédain leurs inepties, c'est qu'on nous a appris que c'étaient des inepties. Mais pour les choses qu'on ne nous a pas apprises, ne sommes-nous pas aussi absurdes? J'ai grand'peur que, dans cent ans, notre science, dont nous sommes si fiers, ne paraisse bien démodée. C'est hier qu'on faisait, dans le cours d'une maladie, quarante ou cinquante saignées. Saignée le matin, sangsues dans la journée, saignée le soir. Le lendemain, saignée le matin, sangsues dans la journée, saignée le soir, et ainsi de suite pendant trois jours, et, si le malade venait à succomber, ce qui n'a rien de surprenant avec un pareil régime, on s'en prenait aux saignées qui n'avaient pas été assez copieuses. C'est hier qu'on

passait sans transition de la salle d'autopsie à la salle d'opération. On trempait légèrement ses mains dans l'eau. On
essuyait les instruments avec le tablier, et on s'étonnait de
voir tous les opérés mourir successivement, sans qu'un seul
pût en réchapper.

L'ignorance d'un phénomène nous met un voile devant les
yeux, jusqu'au moment où quelqu'un de plus avisé enlève le
voile et nous révèle la vérité.

Tenez, pour terminer, je vais vous donner un dernier
exemple, emprunté à la physiologie expérimentale, de cette
facilité dans l'illusion.

Vous savez qu'il y a au cerveau, entre la paroi cranienne
et la masse cérébrale, une membrane fibreuse résistante, la
dure-mère. Or il se trouve que cette dure-mère est d'une
sensibilité exquise : on ne peut pas la toucher sans que l'animal pousse des cris de douleur. Elle est, je ne dirai pas aussi
sensible, mais plus sensible qu'un tronc nerveux. Il n'y a
pas, dans tout l'organisme, d'organe qui soit plus sensible.
Pour qu'un chien supporte sans se plaindre une piqûre ou
une déchirure de la dure-mère, il faut qu'il soit profondément
chloralisé. Dès qu'il y a en lui la moindre trace de sensibilité,
elle est réveillée aussitôt par l'attouchement de la dure-mère.

Il semble que rien ne soit plus facile que de constater ce
phénomène. Quoi de plus simple que de mettre la dure-mère
à nu, de la pincer, et de constater que le chien alors crie et se
débat ?

Cependant, il faut croire que cela n'est pas très facile ;
car il s'est trouvé, il y a cent ans à peine, un très grand
physiologiste, un des plus grands assurément, HALLER, qui
a reconnu que la dure-mère était insensible. HALLER a étudié
la sensibilité de la dure-mère à l'aide d'expériences nom-

1. *Mémoire sur la nature sensible*, etc., t. Ier, sect. III : *Sur la dure-mère et
son insensibilité*, p. 154 à 157. Lausanne, chez Bousquet, 1761, in-12.

breuses, mais il était aveuglé par sa théorie de l'irritabilité qui lui faisait admettre que les parties fibreuses ne sont point irritables.

« Nous mîmes la dure-mère à nu, nous irritâmes cette membrane avec le scalpel et le poison chimique : l'animal ne souffrit aucune douleur.

« Sur un chien on a arrosé la dure-mère avec de l'huile de vitriol : l'animal a paru gai.

« Expérience 60. — J'irritai la dure-mère avec la pointe d'un scalpel sans que l'animal parût en souffrir.

« Expérience 61. — J'irritai la dure-mère avec le scalpel sans que l'animal donnât aucune marque de douleur.

« Expérience 62, sur un chat. — La dure-mère découverte fut piquée, irritée, brûlée pendant longtemps, sans que l'animal se plaignît. »

Haller rapporte une douzaine de cas analogues, et il ajoute : « J'ai fait beaucoup plus d'expériences que je n'en rapporte ici. Il y en avait cinquante de faites en 1750. Elles ont toutes réussi avec la même évidence et sans laisser de place à un doute raisonnable; je les crois suffisantes pour démontrer que la dure-mère est insensible. »

Eh bien! non, cent fois, mille fois non! la dure-mère est d'une sensibilité extrême. C'est un fait éclatant, facile à voir, incontestable. Nulle partie du corps n'est aussi sensible. Alors comment Haller n'a-t-il pas vu ce phénomène si évident? Comment expliquer cette colossale erreur en une question si facile? Messieurs, je ne saurais le dire. Sans doute il avait la vue troublée par sa théorie, il voulait trouver la dure-mère insensible, et il la trouvait insensible. Comme nous le faisons probablement aujourd'hui, il voyait, non ce qui est, mais ce qu'il voulait voir. N'est-il pas vrai, messieurs, que c'est inquiétant pour notre science[1]? Il y a autour de nous des

1. Plus récemment, M. Hermann (*Archives de Pflüger*, t. XLIII, p. 217) a rapporté ses expériences absolument négatives sur les effets physiologiques de l'aimant. Cela est parfaitement légitime; mais ce qui me paraît inadmissible,

faits aussi évidents que la sensibilité de la dure-mère, et cependant, nous ne les voyons pas parce qu'on ne nous les a pas enseignés. Il y a là un cercle vicieux dont le savant doit chercher à se dégager. On ne voit que ce qu'on connaît. Mais combien plus intéressant d'apprendre à voir ce qu'on ne connaît pas ! C'est aussi beaucoup plus difficile, et bien peu d'hommes ont ce rare talent d'observateurs, de trouver ce qu'ils ne cherchent pas, ce qu'ils ne savent pas, ce qu'ils n'avaient pas d'abord imaginé.

Au fond, rien n'est plus difficile qu'une impartiale et attentive observation. Pourtant, en apparence, quoi de plus simple? L'expérimentateur et l'observateur n'ont qu'à examiner scrupuleusement tous les phénomènes qui se présentent. Et, pour bien regarder, ils doivent oublier tout ce qu'ils ont appris, et laisser dans l'ombre toutes les théories.

Aussi, vous l'avouerai-je, suis-je absolument et sans restriction le partisan de la méthode de MAGENDIE. MAGENDIE disait qu'il fallait expérimenter comme une bête. Expérimenter, expérimenter toujours, sans chercher à comprendre, en faisant abstraction de ses opinions, en ne concluant même

c'est la conclusion qu'il en tire. Suivant lui, les observations de magnétothérapie et de transfert que l'on a faites depuis ANDRY et THOURET sont inexactes. Il n'a d'ailleurs, partant de cette idée préconçue, pas de peine à établir que la preuve rigoureuse, formelle et inattaquable, de ces actions magnétiques sur l'organisme n'a pas été donnée. Assurément la démonstration irréprochable reste encore à faire ; mais la méthode de M. HERMANN est très défectueuse, et j'ai grand'peur que sa négation aille, en fort bonne compagnie d'ailleurs, rejoindre celles de PRÉVOST et DUMAS, de J. MULLER et de PASTEUR, dont j'ai parlé plus haut. On avait dit : l'aimant agit sur certains organismes malades et délicats. Alors que fait M. HERMANN? Comment contrôle-t-il ces assertions? Il prend un nerf de grenouille et un cœur de grenouille : il constate que l'aimant n'agit ni sur le nerf ni sur le cœur, et il en conclut qu'on s'est trompé. C'est absolument comme si, un savant ayant affirmé que l'aimant agit sur le fer, on venait essayer l'action de l'aimant sur le nickel, constater qu'il n'a pas d'effet et alors conclure que le savant en question s'est trompé et que l'aimant n'agit pas sur le fer.

D'ailleurs, il ne faut pas se satisfaire des démonstrations, trop vagues encore, qui ont été données sur l'action des aimants, et il faut se remettre à cette étude; mais je crois qu'il sera bon de suivre une autre méthode que celle de M. HERMANN.

que par le fait. Dans cette admirable correspondance qu'on vient de publier, DARWIN nous disait qu'il aimait à faire des expériences d'*imbécile*. J'ai donc l'autorité de MAGENDIE et de DARWIN pour me soutenir, si je fais une expérience absurde. Les idées théoriques, les savantes considérations ne m'intéressent pas. Un fait bien et complètement observé dans tous ses détails vaut toutes les théories du monde. Un étudiant de première année fera sur tel ou tel fait, qu'on lui a montré, les hypothèses les plus ingénieuses et les plus plausibles ; mais ce n'est pas là ce qui me touche. Toutes ces théories, ces spéculations, ces déductions ont été mille fois agitées ; ce qui est nouveau, c'est le fait même et la manière dont on le démontre.

Débarrasser l'expérience de toutes les causes d'erreur, n'omettre aucun des détails qui se présentent, tel est le rôle du physiologiste.

Ainsi, d'une part, une audace aventureuse et sans limite dans la conception des hypothèses ; d'autre part, une rigueur illimitée dans l'expérimentation, et le souverain respect du *fait*, qui seul est vrai. Tels sont, pour ainsi dire, les deux pôles vers lesquels la science physiologique doit s'orienter.

En tout cas, il faut une indépendance d'esprit absolue. En effet, quand il s'agit d'une œuvre scientifique, la personnalité de l'auteur importe peu. Le plus grand savant, et le plus autorisé, est sur le même pied qu'un obscur étudiant. En fait de science, il n'y a ni principes, ni nationalité, ni école. Le président de la *Royal Society* de Londres ou le secrétaire perpétuel de l'*Académie des sciences de Paris* n'ont pas qualité pour renverser une opinion, s'ils ne donnent pas de preuves à l'appui ; leur conviction ne fait rien à l'affaire, et ils auraient tort d'invoquer leur autorité. Les commissions nommées par des académies et des sociétés savantes ne peuvent décider si un fait est vrai ou faux ; l'histoire est là pour montrer à quel degré d'erreur et d'illusion elles ont pu parvenir.

Tout oser et tout regarder, sans parti pris, sans préjugé, sans théorie ; ne pas accepter comme infaillible l'autorité du maître : voilà la science. L'esprit scientifique est essentiellement révolutionnaire.

L'esprit médical, messieurs, est tout autre. Il ne s'agit pas de chercher quelque vérité perdue dans l'obscurité des choses, de démêler dans l'amas des phénomènes tel ou tel phénomène spécial. Non. C'est un autre devoir qui s'impose. Il faut agir. Pour le médecin, la recherche de la vérité n'est plus que secondaire. Un général, sur un champ de bataille, n'a pas à s'occuper des vérités tactiques et stratégiques ; l'homme politique, dans une situation embarrassée, ne va pas consulter les traités abstraits du droit des gens et de l'économie politique. Vraiment ils ont autre chose à faire. Ils ont, comme le médecin en présence de son malade, à prendre une détermination qui est un acte, non plus une opinion.

Voici une femme qui accouche. Le médecin est appelé. Il doit faire ce que ses maîtres lui ont appris. Or il existe des règles précises qu'il n'a le droit ni d'ignorer ni de ne pas appliquer. Il ne lui est pas permis de mettre en doute l'autorité de ses professeurs ; car toute innovation aurait peut-être des conséquences graves.

En fait de science, on doit être révolutionnaire ; mais, en médecine, il faut être conservateur. Qu'il s'agisse d'un accouchement, d'une fracture ou d'une fièvre typhoïde, vous, médecins, vous n'avez qu'à suivre les préceptes qu'on vous aura donnés ici.

Est-ce à dire que la médecine ne doive pas parfois innover ? Je ne le pense pas, car ce serait désespérer de son avenir. D'abord les physiologistes, en indiquant des expériences nouvelles, fourniront aux médecins matière à des tentatives nouvelles très légitimes ; puis il y a des cas où les ressources connues sont impuissantes. Alors le médecin est autorisé à tout essayer; alors non seulement il *peut*, mais encore il *doit* tout essayer. Quand Pasteur a fait sur le petit Joseph Meister la première inoculation de virus rabique, il avait le droit d'oser cette redoutable expérience, car Meister était condamné, et la rage est une maladie qui ne pardonnait pas.

On est autorisé à tout faire, à tout tenter en présence d'un infortuné que les traitements ordinaires ne peuvent guérir; par exemple, un tuberculeux arrivé à la dernière période de consomption, ou un typhique qui agonise, ou un cancéreux qui voit devant lui la mort prochaine. Alors tout est permis, et, pour ma part, je vous conseillerais une thérapeutique bien plus téméraire que celle qu'on pratique d'habitude quand on a affaire à ces malheureux.

Mais le médecin a une autre mission que celle de guérir. Son premier devoir est évidemment le traitement du malade; son second devoir est de connaître la nature, la forme, la marche de telle ou telle maladie. Quand il a fait œuvre de médecin, il doit faire ensuite œuvre de savant, et alors il redevient révolutionnaire comme le savant. Il doute des opinions classiques, il cherche les symptômes qui n'ont pas été vus avant lui, il analyse toutes les conditions étiologiques, même celles qui sont invraisemblables, il conteste les médications qu'il emploie, les juge, les contrôle, les discute, de manière à pouvoir, dans telle ou telle occasion, profiter de ce qu'il vient de voir. Tout cela suppose une faculté d'observation bien remarquable et une curiosité toujours en éveil : la curiosité du savant.

Mais cette curiosité du médecin doit être limitée : elle ne doit jamais compromettre la vie ou la santé du malade. Au contraire, pour le savant, la curiosité et l'audace doivent être sans limites.

Vous, messieurs, qui avez l'heureuse fortune d'être très

jeunes, vous avez le devoir d'être aussi très curieux. Dès votre initiation à la médecine, les problèmes les plus intéressants se sont posés en foule devant vous ; et il faut que vous les trouviez intéressants, sous peine de ne rien comprendre. Plus tard, quand vous serez médecins, vous aurez d'autres devoirs ; il vous faudra le respect de la vie humaine. Votre mission, souvent payée d'ingratitude, est d'éviter à vos semblables la douleur et la maladie. Je vous dirai donc, quoique le mot soit quelque peu démodé : « Aimez l'humanité. Pour les misères, morales ou physiques, des hommes, soyez bons et pitoyables, et vous aurez réalisé l'idéal du vrai médecin, si, avec l'amour de l'humanité, vous avez l'amour de la science. »

XXI

LE RYTHME DE LA RESPIRATION[1]

Par M. Charles Richet

J'ai l'intention de vous faire, sur la respiration, quelques leçons assez développées. Vous pourrez ainsi comparer une leçon classique, élémentaire, dans laquelle on se contente d'exposer les données certaines, les acquisitions définitives de la science, et une leçon non classique, où se donne le détail des expériences qui ont servi à établir les faits, où se montre comment il convient de combiner la méthode expérimentale et la méthode critique, c'est-à-dire bibliographique. Alors, en effet, ne se bornant pas aux résultats acquis, on insiste sur les difficultés du sujet et on indique les désidérata et les expériences à faire.

J'ai choisi la respiration pour vous faire ces leçons détaillées, parce que la fonction respiratoire est une des plus importantes qu'ait à étudier la physiologie. Par sa généralité, par sa constance, cette fonction peut être vraiment considérée

1. Ces leçons, comme le précédent article, sortent aussi quelque peu du cadre généralement adopté pour les travaux du laboratoire. Cependant on trouvera dans ces leçons quelques idées nouvelles, de sorte que ce travail peut être considéré comme un mémoire original.

comme l'équivalent de la vie. Tout ce qui vit respire, et tout ce qui respire vit.

La respiration, on le sait depuis Lavoisier, est une fonction physico-chimique. Elle consiste essentiellement en une absorption d'oxygène et une exhalation d'acide carbonique; autrement dit, c'est une *combustion*.

Cette combustion se fait dans l'intimité des tissus, par l'intermédiaire du sang, qui arrive dans le poumon chargé d'acide carbonique, et en revient chargé d'oxygène. Pour cette double fonction, le sang emploie d'ailleurs des éléments différents : les globules, pour véhiculer l'oxygène, et le sérum, pour véhiculer l'acide carbonique. Dans l'un et l'autre cas, le mode de fixation est de nature chimico-physique. L'oxygène se fixe sur l'hémoglobine des globules; l'acide carbonique se combine avec la soude libre du sérum sanguin.

Donc, tous les êtres vivants respirent; mais, chez les êtres inférieurs, unicellulaires, la respiration consiste seulement en une sorte d'imbibition par les gaz dans le milieu ambiant, imbibition plus ou moins analogue à l'absorption des gaz par un corps poreux inerte; au contraire, cette fonction, chez les êtres supérieurs, ne peut s'effectuer qu'à l'aide d'un mécanisme spécial, souvent très compliqué, dont le but est d'apporter l'air au contact du sang. Cette mécanique de la respiration se fait, naturellement, par des mouvements musculaires, en lesquels consistent l'inspiration et l'expiration.

Le mécanisme respiratoire est très variable : il n'est pas le même, par exemple, chez les mammifères plongeurs que chez les autres mammifères, chez les poissons que les grenouilles, etc. La complication et la variété de ces divers appareils sont considérables.

Mais nous laisserons cet exposé pour n'étudier qu'un seul point de la mécanique respiratoire, à savoir le rythme. Les mouvements respiratoires, en effet, sont intermittents, comme tous les mouvements vitaux; mais l'intermittence est plus ou moins régulière, *rythmée :* c'est ce rythme que nous allons surtout considérer[1].

I

La question du rythme respiratoire paraît être une des plus faciles de la physiologie; elle soulève cependant des difficultés nombreuses.

Nous supposerons démontré que le rythme est réglé par le système nerveux; car tout se passe comme s'il existait quelque part, dans le bulbe, un centre nerveux commandant les divers actes de la respiration, donnant l'impulsion aux muscles inspirateurs et expirateurs.

Or cette influence du système nerveux est prodigieusement variable. On peut même dire qu'elle n'est jamais identique à elle-même. Elle se modifie, en effet, suivant la température extérieure ou intérieure, suivant la proportion des gaz contenus dans le sang, suivant le rythme cardiaque, suivant les influences réflexes innombrables; de sorte que, si l'on veut prendre le rythme de la respiration à l'état normal, on se heurte tout de suite à cette première difficulté : la détermination de ce que l'on doit appeler l'état *normal*.

L'individu normal est en effet multiple. A cinq heures du soir, notre température est supérieure d'un degré et demi à ce qu'elle était à cinq heures du matin; l'état d'une personne qui a marché ou qui a mangé est bien différent de celui d'une personne au repos ou à jeun. De même l'état de veille diffère profondément de l'état de sommeil. Toutes ces conditions, et d'autres encore, multiplient l'état dit normal.

1. Le mot *rythme* n'est pas tout à fait le mot propre, car il ne veut pas dire que les respirations sont rapides ou rares; il faudrait pour cela dire *fréquence* des respirations; mais rythme a été si souvent pris dans ce sens de fréquence qu'on peut l'employer sans inconvénient, et qu'on est compris par tout le monde. On dit d'ailleurs rythme lent, rythme rapide, c'est assez inexactement dit; mais cela passe dans la langue courante.

On peut cependant tourner la difficulté en considérant ce qu'on nomme un individu moyen. Le procédé consiste à observer un grand nombre d'individus de conditions, de nationalités, de taille, de sexe, d'âges différents, et à prendre la moyenne de toutes les observations. Ainsi avait fait QUETELET, le célèbre économiste belge, qui, à l'aide de très nombreuses mensurations dont il avait pris la moyenne, avait déterminé l'*homme moyen*. Cet homme moyen est évidemment un être de raison, qui n'existe pas, mais qui n'en est pas moins scientifiquement vrai.

Si l'état normal est assez difficile à définir, il est également difficile à obtenir, car la volonté, l'émotion, la fatigue, l'attention ont une influence manifeste sur toutes les fonctions organiques, en général, et sur le rythme respiratoire, en particulier. L'influence de l'attention est telle, par exemple, qu'il suffit, alors qu'on enregistre sa propre respiration, de regarder le graphique qui s'inscrit pour en modifier immédiatement la forme, et ne plus pouvoir alors obtenir une respiration normale, régulière. Si l'on prévient une personne dont on se dispose à observer la respiration, on en altère immédiatement le rythme ; et cette influence est telle qu'on est obligé d'avoir recours à des subterfuges pour éviter ces diverses perturbations, et pouvoir observer une respiration d'homme avec une forme et un rythme vraiment normaux.

II

En tenant compte de toutes ces difficultés, et en prenant la moyenne de chiffres nombreux obtenus comme nous venons de le dire, on constate que le rythme respiratoire a des relations manifestes avec un certain nombre de conditions individuelles.

Il y a d'abord l'influence de l'âge ; et celle-ci est très remarquable. Plus l'individu est âgé, plus la respiration est lente.

Ainsi, tandis qu'un nouveau-né respire 44 fois par minute, un enfant d'un an respire 32 fois, un enfant de cinq ans 26 fois, un adolescent de quinze ans 20 fois, et le nombre normal des respirations d'un adulte de vingt-cinq ans est de 16 par minute :

Age.	Nombre des respirations par minute.
Nouveau-né . .	44
2 ans	28
3 —	26
6 —	25
20 —	18
25 —	16

Si l'on traçait une courbe, en répartissant les âges sur la ligne des abscisses, et le nombre croissant des respirations sur l'ordonnée élevée au point zéro de cette ligne, représentant le moment de la naissance, on obtiendrait, comme presque toujours lorsqu'il s'agit des phénomènes naturels, une courbe ayant la forme d'une parabole.

<h2 style="text-align:center">III</h2>

De ce rapport du nombre des mouvements respiratoires avec l'âge des individus il ne faudrait pas cependant conclure que le ralentissement de la respiration est dû à l'âge. En réalité, il est dû à l'augmentation de la taille de l'individu. Mais, comme il s'agit ici d'une loi importante : rapport de la respiration avec la surface de l'être vivant, nous devons entrer dans quelques développements.

Si, au lieu de la courbe précédente, on en dressait une autre où les chiffres des âges seraient remplacés par les chiffres des tailles, on obtiendrait un graphique très analogue.

C'est ce qu'a fait Quetelet : en comptant les respirations

chez 100 femmes de taille différente, il a obtenu les chiffres
suivants :

Groupes répartis suivant la taille.	Taille moyenne. — Centimètres.	Nombre moyen des respirations par minute.
De 1 à 20.	144,8	21,05
20 à 40.	150,2	19,55
40 à 60.	153,7	19,10
60 à 80.	156,6	18,70
80 à 100.	160,9	18,35

Ainsi les femmes adultes soumises à l'observation respi-
raient d'autant plus lentement qu'elles étaient de taille plus
élevée.

La même observation, faite sur soixante-dix enfants de
même âge, mais de taille différente, a encore donné le même
rapport.

Groupes d'enfants répartis suivant la taille.	Taille.	Nombre des respirations.
De 1 à 20. . . .	132,3	22,75
10 à 30. . . .	128,6	22,75
20 à 40. . . .	124,3	22,60
40 à 50. . . .	120,75	22,45
50 à 60. . . .	117,30	23,60
60 à 70. . . .	115,12	24,50

Ici encore, on le voit, le nombre des respirations est inversement proportionnel à la taille. Mais ce rapport, quelque
bien établi qu'il soit, est encore une donnée brute, insuffisante, et, pour en trouver la loi, il faudrait connaître le rapport exact de la taille avec la surface. On est ainsi amené à
chercher une méthode pour déterminer la surface d'un être
vivant, ce qui permettrait d'établir la relation qui relie entre
eux ces trois éléments fondamentaux de notre constitution
individuelle : la taille, le poids et la surface.

IV

Quand il s'agit d'animaux, dont les formes sont toujours très compliquées, la mesure directe de la surface est presque impossible, et il faut se contenter d'approximations indirectes, très imparfaites.

Supposons que nous ayons des sphères différentes dont nous connaîtrions le volume, et dont nous voudrions avoir la surface : l'opération serait fort simple, et on aurait :

$$S = \sqrt[3]{\overline{P^2}}$$

Mais les êtres organisés ne sauraient être complètement assimilés à des sphères, et leur surface n'est pas exactement la racine cubique du carré de leur poids. Il y a une variable, constante sans doute pour chaque espèce, qu'il faudrait déterminer, et cette étude n'a pas encore été faite. Aussi une méthode directe qui permettrait de mesurer la surface d'un animal autrement que par une formule mathématique, forcément approximative, est-elle encore à trouver.

Quelques auteurs admettent un chiffre, variant entre 10 et 12, auquel ils sont arrivés par tâtonnement, qui est le multiple de la formule $\sqrt[3]{P^2}$, pour exprimer le rapport du poids à la surface d'un animal. Ainsi un animal de 1 kilogramme aurait une surface de 110 centimètres carrés; un éléphant de 2000 kilogrammes aurait une surface de 17 mètres carrés, et un homme de 64 kilogrammes aurait une surface de $1^{m^2},92$. Mais ce sont là des chiffres fictifs, approximatifs seulement dans des limites étendues.

Cependant, quelque imparfaite que soit la méthode, dans l'ensemble elle suffit, et elle fournit des chiffres intéressants. Calculons alors le nombre de centimètres carrés de surface correspondant à un kilogramme d'animal d'une espèce don-

née. Nous établirons ainsi une sorte d'échelle, qui montre
l'existence d'une véritable fonction mathématique :

Animaux.	Poids. — Kilogr.	Surface.	Pour un kilogr. quelle surface ?
Éléphant. .	2 000	17 040	8
Bœuf. . . .	650	8 910	11
Ane	400	6 504	13
Homme. . .	64	1 920	24
Mouton. . .	40	1 416	28
Chien . . .	24	996	33
— . . .	16	810	37
— . . .	11	600	42
— . . .	8	480	48
— . . .	6	414	52
— . . .	4	306	61
Lapin. . . .	2	165	76
— . . .	1,12	127	88
— . . .	0,80	103	103
Cobaye. . .	0,40	100	130

On pourrait tracer un graphique avec ces chiffres, et on
aurait une courbe parabolique.

En somme, ces chiffres nous apprennent qu'il y a chez les
différents animaux une sorte de constante physiologique,
qu'on pourrait nommer le *coefficient d'activité physiologique*,
dont la signification me paraît être la suivante. Nous savons,
depuis Newton, que le refroidissement d'une masse est fonction de sa surface. Eh bien ! les animaux n'échappent pas à
cette loi physique, et ils se refroidissent aussi proportionnellement à leur surface, c'est-à-dire d'autant plus vite qu'ils ont
une surface plus étendue relativement à leur poids. Or évidemment les petits animaux se comportent au point de vue
de la perte de chaleur comme les petites sphères, et c'est pour
eux par l'unité de poids que le coefficient de refroidissement
est le plus élevé.

Mais, pour lutter contre un refroidissement rapide, il faut
faire beaucoup de chaleur en peu de temps. Or nous savons
que les combustions organiques ont pour condition indispen-

sable le fonctionnement du mécanisme respiratoire, qui est chargé de fournir le comburant. Donc l'activité de ce mécanisme respiratoire se mettra en rapport avec les exigences de la calorification ; autrement dit, il variera en proportion inverse de la taille des animaux.

C'est ainsi que nous verrons

Le cheval respirer 10 fois par minute.
L'homme   —   16   —
Le chien   —   22   —
Le lapin   —   50   —
La souris   —   150   —

Les deux échelles de la respiration et de la surface sont presque parallèles, et nous pouvons en conséquence admettre que chez les animaux de taille différente le rythme respiratoire — nous ne considérons ici évidemment que la fréquence des respirations — est bien *proportionnel à la surface*.

M. RAMEAUX [1] a établi, de son côté, une formule permettant de calculer le rapport qui existe entre le nombre des respirations et une des dimensions d'un animal. Soit n le nombre des respirations, v le volume des poumons et d la dimension des poumons. Si l'on admet que la quantité d'air introduite dans les poumons est proportionnelle à la déperdition de chaleur, celle-ci étant d'autre part proportionnelle à la surface de l'animal, on a :

$$\frac{nv}{n'v'} = \frac{d^2}{d'^2},$$

et d'autre part

$$\frac{v}{v'} = \frac{d^3}{d'^3},$$

d'où l'on tire

$$\frac{v}{v'} = \frac{d^2 n'}{d'^2 n}; \quad \frac{d^2 n'}{d'^2 n} = \frac{d^3}{d'^3},$$

1. RAMEAUX, « Des Lois suivant lesquelles les dimensions, etc... » (*Mém. de l'Acad. royale de Belgique*, t. XXIX, 1857 ; tirage à part, 64 pages.)

et finalement

$$\frac{n'}{n} = \frac{d}{d'}.$$

Ce qui veut dire que le nombre des respirations doit être inversement proportionnel à la taille.

V

Cette loi n'est cependant pas absolue, et la question n'est pas aussi simple qu'on pourrait le croire d'après ce qui précède. Pour établir les courbes dont nous venons de parler, il a fallu en effet laisser de côté un certain nombre de faits contradictoires ; mais, par cela même qu'ils sont contradictoires, ils sont fort intéressants.

La première exception est présentée par les animaux herbivores, qui ne rentrent pas dans les séries que nous avons établies. Ainsi le bœuf respire autant que l'homme et que les gros chiens. Les antilopes ont 25 respirations par minute ; les cerfs, les lamas, 20 respirations par minute ; les buffles, 18 respirations par minute : tous les ruminants, en un mot, respirent beaucoup plus souvent qu'ils ne devraient le faire d'après la seule considération de leur taille.

Si l'on observe, à ce point de vue, le chat et le lapin, deux animaux de poids assez comparables, on trouve encore la même différence : le chat respire 20 fois par minute, et le lapin 50 fois.

Il est donc manifeste que les herbivores respirent plus activement que les carnassiers. Il y a certainement dans leur organisation un élément qui modifie la loi des rapports de la surface et de la respiration, et qui nous est inconnu.

Mais il y a encore d'autres écarts. Les mammifères plongeurs respirent avec une extrême lenteur : les chasseurs de baleine savent que cet animal peut rester une demi-heure sous l'eau : de même les hippopotames peuvent rester longtemps sans respirer, alors qu'à l'état normal ils respirent aussi fréquemment que le bœuf. Gratiolet en cite un qui plongeait pendant quinze minutes. Cet auteur cherche, d'ailleurs, à expliquer ce fait par l'existence d'un sphincter de la veine cave à l'entrée du cœur ; mais cette particularité anatomique n'explique pas très bien le fait physiologique dont nous parlons ici. De même, M. Retterer attribue à la grande masse relative de son sang l'aptitude de la baleine à rester longtemps sans avoir besoin de renouveler sa provision d'oxygène : l'hypothèse est vraisemblable ; mais, en attendant que des observations directes aient été faites et que des mensurations comparatives aient été produites — opérations qui ne seront assurément pas faciles — nous avouerons notre ignorance sur le mécanisme de cette aptitude curieuse des animaux plongeurs.

Puis, il y a les oiseaux chez lesquels nous ne trouvons des chiffres absolus différents quoique il existe toujours un étroit rapport entre le poids de l'animal et la fréquence de sa respiration.

Chez les oiseaux, la respiration est beaucoup plus lente, relativement aux mammifères, que ne l'indique le poids. Ainsi le condor respire moins que l'éléphant : le pigeon respire quatre fois moins que le cobaye. Voici, d'ailleurs, quelques chiffres à cet égard :

Espèces.	Poids. — Kilogr.	Nombre de respirations par minute.
Casoar. . . .	50	2
Pélican. . . .	8	4
Condor. . . .	8	6
Coq	2	12
Canard. . . .	1	18
Pigeon. . . .	0,300	30
Moineau . . .	0,020	100

La respiration des oiseaux, on le sait, est adaptée aux conditions du vol, et se fait dans des conditions toutes spéciales. La lenteur du rythme serait-elle due au volume relativement plus considérable des poumons, ou à l'existence des sacs aériens, qui permettent peut-être un grand apport d'air à chaque inspiration?

VI

Si des animaux ayant besoin de faire de la chaleur nous passons aux animaux à sang froid, il semblerait que nous ne dussions pas retrouver chez eux un rapport entre la surface et la respiration. Cependant ce rapport existe : c'est là un fait bien remarquable, que, dans ses belles *Leçons sur la respiration*, Paul Bert a signalé. Les petits poissons ont une respiration plus fréquente que les gros. Des carpes de poids différents ont donné les chiffres suivants, qui indiquent le nombre de leurs respirations par minute :

Poids. grammes.	Respirations.
120.	8
37.	35
1,3. . . .	92

Par minute, un congre de 1 mètre respirait 10 fois, et un congre de 0^m,50, 25 fois.

Mais, ici, cette influence de la taille ne peut se ramener à une influence de surface; elle n'est donc pas due à une cause calorimétrique, puisqu'il s'agit d'animaux à sang froid. Il s'agit probablement d'une autre influence, celle du volume des poumons ou de tout autre cause encore, qui mériterait, certes, d'être étudiée avec soin.

VII

Il existe un rapport presque constant entre le rythme cardiaque et le rythme respiratoire.

En effet, si l'on met en regard, pour des animaux d'espèces différentes, le nombre des battements cardiaques et celui des respirations dans une minute, on obtient les chiffres sui vants, qui permettent d'établir une relation simple entre les deux chiffres correspondants :

Espèces.	Nombre des respirations.	Nombre des systoles cardiaques.	Rapport.
Homme.	16	70	4,4
Chien.	24	100	4,2
Éléphant. . . .	8	28	3,5
Lapin.	50	140	2,8
Souris.	150	250	4,7
Pigeon.	36	220	6,0

En faisant ce rapport, on voit que, en moyenne, il y a environ quatre systoles pour une respiration. Toutefois, chez les animaux dont la respiration est très fréquente, on ne retrouve plus le même rapport, et l'on constate que le rythme circulatoire a crû proportionnellement moins vite que le rythme respiratoire.

VIII

Nous allons maintenant voir de quelles modifications physiologiques est susceptible le rythme respiratoire chez l'homme, qu'il s'agisse de respiration ralentie ou *hypopnée*, de respiration accélérée ou *polypnée*, de respiration supprimée ou *apnée*, de respiration laborieuse, difficile ou *dyspnée*.

Évidemment, c'est le besoin d'oxygène qui détermine le rythme respiratoire, et M. BORDONI, qui pratiqua la circulation d'air continue dans le système respiratoire d'un oiseau, le faisant entrer par la trachée pourvue d'une canule et sortir par une fistule pratiquée à un sac aérien ou à un humérus creux perforé, a vu l'apnée complète s'établir chez l'animal. Le besoin de respirer avait donc été complètement supprimé par cette circulation artificielle d'air, par ce lavage oxygéné des organes respiratoires.

Cependant cette opinion, également soutenue par M. Ro-senhal, qui a pu produire l'apnée chez les lapins en saturant le sang d'oxygène, a contre elle un certain nombre d'expériences qui ne permettent guère qu'on l'admette sans réserve.

D'abord, si l'on coupe les pneumogastriques d'un lapin, c'est-à-dire si l'on supprime les nerfs centripètes de la respiration, il devient impossible de produire l'apnée chez l'animal ainsi opéré. L'apnée paraît donc être un phénomène de sensibilité pulmonaire, plutôt qu'un phénomène lié à la qualité chimique du sang.

Seconde preuve : si l'on fait respirer de l'oxygène pur à un animal, on ne voit pas la respiration se modifier, bien que le sang soit saturé de ce gaz.

Troisième preuve : si l'on insuffle dans le poumon un air pauvre en oxygène, mélangé par moitié d'hydrogène, par exemple, on obtient l'apnée tout aussi facilement que si l'animal respirait de l'air pur.

Enfin, comme M. Hering et M. Ewald l'ont montré, le sang d'un animal en état d'apnée ne contient pas plus d'oxygène que le sang d'un animal normal [1].

Toutes ces expériences nous prouvent que le poumon est doué d'une sensibilité spéciale à la distension mécanique, et que l'apnée qui en résulte est un phénomène nerveux, d'ordre dynamique, un réflexe consécutif à une excitation mécanicophysique de la périphérie, plutôt qu'à une excitation chimique du système nerveux central.

Mais pouvons-nous diminuer le nombre de nos respirations sans modifier nos conditions physiologiques essentielles ?

M. A. Mosso a montré que la respiration, ainsi d'ailleurs que la plupart des fonctions chez l'homme et chez quelques

1. *Archives de Pflüger*, t. VII, p. 575.

autres animaux, est une respiration en partie *de luxe*. Quoique on ait souvent critiqué cette expression, je dois dire qu'elle me paraît excellente : elle signifie que nous respirons, comme nous nous alimentons, d'une façon plus intense que nous n'en avons le strict besoin pour entretenir notre vie. En respirant moins, en mangeant moins, en faisant moins de chaleur, on vit ; on vit moins bien, mais on vit : ce surcroît de dépense vitale est évidemment une sorte de luxe.

Mais ce luxe n'est pas tout à fait inutile, et je serais tenté de croire, qu'en fait d'oxygène, comme en fait de carbone, ou d'hydrogène, ou d'azote, pour en avoir *assez*, il faut en avoir *trop*.

Voici comment on peut démontrer qu'il y a une respiration de luxe. Sur les montagnes, on le sait, la tension de l'oxygène diminue tellement qu'il nous faudrait, à une certaine altitude, doubler le nombre de nos respirations pour absorber la même quantité d'oxygène qu'à la pression normale. Or nous ne respirons guère plus vite sur les montagnes que dans la plaine ; ce qui prouve bien que notre respiration était plus active qu'il n'était nécessaire pour vivre.

Inversement, si l'on respire de l'oxygène, bien que chaque inspiration apporte au sang 5 fois plus de ce gaz que dans les conditions normales et que par suite le besoin de respirer dût diminuer d'autant, cependant le rythme respiratoire n'est pas modifié : il continue avec sa fréquence précédente, devenue tout à fait inutile, au point de vue chimique tout au moins.

D'autre part, on peut, par un effort de volonté qui n'a rien de pénible, réduire pendant longtemps le nombre de ses respirations à quatre par minute ; et c'est seulement en les réduisant à trois qu'on éprouve une certaine gêne. Il est éviden qu'on n'a fait ainsi que supprimer tout ce qui était du luxe, et que, par ces respirations profondes, qui durent longtemps, on fait un usage plus complet de l'oxygène introduit dans le poumon.

En réalité on peut admettre que la respiration de l'homme

est au moins deux fois plus fréquente qu'il n'est strictement nécessaire.

D'ailleurs, ce qui prouve bien que la ventilation est quelque peu surabondante, c'est que, dans l'hypopnée ou respiration ralentie, nous utilisons bien mieux l'oxygène qui pénètre dans le poumon.

Tandis que, dans la respiration normale, de luxe, nous absorbons 5 pour 100 d'O en rendant 4 pour 100 de CO_2, dans la respiration ralentie, nous absorbons 7 pour 100 d'O, et nous rendons 6 pour 100 de CO_2.

Il faut en outre apporter quelque correctif à cette expression de *respiration de luxe;* car peut-être n'y a-t-il pas surabondance pour tous nos tissus, et notre cerveau demande-t-il à être irrigué par un sang très richement oxygéné. Au moins est-ce une conclusion à laquelle semblent nous conduire quelques expériences que nous avons récemment faites, M. Langlois et moi. En détruisant, chez des chiens, une grande partie du cerveau, nous avons vu la respiration diminuer de fréquence, et se réduire au strict nécessaire, comme si nous avions supprimé du même coup quelque tissu délicat, très avide d'oxygène, dont les exigences pouvaient expliquer le luxe apparent dont nous venons de parler [1].

Évidemment, le cerveau n'a pas toujours besoin d'une irrigation aussi richement oxygénée, mais le rythme de luxe se maintient par habitude. Une belle expérience de M. Marey a, en effet, bien mis en évidence cette influence de l'habitude sur le rythme respiratoire.

En observant des soldats soumis à l'entraînement du pas gymnastique accéléré, notre savant maître a constaté qu'au bout de six mois le rythme respiratoire de ces jeunes hommes était profondément modifié. Leur respiration avait augmenté

---

1. On sait que les fakirs indiens arrivent à se mettre dans un certain état d'extase en pratiquant le *pranayama,* qui n'est autre chose qu'une retenue méthodique de la respiration. L'activité psychique se ralentit alors, et l'individu tombe dans un état voisin de la catalepsie. (Voir à ce sujet les observations de M. Max Muller, dans la *Revue scientifique* du 24 mai 1891, p. 668.)

d'amplitude, et conservait cette amplitude même au repos, alors cependant que son besoin, pour lutter contre l'anhélation, ne se faisait pas sentir.

De plus, après une longue course, l'anhélation, l'essoufflement se produisaient chez ces hommes entraînés bien plus tardivement et plus difficilement que chez ces mêmes individus avant l'entraînement.

IX

Dans quelques maladies, le rythme de la respiration s'altère, et Cheyne-Stokes a décrit dans certaines affections morbides, dans l'urémie en particulier, un type de respiration, auquel son nom est resté attaché, et qui est caractérisé par des groupes de respirations normales que séparent des périodes d'apnée plus ou moins longues.

Or, chez les individus en santé, pendant le sommeil normal, M. A. Mosso a également constaté pour la respiration normale un rythme analogue à celui de Cheyne-Stokes : il n'y a pas de périodes d'apnée, mais, de temps à autre, suivant une périodicité régulière, on observe une respiration plus ample que les autres, comme une sorte de soupir.

La respiration périodique s'observe aussi chez les animaux, et je l'ai constatée chez des pigeons et chez des tortues.

A ce propos je vous signale une observation intéressante que vous pourrez sans peine tenter sur vous-mêmes. Faites une série d'inspirations fréquentes et courtes : vous éprouverez le besoin de les interrompre de temps en temps par une inspiration plus profonde.

Comme on sait que les courtes inspirations renouvellent parfaitement l'air des poumons, la grande inspiration périodique n'est certainement pas due à un besoin d'oxygène. MM. Fredericq et Hering ont émis cette hypothèse que le phénomène était sous la dépendance de la circulation, qu'il faci-

litait, et que, s'il se produisait, c'était pour exercer une sorte
de régulation de la pression artérielle.

En effet, en observant de très près les variations de la
pression artérielle, on trouve le plus souvent une lente oscillation rythmique parallèle à l'oscillation lente rythmique de
la respiration périodique. Ce n'est pas un phénomène purement mécanique, et lié à une augmentation de pression due
à une inspiration exagérée ; mais c'est un phénomène dynamique, nerveux, produit peut-être par les contractions pério-
diques des petits vaisseaux dont on a dit qu'ils constituaient,
précisément à cause de cela, un cœur périphérique.

Ce rythme vasculaire est plus compliqué, plus lent que
le rythme résultant de l'influence des inspirations, et il se
retrouve en divers points du système circulatoire. M. J. Fano,
dans une très belle série de recherches, l'a surpris dans la
contraction des oreillettes, en mesurant l'état électro-moteur
du muscle auriculaire ; et on le constate facilement sur les
vaisseaux de l'oreille du lapin, qui sont animés de mouvements
propres très lents, au nombre de quatre à cinq par minute.

Il y a assurément dans les oscillations du rythme respiratoire autre chose que le résultat d'un besoin d'oxygène ou
d'une surcharge d'acide carbonique, peut-être quelque phénomène périodique lent dans la nutrition cellulaire, de nature
encore bien vague, mais dont la réalité n'est pas douteuse.

Une expérience de M. Dastre a montré que certains mouvements rythmiques généraux du corps ont aussi une influence
sur le rythme respiratoire. Si l'on place un chien sur une
planche qui bascule, imitant ainsi le tangage d'un bateau, on
observe une dissociation de la respiration thoracique et de la
respiration abdominale, le rythme de cette dernière devenant
isochrone avec celui de la bascule, et le rythme thoracique
conservant au contraire son train normal. Il est possible,
comme le suppose M. Dastre, que ce dédoublement ne soit
pas sans rapport avec le mal de mer.

On retrouve encore cette dissociation des deux rythmes

thoracique et abdominal chez les chiens chloralisés ; la respiration périodique s'observe très nettement sur les contractions respiratoires du diaphragme.

X

Mais, de toutes les conditions qui influent sur le rythme respiratoire, une des plus efficaces est assurément le travail musculaire. Sur ce point, il y a quantité d'expériences très précises, et on peut dire que le fait est d'observation universelle et journalière.

Quand on a couru rapidement, soulevé un poids lourd, monté un escalier, on est *essoufflé*, c'est-à-dire que le rythme respiratoire est devenu plus rapide. Sur l'homme et les animaux, le phénomène est le même. Voyez ces pigeons que je fais voler devant vous, en leur imposant une minime surcharge de 30 grammes. Ils ont peine à s'élever du sol, ne peuvent continuer, et l'effort musculaire qu'ils ont alors donné est en rapport avec l'accélération de leur rythme, devenu trois ou quatre, ou cinq fois plus fréquent que le rythme normal. — En passant, je tiens à vous faire remarquer que l'effort dépensé par l'oiseau qui s'élève du sol est un effort toujours considérable, ne pouvant être longtemps soutenu. Au début de leur course, quand il s'agit de monter et d'acquérir de la vitesse, toujours les oiseaux sont très essoufflés.

L'explication de cette modification du rythme est très simple. Le travail musculaire a consommé de l'oxygène, produit de l'acide carbonique ; et cette absence d'O, cet excès de CO^2 entraînent une excitation, une stimulation du bulbe qui réagit par une plus grande fréquence dans son rythme excitateur des mouvements.

Mais cette polypnée n'est pas une polypnée véritable ; elle est à forme dyspnéique, et constitue presque un commencement d'asphyxie.

Il est remarquable de voir à quel point le rythme respiratoire et le travail musculaire sont parallèles. En faisant tourner une roue par un individu dont nous mesurions la respiration, M. Hanriot et moi, nous avons vu que la ventilation
pulmonaire était exactement proportionnée au nombre des
tours de roue. Chaque effort musculaire déverse dans le sang
un peu plus de CO^2 qui excite le bulbe, lequel répond par
une respiration plus fréquente, nécessaire pour l'élimination
de cet excès de CO^2.

Voici, pour montrer l'influence énorme des contractions
musculaires sur le rythme, une expérience que je vous conseille de faire sur vous-mêmes. Mettez-vous en état *d'apnée*,
c'est-à-dire faites pendant trois minutes par exemple une
série de grandes et de petites inspirations très rapides, de
manière à ne plus éprouver le besoin de respirer. Dans ce
cas, vous pourrez rester jusqu'à deux minutes sans suffoquer,
en gardant la bouche et les narines fermées. Mais il faudra,
pendant cette apnée, rester tout à fait immobile; car, si vous
répétez la même expérience, en faisant pendant l'apnée quelques mouvements, même faibles, vous éprouverez déjà au
bout d'une demi-minute des symptômes de suffocation.

En un mot, le rythme respiratoire est dans un constant
rapport avec la composition chimique du sang, c'est-à-dire sa
teneur en O et en CO_2.

XI

Le rythme respiratoire est aussi sous l'influence des excitations mécaniques ou chimiques des téguments.

Si l'on pince tant soit peu le nez d'un lapin ou le bec d'un
canard, on voit la respiration de l'animal s'arrêter pendant
quelques instants, et reprendre avec une certaine lenteur. De
même, en touchant légèrement le nez d'un lapin avec une
goutte de chloroforme, substance très caustique, on voit un

arrêt immédiat de la respiration, qui est suspendue brusquement.

C'est là une expérience classique, dont on trouvera de
très bons graphiques dans un mémoire de Fr. Franck[1]. Je vous
la signale comme étant un des meilleurs exemples de l'inhibition respiratoire. On peut la rapprocher de l'arrêt brusque
de la respiration par une douche d'eau froide, ou par la pénétration d'un corps étranger dans les voies aériennes.

XII

Le rythme respiratoire est presque toujours profondément
modifié par les poisons.

Sous l'influence du chloral, le rythme s'accélère. Cependant la ventilation diminue (nous appelons ventilation la
quantité d'air qui circule dans les poumons). Eh bien ! chez
les animaux chloralisés, on voit énormément diminuer l'amplitude des respirations : la respiration devient trois fois plus
fréquente ; les inspirations deviennent environ six fois plus
petites. La ventilation a donc diminué de moitié, pendant que
la fréquence du rythme a triplé. Je pourrais vous donner à
cet égard de bien nombreux graphiques, et vous montrer en
outre que, si, à dose moyenne, le chloral augmente la fréquence, à dose extrêmement forte, il la diminue et diminue
aussi l'amplitude.

L'action de la morphine forme un étrange contraste avec
celle du chloral, au point de vue du rythme respiratoire. Chez
un animal morphinisé, la respiration est très ralentie, et les
inspirations, devenues plus rares, se font plus amples.

C'est d'ailleurs là un phénomène qui concorde avec l'hypo-

1. *Trav. du Lab.* de M. Marey, t. II, p. 187.

thèse que nous avons émise à propos de la respiration de luxe ; car, si celle-ci est due à l'action des éléments nerveux du cerveau, la morphine diminuant précisément l'activité psychique, on comprend que la respiration, n'ayant plus à pourvoir aux exigences psychiques, se fasse alors plus lentement et avec un luxe moindre.

XIII

Après l'action des poisons, l'influence de la température sur le rythme respiratoire est assurément un des phénomènes les mieux caractérisés et les plus intéressants à étudier.

Cette influence doit être étudiée séparément chez les animaux à sang chaud et chez les animaux à sang froid. Ces derniers, d'ailleurs, diffèrent en réalité beaucoup moins des premiers, par la différence même de leur température, que par la variabilité de cette température.

Si l'on échauffe graduellement un animal à sang froid, une tortue, par exemple, on voit le rythme cardiaque et le rythme respiratoire s'accélérer parallèlement, et leur fréquence est évidemment fonction de la température. Le phénomène est net et simple.

Mais, chez les animaux à sang chaud, tout devient plus compliqué. D'abord, on ne peut élever la température que dans des limites assez étroites ; et ensuite, dès qu'on veut changer la température, aussitôt des appareils régulateurs entrent en jeu, dont l'action, au moins au début, peut lutter efficacement contre les variations de la température extérieure.

Le fonctionnement de ces mécanismes de régulation, destinés à préserver les animaux contre l'échauffement ou le refroidissement, est bien curieux à étudier. Le rythme de la respiration est précisément un de ces mécanismes, et nous y reviendrons ; mais, dès maintenant, il nous faut distinguer deux cas :

1° Celui où l'animal, soumis à un échauffement ou à un refroidissement, peut régler et maintenir sa température à peu près constante : c'est la première période, celle de la régulation efficace ;

2° Le cas où l'animal, dont le mécanisme régulateur est fatigué ou devenu insuffisant, subit l'échauffement ou le refroidissement : c'est la période de la régulation impuissante.

Dans ce cas, la puissance d'adaptation est vaincue, et l'animal à sang chaud se comporte comme un animal à sang froid. Son rythme respiratoire s'accélère à mesure que monte la température, et inversement.

J'ai dit tout à l'heure que le travail musculaire accélère le rythme respiratoire. Or il est possible de dissocier l'accélération due à la fatigue même, c'est-à-dire à la surcharge de CO_2, et l'accélération due à l'augmentation de température qu'entraînent les mouvements musculaires exagérés. Si, en effet, nous fatiguons un pigeon en le faisant voler avec une surcharge, nous constatons, dès la fin de l'exercice, une certaine polypnée ; mais cette polypnée est bien inférieure à la véritable polypnée thermique qui survient chez lui après quelques secondes de repos. Lorsqu'il aura retrouvé assez d'oxygène et quand il n'y aura plus dans son sang excès de CO_2, alors la polypnée sera plus forte qu'immédiatement après le travail ; mais ce sera une polypnée thermique, non une dyspnée asphyxique.

Indépendamment de tout exercice et de toute fatigue, nous pouvons d'ailleurs produire l'accélération du rythme respiratoire en plaçant dans une étuve des animaux, soit à sang froid, soit à sang chaud. Si l'on échauffe ainsi un canard, par exemple, dont le rythme respiratoire est de 20 à 24 par minute, on peut arriver à faire respirer cet oiseau aussi vite qu'un lapin, dont le rythme normal est de 50. De même, en échauffant une tortue, tandis qu'on refroidit un lapin, on peut atteindre une limite à laquelle on voit la tortue respirer aussi vite que le lapin.

XIV

A vrai dire, cette accélération régulièrement croissante du rythme, à mesure que la température s'élève, n'est pas la véritable polypnée thermique. Il en est une autre forme très intéressante, qui constitue une fonction tout à fait spéciale, que je dois vous exposer ici.

Tout le monde sait comment se comportent les chiens qui ont chaud : ils sont extrêmement essoufflés, respirant 150, 200 ou même 300 fois par minute, bruyamment, tirant la langue et laissant écouler de la salive.

L'opinion vulgaire (que d'ailleurs les physiologistes n'avaient ni adoptée ni combattue, je ne sais trop pourquoi) c'est que les chiens se refroidissent en laissant ainsi écouler leur salive, de même que nous nous refroidissons par l'écoulement de la sueur. On savait donc que les chiens échauffés respirent très fréquemment, mais on n'avait jamais cherché à établir de rapport entre le refroidissement nécessaire et la polypnée thermique.

Tel était à peu près l'état de la question quand j'en ai entrepris l'étude, et voici ce que j'ai pu démontrer :

Si l'on fait le compte des gains et des pertes de l'organisme dans une respiration, on voit que l'organisme gagne, par rapport au volume de l'air inspiré, 5 pour 100 d'O et qu'il perd 4 pour 100 de CO^2. Plus exactement, le rapport entre les volumes d'oxygène absorbé et de CO^2 excrété est de 100 à 80 : ce qui fait, en poids, un gain d'environ 140 grammes d'O contre une perte de 144 grammes de CO^2. Dans l'ensemble, on peut donc considérer que l'animal, du fait de la respiration seule, gagne autant qu'il perd. Par suite, un animal placé sur une balance, n'urinant pas, ne rendant pas de matières fécales, ne transpirant pas (c'est le cas des chiens, des lapins, des oiseaux et de tous les animaux recouverts de plumes ou de poils), ne devrait pas changer de poids.

Or ce n'est pas ce qui se passe : en réalité, l'animal ainsi placé sur la balance accuse une perte de poids progressive. Cette perte de poids, qui n'est pas due, nous le savons, à l'acide carbonique exhalé, dont le poids est compensé par l'oxygène absorbé, ne peut être due qu'à l'exhalation d'une certaine quantité de vapeur d'eau. A chaque expiration, en effet, l'animal rend de l'air saturé de vapeur d'eau à 35°. Plus il respire, plus il perd de l'eau, plus son poids baisse. Chez l'homme, la perte de poids, de ce fait, est d'environ 2 centigrammes par expiration.

Il va de soi que cette quantité d'eau perdue est proportionnelle à la ventilation pulmonaire. Si le rythme de la respiration est lent, la perte est faible; mais elle s'accroît à mesure que le rythme est plus précipité. La proportion est rigoureuse entre les deux éléments.

D'autre part, cette perte d'eau est un phénomène physique, d'où résulte un abaissement de température considérable. puisque 1 gramme d'eau, pour passer de l'état liquide à l'état gazeux, exige l'absorption de 575 microcalories; donc, plus l'animal perd de l'eau par la voie pulmonaire, plus il se refroidit.

Plusieurs physiologistes, CLAUDE BERNARD, HEIDENHAIN, et d'autres encore, ont d'ailleurs directement constaté que le sang qui revient des poumons (sang des veines pulmonaires) est moins chaud que le sang qui y arrive (sang des artères pulmonaires).

D'où cette conclusion que la polypnée thermique est une fonction de refroidissement.

Les animaux qui ne se refroidissent pas par la peau se refroidissent donc par les poumons; mais, dans un cas comme dans l'autre, c'est toujours l'évaporation de l'eau qui produit la réfrigération.

Ainsi l'appareil respiratoire est à deux fins, et sa double

fonction sert à la fois à l'hématose et à la régulation thermique.

Quand l'animal fait un mouvement, chaque contraction musculaire détermine une absorption d'oxygène, une production d'acide carbonique et une élévation de température. Or, par un mécanisme étonnamment ingénieux, c'est le même appareil qui fournit à ces divers besoins, qui répare cette triple modification de l'état normal : il apporte de l'oxygène, il évacue de l'acide carbonique et il abaisse la température !

XV

Je vais maintenant vous rapporter diverses expériences concernant cette importante fonction. Elles ont été faites sur le chien, mais la polypnée thermique existe chez d'autres animaux, et je l'ai encore constatée chez le lapin, chez le pigeon, chez la poule. Il s'agit d'abord de déterminer les conditions qui président à la mise en jeu de cette fonction.

Si l'on prend un chien normal et que, par une température élevée, et sans le museler, on l'expose au soleil, en ayant soin seulement de l'attacher, on voit que sa température, suivie heure par heure, reste constante et a même quelque tendance à baisser.

Cette tendance à la baisse est, disons-le en passant, d'une analogie frappante avec la légère élévation de température qu'on observe chez les chiens plongés dans un bain réfrigérant. Mettez un chien au soleil, il se refroidira un peu ; mettez un chien dans l'eau froide, il s'échauffera un peu. Les deux phénomènes prouvent l'existence d'un mécanisme de régulation qui, pour bien fonctionner, doit fonctionner d'une manière un peu généreuse.

Mais le chien exposé au soleil, dont la température est restée normale, respire environ 300 fois par minute.

Si l'on vient à lui fermer la gueule, sa respiration, pour

des causes toutes mécaniques, que je vous expliquerai tout à l'heure, se ralentit, revient au rythme normal, et sa température s'élève aussitôt, pour atteindre 42° ou 43°. Le démuselle-t-on, la respiration remonte au rythme de 300 par minute, et la température retombe à la normale.

Plaçons au chaud, maintenant, un animal non muselé, mais dont l'activité nerveuse est annihilée, soit par le curare, soit par le chloral ou le chloroforme. Son rythme respiratoire reste le même (s'il s'agit d'un animal curarisé, on est obligé de faire la respiration artificielle), et sa température s'élève rapidement.

Donc nul doute dans la conclusion qu'il faut tirer de ces expériences. Pas de polypnée, pas de refroidissement.

Le rapport qui existe entre cette fonction et l'état chimique du sang de l'animal est d'ailleurs fort curieux à étudier.

Si l'on fait respirer un chien polypnéique dans un milieu riche en acide carbonique — ce qu'on réalise très simplement en le faisant respirer par un long tube en caoutchouc, dans des conditions qui sont presque les mêmes que celles d'un vase clos — on voit que peu à peu sa respiration se ralentit et prend le type dyspnéique proprement dit, c'est-à-dire à inspirations lentes et profondes.

Pour la même raison, quand un animal en état de polypnée se débat et fait des efforts musculaires, on voit la polypnée disparaître et ne reprendre que lorsque l'animal a évacué l'excès de CO_2 résultant de ses contractions musculaires exagérées.

Ce type dyspnéique est caractéristique du besoin de l'hématose : d'où cette conclusion que, tant qu'il existe un véritable besoin de respirer, la polypnée ne va pas se produire. D'où encore ce paradoxe apparent, que l'animal ne peut respirer très vite que lorsqu'il n'a pas besoin de respirer. Ce que nous exprimerons en disant que le *besoin chimique* de respirer (*hématose*) prime le besoin physique de respirer (refroidissement du sang).

XVI

La seule cause de la polypnée est donc bien, non le besoin d'introduire de l'oxygène dans le sang, mais la nécessité de produire le refroidissement du sang.

Voici pour le but de la fonction, but qui paraît unique. Quant à ses excitants immédiats, aux causes directes de sa mise en jeu, on peut dire qu'ils sont de deux ordres, d'origine réflexe et d'origine centrale.

La polypnée thermique d'origine réflexe est obtenue en plaçant un animal dans une étuve, à la température de 45°, par exemple. A peine y est-il entré, que la polypnée s'établit. Dans les mêmes conditions, chez l'homme, on voit immédiatement — comme j'ai pu le constater sur moi-même, en entrant dans l'étuve avec un chien — on voit, dis-je, les gouttes de sueur perler sur le front, sur la main, sur toutes les régions de la peau. Le phénomène est absolument de même nature chez l'homme et chez le chien : c'est la vaporisation d'une certaine quantité d'eau. Voilà, en effet, le seul et unique procédé dont la nature dispose pour refroidir les êtres vivants ; mais chez l'homme, c'est la vaporisation de la sueur ; chez le chien, c'est la vaporisation du sang pulmonaire.

On obtient encore la même polypnée réflexe en entourant un chien d'ouate. La température de l'animal n'a pas encore monté, que déjà la polypnée est établie ; car, par le contact avec l'ouate, la peau est échauffée, comme dans le séjour à l'étuve.

Quant à la polypnée d'origine centrale, elle s'observe quand on élève la température intérieure ; ce à quoi on arrive facilement par l'électrisation. Mais il faut atteindre un certain degré, probablement variable selon les espèces animales, quoique tout à fait fixe pour une même espèce. Chez le chien, c'est seulement lorsque la température a atteint de 41°,5 à 41°,8 que la polypnée de cause centrale apparaît ; et alors, après quelques essais plus ou moins infructueux, elle apparaît brusquement. Ce changement brusque du rythme respiratoire est tellement frappant, qu'en examinant un tracé graphique du phénomène on y reconnaît sans hésitation possible l'intervention d'un nouvel élément perturbateur, l'entrée en jeu d'une nouvelle fonction.

Cette suppléance de la polypnée réflexe est curieuse ; et il semble vraiment que la nature, prévoyant l'insuffisance possible du mécanisme réflexe, ait voulu assurer la fonction si importante du refroidissement en doublant le mécanisme réflexe d'un mécanisme central direct qui peut y suppléer.

Notons enfin que, pour voir apparaître la polypnée, il faut que les voies pulmonaires soient largement ouvertes : le moindre obstacle suffit à l'empêcher, au point que, chez les chiens chloralisés, on est souvent forcé de tirer la langue au dehors à l'aide d'une pince, le moindre resserrement de la glotte constituant un obstacle suffisant à la sursaturation du sang par l'oxygène, sursaturation qui est, ainsi que je l'ai dit, la condition *sine qua non* de la polypnée.

XVII

Diverses conditions, autres que les précédentes, ont encore de l'influence sur la polypnée thermique, et il nous reste à les passer en revue.

D'abord il y a l'influence de la pression à vaincre à l'inspiration et à l'expiration.

M. Marey, le premier, a démontré que le rythme respiratoire est inversement proportionnel à la pression. Autrement dit, la respiration devient d'autant plus lente et en même temps d'autant plus ample et profonde que la pression augmente. Un animal qui respire 20 fois par minute peut, soumis à une forte pression, ne plus respirer que 5 fois dans le même temps.

C'est toujours le même rapport $\frac{n}{v}$ dont je vous ai parlé :
c'est-à-dire que le nombre des respirations est inversement
proportionnel au volume du poumon.

Toutefois il faut tenir compte d'un élément qui est négligé
dans cette formule simple. Cet élément est la durée du séjour
de l'air à l'intérieur des poumons. Il est clair, en effet, que
nous pouvons faire une inspiration prolongée, suivie d'une
très courte expiration, et maintenir ainsi l'air introduit longtemps en contact avec le sang ; tandis que la durée de ce contact est bien abrégée si, avec le même rythme respiratoire,
nous faisons une inspiration très courte et une expiration
prolongée. Autrement dit, en respirant douze fois par minute, et en faisant des inspirations d'un litre, nous pouvons
garder pendant cinq secondes (outre l'air résidual) tantôt 100,
tantôt 500, tantôt 1000 centimètres cubes de l'air inspiré,
suivant que nous ferons la pause à l'inspiration profonde ou
à l'expiration forcée. Si l'on pouvait, en même temps que le
rythme, noter exactement la profondeur et la durée des périodes inspiratoire et expiratoire, on serait peut-être très près
de calculer, sans analyse chimique, les phénomènes chimiques de la respiration.

Mais revenons à l'influence de la pression sur la polypnée.
En modifiant légèrement la soupape de MÜLLER, qui a pour
effet, comme vous le savez, de diriger automatiquement, dans
un sens invariable, les courants gazeux qui la traversent,
nous avons pu, M. HANRIOT et moi, modifier à volonté la
pression que doit vaincre l'animal qui respire. De plus, avec
M. LANGLOIS, nous avons réussi à mesurer exactement cet
excès de pression, en mettant une sorte de manomètre à eau
en communication avec la soupape de MÜLLER ainsi modifiée.

Il faut savoir d'ailleurs que l'excès de pression que les
animaux peuvent vaincre est relativement très faible ; pour
l'homme, la résistance que peut vaincre l'inspiration est
égale à une colonne de mercure de 10 à 15 centimètres ;

encore ce dernier chiffre n'est-il atteint que par les individus extrêmement vigoureux.

Dans ces conditions, c'est l'expiration qui est la plus puissante ; l'inspiration, en effet, est mieux assurée, car presque tous les muscles de la respiration sont des muscles inspirateurs, et, dans l'état normal, l'expiration se fait par le retrait élastique des parties dilatées par l'inspiration. Les muscles expirateurs n'entrent en action que très exceptionnellement, dans le rire, le hoquet ou la toux. Aussi, lorsque ces muscles doivent fonctionner d'une façon continue, l'expiration devient-elle des plus pénibles.

Les chiens peuvent tant bien que mal vivre et respirer si la pression ne dépasse pas 3 à 4 centimètres de mercure ; mais, avec une pression de 6 à 8 centimètres, la mort survient assez rapidement, au bout d'une demi-heure environ (quelquefois moins, quelquefois plus), par l'asphyxie lente, qui résulte de l'épuisement des muscles expirateurs.

Eh bien, quand on fait respirer des animaux en état de polypnée thermique au travers de la soupape de MÜLLER, la polypnée se ralentit et disparaît bientôt : dès lors, le mécanisme de refroidissement cessant de fonctionner, l'échauffement se produit.

Ce cas rentre dans ce que je vous ai dit de l'influence qu'exercent les moindres obstacles, comme par exemple la base de la langue, sur ce rythme respiratoire particulier.

XVIII

Si l'élévation de la température accélère le rythme respiratoire, inversement le refroidissement ralentit ce rythme. Je n'insisterai pas davantage sur ce point. Je dois cependant attirer votre attention sur un fait qui paraît contradictoire avec l'*hypopnée* que détermine le froid. Mais vous allez voir que la contradiction n'est qu'apparente.

Voici un canard que je refroidis en le tenant immobile dans un courant d'eau froide. Normalement, il a 20 respirations par minute ; mais, à mesure que je le refroidis, voici que, de 20, ce rythme monte tout d'abord à 30, à 40 et même à 50 respirations. Le froid aurait-il donc chez un canard la même action que le chaud? Nullement; mais cette polypnée, que l'on pourrait appeler *polypnée de froid*, résulte de la mise en jeu d'un mécanisme particulier, très intéressant, de régulation thermique.

Pour ne pas mourir de froid, ce canard doit produire beaucoup de chaleur, et il ne peut y arriver qu'en contractant ses muscles et en produisant, par là, une grande somme de chaleur. Or qu'est-ce qu'une contraction générale de tous les muscles? C'est une sorte de tétanos, un frisson général. Si, quand on a froid, on a le frisson, c'est que le frisson réchauffe. De là, pendant toute la durée du frisson, une consommation musculaire exagérée qui résulte du fonctionnement de cet appareil de réchauffement. De là une polypnée chimique due à l'augmentation des échanges interstitiels par le travail musculaire accru.

Le frisson est, en effet, pour les animaux, comme pour l'homme, une source de calorification qui intervient toutes les fois que la température baisse, et on le constate surtout quand l'animal refroidi est condamné à l'immobilité. La volonté étant impuissante à faire agir les muscles pour produire de la chaleur, ceux-ci entrent néanmoins en action par des contractions limitées, mais fréquentes, qui constituent précisément le frisson.

Je ne puis, en ce moment, aborder l'étude du frisson; mais je dois vous dire que le frisson, comme la polypnée, est un phénomène à la fois *réflexe* et *central*, et qu'il constitue, comme la polypnée, un admirable appareil de régulation thermique; mais c'est une régulation pour faire de la chaleur, tandis que la polypnée est une régulation qui fait du froid.

XIX

Quelques mots, très sommaires, pour mentionner l'influence des nerfs pneumogastriques sur le rythme de la respiration.

Voici un chien en polypnée thermique, dont la température est de 42°. — Vous constatez que ce rythme précipité de la respiration est de temps à autre interrompu par des mouvements de déglutition. — Pour le dire en passant, le centre qui préside à ces derniers mouvements a une action inhibitoire sur le centre de la respiration. — Eh bien ! si nous sectionnons un des pneumogastriques de ce chien, nous observons un court arrêt de sa respiration, assez analogue aux arrêts précédents, dus à la déglutition ; mais, après quelques secondes, la respiration reprend sa fréquence première, caractéristique. Il y a eu une inhibition réflexe qui a duré quelques instants, sans effet plus durable.

Sectionnons maintenant l'autre pneumogastrique, et nous observerons encore le même phénomène. Seulement, cette fois, l'arrêt se prolongera un peu plus longtemps. Toutefois, le rythme polypnéique reparaît bientôt, dans toute son intensité, comme si les nerfs vagues n'avaient pas été coupés.

Ce qui se passe chez un animal normal est un peu différent. Après la section des pneumogastriques, la respiration reprend toujours ; mais elle devient très ralentie. C'est là un fait brut, que nous ne savons, d'ailleurs, malgré de nombreuses expériences et des hypothèses plus nombreuses encore, pas encore expliquer tout à fait complètement, mais qui prouve une fois de plus que la polypnée thermique reconnaît d'autres causes que le besoin chimique de respirer, et qu'il existe un appareil bulbaire, frigorifique, dont cette polypnée manifeste la mise en jeu.

Bien entendu, au moment où l'on sectionne les pneumogastriques, et alors que le rythme respiratoire se ralentit, on voit le rythme cardiaque s'accélérer.

Ce double phénomène est bien connu : le ralentissement de la respiration est dû à la suppression des impressions venues du poumon par les fibres sensitives, centripètes, contenues dans les nerfs pneumogastriques ; l'accélération des mouvements cardiaques est due à la suppression de l'influx modérateur qui vient des centres par les fibres centrifuges, motrices, de ces mêmes nerfs.

Mais je n'insiste pas sur ces faits très simples. Le seul point sur lequel je dois insister, parce qu'il n'est pas établi dans les ouvrages classiques, c'est que souvent le ralentissement respiratoire, dû à la section des deux nerfs vagues, n'est pas *immédiat*. Il semblerait que le ralentissement devrait s'établir aussitôt. Eh bien ! il n'en est pas ainsi. Il faut un certain temps, quelques minutes, parfois même une demi-heure, et parfois plus encore, pour qu'il atteigne sa période d'état. Les choses se passent comme si le rythme normal, en vertu de la vitesse acquise, persistait pendant quelque temps, même après que les deux nerfs vagues ont été coupés.

Une question qui serait à traiter, à propos du rythme respiratoire dans l'asphyxie, serait celle de savoir si, quand on vient à exciter le bout périphérique des pneumogastriques, la respiration s'arrête en inspiration ou en expiration. Sur ce point, les physiologistes sont partagés. Paul Bert a essayé de les mettre d'accord en disant que la respiration s'arrête au temps où elle en est au moment de l'excitation du nerf. Pour moi, d'après d'assez nombreuses expériences, je serais tenté de croire, comme M. Fredericq, que, chez les animaux normaux, elle s'arrête en inspiration, alors qu'elle s'arrête en expiration chez les animaux chloralisés.

XX

D'autres conditions encore ont de l'influence sur le rythme respiratoire, parmi lesquelles la tension de l'oxygène et la pression sont des plus intéressantes à étudier, par l'éclaircissement qu'on en peut tirer sur cette difficile question de *luxe*.

Il est en outre important de voir ce que devient le rythme respiratoire quand la tension de l'oxygène varie ; car les inhalations d'oxygène sont assez employées aujourd'hui en thérapeutique, et elles constituent un traitement stimulant qui n'est pas une ressource négligeable.

Tout d'abord, la ventilation pulmonaire ne varie pas quand on fait respirer de l'oxygène pur à un animal. Cette ventilation n'est donc pas sous la seule dépendance du besoin d'oxygène et il y a par conséquent une respiration de luxe.

Inversement, si nous diminuons de moitié la tension de l'oxygène, en faisant respirer un mélange, par parties égales, d'air et d'hydrogène, la respiration n'est pas non plus accélérée : c'est encore une preuve du luxe de la respiration normale.

XXI

On peut varier la pression en faisant respirer un chien par la soupape de Müller. Plus il y a d'eau dans la soupape, plus la pression à vaincre est forte.

Si cette pression est de $0^m,70$ d'eau, la respiration s'arrête, l'animal étant absolument incapable de franchir l'obstacle. Entre $0^m,70$ et $0^m,40$ d'eau, il peut respirer, mais pas longtemps ; et il faut arriver à une pression de $0^m,20$ pour que l'animal respire, péniblement il est vrai, mais suffisamment toutefois pour entretenir la vie.

Dans ces conditions, on peut considérer la quantité d'air

introduite dans le poumon comme correspondant au strict nécessaire et comme représentant un minimum de ventilation.

Voyons donc à quel point la ventilation se modifie par la pression de la soupape de Müller.

Pression en hauteur d'eau de la soupape.	Ventilation (litres d'air par kilogramme et par heure.)
De 0^m,70.	0
De 0^m,70 à 0^m,40. .	5
De 0^m,40 à 0^m,20. .	10

Or l'expérience m'a prouvé que 5 litres d'air, par kilogramme et par heure, constituent une ventilation insuffisante; et que 10 litres représentent la ventilation minima compatible avec la vie prolongée de l'animal.

Or, comme la ventilation normale, à l'air libre, est de 20, 30 et même 50 litres d'air par kilogramme et par heure, il faut en conclure que les animaux respirent de deux à cinq fois plus que cela n'est strictement nécessaire.

Et voilà encore une nouvelle preuve de la respiration de luxe.

Cette force de la respiration, très limitée, comme on le voit, n'est pas modifiée par la section des pneumogastriques. Le rôle de ces nerfs doit donc être considéré comme celui d'un régulateur, qui maintient le rythme de la respiration à sa fréquence normale : son action est celle d'un volant, en quelque sorte, qui conservera à la machine son mouvement, indépendamment de la force motrice ou de la résistance; ce n'est pas un rôle d'excitateur.

L'influence du refroidissement est également nulle sur la force de la respiration. Toutefois, vers 25°, à une température qui paraît être chez les chiens une température critique qu'il ne faut guère dépasser, la respiration tombe subitement et devient très faible.

Il n'en est pas tout à fait de même de la chaleur, dont l'influence, même quand l'hyperthermie est médiocre, est surprenante.

Si, en effet, on échauffe des chiens, on constate que leur force respiratoire diminue énormément, et qu'ils sont menacés d'asphyxie avec des pressions de $0^m,20$ et même de $0^m,10$ d'eau.

L'influence de certains poisons n'est pas moins curieuse, par la dissociation qu'elle établit entre la force de l'inspiration et la force de l'expiration.

Si, en effet, l'on observe un animal chloralisé et respirant avec une pression de $0^m,15$, égale à l'inspiration et à l'expiration, on constate bientôt, à mesure que le chloral est absorbé et que l'intoxication progresse, un affaiblissement parallèle de l'expiration. Il ne suffit plus alors de diminuer la pression à l'expiration : il faut *la supprimer* complètement, car, même avec la très faible pression de $0^m,05$, l'animal serait bien vite asphyxié.

Ce phénomène est facile à comprendre, si l'on veut bien réfléchir à la nature des mouvements d'inspiration et d'expiration.

Il y a un effort inspirateur, et cet effort, qui — dans les conditions ordinaires — n'est ni volontaire ni réflexe, est un phénomène automatique.

Mais l'expiration n'est pas un phénomène automatique : c'est un effet mécanique, comme je vous l'ai dit plus haut. Normalement, c'est la simple conséquence de l'élasticité du thorax et de l'élasticité du poumon. Une expiration en général est la conséquence mécanique de la distension inspiratoire préalable des organes de la respiration. C'est un de ces nombreux exemples de prudente économie que la nature nous fournit, évitant toujours, autant que possible, le travail musculaire, quand elle peut le remplacer par des appareils élastiques.

Ainsi l'expiration est un phénomène passif, alors que l'inspiration est active ; et même l'expiration ne devient active que très exceptionnellement, et d'une façon tout à fait temporaire, lorsque nous toussons, rions ou soufflons.

Elle peut donc être volontaire ou réflexe, mais elle n'est pas automatique.

Or, quand un animal est profondément chloralisé, comme ses mouvements volontaires sont supprimés et ses réflexes paralysés, il n'y a plus chez lui d'action réflexe ni d'action volontaire. Par conséquent, nulle autre expiration n'est possible que l'expiration mécanique, due à l'élasticité des tissus ; et, comme cette expiration mécanique n'a qu'une force très médiocre de $0^m,025$ d'eau environ, pour une pression plus forte que $0^m,025$, l'asphyxie arrive sans résistance. D'où le paradoxe expérimental apparent que l'animal peut vivre, si l'on surcharge de $0^m,20$ d'eau la colonne de l'inspiration, tandis qu'il asphyxie, si l'on surcharge seulement de $0^m,03$ la colonne de l'expiration.

C'est là un phénomène important à connaître, surtout pour le chirurgien ; car, lorsqu'il donne du chloroforme, il doit avoir soin de supprimer tous les obstacles à l'expiration, obstacles qui peuvent provenir des vêtements, de la position, de la chute de la langue sur la glotte, etc.

XXII

Il faut parler aussi de l'hémorragie.

L'hémorragie et l'asphyxie sont deux phénomènes similaires : en réalité, ils se réduisent tous deux à la même condition chimico-physique, diminution de l'apport de l'oxygène aux tissus.

Aussi, dans les deux cas, observe-t-on la même modification de la respiration, qui devient plus ample et plus fréquente : c'est le type de la *respiration asphyxique* ou *dyspnée*.

Cependant, si l'on asphyxie un animal polypnéique, la respiration se ralentit, au lieu de s'accélérer.

Dans le premier cas, le rythme de la respiration passera de 20 à 40, par exemple, si l'on fait respirer de l'acide carbonique à un chien normal; dans le second cas, si l'on fait respirer de l'acide carbonique à un chien polypnéique, le rythme tombera de 200 à 40.

Ainsi l'asphyxie accélère la respiration normale et ralentit la respiration polypnéique.

Il ne faut pas confondre le rythme asphyxique avec le rythme agonique. Celui-ci est constitué par des respirations très profondes, *derniers soupirs*, entrecoupés de longues pauses et de grands silences, qui ont parfois une durée d'une demi-minute et même plus.

On le produit expérimentalement en réalisant l'anémie totale, en saignant l'animal à blanc, ou, ce qui revient au même, en électrisant le cœur.

Alors, en effet, le cœur s'arrête; toute circulation cesse, et cependant le rythme opératoire, quelque altéré qu'il soit, ne s'arrête pas immédiatement. D'abord ce sont de petites respirations fréquentes ; puis elles s'affaiblissent, puis elles cessent ; puis survient un très long silence ; puis, tout d'un coup, apparaît une grande respiration, très profonde, suivie de deux ou trois autres. Puis de nouveau un grand silence, auquel succèdent une, ou deux, ou trois respirations profondes. Le même phénomène se reproduit ainsi deux, trois ou quatre fois, jusqu'à ce que finalement la respiration cesse. Les choses se passent ainsi dans toutes les intoxications où le cœur est arrêté avant la respiration.

XXIII

Il est intéressant d'étudier, à propos de l'axphyxie et de ses rapports avec le rythme respiratoire, combien sont différentes les conditions dans lesquelles l'asphyxie se produit chez les animaux refroidis et chez les animaux échauffés.

Voici deux lapins, dont l'un a été plongé et tenu immobile durant une heure dans un bain d'eau froide, et dont l'autre a été laissé pendant le même temps dans un bain à 46°. La température du premier est descendue à 19°, et celle du second est montée à 42°,5.

Nous faisons la ligature de la trachée à l'un et à l'autre au même moment.

Voyez ce qui se passe chez l'animal échauffé : comme chez l'homme qui se noie, c'est d'abord, pendant la première minute, la période de l'angoisse respiratoire et des mouvements désordonnés ; puis la conscience disparaît, et, dans la seconde minute, ce ne sont plus que des mouvements réflexes et automatiques. Dans cette période, l'homme qui se noie est encore capable de saisir la perche qu'on lui tend ; mais il ne conservera aucun souvenir de son sauvetage, tout phénomène psychique étant alors aboli. Enfin, après la seconde minute, les réflexes commencent à disparaître, et le réflexe cornéen tout d'abord, qui est le plus fragile. Après deux minutes et demie, plus de mouvements réflexes : les mouvements automatiques seuls persistent ; mais bientôt ceux-ci mêmes vont disparaître, et vous voyez la respiration s'arrêter : il y a trois minutes que l'asphyxie a commencé. Le cœur cependant bat encore... Il s'arrête maintenant, et nous sommes à peine à la quatrième minute.

Qu'est devenu pendant ce temps notre lapin refroidi ?

Eh bien, il respire encore ; vous voyez qu'il fait de grands efforts respiratoires, et ces efforts persistent, comme vous le voyez, pendant dix minutes... Maintenant tout est arrêté. Mais attendons encore deux minutes ; vous voyez que, même après douze minutes d'asphyxie, il est possible de le ranimer en lui faisant la respiration artificielle et en lui rendant de l'oxygène.

Ainsi se marque l'influence énorme de la température sur les échanges chimiques des tissus. A basse température, ces échanges sont très ralentis, et la vie peut se maintenir longtemps à l'aide des réserves d'oxygène contenues dans le sang. Au contraire, si la température est très élevée, ces réserves sont vite consommées, et la mort survient rapidement.

Pour cette même raison, si l'on fait respirer de l'oxygène pur, pendant quelque temps, à un animal chloralisé, et si on le met ainsi en état d'apnée, on constate que l'asphyxie n'apparaît qu'au bout d'un temps considérable : elle ne survient même que plus d'une demi-heure après la ligature de la trachée. Deux causes agissent en effet ici, dans le même sens, pour prolonger la vie : la saturation du sang par l'oxygène, c'est-à-dire l'augmentation des réserves du gaz vital, et la modération des échanges chimiques, de la consommation des tissus, sous l'influence du chloral.

Ce sont là des faits très importants aux points de vue médical et thérapeutique.

XXIV

Pour terminer, quelques mots sur l'asphyxie chez les animaux plongeurs.

L'observation des animaux plongeurs a prouvé à Paul Bert que la résistance de ces animaux à l'asphyxie tient aux réserves d'oxygène contenues dans leur sang.

Plongez un canard dans l'eau, et vous serez surpris de le voir rester complètement immobile : il ne se débat pas, il ne bouge même pas. Faites la même expérience avec un oiseau quelconque, une poule, par exemple, et vous verrez celle-ci s'agiter et faire des efforts pour s'échapper.

Le résultat de cette réaction différente est remarquable : après trois ou quatre minutes, la poule sera morte, tandis que le canard, une fois sorti de l'eau, se secouera un peu et ne paraîtra nullement incommodé. On aurait même pu, dit-on, le maintenir vingt minutes sous l'eau sans l'asphyxier.

Cette résistance des animaux plongeurs tient à deux causes : d'une part, à leur instinct qui les tient immobiles, et fait qu'il n'y a pas la moindre quantité d'oxygène consommée en mouvements inutiles ; d'autre part, à la quantité considérable de leur sang, relativement à leur poids, et, par suite, à la grande réserve de l'oxygène en circulation.

XXII

EXPÉRIENCES

SUR LE ROLE

DU CERVEAU DANS LA RESPIRATION

Par M. V. Fachon.

CHAPITRE PREMIER

Aperçu historique

Le cerveau exerce-t-il une influence de régulation sur le rythme respiratoire? A ce sujet FLOURENS est très explicite : il répond nettement par la négative. C'était là une opinion logique avec la théorie du *nœud vital*. Les centres bulbaires qui commandaient seuls à la vie en général et à la respiration en particulier se suffisaient à eux-mêmes pour régler leur activité fonctionnelle. FLOURENS écrit : « Ainsi donc, ni les lobes cérébraux, ni le cervelet, ni les tubercules bijumeaux et quadrijumeaux n'exercent une influence directe et immédiate sur la respiration ; la moelle allongée est la seule partie, entre celles qui composent la masse cérébrale, qui exerce sur cette

fonction une pareille influence... La moelle allongée est tout
à la fois... et l'organe *régulateur* de tous les mouvements respiratoires et l'organe *producteur* de tous ou seulement, selon
les classes, de certains de ces mouvements : deux modes d'action essentiellement divers, et qui ne sauraient être trop rigoureusement déterminés et démêlés l'un de l'autre [1]. » Flourens reconnaît ainsi que la *production* et la *régulation* de la
respiration sont « deux modes d'action essentiellement divers »; mais il les localise nettement tous les deux dans la
moelle allongée.

Ailleurs encore, rappelant l'opinion de Marshall-Hall,
d'après laquelle la respiration serait abolie après l'ablation du
cerveau et la section des nerfs pneumogastriques, Flourens la
combat vivement et dit : « Le mouvement respiratoire survit
au retranchement combiné des nerfs pneumogastriques et des
lobes cérébraux, des nerfs pneumogastriques et du cervelet,
des nerfs pneumogastriques et des tubercules bijumeaux; il
survit au retranchement de toutes ces parties (les lobes cérébraux, le cervelet, les tubercules bijumeaux) combiné avec la
section des pneumogastriques ; ce mouvement ne dépend donc
essentiellement (et il ne s'agit ici que du principe primordial,
essentiel de ce mouvement) ni d'aucune de ces parties prises
séparément, ni de toutes prises ensemble [2]. » Flourens se pose
donc en adversaire résolu de toute opinion tendant à faire
admettre une influence quelconque du cerveau sur la respiration [3]. L'opinion de cet illustre physiologiste était importante
à enregister, mais il est nécessaire de faire ici une remarque.
Toutes les fois que Flourens a fait des expériences pour

1. Flourens. « Recherches expérimentales sur les propriétés et les fonctions
du système nerveux dans les animaux vertébrés, » 2e édit., Paris, 1842, p. 173
et 191.
2. Flourens, *loc. cit.* p. 107.
3. Voici quelques citations à cet égard. Flourens écrit (*loc. cit.* p. 171) :
« Je retranchai, sur un jeune et vigoureux lapin, d'abord les lobes cérébraux et
l'animal perdit aussitôt toute faculté de vouloir et de percevoir; plus le cervelet

servir à déterminer le rôle des centres nerveux dans la respiration, ce qu'il a étudié et ce qu'il s'est assez exclusivement contenté d'observer, c'est la persistance ou la non-persistance de la respiration. A vrai dire FLOURENS s'est peu occupé des diverses modifications du rythme respiratoire, qui pouvaient survenir au cours de ses expériences fort variées; ce qu'il lui importait de démontrer — il le dit à chaque instant, — c'était le « principe », l'organe « essentiel » de la respiration. Le rythme respiratoire en lui-même ne paraît pas l'avoir préoccupé; les simples modifications de fréquence ne sont pas notées dans ses expériences. Dès lors l'opinion de FLOURENS cesse de peser d'un aussi grand poids dans la solution du problème qui nous occupe. Les résultats consignés dans ses expériences permettent de conclure quant à l'organe, principe de la respiration, mais non quant à l'organe, régulateur de cette même fonction. Il est facile de concevoir, en effet, que la cause productrice, le *principe* d'un mouvement et l'agent *régulateur* de ce même mouvement puissent ne pas être localisés dans le même organe. Et pour ce qui est de la respiration, il semble bien que le principe de cette fonction soit dans le bulbe, mais cela ne saurait contredire que sa régulation appartienne au cerveau — pour quelque part, du moins.

Dès 1851, un élève de BROWN-SÉQUARD, M. BENJAMIN COSTE, avait cherché à déterminer l'influence du cerveau sur la respiration[1]. Ce travail, auquel servent de base à la fois des recherches expérimentales et surtout de nombreuses observa-

et il perdit toute faculté de se mouvoir avec ordre et régularité; enfin les tubercules quadrijumeaux, et ses iris, jusque-là contractiles et mobiles, perdirent bientôt tout ressort et tout mouvement. Malgré ces diverses mutilations l'animal vivait et *respirait bien...* » P. 172 : « Je pris un autre lapin; je retranchai pareillement les lobes cérébraux, les tubercules quadrijumeaux et le cervelet. Pareillement la respiration *persistait toujours.* » On le voit, FLOURENS ne s'est pas du tout occupé, dans ses expériences, du *rythme* de la respiration, mais exclusivement de la *persistance* de la respiration.

1. BENJAMIN COSTE. « Sur le rôle de l'encéphale et particulièrement de la protubérance annulaire dans la respiration. » Thèse de Paris, 1851.

tions cliniques empruntées à LALLEMAND (*Lettres sur l'encéphale*, 1820-1830; obs. 6, 8, 16, 17, 1ʳᵉ lettre; 6, 7, 9, 13, 2ᵉ lettre; 1, 9, 11, 18, 21, 3ᵉ lettre; 4, 9, 4ᵉ lettre), à BOUILLAUD (*Traité de l'encéphalite*), à SERRES (Mémoire sur l'apoplexie, obs. 16, 17, 18, 20, 22, *in Annuaire médico-chirurgical*, 1819), à LAENNEC (*Traité de l'auscultation médiate*, t. I, p. 168. Paris 1826), à CRUVEILHIER (*Anatomie pathologique du corps humain*), etc., se résume dans les conclusions suivantes formulées par l'auteur :

1. — « Des expériences et des observations que nous avons mentionnées, et de quelques autres faits que nous n'avons pu rapporter, faute d'espace, nous croyons pouvoir conclure que *presque toutes les divisions de l'encéphale, lobes cérébraux, cervelet, couches optiques, corps striés, tubercules quadrijumeaux et protubérance, servent à la respiration.*

2. — « D'une autre part, comme lorsqu'une lésion considérable, ayant lieu sur la voie de communication entre la moelle allongée et les parties antérieures ou supérieures de l'encéphale, supprime non seulement l'influence que possède la partie lésée sur la respiration, mais encore plus ou moins complètement l'influence des autres parties de l'encéphale, il s'ensuit que, plus la partie lésée est voisine de la moelle allongée, plus la respiration est troublée. Aussi, de toutes les parties de l'encéphale, autres que la moelle allongée, il n'en est aucune dont les lésions soient plus capables, que celles de la protubérance, d'amener un trouble considérable de la respiration. »

C'était clairement affirmer le rôle du cerveau dans la respiration. Et cette affirmation avait l'avantage de reposer sur un nombre assez considérable d'observations importantes pour qu'elle fût digne d'attirer l'attention. Mais l'autorité de FLOURENS, dont l'œuvre était si remarquable dans son ensemble, détourna de cette question les travaux des physiologistes.

Elle reparut lorsque, après les découvertes fondamentales de FRITSCH et HITZIG sur les effets moteurs produits par l'excitation électrique de régions déterminées de l'écorce cérébrale, on se mît à étudier par de nouveaux procédés d'expérimentation les fonctions du cerveau. En portant l'excitation électrique sur des régions variées de la masse cérébrale, les expérimentateurs cherchèrent à déterminer s'il n'existait pas des centres cérébraux en rapport avec la respiration. Depuis 1875 les travaux se sont succédé assez nombreux sur ce sujet.

Ce sont les travaux de Danilewsky (1875), de Lépine et Bochefontaine (1875), de Ch. Richet (1878), de Newell-Martin et Booker (1879), de Christiani (1880), de Markwald (1886), de Fr. Franck (1887), de Unverricht (1888), de H. Girard (1889), Preobraschensky (1890). L'accord est fort loin d'exister entre ces divers auteurs [1]. D'après Christiani, il existe deux centres cérébraux d'inspiration situés, l'un à la partie interne des couches optiques, au niveau du 3ᵉ ventricule, l'autre dans la région intermédiaire aux deux groupes de tubercules quadrijumeaux. En outre, il existe un centre d'expiration dans la substance des tubercules quadrijumeaux antérieurs, au niveau de l'entrée de l'aqueduc de Sylvius. Newell Martin et Booker admettent, de leur côté, l'existence d'un centre inspiratoire, analogue à celui du 3ᵉ ventricule (Christiani) et situé à l'union des tubercules quadrijumeaux antérieurs et postérieurs. D'après Unverricht et Preobraschensky, il existe chez le chien, au voisinage de la partie antérieure et latérale du sillon qui sépare la deuxième circonvolution frontale de la troisième, un point dont l'excitation électrique produit des modifications du rythme respiratoire analogues à

---

1. Danilewsky. *Archives de Pflüger*, 1875. B. xi, p. 134-137. — Lépine et Bochefontaine. *Archives de physiologie normale et pathologique*, 1876, p. 168. — Ch. Richet. Structure des circonvolutions cérébrales. Thèse d'agrégation, Paris, 1878. — Newell Martin et Booker, *The Journal of Physiology*. T. i, p. 370. — Christiani. *Centralbl. f. d. med. Wiss*, n° 15, 1880. — Fr. Franck. « Leçons sur les fonctions motrices du cerveau, » Paris, 1887. — Unverricht. *Congrès de Médecine interne*. Wiesbaden, 1888. — Preobraschensky. *Wien. klin. Wochenschrift*. n°ˢ 41 et 43, 1890. — Markwald. *Zeitschrift für Biologie*. xxiii, n. f. T. v. 1886, et xxvi, p. 258, 1889. — H. Girard. « Recherches sur l'appareil respiratoire central. » Genève, 1890.

celles qui se produisent sous l'influence de la volonté. Mais la plupart des auteurs n'admettent pas dans le cerveau l'existence de vrais centres respiratoires à localisations précises. Ils sont toutefois unanimes à reconnaître que l'excitation électrique portée dans des régions variées du cerveau amène des modifications du rythme respiratoire, mais sans qu'il soit possible d'établir un rapport absolu entre la nature de l'effet respiratoire et le siège de l'excitation cérébrale. Fr. Franck, dont le travail fait autorité, écrit à propos de l'influence du cerveau sur les fonctions organiques en général : « L'expérience montre bien que l'excitation de certaines régions de l'écorce et celle des faisceaux blancs sous-jacents provoque des *réactions organiques variées*. Mais, contrairement à ce qui s'observe pour les réactions motrices volontaires, on ne retrouve *pas de points spéciaux à fonctions indépendantes ;* de plus la suppression de ces mêmes régions cérébrales, dont l'excitation provoque si nettement des effets organiques, n'entraîne pas la perte de la fonction mise en jeu par l'excitation [1]. » Et, pour ce qui se rapporte plus spécialement à l'influence du cerveau sur la respiration, Fr. Franck conclut de ses expériences : « Il n'y a pas de points corticaux dissociables correspondant les uns au mouvement du larynx, les autres aux mouvements du diaphragme. — On ne trouve pas davantage de points commandant à l'inspiration ou à l'expiration à la surface des circonvolutions. — Il est même peu vraisemblable qu'on soit conduit à admettre des centres respiratoires dans les circonvolutions, chacun des points excitables de la zone motrice pouvant provoquer les modifications respiratoires indiquées [2]. » C'est dire, en résumé, que le cerveau exerce une influence sur la respiration ; mais que cette influence, dont les effets, comme l'observe Fr. Franck, peuvent être aussi bien positifs que négatifs ou suspensifs (inhibitoires), est le fait de

1. Fr. Franck, *loc. cit.* p. 127.
2. Fr. Franck, *ibid.* p. 140.

l'activité cérébrale considérée dans son ensemble et non de l'activité de quelques centres spéciaux à localisations déterminées.

Que si l'expérimentation est enfin parvenue à démontrer la réalité de l'influence du cerveau sur la respiration, c'est là un fait, il semble, que l'observation la plus banale de tous les jours eût dû faire admettre depuis longtemps. On sait les effets constants que produisent sur le rythme respiratoire les états psychiques émotionnels tels que la surprise, la peur, la joie, la douleur, la colère, l'attention. Les modifications de la respiration qui surviennent alors frappent tellement les sens même que la langue les a fixées dans des expressions qui font image. C'est ainsi que la peur « nous coupe la respiration »; c'est ainsi encore que l'attention nous tient parfois « bouche bée », pendant que notre thorax reste immobile en inspiration. Et ne sont-ce pas là deux beaux exemples d'apnée essentiellement cérébrale? Si, dans ces conditions, l'influence du cerveau sur la respiration à l'état normal n'a pas été plutôt admise, c'est que d'une part, après les remarquables travaux de LEGALLOIS et de FLOURENS, les physiologistes étaient unanimes à admettre que la fonction respiratoire était sous la dépendance *exclusive* du bulbe; et, d'autre part, pour que l'expérimentation crût pouvoir porter utilement son contrôle indispensable sur les fonctions du cerveau, il fallait la découverte de FRITSCH et HITZIG (1870) sur l'excitabilité de la zone motrice de l'écorce cérébrale.

CHAPITRE II

Expériences

La plupart des expérimentateurs qui se sont occupés de l'influence du cerveau sur la respiration ont étudié surtout l'effet des excitations directes de l'écorce cérébrale (Lépine et Bochefontaine, Ch. Richet, Fr. Franck).

Je rapporterai des expériences qui ont trait plus spécialement à l'écérébration, à l'excitation et à l'ablation des tubercules quadrijumeaux, à la compression cérébrale. Je ferai ensuite l'histoire de l'influence de la morphine sur la respiration. La morphine agit sur le rythme respiratoire en tant que poison cérébral, comme je le démontrerai; cette étude spéciale de physiologie offre donc un moyen indirect de connaître le rôle du cerveau dans la respiration à l'état normal.

I. — EFFETS DE L'ÉCÉRÉBRATION SUR LA RESPIRATION

Après avoir fait quelques essais d'écérébration sur des chiens et des lapins, j'ai dû vite renoncer à de telles expériences sur ces animaux. La mort est presque toujours immédiate, qu'elle soit l'effet du choc traumatique et que les animaux meurent par inhibition, ou qu'elle soit l'effet de graves hémorragies, difficiles ou même impossibles à éviter au cours de telles expériences. Sur cinq lapins, en particulier, j'ai pu une seule fois obtenir la survie de l'animal pendant une demi-heure. La respiration était lente, pénible, spasmodique, l'animal avait des convulsions. Mais l'hémorragie avait été abondante pendant l'acte opératoire, bien que la destruction des lobes cérébraux fût faite au thermo-cautère; à l'écérébration s'ajoutait donc un état général asphyxique dû à l'hémorragie, qui entrait évidemment en cause dans la production des troubles respiratoires et empêchait, de ce fait, de conclure sur la part exacte qui, dans ces troubles, revenait à l'écérébration.

Mes expériences ont dès lors porté sur les pigeons qui tolèrent si bien — comme Flourens l'a montré, — la destruction des lobes cérébraux. Cette destruction a toujours été faite au thermo-cautère. J'ai consigné exclusivement, dans ces expériences, les effets obtenus au point de vue de la fonction respiratoire. Les tracés de la respiration ont toujours été pris comme il est indiqué dans l'expérience 1; la ligne ascendante représente l'inspiration et la ligne descendante l'expiration.

EXPÉRIENCE I. — 1er *février* 1892. — *Pigeon normal.* Température prise dans le cloaque, 42°. — Température du laboratoire, 12°. — L'explorateur à deux ampoules de MAREY (le même appareil qui sert de cardiographe chez le lapin) est appliqué sur le thorax du pigeon, face ventrale : les deux crochets de l'appareil sont reliés par un fin cordon de

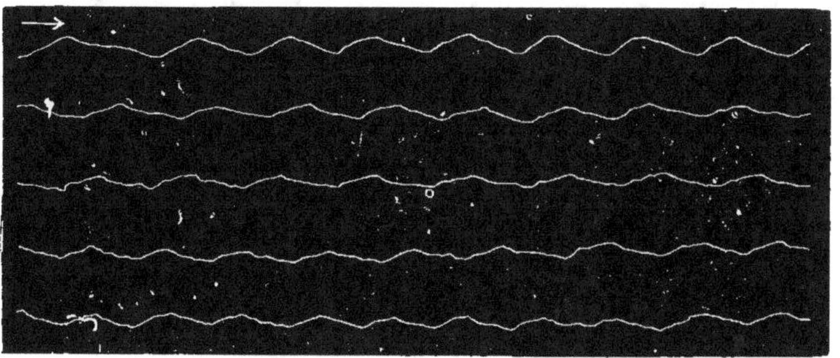

FIG. 97. — Tracé de la respiration normale chez le pigeon.
Chaque ligne du tracé représente une durée de 15 secondes.

caoutchouc qui passe sous les ailes et sur le dos du pigeon. Un tube de caoutchouc relie l'explorateur à deux ampoules à un tambour à levier de MAREY, dont le style inscrit les oscillations sur un cylindre enregistreur. Dans ces conditions, la respiration s'enregistre avec des oscillations suffisantes. Le tracé de cette respiration est reproduit par la fig. 97.

La respiration normale du pigeon est, on le voit, une respiration dont le rythme dans le temps est régulier, le rythme dans l'espace analogue à celui de la respiration des mammifères ; c'est-à-dire que l'expiration est sensiblement plus longue que l'inspiration ; la fréquence est de 36 à 40 respirations par minute.

EXPÉRIENCE II. — 14 *janvier* 1892. — *Pigeon,* T., 42°. Température du laboratoire, 12°. — 4 h. — Destruction des lobes cérébraux au thermocautère. Pertes légères de sang. Après ce traumatisme le pigeon est laissé quelque temps au repos sur la table d'expérience.

4 h. 30. T. *pigeon*, 41°. A ce moment la respiration donne le tracé (Fig. 98.)

La respiration après l'écérébration est, on le voit, très sensiblement diminuée de fréquence. De 36 à 40 respirations à l'état normal, la fréquence n'est plus que de 20 à 25 respira-

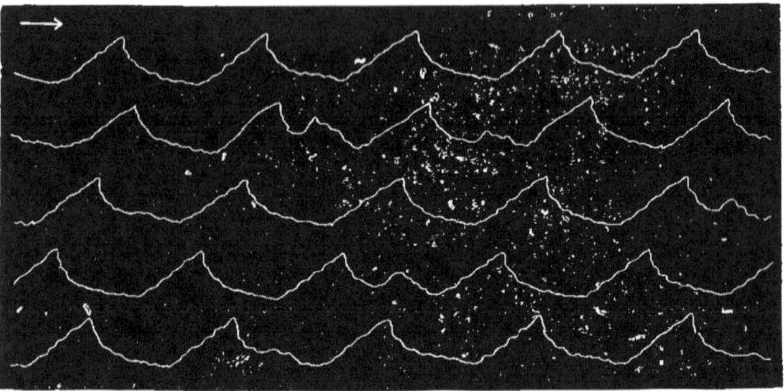

Fig. 98. — Tracé de la respiration du pigeon écérébré, une demi-heure après l'écérébration.

Chaque ligne du tracé représente une durée de 15 secondes.

tions par minute. L'ablation des lobes cérébraux chez le pigeon réduit en somme la respiration aux deux tiers de sa valeur normale. Le rythme dans le temps reste régulier; le rythme dans l'espace n'est pas sensiblement modifié. Des phénomènes mécaniques de la respiration la fréquence seule se trouve diminuée pour une certaine part.

Expérience III. — 16 *janvier* 1892. — *Pigeon écérébré*, T. 39°. — T. du laboratoire, 12°,5. — Le 15 janvier, à 4 h. soir, les lobes cérébraux ont été détruits au thermo-cautère. Pertes de sang modérées; le pigeon est replacé dans sa cage.

24 heures après le traumatisme la respiration donne le tracé (Fig. 99).

Ce tracé ressemble entièrement à celui de la fig. 98. C'est là un fait fort important. Car il démontre que les modifications survenues dans la fréquence respiratoire, soit une demi-

heure, soit 24 heures après l'écérébration, sont dues exclusivement à la suppression des lobes cérébraux, ou, si l'on préfère,
au traumatisme cérébral et non aux conditions contingentes
qui ont accompagné l'acte opératoire, hémorragie, compression par des caillots, chute de la température, etc. Si, par
exemple, les modifications de fréquence de la respiration une

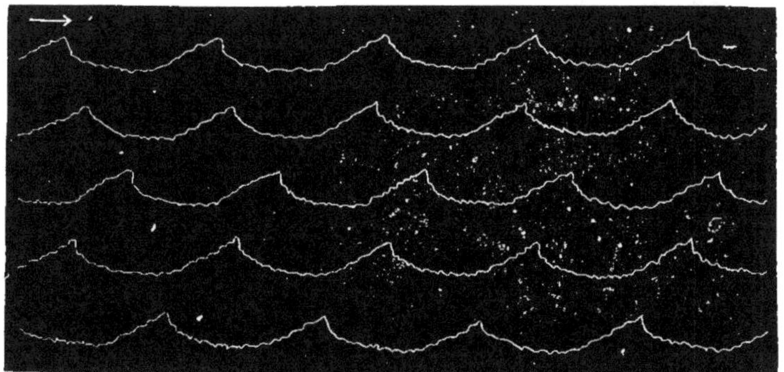

Fig. 99. — Tracé de la respiration du pigeon écérébré, 24 heures après
l'écérébration.

Chaque ligne du tracé représente une durée de 15 secondes.

demi-heure après l'écérébration étaient dues à l'hémorragie
post-opératoire, elles n'auraient plus lieu de se manifester
identiques 24 heures après chez un animal parfaitement reposé.
Aussi bien est-ce précisément parce qu'il eût pu paraître légitime d'invoquer dans le premier cas (expérience II) l'hémorragie, dans le 2ᵉ cas (expérience III) la chute de la température, comme causes de la diminution de fréquence, qu'il
était intéressant de comparer la respiration chez l'animal écérébré une demi-heure et 24 heures après le traumatisme. On
sait ainsi que la diminution de fréquence est simplement
fonction de la suppression des lobes cérébraux et non des
phénomènes contingents qui l'accompagnent, c'est-à-dire de
l'hémorragie, de la chute de la température ou autres encore.
Et cette notion, importante sans doute au simple point de

de vue du fait acquis, le devient bien plus encore au point de vue de l'interprétation de la respiration de luxe à laquelle elle pourra servir en temps opportun.

Expériences IV et V

Dans ces expériences je me suis proposé de voir comment réagissait l'animal écérébré vis-à-vis de quelques conditions physiologiques qui, dans l'état normal, modifient la respiration.

Expérience IV. — *18 janvier 1892.* — *Pigeon.* T. 41°,5. — T. du laboratoire, 12°.

2 h. 25. — Les lobes cérébraux sont détruits au thermo-cautère. Le pigeon est laissé quelque temps au repos.

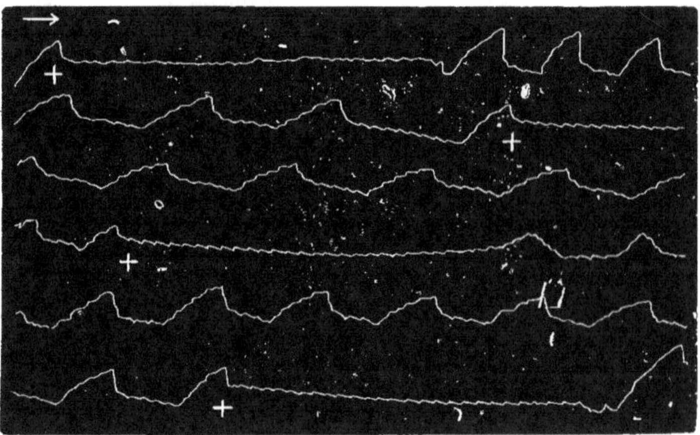

Fig. 100. — Pigeon écérébré. En + excitations électriques dans le cloaque : Arrêt de la respiration en expiration.

3 h. 30. — *Pigeon*, t. 40. Tout est disposé suivant le procédé ordinaire pour l'enregistrement de la respiration. Tandis que la respiration s'inscrit sur le cylindre de Marey, on fait passer un courant électrique en divers points de l'animal au moyen du chariot d'induction de Gaiffe mis en communication avec une pile de Grenet. Si les électrodes sont appliqués sur la peau, sur les pattes, on n'obtient que des résultats très médiocres ou même nuls.

Mais si les électrodes sont appliqués dans le cloaque, la bobine inductrice étant à 0 04 centimètres de l'échelle du chariot, on obtient des arrêts très nets en expiration. Les excitations sont produites au moment des signes +.

Ces résultats sont conformes à ceux déjà obtenus par Fr. Franck et Henrijean dans de semblables expériences. On sait que Fr. Franck attribue au phénomène douleur les arrêts en inspiration que l'on obtient au cours de certaines excitations électriques des nerfs sensibles ; si l'on supprime le cerveau, c'est-à-dire la douleur, l'arrêt respiratoire se produit d'une façon constante en expiration. Cette expérience, dans laquelle les excitations maintes fois répétées après des périodes de repos ont toujours produit l'arrêt en expiration, dépose très nettement dans ce sens.

Expérience V. — 18 *janvier* 1892. — *Pigeon écérébré. Polypnée thermique.*
Le pigeon a été écérébré le 15 janvier. — Sa température actuelle est de 39°. — Température du laboratoire, 12°,5. La respiration du pigeon reproduit le tracé de la fig. 101. Il est mis à 4 h. 30 du soir à l'étuve, T. 60°.

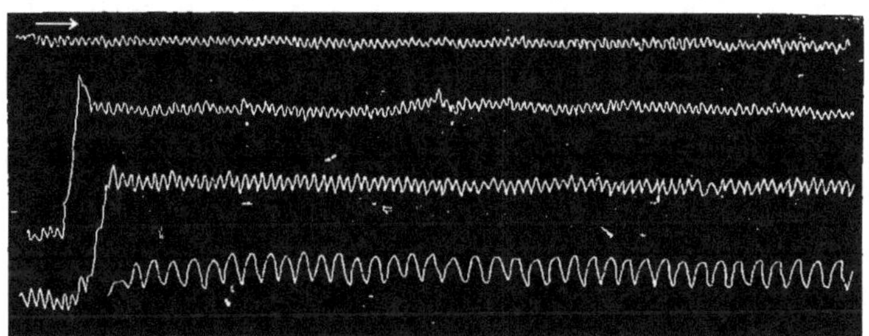

Fig. 101. — Pigeon écérébré. Mis à l'étuve à 60°. Polypnée thermique.

Lire le tracé de bas en haut Le cylindre enregistreur de Marey tourne avec une vitesse de 1 tour à la minute. La longueur du tracé représente une durée de 15 secondes.

Après 10 minutes la respiration donne un tracé très net de polypnée ; c'est la polypnée thermique de Ch. Richet. — A 4 h. 48 le pigeon est sorti de l'étuve, sa température est de 40°,8.

Cette expérience montre que l'ablation du cerveau laisse l'organisme entièrement capable de lutter contre la chaleur. C'est là, je crois, un fait nouveau. J'ai répété plusieurs fois sur d'autres pigeons la même expérience, avec le même résultat. La polypnée ne s'établit pas brusquement, mais bien d'une façon croissante, progressive. La fréquence respiratoire, à 25 respirations par minute chez le pigeon écérébré, atteint 200, 250 en passant par les étapes successives de 30, 40, 80, etc. Cette polypnée est une polypnée réflexe; ce qui le démontre, c'est la température des pigeons polypnéïques, à leur sortie de l'étuve. Cette température est de 41° 6, 41° 8, 42° : or, c'est la température du pigeon normal. Il ne peut donc être question d'hyperthermie centrale et la polypnée qui s'établit est bien une polypnée d'origine réflexe, c'est-à-dire une polypnée destinée non pas à combattre une hyperthermie acquise mais à prévenir une hyperthermie qui arriverait fatalement si la polypnée ne s'établissait pas, grâce à la haute température du milieu ambiant. Quoi qu'il en soit, ce qui demeure acquis, c'est que la fonction physico-mécanique qui exerce la respiration pour produire du froid dans la lutte contre la chaleur chez certains animaux (Ch. RICHET) peut s'accomplir dans toute son intégrité, indépendamment du contrôle cérébral. L'animal privé de cerveau peut aussi bien qu'à l'état normal régler sa température par la respiration; la fonction thermique du bulbe rachidien suffit à ce rôle.

Au cours de ces recherches il eût été intéressant de voir si, en même temps que diminuait la fréquence respiratoire après l'ablation du cerveau chez les pigeons, la ventilation était également diminuée. Pressé par le temps, j'ai dû limiter mon étude aux modifications de fréquence et de rythme, mais il est certain que la ventilation est une donnée fort intéressante qui reste à étudier, dans ces conditions.

Il reste maintenant à interpréter au point de vue fonctionnel les modifications respiratoires consécutives à l'écérébration. Ces troubles sont-ils la conséquence d'une suppression de fonction appartenant en propre aux lobes cérébraux? Ou bien ne sont-ils qu'un fait d'inhibition partielle due à l'irritation exercée à distance sur les centres respiratoires par la lésion traumatique cérébrale? Ce qui tend à faire admettre qu'il s'agit bien en réalité d'une suppression de fonction cérébrale et non pas d'une inhibition partielle des centres respiratoires excito-moteurs, c'est que ces centres sont restés absolument sensibles aux excitations périphériques ou centrales (expériences IV et V). Le bulbe rachidien a conservé intact, en particulier, son pouvoir réactionnel vis-à-vis de la température extérieure. Or, si, dans les expériences d'écérébration, les centres respiratoires se trouvaient en état d'inhibition partielle, les réactions qu'il commande à l'état normal ne devraient plus s'exercer dans leur intégrité. L'expérimentation démontrant que ces réactions subsistent chez le pigeon écérébré comme chez le pigeon normal, il est légitime de conclure que le pouvoir excito-moteur des centres respiratoires n'est nullement inhibé — même partiellement — par l'écérébration. Dès lors les troubles respiratoires consécutifs à cette dernière sont dus à la suppression d'une fonction exercée normalement par le cerveau. C'était là un fait important à fixer.

En résumé, d'expériences sur les pigeons, il résulte que :

1° *L'écérébration diminue presque de moitié la fréquence des mouvements respiratoires.*

2° *Cette diminution de fréquence respiratoire dépend de la suppression des lobes cérébraux, c'est-à-dire de la déficience cérébrale et non de l'hémorragie, de la compression ou de l'hypothermie consécutives à l'acte opératoire.*

3° *Elle dépend, d'autre part, de la suppression d'une fonction exercée normalement par le cerveau et non d'une inhibition partielle des centres respiratoires excito-moteurs. Ce qui le démontre, c'est l'intégrité du pouvoir réactionnel de ces centres* (excitations périphériques ou centrales, influence de la température extérieure).

II. — EFFETS DE L'EXCITATION ET DE L'ABLATION DES TUBERCULES QUADRIJUMEAUX SUR LA RESPIRATION.

Les expériences que j'ai faites à ce sujet ont été également pratiquées sur des pigeons, si bien qu'il s'agit à vrai dire de tubercules bijumeaux, les oiseaux étant moins riches à cet égard que les mammifères. Voici quelques-unes de ces expériences :

EXPÉRIENCE VI. — 10 février 1892. — *Pigeon*. T. 41°8. — Température du laboratoire 12°,5.

4 h. 20. — Le cerveau est mis à nu. Le tubercule bijumeau droit est découvert; il est suffisamment isolé pour qu'on puisse facilement porter l'excitation électrique directement sur cet organe. C'est là une

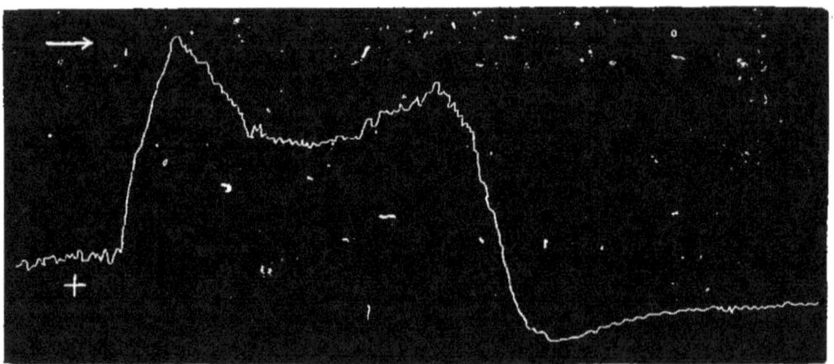

FIG. 102. — Pigeon. En + excitation du tubercule bijumeau droit : arrêt de la respiration.

opération qui ne laisse pas que d'être assez pénible; les tubercules bijumeaux sont dissimulés sous les lobes cérébraux et aussi sous le cervelet; pour les atteindre il faut attaquer la paroi cranienne assez près en arrière de l'orbite, on blesse là fatalement des sinus veineux et l'animal perd beaucoup de sang. Aussi bien la respiration du pigeon se ressent-elle de ces hémorragies; c'est ce qui explique que sur le tracé ci-dessus on ait affaire à une respiration fréquente et assez irrégulière.

4 h. 45. — Excitation du tubercule bijumeau droit, la bobine inductrice du chariot de GAIFFE étant à 0,04 cent. de l'échelle du chariot.

Après une inspiration convulsive, la respiration s'arrête en expiration; de plus cet arrêt se prolonge pendant un certain temps alors qu'on a cessé toute excitation.

L'excitation des tubercules bijumeaux chez le pigeon produit, on le voit, l'arrêt de la respiration. Cet arrêt est-il absolument identique à celui que produit toute excitation sensible de la périphérie ; est-ce là un arrêt absolument de même nature, c'est-à-dire un simple arrêt réflexe ? Cette opinion est celle de GIRARD, de Genève, qui pense que cet effet de l'excitation des tubercules bijumeaux ou quadrijumeaux sur la respiration est dû simplement à ce que ces organes contiennent des fibres sensibles des nerfs optiques en particulier, et, en réalité, lorsqu'on excite les tubercules quadrijumeaux, ce sont ces fibres que l'on excite ; il s'agit donc là exclusivement du réflexe respiratoire ordinaire produit par l'excitation de tout nerf sensible [1]. Ce n'est pas là l'avis de MARKWALD. Ce physiologiste, qui s'est beaucoup occupé de l'influence exercée par le cerveau en général et les tubercules quadrijumeaux en particulier sur la respiration, pose cette conclusion dans l'un de ses travaux : « Outre les pneumogastriques, les voies et noyaux des tubercules quadrijumeaux postérieurs et ceux de la portion sensitive du trijumeau sont également très importants pour la production de la respiration rythmique normale. *Les ganglions des tubercules quadrijumeaux postérieurs possèdent un tonus naturel* et sont capables de suppléer à l'absence des pneumogastriques [2]. » Certes MARKWALD n'admet pas de centres respiratoires cérébraux — pour lui, comme pour GIRARD, les centres respiratoires sont exclusivement bulbaires, — mais il admet comme incontestable que les voies supérieures encéphaliques (obere Bahnen) et plus spécialement les tubercules quadrijumeaux postérieurs exercent une action constante, ce qu'il appelle un tonus régulier sur la régulation de la respiration. Il y a là, on le voit, une opposition absolue avec l'opinion qui considère l'effet de l'exci-

----

1. GIRARD. « Recherches sur l'appareil respiratoire central, » Genève, 1890, p. 132.

2. MARKWALD. Die Bedeutung des Mittelhirns. *Zeitschrift für Biologie*, XXVI p. 258, 1889.

tation des tubercules quadrijumeaux seulement comme une action passagère due à l'excitation fortuite des fibres nerveuses sensibles (nerfs optiques) contenues dans ces organes.

LANGENDORFF admet, lui, d'une manière générale, dans les tubercules quadrijumeaux, l'existence de centres modérateurs [1].

Cette opinion, au point de vue qui nous occupe, peut être rapprochée de celle de MARKWALD. Si les tubercules quadrijumeaux sont des centres modérateurs, on comprend bien l'action d'arrêt que produit leur excitation sur la respiration. Vouloir juger le débat, dans ces conditions, serait certainement téméraire de ma part. Je me contenterai de rapporter deux expériences qui pourront, je pense, servir d'élément à la discussion.

EXPÉRIENCE VII. — 23 janvier 1892. — *Pigeon*. T. 42°. — Température du laboratoire, 12°.

3 h. 10. — Après mise à nu de l'encéphale, des pointes de feu sont enfoncées de chaque côté dans la direction des tubercules bijumeaux. La

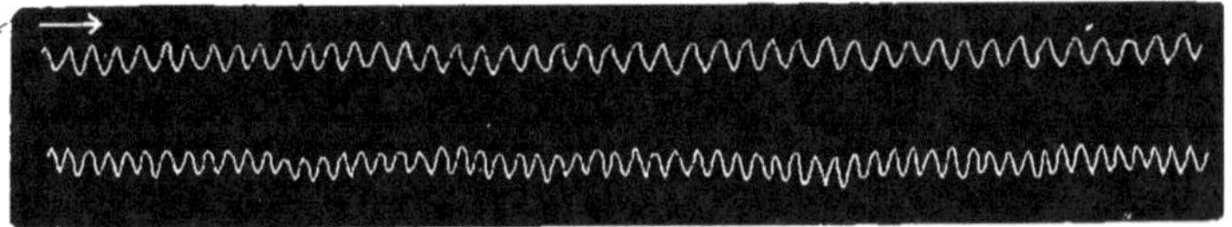

FIG. 103. — Pigeon. Ablation des tubercules bijumeaux : polypnée.

respiration prend immédiatement un caractère polypnéique, dont le tracé donne une forme très saisissante.

Autopsie. — Les tubercules bijumeaux sont à peu près totalement détruits. Le cervelet est modérément endommagé.

EXPÉRIENCE VIII. — 20 janvier 1892. — *Pigeon*. T. 42° 1. — Température du laboratoire, 12°.

2 h. — Les lobes cérébraux sont détruits au thermo-cautère.

2 h. 15. — Tracé de la respiration. Respiration ralentie du pigeon écérébré (représentée par les trois premières lignes de la fig. 104).

1. LANGENDORFF. *Archives de du Bois-Reymond*, 1877, p. 96.

3 h. — Destruction du tubercule bijumeau droit, la respiration immédiatement s'accélère (représentée en + dans le tracé de la fig. 104).

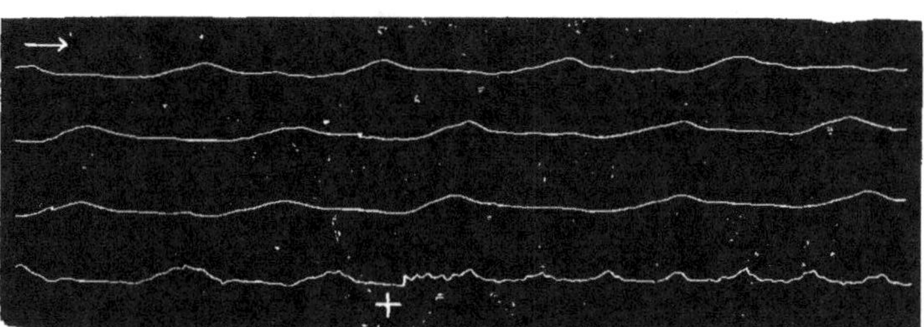

Fig. 104. — Pigeon écérébré. Tracé de la respiration (trois premières lignes). En + ablation du tubercule bijumeau droit, accélération de la respiration.

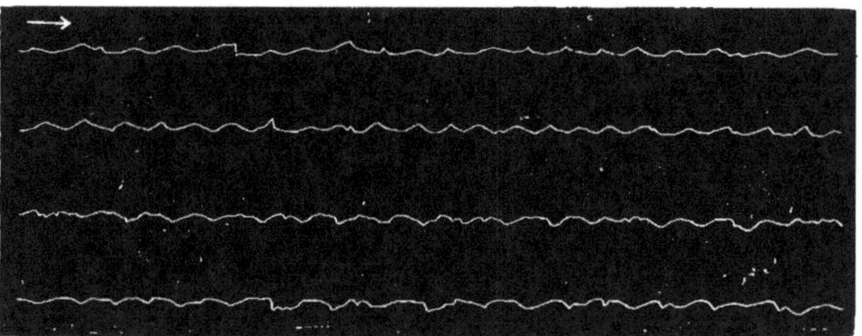

Fig. 105. — Pigeon écérébré. Ablation des tubercules bijumeaux : polypnée.

3 h. 20. — Ablation du tubercule bijumeau gauche, la respiration continue à s'accélérer. Température du pigeon, 35°.

De ces diverses expériences (VI, VII, VIII) il résulte — indépendamment de toute interprétation théorique, — en résumé, trois faits :

1° *L'excitation des tubercules bijumeaux chez le pigeon produit l'arrêt de la respiration.*

2° *Cet arrêt respiratoire dure encore quelque temps (5 à 10 secondes) après la cessation de toute excitation.*

3° *La destruction des tubercules bijumeaux chez le pigeon est suivie d'une accélération très marquée de la respiration.*

Ces faits tendraient assez, ce semble, à donner quelque

appui à l'opinion de Markwald et à la conception de Langendorff sur les tubercules quadrijumeaux. Mais, à vrai dire, conclure dès maintenant en pareil sujet serait bien plus affaire de tempérament que de démonstration rigoureuse. Aussi bien n'insisterai-je pas autrement sur la question de savoir si les tubercules quadrijumeaux exercent sur la respiration une action spécifique, si cette action est un « tonus régulier » leur appartenant en propre (Markwald), ou si ce n'est là qu'une action d'emprunt due à l'excitation des fibres sensitives des nerfs optiques avec lesquelles ces organes sont en connexion intime (H. Girard). C'est là une interprétation théorique qui doit encore rester en suspens. Ce qui importe, du reste, c'est le fait de savoir que les tubercules quadrijumaux — du moins chez les lapins d'après Markwald, chez les pigeons d'après mes expériences, — ne sont pas des organes indifférents vis-à-vis de la fonction respiratoire, *mais qu'ils exercent sur la respiration une action régulatrice constante* — quelles que soient celles de leurs fibres à qui appartienne cette action.

III. — Effets de la compression cérébrale sur la respiration.

Dans une étude expérimentale sur le rôle du cerveau dans la respiration, est-il légitime de rapporter des expériences dans lesquelles, après trépanation cranienne et ouverture des méninges mettant à nu l'écorce cérébrale, on produit artificiellement la compression cérébrale par des injections d'eau ordinaire poussées au niveau de l'orifice trépané? Je sais bien qu'il pourra m'être objecté que dans ces expériences l'effet produit sur la respiration tient non pas à la compression de l'écorce cérébrale, mais bien, en réalité, à la compression du bulbe que l'on ne peut, en l'occurrence, dissocier de la précédente. Il est fort vraisemblable, en effet, qu'au cours de telles expériences le bulbe doit être comprimé aussi bien que le cerveau proprement dit. Mais est-il indiscutable que l'arrêt respiratoire qui se produit alors soit et surtout soit exclusivement d'origine bulbaire? Si l'on admet que les centres bulbaires ne sont que des centres d'inhibition pour les mouvements respiratoires (Brown-Séquard, Loye, Dastre), certes, l'arrêt respiratoire produit par l'excitation de ces centres se comprend fort bien; mais si l'on admet que les centres bulbaires sont des centres d'action, c'est-à-dire des centres excito-moteurs pour la respiration (Laborde, H. Girard, Markwald, Aducco), dès lors l'arrêt respiratoire produit par l'excitation de ces centres ne se comprend plus. Dans ces conditions il peut être permis, sans doute, de ne pas accepter comme un dogme classique l'origine bulbaire de l'arrêt respiratoire dans les expériences de compression cérébrale. D'autre part, si l'on se reporte aux arrêts respiratoires que l'on peut obtenir par l'excitation électrique directement appliquée sur la substance corticale (Fr. Franck, Ch. Richet), ou si l'on veut bien encore se reporter à certains faits cliniques d'encéphalocèle, par exemple, dans lesquels la compression digitale de la tumeur produit parfois des syncopes cardiaque et respiratoire, il pourra dès lors paraître légitime de rapprocher des effets obtenus dans ces diverses conditions expérimentales ou pathologiques ceux que l'on obtient dans les essais de compression cérébrale en expérimentation physiologique. C'est, pour ma part, ce que j'ai pensé pouvoir faire très légitimement.

Expérience IX. — 26 janvier 1892. — *Lapin*. T. 39°. 5. — Température du laboratoire, 12°.

2 h. 30. — Le crâne est trépané sur la région latérale droite, l'orifice de 0,005 millimètres de diamètre laisse pénétrer l'extrémité inférieure de la seringue ordinaire dont on se sert en clinique pour la ponction de l'hydrocèle; les méninges sont incisées, laissant à nu la substance cérébrale.

2 h. 45. — La respiration du lapin est enregistrée avec le cardio-pneumographe à lapin de Marey. Le début du tracé représente cette respiration normale.

2 h. 50. — On enfonce la canule de la seringue à hydrocèle remplie d'eau par l'orifice trépané, l'injection est faite lentement (on a, du reste, à lutter contre une assez grande résistance pour pousser le piston de la se-

ringue). Dès le début de l'injection se produisent des mouvements convulsifs indiqués sur le graphique; l'arrêt de la respiration se produit

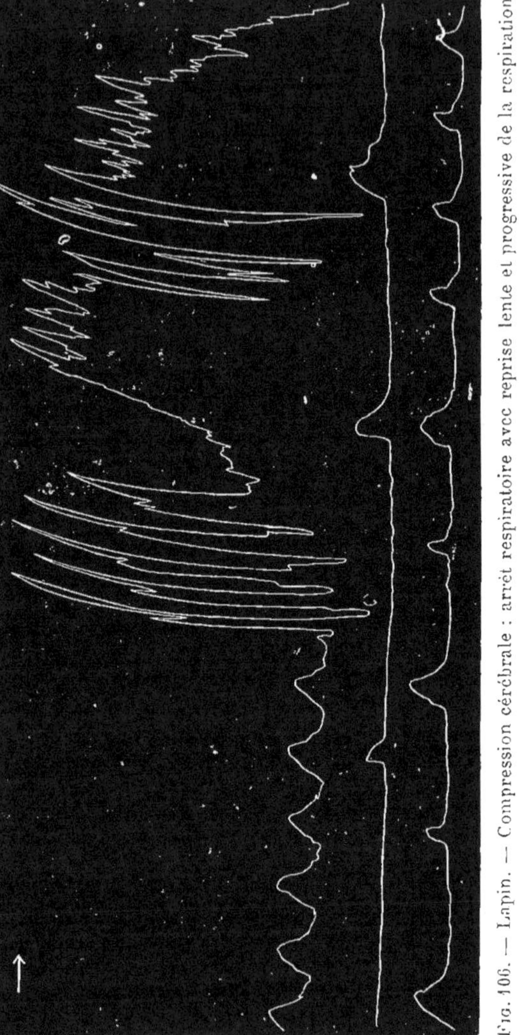

Fig. 106. — Lapin. — Compression cérébrale : arrêt respiratoire avec reprise lente et progressive de la respiration. Lire le tracé de haut en bas.

après l'injection de 0,04 centimètres cubes de liquide. La canule est
maintenue immobile en place pour éviter toute issue de liquide. La respiration reprend progressivement.

IV. — ÉTUDE DE L'ACTION DE LA MORPHINE SUR LA RESPIRATION.

J'ai fait sur ce sujet un très grand nombre d'expériences. Les rapporter toutes *in extenso* serait encombrer inutilement ce travail et risquer de distraire le lecteur du but général que j'y poursuis, la démonstration de l'influence permanente du cerveau sur le rythme respiratoire. Pour servir à atteindre ce but, ce qui est important dans l'étude de l'action de la morphine sur la respiration, ce n'est pas d'exposer une série plus ou moins longue d'expériences qui se reproduisent sensiblement identiques, mais bien de dégager de l'ensemble de ces expériences les faits généraux capables de servir à démontrer comme à interpréter le rôle du cerveau dans la respiration. C'est en m'inspirant de cette idée directrice que je ferai l'histoire de l'influence de la morphine sur la fonction respiratoire, me contentant de consigner parmi mes expériences seulement celles qui font le mieux ressortir les traits principaux de cette histoire.

A. — *La morphine modifie la fréquence de la respiration.*

L'influence que la morphine exerce sur la fréquence de la respiration passe par deux phases distinctes, dans lesquelles les effets produits sont absolument opposés : une première *phase d'augmentation*, une seconde *phase de diminution*. Déjà L. CALVET a fait le premier une esquisse rapide de ces deux phases [1].

Dans la première phase la respiration est accélérée, la fréquence atteint une valeur deux ou trois fois plus grande qu'à l'état normal. Cette accélération de la fréquence respiratoire peut même — mais dans des cas excessivement rares, — prendre un tel caractère polypnéique qu'elle rappelle assez

---

1. L. CALVET. « Essai sur le morphinisme aigu et chronique. » Thèse de doct. de Paris, 1876.

la polypnée thermique (expérience XV.) Mais c'est là une exception. L'effet ordinaire *immédiat* de la morphine est une simple augmentation de fréquence de la respiration dans des limites ne dépassant pas le double ou le triple de sa valeur normale. Cette accélération de fréquence se manifeste généralement dans les dix premières minutes qui suivent l'injection de morphine et offre une durée moyenne de 15 à 20 minutes. Pendant tout ce temps l'animal, lapin ou chien, est dans un état général d'excitation : il se promène et s'agite sur la table d'expérience, il gémit et pousse des cris. La méthode sous-cutanée ou intra-péritonéale d'injection du poison ne modifie très sensiblement ni le moment de l'apparition, ni l'évolution générale de ces premières modifications respiratoires. Celles-ci subiraient bien plutôt, pour se montrer lentes ou hâtives, l'influence de l'état émotionnel de l'animal au moment de l'expérience. Des doses variées de morphine, même, ne réussissent pas à donner une physionomie différente à cette première période de l'action de la morphine sur la respiration. Seules les doses très élevées, variables du reste pour les divers animaux, arrivent à la supprimer complètement et à faire immédiatement entrer l'animal dans une phase respiratoire (expérience XVI) qui constitue le plus ordinairement la seconde phase de l'action de la morphine sur la respiration.

Cette phase nouvelle est caractérisée par un ralentissement considérable de la respiration. Ce ralentissement se produit soit brusquement, soit d'une façon progressive par une chute graduelle, régulièrement descendante, de la fréquence respiratoire. De 50, 60, 80 respirations par minute la respiration tombe en quelques minutes à 20, 18, 15 respirations par minute, c'est-à-dire très au-dessous de la normale (représentée pour le chien par 25, pour le lapin par 60). L'animal est plongé alors en plein narcotisme ; il reste étendu, couché sur la table d'expérience, absolument tranquille. Il demeure toutefois très sensible à réagir aux impressions extérieures, retire la patte ou la queue si l'on vient à lui pincer l'une ou l'autre; en un mot : *le cerveau dort, mais la moelle veille*, et son pouvoir réflexe est plutôt exagéré. La seconde phase respiratoire de l'animal morphiné se prolonge pendant tout le temps que dure le sommeil narcotique, la fréquence gardant sensiblement la même valeur aux divers moments de son évolution, si on abandonne l'animal complètement à lui-même. Mais si, sur un animal manifestement entré dans la seconde phase respiratoire du morphinisme aigu, l'on vient à faire de nouvelles injections de morphine, soit sous-cutanées, soit intra-péritonéales, la fréquence de la respiration peut arriver à atteindre une valeur excessivement infime, 8, 7 et 6 respirations par minute.

Pendant que se manifestent ces modifications respiratoires, on peut observer assez souvent, chez le lapin en particulier, des mouvements des membres et surtout du train de derrière, sur lesquels je désire dire un mot rapide. Ces mouvements ont comme caractères extérieurs d'être intermittents et iso-chrones aux mouvements d'inspiration. On les voit se pro-duire même chez les lapins auxquels on a injecté des doses faibles de morphine, deux à cinq centigrammes par exemple. Sont-ce là des mouvements *convulsifs?* Certains auteurs l'ad-mettent, tels Grasset et Amblard qui se fondent sur l'appari-tion de ces mouvements pour affirmer que, même à doses faibles, la morphine est un poison convulsivant[1]. C'est là une conclusion qui ne s'impose pas, d'après les faits. Ces mouvements ne sont pas nécessairement, en effet, de nature convulsive. La morphine, on le sait, est un poison de la tem-pérature aussi bien que de la respiration; la température des animaux morphinés baisse facilement de 1° 5, 2°; chez les animaux de petite taille surtout elle peut baisser de 3° et 4° — j'insisterai plus loin sur l'hypothermie que produit la morphine

<hr>

1. Grasset et Amblard. *Gazette hebdomadaire de médecine et de chirurgie*, 1882, n° 8.

en étudiant comparativement la marche de la température et de la respiration dans l'intoxication par cette substance. Bref, l'animal morphiné, même faiblement, est un animal qui nécessairement se refroidit. Or, comment lutte contre le froid tout animal en hypothermie? Par ces mouvements généralisés qui constituent ce que l'on appelle communément le *frisson*, frisson destiné précisément à faire de la chaleur et à réchauffer ainsi l'organisme hypothermisé[1]. Les mouvements des membres de l'animal faiblement morphiné ne seraient autre chose alors qu'un moyen de lutte contre le froid, c'est-à-dire un frisson? Certes, fort probablement. Et je ne vois pas trop ce qui différencie ces mouvements prétendus convulsifs du frisson banal; comme ceux-là, au contraire, celui-ci présente le double caractère d'être intermittent et isochrone aux mouvements d'inspiration. En résumé la morphine à faibles doses donne au lapin du *frisson*, parce que c'est un poison hypothermisant, mais non des *convulsions*.

Après cette digression, dont le sujet était assez intéressant pour trouver ici sa place, je vais maintenant rapporter quelques-unes des expériences qui m'ont permis de faire à grand trait la description des deux phases de l'action de la morphine sur la fréquence respiratoire.

EXPÉRIENCE X. — 20 *novembre* 1889. — *Lapin noir*. Poids, 2 800 gr. — T. rectale, 40°. — Respiration normale, 66 respirations par minute.

4 h. 35. — Injection intra-péritonéale de 0.08 centimètres cubes d'une solution de morphine à 1/100, soit huit centigrammes de morphine.

4 h. 38. — Deuxième injection intra-péritonéale de 0.05 cent. cubes de la solution de morphine, soit au total *treize centigrammes* de morphine; l'animal, déposé par terre, se promène dans le laboratoire.

4 h. 45. — Le lapin est placé sur la table d'expérience.

92 respirations par minute. — T., 39° 7.

Si l'on tend doucement et progressivement les pattes de derrière, le lapin ne les retire pas et reste couché sur le ventre, les pattes de der-

---

1. « Sur le rôle du frisson dans la lutte contre le froid », cf. CH. RICHET. *Revue Scientifique*, 1890, 2° sem., p. 395.

rière restant en extension complète ; mais vient-on à exciter très légèrement ces pattes, l'animal les retire vivement : le lapin dresse les
oreilles, si l'on vient à frapper sur la table, il a en même temps des
soubresauts.

4 h. 55. — 100 respirations par minute. — T. 39°,6. — Le lapin réagit
très vivement quand on lui pince les pattes. Par deux fois on lui pince
assez fort la queue, et chaque fois il pousse un cri ; une troisième fois il
ne crie plus. Mais il reste très excitable ; à de simples pressions de la
queue il se produit un retrait réflexe très rapide de cet organe.

5 h. 4. — 47 respirations par minute. — T. 39°,4. — Réflexes toujours
très vivaces.

5 h. 12. — 46 respirations par minute. — T. 39°,4.

5 h. 20. — 44 respirations par minute. — T. 39°,4.

5 h. 27. — 30 respirations par minute. — T. 39°,3. — Le lapin est très
irritable. Au moindre bruit sur la table il a des soubresauts, il dresse
les oreilles. Si on lui frôle les pattes ou la queue avec le manche d'un
porte-plume, vite il les retire. Donc réflexes exagérés.

5 h. 30. — 31 respirations par minute. — T. 39°,4. — Le lapin a les
oreilles dressées, il est aux aguets ; cet état attentif de l'animal trouve
sans doute son explication dans ce fait que l'on vient d'ouvrir un robinet
d'eau dans le laboratoire, et l'eau, en coulant, fait un assez grand bruit,
d'où éveil du lapin ; les réflexes des pattes et de la queue sont exagérés.

5 h. 37. — 32 respirations par minute. — T. 39°,4.

5 h. 54. — 34 respirations par minute. — T. 39°,4.

6 h.   — 39 respirations par minute. — T. 39°,5. — Depuis 5 h. 20,
une lampe à gaz et à réflecteur est allumée, à côté du lapin. C'est là
sans doute la cause du maintien de la température.

*Conclusion : — Lapin. Injection intra-péritonéale de 13 centigrammes de
morphine. Fréquence de la respiration d'abord accélérée, puis diminuée de
moitié. Pouvoir réflexe exagéré. Réaction aux bruits extérieurs et aux sensations cutanées.*

Expérience XI. — *12 décembre* 1889. — *Lapin gris.* Poids 1 810 grammes. — T. rectale, 40°,5.

Température du laboratoire variant entre 11° et 12° au cours de
l'expérience.

Sur ce lapin on cherche à déterminer la valeur exacte de la fréquence
de la respiration à l'état normal, c'est-à-dire au repos, en l'absence de
tout état émotif visiblement apparent.

2 h. 45. — Le lapin est placé dans un coin de la table, la tête tournée
contre le mur ; il ne se fait pas de bruit dans le laboratoire. Dans ces
conditions les respirations peuvent être comptées sans que l'animal
s'aperçoive qu'on l'observe et ait par conséquent la moindre respiration
émotive.

2 h. 50. — 58 respirations par minute.
3 h.   — 60   —   —
3 h. 2. — 66   —   —
3 h. 4. — 58   —   —

Le nombre des respirations par minute chez le lapin, à l'état normal, oscille donc autour de 60 ; le chiffre 55 donné par P. BERT (*Leçons sur la respiration*, Paris 1870) est un peu faible.

3 h. 25. — Injection intra-péritonéale de 12 cent. cubes de la solution de morphine à 1 p. 100, soit *douze centigrammes* de morphine.

3 h. 30. — 70 respirations par minute. — L'animal est blotti dans un coin. Quand on frappe sur la table, il dresse les oreilles et soubresaute.

Il va se nicher derrière une caisse qui se trouve sur la table, ferme les yeux et dort. Mais de temps à autre il redresse la tête ; c'est qu'il est éveillé par les gémissements d'un chien qui se font entendre d'une façon intermittente.

3 h. 42 — 51 respirations par minute.
3 h. 45 — 56   —   —
4 h.   — 37   —   —

Le lapin est très excitable. Frappe-t-on même un coup léger sur la table : il tressaille, dresse la tête. Si on lui pince les pattes de derrière, après les avoir lentement étendues sur la table, l'animal les retire vivement.

4 h. 15 — 48 respirations par minute.
4 h. 20 — 40   —   —
4 h. 22 — 38   —   —
5 h.   — 32   —   —

CONCLUSION : — *Lapin. Injection intra-péritonéale de douze centigrammes de morphine. Fréquence de la respiration d'abord accélérée, puis diminuée du tiers. Excitabilité réflexe conservée.*

EXPÉRIENCE XII. — 21 mars 1890. — *Chien.* Poids 4 kilog. Respiration normale, 38 respirations par minute.

3 h. 45 — Injection sous-cutanée dans la région dorsale de deux centimètres cubes d'une solution de morphine à 1 p. 100, soit *deux centigrammes* de morphine.

3 h. 55 — 95 respirations par minute. La respiration accélérée s'accomplit sans difficulté. L'animal n'a ni nausées, ni vomissements ; il est très agité, ne veut pas rester en place sur la table d'expérience, où on le laisse absolument libre de remuer à sa guise sans le retenir par aucune attache.

3 h. 60 — 60 respirations par minute.
4 h. 4 — 45   —   —

Le chien est moins agité; il vient de se coucher sur la table. Il réagit très vivement aux excitations extérieures. Si on lui donne une chiquenaude sur la queue, il pousse un gémissement plaintif; si on lui pince les pattes, il les retire vivement.

4 h. 10 — 30 respirations par minute.
4 h. 15 — 24   —   —

Le chien est complètement plongé dans le sommeil narcotique. Abandonné à lui-même il reste absolument calme, tranquillement étendu sur la table, le museau reposant lourdement sur les pattes de devant. Si on vient à l'exciter, il se montre très irritable, il réagit avec exagé-

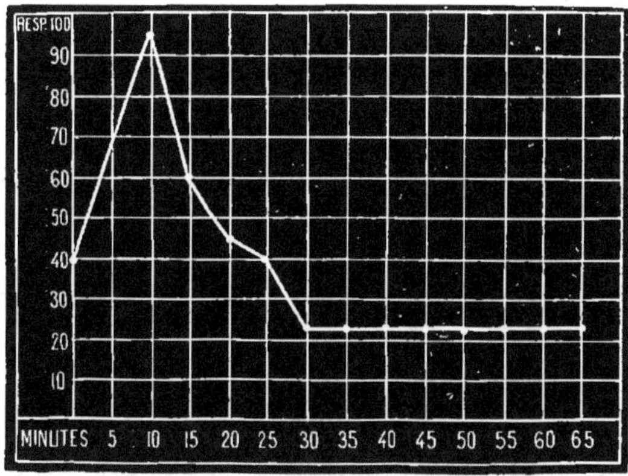

Fig. 107. — Chien de 4 kilogr. Injection de 0.02 cent. morphine. Courbe de la respiration.

ration aux excitations extérieures. Le fait de frapper sur la table lui fait dresser la tête et tressaillir tout le corps.

4 h. 20 — 23 respirations par minute.
4 h. 25 — 20   —   —
4 h. 30 — 24   —   —
4 h. 35 — 24   —   —
4 h. 40 — 24   —   —
4 h. 50 — 24   —   —

L'état général reste le même. Sommeil narcotique, avec un pouvoir réflexe exagéré.

CONCLUSION : — *Chien de 4 kilog. Injection sous-cutanée de deux centigrammes de morphine. Fréquence de la respiration d'abord accélérée, puis diminuée de plus du tiers de sa valeur normale. Pouvoir réflexe exagéré.*

J'ai exactement représenté cette expérience dans la courbe ci-dessous au point de vue des modifications de fréquence de la respiration. Cette courbe fera ressortir mieux encore que le texte la double phase par lesquelles passent ces modifications dans l'intoxication morphinique. L'ordonnée horizontale du graphique représente les temps inscrits en minutes, l'ordonnée verticale représente le nombre des respirations aux divers temps de l'expérience. Le début de la courbe correspond au moment de l'injection de morphine.

EXPÉRIENCE XIV. — 15 mars 1890. — *Chien*. Poids 10 kil. 350 gr. Respiration normale, 30 respirations.

2 h. 30. — Injection de 5 centimètres cubes d'une solution de morphine à 1 p. 100, soit *cinq centigrammes* de morphine sous la peau de la région dorsale.

Après une période d'excitation, de durée assez courte, l'animal tombe

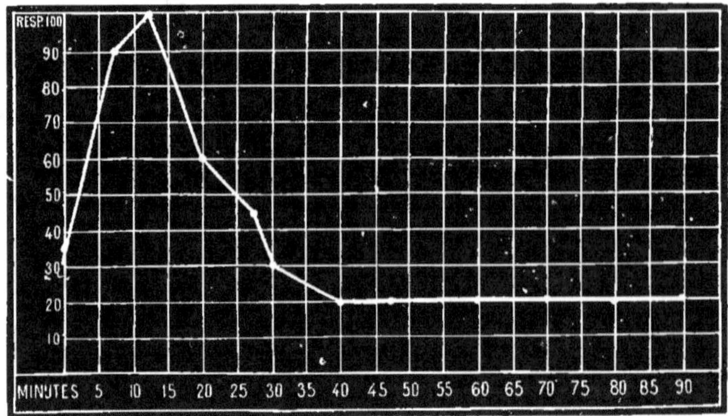

FIG. 108. — Chien de 10 kil. Injection de 0.05 cent. morphine. Courbe de fréquence de la respiration.

dans un sommeil profond. Il reste pendant une heure et demie étendu tranquillement sur la table d'expérience, dans une pause très lasse de tout le corps, relevant de temps à autre la tête quand quelque bruit arrive brusquement jusqu'à ses oreilles. Les réflexes sont conservés tout le temps.

La courbe ci-dessus résume les modifications de fréquence présentée par la respiration au cours de cette expérience.

Expérience XV. — 29 septembre 1891. — *Chienne griffon*. Poids 4 k. 800.
— T. 38° 8. *L'animal est très émotif;* dès qu'on approche de lui et qu'on
l'appelle, il se met à trembler. — Respiration normale, 38 respirations
par minute.

3 h. 46. — Injection sous la peau de la région dorsale de 3 centimètres cubes d'une solution de morphine à 1 p. 100, soit *trois centigrammes*
de morphine.

3 h. 50. — L'animal est pris immédiatement de polypnée. Il ouvre la
gueule, tend la langue absolument comme un chien qui a trop chaud et
se refroidit par une évaporation pulmonaire active.

3 h. 51. — Le chien vomit. La polypnée n'est pas continue. Dans les
périodes de polypnée intense l'animal est occupé exclusivement à respirer très vite; rien d'autre ne le distrait; dans les périodes de calme
relatif au point de vue respiratoire, l'animal regarde de tous côtés, il
est très impressionné.

3 h. 53. — 100 respirations par minute.

4 h. — La respiration commence à se calmer. L'animal est tranquille.

4 h. 2. — 66 respirations par minute. T. 38°6.

4 h. 4. — 35 respirations par minute. T. 38°5. L'animal est maintenant absolument calmé. Il est couché sur la table, la tête entre les pattes,
et paraît se disposer à dormir.

4 h. 6. — 21 respirations par minute. T. 38°4. L'animal dort. Il est
très sensible aux excitations extérieures : quand on frappe sur la table,
il a des soubresauts.

4 h. 10 — 24 respirations par minute.

4 h. 16 — 24   —   —   T. 37°8.

L'animal dort très tranquille. A chaque inspiration correspondent
des petits mouvements de flexion sur l'abdomen des membres postérieurs
ainsi qu'un léger tremblement du tronc.

4 h. 27 — 20 respirations par minute. T. 36°7.

4 h. 30 — 20   --   --   T. 37°5.

4 h. 45 — 20   —   —   T. 33°4,

5 h.   — 24   —   —   T. 37°2.

L'animal dort très tranquille. Il présente toujours les mouvements de
flexion des membres postérieurs isochrones aux inspirations ainsi que
le tremblement du tronc isochrone aussi aux mouvements inspiratoires.
Si l'on vient à siffler, le chien redresse la tête, mais la laisse vite lourdement tomber. Réflexes des membres et de la queue bien conservés.

Conclusion. — *Chien très émotif. Injection sous-cutanée de
morphine. Polypnée immédiate intense, suivie, après un quart
d'heure, d'une diminution de fréquence de la respiration égale
à près de la moitié de la valeur normale. Réflexes conservés.*

Expérience XVI. — 12 février 1892. — *Chienne épagneule*. Poids 8 k. 410. — T. 38°3.

Respiration normale, 27 respirations par minute.

3 h. 5. — Injection intra-péritonéale de 10 centimètres cubes d'une solution de morphine à 2 p. 100, soit *vingt centigrammes* de morphine.

3 h. 12. — L'animal vomit une quantité peu abondante (une cuillerée à bouche) de matière blanche semi-liquide. Il est très abattu, couché sur le flanc dans le laboratoire, la respiration a immédiatement diminué de fréquence sans présenter la phase d'accélération ; elle est actuellement à 23 respirations par minute.

3 h. 19. — 20 respirations par minute, T. 38°1.

3 h. 33. — 10 — —

3 h. 40. — 9 — — T. 37°5.

L'animal est très calme, entièrement plongé dans le sommeil. Si l'on vient à faire du bruit, il relève la tête, ouvre les yeux, et, si on fait mine alors de lui donner un coup de poing sur l'œil, il baisse la paupière. Le *réflexe psychique* du clignement de la paupière est donc conservé. Les réflexes ordinaires des membres, de la queue, sont plutôt exagérés.

3 h. 55. — 9 respirations par minute.

4 h. 15. — 9 — — T. 36°. État général sensiblement le même. D'autre part l'animal a des mouvements de flexion du tronc de derrière isochrones aux mouvements inspiratoires.

4 h. 30. — 9 respirations par minute. L'inspiration est profonde, dure plus longtemps que l'expiration, pause respiratoire. Le rythme rappelle celui de la section des pneumogastriques. Les mouvements du tronc de derrière, isochrones aux inspirations, se sont généralisés, tout le corps est pris d'un tremblement général au moment de l'inspiration.

5 h. 5. — 9 respirations par minute. — T. 35°8. L'animal continue à trembler de tout le corps au moment de l'inspiration. Si, après l'avoir éveillé en frappant sur la table, on lui menace l'œil du poing, il ferme la paupière ; les réflexes psychiques persistent donc dans l'intoxication par la morphine. De même les réflexes médullaires des membres, qui sont plutôt exagérés, dans le cas actuel.

L'animal est reporté dans sa niche. Le lendemain il est très bien remis de l'expérience ; la respiration est à 26 par minute.

Conclusion. — *Chien de 8 kg. Injection intra-péritonéale de vingt centigrammes de morphine. Diminution des deux tiers de la fréquence de la respiration sans phase d'accélération. Réflexes psychiques et médullaires conservés.*

En résumé, des expériences X, XI, XII, XIII, XIV, XV, XVI, et de bien d'autres encore que, à cause même de leur parfaite analogie avec les précédentes, je n'ai pas cru devoir rapporter — car elles n'auraient fait que les répéter sans apporter aucune donnée nouvelle — on peut conclure que :

1° *La morphine, à doses modérées, produit des modifications dans la fréquence de la respiration;*

2° *Ces modifications présentent très nettement deux phases. Dans une première phase, qui coïncide avec un état général d'excitation de l'animal, la respiration est augmentée de fréquence. Cette phase dure de 20 à 30 minutes. — Dans une seconde phase, qui coïncide avec le sommeil narcotique de l'animal, la respiration est diminuée de fréquence. Cette phase est de beaucoup la plus importante comme durée, elle dure autant que le sommeil lui-même; d'autre part, la diminution de fréquence de la respiration atteint le tiers et parfois même la moitié de la valeur normale;*

3° *Ces modifications de fréquence de la respiration se présentent avec un état plutôt exagéré de la réflectivité médullaire et une persistance de la réflectivité psychique.*

B. — *La morphine modifie le rythme de la respiration.
Respiration périodique.*

Les modifications que le morphinisme aigu imprime au rythme de la respiration ont été bien étudiées par Filehne, dans un travail sur le phénomène de Cheyne-Stokes[1]. Cet expérimentateur a parfaitement signalé la *respiration périodique* qui survient chez l'animal intoxiqué par la morphine. C'est là, du reste, une action que la morphine partage avec un autre poison essentiellement psychique, le chloral (Traube, Mosso). Cette respiration périodique survient le plus souvent avec les doses élevées de morphine. Toutefois il est assez fréquent de la voir apparaître même à la suite de l'injection de faibles doses de ce poison. Dans ce dernier cas il

---

1. Filehne. *Archiv. für experim. Path. und Pharm.* Leipzig, 15 mai 1879 (analyse in *Journal de Thérapeutique*, 1879, n° 11).

est une condition qui, indépendante de l'agent toxique, peut, en agissant sur l'état d'activité cérébrale de l'animal en expérience, favoriser dans une grande mesure l'apparition de la respiration périodique. Cette condition, c'est le calme parfait du laboratoire. Si tout, dans le voisinage de l'animal morphiné, est absolument tranquille, si aucun bruit extérieur ne vient à aucun moment réveiller son cerveau endormi, alors on aura beaucoup de chance pour voir se produire la respiration périodique. Si, au contraire, il se fait dans la salle où se passe l'expérience un va-et-vient de personnes qui circulent, si de cette salle l'on peut entendre les gémissements de quelque autre animal, dès lors le sommeil narcotique qui laisse intacte la réflectivité psychique aussi bien que la réflectivité médullaire sera constamment troublé : l'animal redressera la tête à tout instant, il réagira sans cesse aux excitations extérieures, et la respiration périodique ne se montrera pas. Le calme parfait du laboratoire constitue donc, en l'occurrence, une condition expérimentale qui favorisera dans une très large mesure l'apparition de la respiration périodique. Quand celle-ci s'est établie, même le moindre bruit la fait disparaître ; c'est là une expérience fort simple et qui réussit toujours. Et si j'insiste sur ces faits, c'est que j'ai longtemps recherché pourquoi chez un même animal, le lapin par exemple, je ne voyais plus survenir, avec les mêmes doses, le même manuel opératoire, la respiration périodique qui s'était manifestée dans de précédentes expériences. La raison, ou, du moins, l'une des raisons de ce *pourquoi* se trouve, je crois, dans la condition expérimentale que je viens d'indiquer.

Je vais maintenant rapporter quelques-unes de mes expériences qui ont plus spécialement trait au rythme périodique de la respiration sous l'influence de la morphine.

Expérience XVII. — 17 *août* 1891. — *Lapin adulte*. Poids 2540 gr.
T. 39°.2. Température du laboratoire 14°.
2 h. 30. Injection intra-péritonéale de 5 centimètres cubes d'une solution de morphine à 1 p. 100, soit 5 centigrammes de morphine.

2 h. 40. La respiration n'est pas visiblement modifiée.

2 h. 55. L'animal est absolument calme ; étendu sur la table d'expérience, il ne fait aucun mouvement. La respiration est diminuée : 28 respirations par minute.

3 h. 5. Le lapin est toujours très calme, absolument immobile, et paraît plongé dans un sommeil profond. Aucun bruit dans le laboratoire. La respiration tend à devenir périodique. Le tracé de la fig. 109 correspond à ce moment : 14 respirations par minute.

3 h. 10. — 3 h. 50. La respiration continue avec le rythme indiqué par le tracé. L'animal réagit aux excitations extérieures. Si on lui pince les pattes, il les retire ; de même la queue, les oreilles ; ses réflexes sont donc conservés. Si l'on siffle, il redresse la tête et le rythme de la respiration perd son caractère périodique, devient plus fréquent et tend à se régulariser.

Dans cette expérience, la respiration, sous l'influence de la morphine, n'a pas, à vrai dire, un rythme absolument périodique, mais bien plutôt une intermittence tendant vers le type périodique. Dans les expériences suivantes la respiration a nettement revêtu ce type.

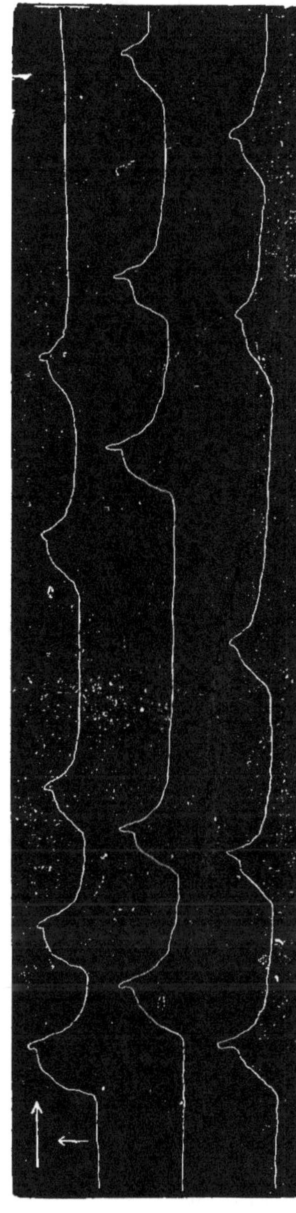

Fig. 109. — Lapin. — Injection de 5 centigrammes de morphine. *Respiration périodique.* Vitesse de rotation du cylindre enregistreur de Marey = 1 tour à la minute. Le tracé représente une durée de 25 secondes.

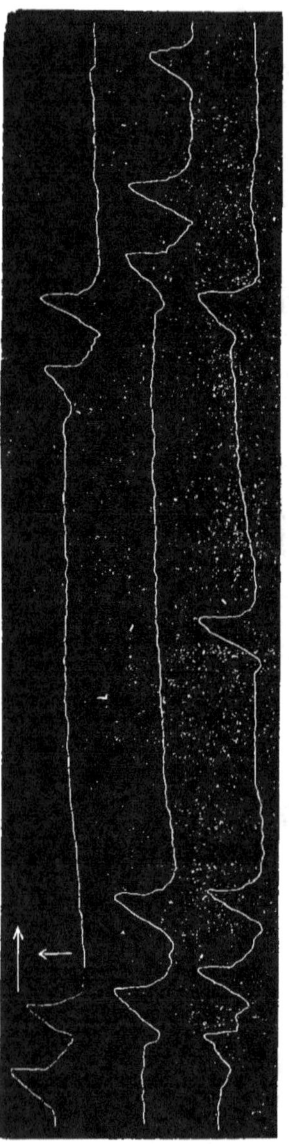

Fig. 110. — Lapin. — Injection de 10 centigrammes de morphine. *Respiration périodique.*
Vitesse de rotation du cylindre enregistreur de Marey = 1 tour par minute. Le tracé représente une durée de 22 secondes.

Expérience XVIII. — *13 janvier* 1892. — Lapin adulte. Poids 2585 gr. T. 39°.8. Température du laboratoire 11° 5.

3 h. 18. Injection sous-cutanée de 10 centimètres cubes d'une solution de morphine à 1 p. 100, soit 10 centigrammes de morphine ; injection par dose de 5 centigrammes chaque en 2 points de la région dorsale.

3 h. 30. L'animal est très calme. Pas de période d'agitation. La respiration est immédiatement entrée dans la phase de diminution de fréquence, 15 respirations par minute. Rythme périodique. Les respirations se reproduisent par séries de deux ou de trois, chaque série s'accompagnant d'une assez longue pause respiratoire (fig. 110).

3 h. 50. — 4 h. 30. La respiration garde les mêmes caractères de fréquence et de rythme. L'état général du lapin est important à noter., T. 37°9 à 3 h. 50., T. 37°6 à 4 h. 30. Les réflexes sont conservés, l'excitation des pattes, de la queue, des oreilles, provoque des mouvements de retrait ou de flexion de ces organes. Des modifications fort importantes surviennent du côté de la respiration sous l'influence de diverses causes. Si l'on siffle auprès de l'animal, si on lui passe sur la peau un corps chaud (thermomètre sorti d'une étuve à 55°) ou un corps froid, si on lui frôle simplement la peau avec le manche d'un porte-plume, dans tous ces cas le rythme de la respiration perd son caractère périodique, augmente de fréquence et tend à se régulariser.

D'autre part le même courant électrique minimum (courant d'induction du chariot de GAIFFE, la bobine étant à 0.01 c. m. 25 de l'échelle) qui, appliqué dans le rectum, avait produit chez le lapin, avant toute injec-

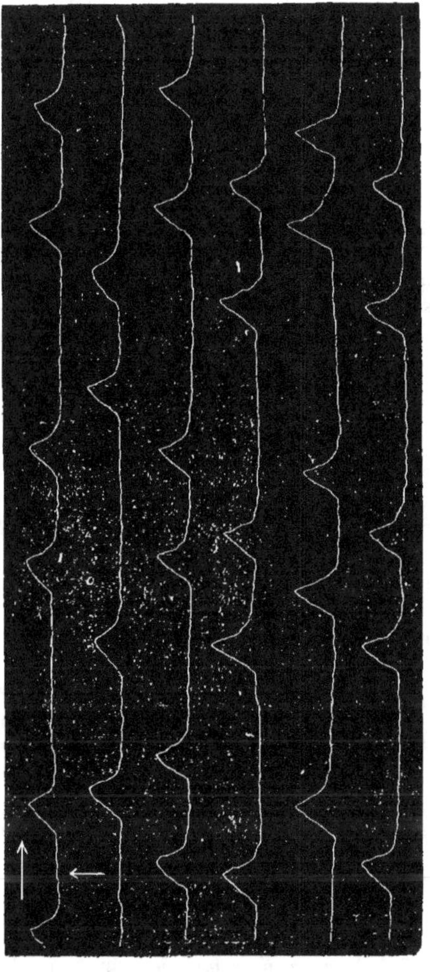

Fig. 111. — Lapin. — Injection de 10 centigrammes de morphine. *Respiration périodique.* Vitesse de rotation du cylindre enregistreur de Marey = 1 tour par minute. Le tracé représente une durée de 20 secondes.

tion de morphine, l'arrêt de la respiration, produit encore ce même arrêt dans les mêmes conditions, pendant la phase de respiration pério- dique. — Réflexe d'arrêt respiratoire, sous l'influence de l'inhalation du chloroforme.

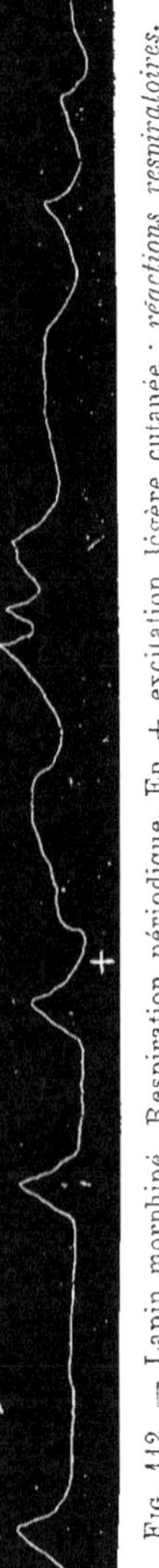

Fig. 112. — Lapin morphiné. Respiration périodique. En + excitation légère cutanée : *réactions respiratoires.*

Expérience XIX. — 6 *février* 1892. *Lapin adulte.*
Poids 2,150 gr. T. 39°2. Température du laboratoire 12°.

2 h. 50. Sur le lapin normal on essaie quelle excitation électrique, portée dans le rectum, et nécessaire pour provoquer un arrêt de la respiration. Le chariot d'induction de Gaiffe est donc mis en communication avec une pile de Grenet, les électrodes sont placés dans le rectum ; le lapin est armé de l'explorateur à 2 ampoules de Marey et la respiration s'inscrit régulièrement. L'arrêt de la respiration se produit avec un écartement de la bobine à 0,01 c. m. 25 de l'échelle du chariot. — On laisse ensuite reposer quelque temps le lapin.

3 h. 10. Injection intra-péritonéale de 5 centimètres cubes d'une solution de morphine à 2 p. 100, soit 10 centigrammes de morphine. Le lapin est immédiatement replacé dans une cage, qu'on a disposée près de la table d'expérience où sont les appareils enregistreurs, pour que l'animal y fût plus tranquille et plus à l'abri de toute excitation extérieure.

3 h. 30. T. 38°2. 31 respirations par minute ; rythme régulier.

3 h. 55. T. 37°6, 18 respirations par minute. Le rythme est déjà légèrement périodique.

4 h. 2. T. 37°5, 18 respirations par minute ; le rythme est nettement périodique. Les respirations arrivent par séries de deux, chaque série séparée par une pause respiratoire. La fig. 112 donne une idée très nette de ce rythme.

4 h. 5 h. — La respiration présente le rythme périodique ; les mouvements respiratoires arrivent par séries de deux, suivies d'une longue pause respiratoire. 16 respirations par minute ; l'animal est absolument calme, plongé dans un sommeil narcotique profond ; aucun mouvement spontané. Il réagit aux excitations extérieures : réflexes des membres, de la queue, des oreilles, conservés.

Si l'on siffle dans le voisinage de l'animal, la respiration perd son caractère périodique ; de même si l'on frôle la peau du lapin avec un corps chaud (thermomètre que l'on vient de sortir d'une étuve à 60°) ou froid (thermomètre que l'on a laissé quelques secondes sous un robinet d'eau froide) ; de même si on lui passe simplement sur la peau de la région dorsale le manche d'un porte-plume.

Dans tous ces cas la respiration perd son caractère périodique, devient plus fréquente et tend à se régulariser dans les limites qu'indique la fig. 113. — De plus l'arrêt de la respiration se produit sous l'influence de l'inhalation de chloroforme ; il se produit aussi avec le même courant électrique (chariot de GAIFFE en communication avec une pile de GRENET ; bobine à 0.01 centimètre 25 de l'échelle) qui l'avait produite au début de l'expérience sur l'animal normal.

De ces expériences (XVII, XVIII, XIX), il est donc permis de conclure :

1° *Le rythme respiratoire, sous l'influence de la morphine, peut présenter le type périodique.*

2° *Pendant la phase de respiration périodique, les centres respiratoires excito-moteurs, c'est-à-dire les centres bulbaires, restent sensibles aux mêmes excitations (électriques, thermiques, auditives, tactiles, etc.), qui provoquent à l'état normal des modifications respiratoires.*

C. — *La morphine agit sur la respiration comme poison cérébral.*

LABORDE et CALVET admettent que la morphine agit sur la respiration par l'intermédiaire des nerfs pneumogastriques. CALVET écrit : « Sans entrer dans de grands détails à ce sujet, il nous est permis de dire, d'après un certain nombre d'observations, que les modifications dont il s'agit (modifications respiratoires et circulatoires) sont sous la dépendance de l'encéphale, et plus particulièrement de sa portion bulbaire, par l'intermédiaire des nerfs pneumogastriques[1]. »

C'est donc en paralysant les fibres des nerfs pneumogastriques que la morphine exercerait l'influence que j'ai indiquée sur la fréquence et le rythme de la respiration. Morphiner un animal, ce serait, en un mot, au point de vue respiratoire, sectionner les pneumogastriques. Mais encore que la morphine donne souvent à la respiration le rythme périodique, tandis que la section des pneumogastriques ne produit jamais rien

1. CALVET. Thèse de Paris, 1876, p. 23.

de semblable, des faits d'ordre expérimental viennent infirmer l'opinion de Laborde et Calvet. Il était fort simple, en effet, de vérifier l'exactitude ou l'erreur de cette opinion. Il suffisait, pour cela, de sectionner d'abord les deux nerfs pneumogastriques chez un animal, de lui injecter ensuite de la morphine et de voir ce que devenait dès lors la respiration. C'est ce que j'ai fait dans l'expérience suivante :

Expérience XX[1]. — 26 *janvier* 1892. *Lapin adulte.* Poids 2220 grammes. T. 39° 8. Température du laboratoire 11°5. Respiration normale du lapin : 53 respirations par minute.

4 h. — Trachéotomie. La respiration est enregistrée par la méthode

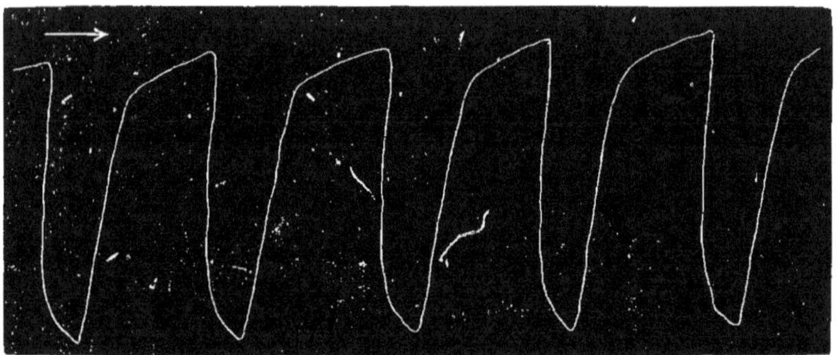

Fig. 113. — Tracé de la respiration après la section des deux nerfs pneumogastriques chez le lapin.

Vitesse de rotation du cylindre enregistreur = 1 tour à la minute. Le tracé représente une durée de 15 secondes.

de P. Bert (inscription des variations de pression intra-pulmonaire, ligne descendante = inspiration, ligne ascendante = expiration).

4 h. 10. — Section des deux nerfs pneumogastriques.

4 h. 20. — 4 h. 40. — La respiration donne le tracé de la fig. 113, 22 respirations par minute (le tracé représente une durée de 15 secondes).

4 h. 45. — Injection intra-péritonéale de 10 centigrammes de morphine en 5 centimètres cubes d'une solution à 2 p. 100.

5 h. — La respiration donne le tracé de la fig. 114. 7 respirations par minute.

5 h. — 5 h. 30. — La fréquence et le rythme de la respiration con-

1. Cette expérience a été faite en collaboration avec M. Abelous, que je tiens à remercier ici tout particulièrement de son précieux concours.

servent le caractère du tracé de la fig. 114. La fréquence tend à diminuer encore.

5 h. 35. — La fréquence de la respiration est maintenant considérablement diminuée : 4 respirations par minute. Le tracé de la fig. 115, qui représente une durée de 25 secondes, donne l'idée exacte de la longueur de la pause respiratoire et de la lenteur avec laquelle les respirations arrivent dans le temps et évoluent dans l'espace.

6 h. 15. — Mort du lapin avec mouvements convulsifs. A l'autopsie on trouve les poumons très congestionnés. Les deux nerfs pneumogastriques sont parfaitement sectionnés.

Cette expérience montre nettement, je pense, que la morphine exerce encore son influence sur la respiration, après la section des deux pneumogastriques. Quand on sectionne les deux pneumogastriques à un lapin, la fréquence peut être, certes,

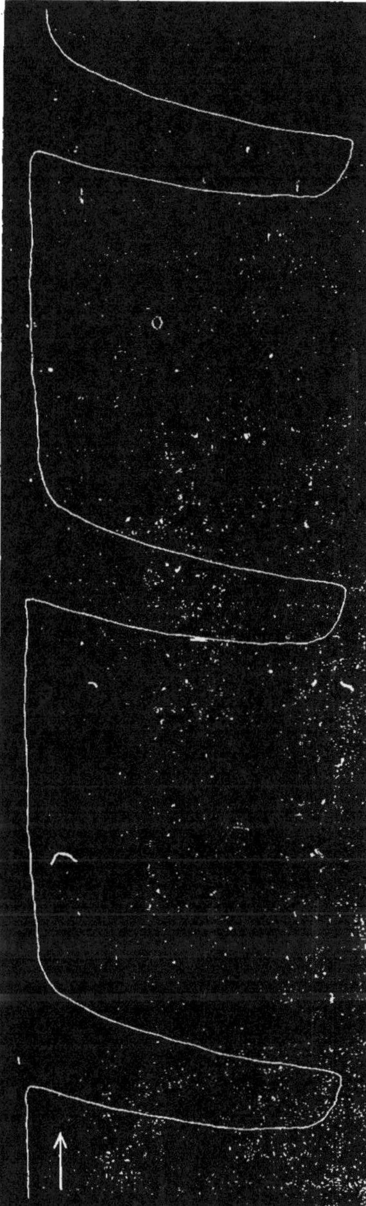

Fig. 114. — Même lapin que fig. 113. A reçu 10 centigrammes de morphine. *Ralentissement considérable de la respiration.* Vitesse de rotation du cylindre enregistreur de Marey = 1 tour à la minute. Le tracé représente une durée de 25 secondes.

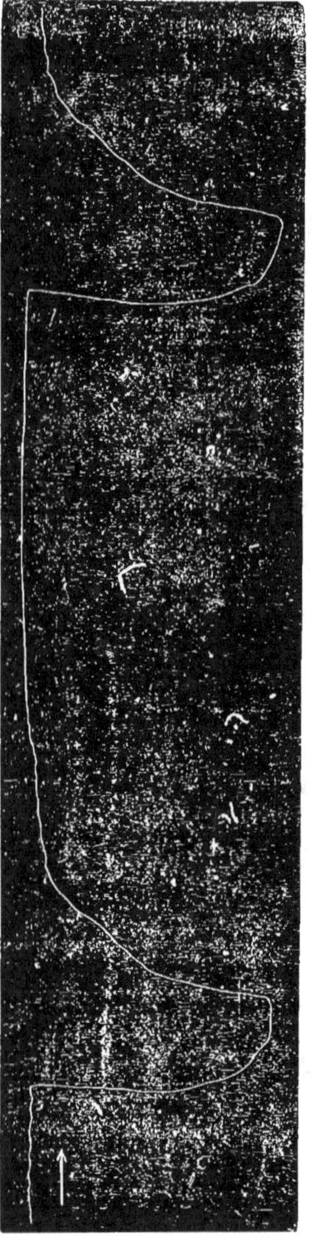

Fig. 115. — Lapin. *Ralentissement extrême de la respiration* sous l'influence de la morphine après la section des nerfs pneumogastriques. Vitesse de rotation du cylindre enregistreur de Marey = 1 tour en une minute. Le tracé représente une durée de 25 secondes.

fort diminuée. Dans des expériences de contrôle, j'ai pu constater les variabilités de cette diminution de fréquence même, sur les divers individus d'une même espèce, le lapin, par exemple. Mais je n'ai jamais vu la respiration, dans ces conditions, descendre au-dessous de 17 à 18 respirations par minute chez le lapin. Cette opinion est d'accord avec les expériences des divers auteurs (H. Girard, Beaunis). Je crois donc être parfaitement autorisé à conclure que, dans l'expérience précédente, la diminution considérable de la fréquence respiratoire — tombée à 4 respirations par minute — est le fait de l'intoxication morphinique qui a agi sur la respiration · après et malgré la section des nerfs pneumogastriques. C'est dire que la morphine, si elle agit *après* et *malgré* la section de ces nerfs sur la respiration, agit normalement sur celle-ci *sans* l'intermédiaire de ces nerfs.

Que si la morphine agissait sur la respiration indépendamment des nerfs pneumogastriques, elle n'en agissait peut-être pas moins indirectement sur la fréquence et le rythme de cette fonction par son action sur la température. On sait l'influence prépondérante qu'exerce, parmi les diverses conditions physiologiques, la température sur la respiration. Dès lors les modifications respiratoires observées dans l'intoxication morphinique ne pouvaient-elles être fonction de l'hypothermie consécutive à l'injection de morphine? C'était là une importante question à résoudre.

L'action de la morphine sur la température est constante et remarquable. C'est là, du reste, un fait classique. Ch. Richet, dans une étude synthétique sur les poisons et la température, en a longuement discuté et interprété le mécanisme [1]. Les courbes des expériences XXI et XXII donnent l'image fidèle et expressive de cette action de la morphine sur la température. (cf. fig. 116 et 117.)

Expérience XXI. — 21 *octobre* 1891. *Chien adulte*. Poids 7 kg. 150.
T. 39° 5. Température du laboratoire 12°5.
3 h. 35. — Injection intra-péritonéale de 2 centimètres cubes d'une solution de morphine à 1 p. 100, soit 2 centigrammes de morphine. — L'animal vomit immédiatement.
4 h. 10. — Deuxième injection intra-péritonéale de 2 centigrammes de morphine. Le chien est absolument calme. A chaque respiration, il a tout le corps secoué par un frisson général.
4 h. 35. — L'animal a donc reçu en injection intra-péritonéale 4 centigrammes de morphine, soit près de 1 centigramme par kilogr. de poids. — L'état général est calme, le chien dort profondément. Il frissonne au moment des inspirations. La courbe de la fig. 116 représente les modifications subies par la température.

Expérience XXII. — 26 *septembre* 1891. *Chien de 30 jours*. Poids 390 gr.,
T. 39°8. Température du laboratoire 12°.
2 h. — 2 h. 30. — Le petit chien est enlevé de la niche où il était couché sous le ventre de sa mère. Sa température est alors de 39°8. Porté dans le laboratoire, il est abandonné quelque temps sur la table

1. Ch. Richet. *De la chaleur animale* (Bibliothèque scientifique internationale). Paris, 1889, p. 211.

d'expérience. Après vingt-cinq minutes, c'est-à-dire à 2 h. 30, sa température n'est plus que de 38°2. Le petit animal frissonne.

A ce moment, on lui injecte dans le péritoine 1 centimètre cube d'une solution de morphine à 1 p. 100, soit 1 centigramme de morphine. Le petit animal gémit continuellement, sa respiration est irrégulière, difficile à enregistrer au pneumographe, à cause du frisson continu dont il est agité. La courbe de la fig. 117 représente l'abaissement rapide et considérable de la température après une demi-heure. Le jeune chien est alors reporté à la niche, près de sa mère.

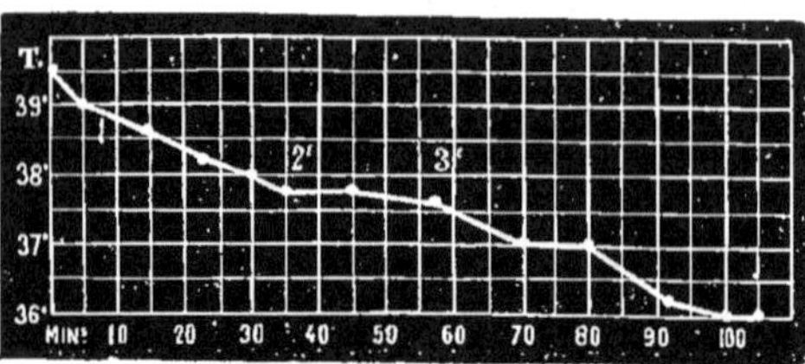

Fig. 116. — Chien de 7 kil. Injection de 4 centigram. de morphine. Courbe de la température.

Sur l'ordonnée verticale de la courbe sont inscrites les températures ; l'ordonnée horizontale représente le temps exprimé en minutes.

L'influence hypothermisante de la morphine est, on le voit, remarquable surtout chez les petits animaux (fig. 117). C'est que la morphine exerce une action directe sur la production de chaleur, c'est-à-dire sur la thermogénèse[1]. Il se passe là ce qui survient dans l'intoxication par le chloral, par exemple. Ch. Richet a montré que, sous l'influence du chloral, les combustions respiratoires, au lieu d'être, comme à l'état normal, proportionnelles à la surface de l'animal (Ch. Richet), devenaient proportionnelles à son poids[2]. La production de chaleur, sous l'influence de la morphine, subit une modification analogue. Dès lors l'animal morphiné qui

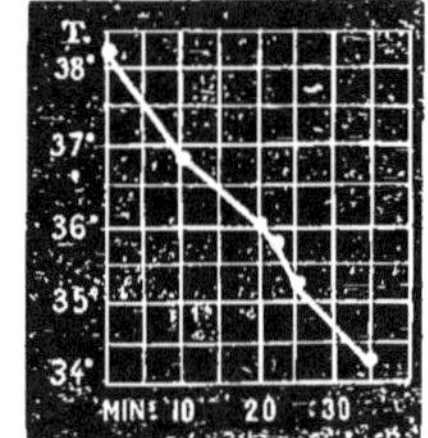

Fig. 117. — Chien de 390 grammes. Injection de 1 centigramme de morphine. Courbe de la température.

Sur l'ordonnée verticale de la courbe sont inscrites les températures ; l'ordonnée horizontale marque le temps exprimé en minutes.

---

1. J'ai fait sur ce sujet quelques expériences de calorimétrie que je rapporterai dans un autre travail.

2. Ch. Richet. *Travaux du laboratoire de physiologie*, t. Ier, p. 548.

se refroidit par rayonnement périphérique proportionnellement à sa surface, tandis qu'il ne produit plus de chaleur que proportionnellement à son poids, se refroidira d'autant plus que pour 1 kilogramme de son poids sa surface sera plus grande. Or un animal de petite taille a pour 1 kilogramme de poids une surface bien plus grande qu'un animal de haute taille ; il se refroidira donc davantage sous l'influence de la morphine. C'est là l'explication physiologique de la différence des courbes des figures 116 et 117.

Où, du moins, ces courbes se ressemblent, c'est dans la représentation de ce phénomène commun, chute de la température. Cette chute était assez importante pour qu'il devînt d'un grand intérêt de savoir si les modifications respiratoires, sous l'influence de la morphine, n'étaient pas simplement la conséquence de l'hypothermie. S'il en était ainsi, les modifications de la fréquence et du rythme de la respiration devenaient un phénomène absolument secondaire dans l'intoxication morphinique. La morphine agissait indirectement sur la respiration comme l'antipyrine, par exemple, en diminuant les échanges chimiques [1]. Dès lors l'étude des modifications respiratoires, auxquelles elle donnait naissance, devenait absolument indifférente au sujet de ce travail. — Les expériences suivantes démontrent que les modifications de la respiration ne sont pas fonction de l'hypothermie, dans le morphinisme aigu.

Expérience XXIII. — 25 septembre 1891. — *Chienne griffon*. — Poids 5 kilogr. T. 39. Température du laboratoire, 12° 4.

3 h. 40. L'animal est très émotif. Injection intra-péritonéale de 5 centimètres cubes d'une solution de morphine à 1 gr. 100, soit 5 centigrammes de morphine.

Les courbes de la fig. 118 représentent les modifications de la température et de la fréquence respiratoire, pendant deux heures.

Expérience XXIV. — 17 août 1891. — *Lapin adulte*. — Poids, 1 750 grammes. T. 39° 2. Température du laboratoire 13°.

1. C'est A. Robin qui a montré que l'antipyrine ralentissait les échanges nutritifs (*Bull. Acad. d. Méd.* Paris, 1889).

10 h. 15 matin. — Injection intra-péritonéale de 5 centimètres cubes d'une solution de morphine à 1 p. 100, soit 5 centigrammes de morphine.

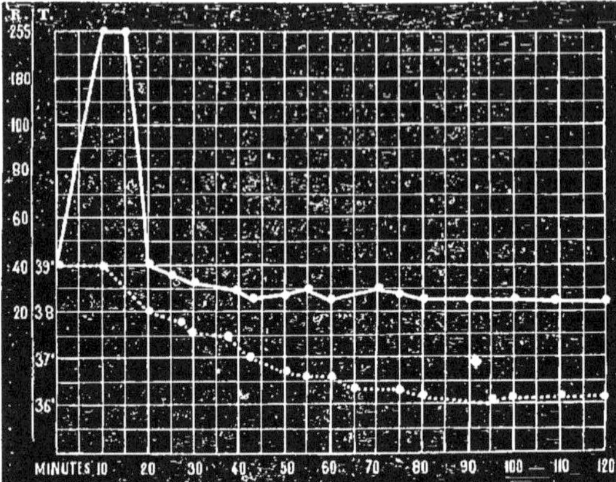

Fig. 118. — Chien de 5 kil. Injection de 5 centigrammes de morphine. Courbes de la température et de la fréquence de la respiration. Non-parallélisme de ces courbes.

La ligne pointillée est la courbe de la température, la ligne pleine est la courbe de la respiration. — L'ordonnée horizontale représente le temps exprimé en minutes; sur l'ordonnée verticale sont inscrits les nombres de respirations et les degrés de la température.

L'état de la respiration et de la température est noté pendant 5 heures consécutives. Les courbes de la fig. 119 représentent les variations de ces deux éléments physiologiques.

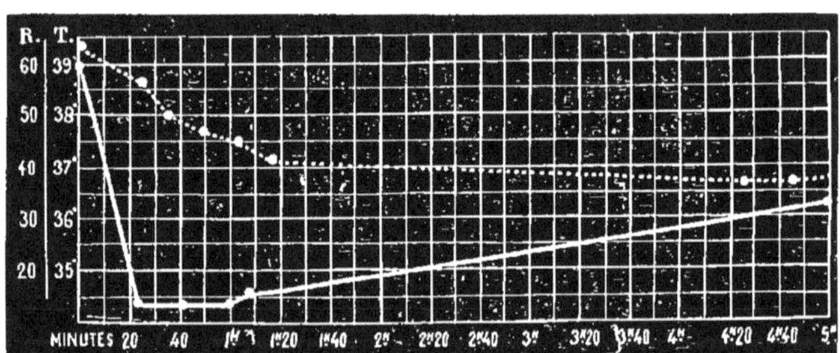

Fig. 119. — Lapin. Injection de 5 centigrammes de morphine. Courbes de la température et de la fréquence de la respiration. Non-parallélisme de ces courbes.

La ligne pointillée représente la température, la ligne pleine, la respiration.

Expérience XXV. — 21 octobre 1891. — *Chien adulte.* — Poids 9 kilogrammes. T. 39° 6. Température du laboratoire 12°.

4 h. 10. — Injection intra-péritonéale de 5 centimètres cubes d'une solution de morphine à 1 p. 100, soit 5 centigrammes de morphine.

Les courbes de la fig. 120 représentent l'état de la respiration et de la température pendant une heure et demie.

Les courbes des figures 118, 119 et 120 indiquent nettement que les modifications de la respiration, sous l'influence de la morphine, ne sont pas fonction de l'abaissement de la température. S'il en était ainsi, les deux courbes de la respiration et de la température de-

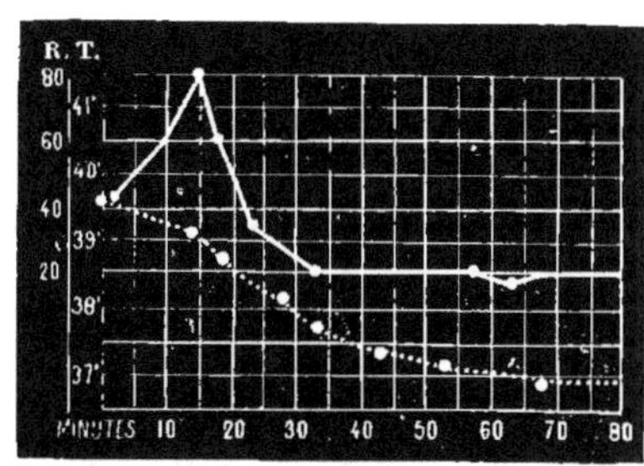

Fig. 120. — Chien de 9 kil. Injection de 5 centigrammes de morphine. Courbes de la température et de la fréquence de la respiration. Non-parallélisme de ces courbes.

La ligne pointillée représente la température, la ligne représente la respiration.

vraient être parallèles, Il n'en est rien, la température baisse déjà alors que la respiration est en pleine phase de polypnée (fig. 120). Ce fait seul suffirait à contredire toute idée tendant à subordonner, dans le morphinisme aigu, la respiration à l'hypothermie. Mais encore, d'autre part, tandis qu'à un moment donné la fréquence de la respiration prend une valeur qu'elle continue à conserver sensiblement constante pendant tout le sommeil narcotique, la température au contraire ne cesse de baisser progressivement jusqu'à la fin de la narcose. Ce fait ressort nettement des courbes des figures 118, 119 et 120. Il permet de conclure de la façon la plus catégorique que, si des deux éléments température et respiration il en est un qui, dans les conditions de ces expériences, est subordonné à l'autre, c'est certainement la température qui subit l'influence de la diminution de l'activité respiratoire ; mais non celle-ci qui dépend de la chute de la température.

Les effets respiratoires de la morphine sont donc, d'une part, indépendants des nerfs pneumogastriques ; d'autre part indépendants de l'abaissement de la température. C'est qu'ils dépendent de l'intoxication du système nerveux central. Mais à quel élément du système nerveux central intoxiqué par la morphine doivent-ils donc être rapportés? Au bulbe, à la moelle, au cerveau? Il serait fort simple, pour les expliquer, de les rapporter à l'intoxication des centres respiratoires excito-moteurs c'est-à-dire des centres bulbaires. Ces centres, diminués dans leur excitabilité, réagiraient avec moins d'intensité aux diverses stimulations chimiques et dynamiques qui contribuent à les faire entrer en action pour produire les mouvements respiratoires. La respiration se trouverait ainsi diminuée, de par ce fait. Mais précisément la diminution d'excitabilité des centres bulbaires, sous l'influence de la morphine, est bien plutôt un fait couramment admis que réellement démontré. Si elle existe, c'est, certes, à un bien faible degré; sinon comment expliquer que les excitations banales, telles qu'un léger bruit, un simple frôlement de la peau avec le doigt, le passage sous les narines d'une éponge à peine imbibée de quelques gouttes de chloroforme, amènent pendant le sommeil morphinique des réactions respiratoires comme à l'état normal (expériences XVIII et XIX)? Si la diminution d'excitabilité du bulbe a, sous l'influence de doses modérées de morphine (5 à 10 centigrammes chez le lapin), une valeur importante, comment expliquer surtout que la même intensité minima de courant électrique, qui produit à l'état normal l'arrêt de la respiration, produit encore ce même arrêt, dans les mêmes conditions, pendant le sommeil morphinique, et, en particulier, pendant la respiration périodique? Ce dernier fait qui s'est nettement affirmé dans les expériences XVIII et XIX, a, je crois, une réelle importance dans la question de la diminution de l'excitabilité des centres bulbaires sous l'influence de la morphine à doses modérées. Que l'excitabilité des centres respiratoires bulbaires soit, dans ces conditions, diminuée d'une certaine valeur, c'est là ce que je n'affirme ni ne nie. Mais la conclusion à laquelle m'autorisent d'incliner, je pense, mes expériences (XVIII, XIX) c'est que, du moins, cette diminution d'excitabilité des centres bulbaires n'atteint pas une valeur suffisante pour qu'il soit légitime d'admettre qu'elle soit la cause — et surtout la cause exclusive — des effets respiratoires de l'intoxication morphinique.

A. Lœwy, qui s'est occupé de déterminer les variations de l'excitabilité du centre respiratoire[1] sous l'influence du sommeil normal et du sommeil provoqué par divers hypnotiques, hydrate de chloral, hydrate d'amyle, chloralamide, écrit que « les changements respiratoires que l'on observe sont dus à ce que le centre, *normalement excitable*, reçoit en réalité des excitations différentes ». C'est bien là le sentiment que j'ai des modifications respiratoires dues à la morphine. Les centres bulbaires ont leur excitabilité normale — ou peu s'en faut ; — mais ils reçoivent du cerveau intoxiqué une stimulation bien moindre qu'à l'état normal. Ce n'est en effet pas du côté de la moelle, que l'apport des stimulations vers le bulbe est diminué ; la réflectivité médullaire est exagérée sous l'influence de la morphine (CLAUDE BERNARD) et diverses expériences que j'ai rapportées le prouvent clairement. Mais la morphine est le poison, par excellence, de la cellule cérébrale (FLOURENS, CH. RICHET) ; sous l'influence de la morphine l'action excitatrice du cerveau est considérablement diminuée, sinon anéantie, tandis que la réflectivité de l'organe cérébral subsiste relativement intacte. Dès lors, si le cerveau envoie normalement au bulbe respiratoire quelques stimulations dynamiques — mais qui se ramènent sans doute, en dernière analyse, à des stimulations chimiques, — ces stimulations excito-motrices se trouveront très diminuées ou supprimées sous l'influence de la morphine, au même titre que l'action excitatrice générale du cerveau. Et la respiration sera diminuée d'autant.

Voilà bien précisément comment l'étude des effets respiratoires de la morphine, poison particulièrement sensible à

---

1. A. Lœwy, Zur Kenntniss der Erregbarkeit des Athemcentrums: *Archives de Pflüger*, XLVII, p. 101.

la cellule cérébrale, peut permettre, dans une assez large mesure, de connaître le rôle excito-moteur, l'influence dynamique du cerveau sur la respiration.

La morphine, en résumé, *agit sur la respiration en diminuant très fortement, sinon en supprimant l'action excitatrice cérébrale. Étudier les effets respiratoires de la morphine, c'est étudier la respiration privée de la stimulation normale qu'exerce le cerveau sur cette fonction.*

XXIII

RECHERCHES EXPÉRIMENTALES

SUR LES

FONCTIONS DES CAPSULES SURRÉNALES

DE LA GRENOUILLE

Par MM. J.-E. Abelous et P. Langlois

I. — Malgré les très nombreuses recherches dont les capsules surrénales ont été l'objet depuis le mémoire crucial de Brown-Séquard jusqu'aux travaux de Tizzoni, Stilling, Alezais et Arnaud, etc., la physiologie de ces organes est encore pleine d'obscurités. Ce qui rend cette étude très difficile sur les mammifères, c'est la difficulté de séparer les troubles consécutifs à l'ablation ou à la destruction des conséquences du traumatisme opératoire lui-même. Nous avons cru pouvoir éviter cet écueil en étudiant les effets de la destruction des capsules surrénales sur les grenouilles, car ces animaux supportent, on le sait, très bien les opérations les plus graves. Nous avons été, d'autre part, séduits par la nouveauté du sujet, car, malgré des recherches bibliographiques minutieuses, nous avons constaté qu'aucune étude physiologique de ces organes n'avait encore été faite chez la grenouille.

D'ailleurs, même au point de vue anatomique et histologique, nous n'avons trouvé aucun renseignement précis, sauf dans l'Anatomie de la grenouille d'ECKER, où cet auteur consacre une dizaine de lignes aux capsules surrénales. Voici le passage, que nous reproduisons textuellement : « Bien que n'étant pas en relation embryogénique avec l'appareil urogénital, il nous faut dire un mot des capsules surrénales à cause de leurs rapports avec les reins. Je n'ai malheureusement pas eu le temps de faire une étude suffisante de ces intéressants organes.

« Sur la face ventrale de chaque rein, parallèlement à leur grand axe, mais inclinant un peu vers le bord externe, on voit à l'œil nu, mais mieux encore à la loupe, un organe en forme de bande ou tractus, en connexion étroite avec le réseau des *venæ revehentes* et le rein lui-même. Cet organe à l'état frais est d'un jaune franc et se détache nettement sur le fond rouge foncé du rein. Il est constitué par une série de tubes étroitement accolés les uns aux autres, lui donnant un aspect bosselé. Ces corps sont remplis en partie d'une substance jaunâtre, en partie d'un revêtement épithélial. Nous n'avons aucune donnée sur les rapports qui existent entre le sympathique et les capsules surrénales [1]. »

On le voit, il n'y a là d'indications précises ni sur la structure ni sur le développement de ces organes. Quoi qu'il en soit, c'est leur physiologie que nous avons voulu étudier d'abord, nous proposant de faire bientôt quelques recherches histologiques sur ce sujet.

Nos expériences ont porté sur un très grand nombre de grenouilles (150 environ) : la plupart de ces expériences ont été faites en été, c'est-à-dire sur des grenouilles en pleine activité physiologique.

---

1. ECKER, *Die Anatomie des Frosches*, Abtheilung III, p. 46, 1882.

II. — *Technique opératoire.* — Étant donné l'adhérence des capsules surrénales aux reins, on ne peut songer ni à les exciser, ni à les arracher avec des pinces. Aussi comme procédé de destruction avons-nous employé la cautérisation ignée, et pour cela nous nous sommes simplement servis d'une boucle en fil de fer ou en platine portée au rouge. On peut ainsi localiser avec beaucoup de précision la lésion, et ne pas toucher autre chose que la capsule. Après incision de la paroi abdominale un peu en dehors de la veine médiane pour éviter toute hémorragie, on enlève les viscères et on découvre ainsi la face antérieure des reins avec les capsules qu'on cautérise alors. Sur les grenouilles mâles, cette opération ne présente pas de difficultés; mais sur les femelles on est souvent gêné en été par la présence des œufs et en hiver par l'énorme développement des oviductes. En outre, mieux vaut opérer sur des grenouilles d'été que sur des grenouilles d'hiver, car chez ces dernières les capsules sont beaucoup moins apparentes à cause d'une diminution notable dans la quantité du pigment jaune qu'elles contiennent. Ces organes paraissent même subir une certaine atrophie pendant l'hibernation.

Généralement la cautérisation des capsules ne donne pas lieu à une hémorragie sérieuse. L'opération terminée, on suture la paroi abdominale d'abord, puis la peau, avec de la soie fine en faisant des points de suture assez serrés pour éviter la hernie des viscères.

Les suites immédiates de l'opération sont très simples, et jamais nous n'avons constaté de choc post-opératoire. Bien qu'une antisepsie rigoureuse ne soit pas nécessaire comme chez les animaux supérieurs, il est toujours prudent d'employer, soit pour éponger la cavité abdominale, soit pour faire tremper les instruments, une solution antiseptique faible. Nous nous sommes servis presque exclusivement d'une solution de sublimé au 20,000ᵉ.

III.— *Destruction des deux capsules surrénales.* — La destruction de la totalité des deux capsules entraîne fatalement la mort. Immédiatement après l'opération, les animaux ne présentent aucun trouble; ils sautent et réagissent avec leur vivacité habituelle. Ce n'est qu'au bout d'un certain temps que se produisent des troubles qui ont la mort pour conséquence. Mais la durée de la survie est variable.

Elle varie tout d'abord selon la saison, selon que l'on a affaire à des grenouilles d'été ou à des grenouilles d'hiver. Nous avons vu des grenouilles en hibernation vivre douze et treize jours après l'opération. Il n'en est pas de même pour les grenouilles d'été. La durée moyenne de leur survie diminue notablement, et de douze à treize jours elle peut s'abaisser à trois.

Les troubles qui suivent la destruction des deux capsules consistent essentiellement en une paralysie progressive débutant par les membres postérieurs, se généralisant ensuite et amenant la mort. — Le jour même de l'opération, l'animal ne présente aucun phénomène anormal. Ce n'est généralement que de la 24ᵉ à la 30ᵉ heure que des troubles se manifestent. Tout d'abord, on remarque une incoordination assez nette dans les mouvements des pattes postérieures, quand la grenouille saute. En outre, les animaux se fatiguent très vite, et l'affaiblissement musculaire s'accentue de plus en plus. Cette paresse frappe d'abord les fléchisseurs et les adducteurs, et en dernier lieu les extenseurs. Bientôt la paralysie des pattes postérieures est complète; la grenouille ne peut répondre aux excitations même les plus douloureuses que par de faibles mouvements de son train antérieur. Les pattes antérieures se prennent à leur tour, et l'animal reste absolument inerte, dans la résolution complète. La respiration devient de plus en plus lente, la pupille se rétrécit et l'animal meurt. — Si, au lieu de laisser la grenouille au repos après l'opération, on l'irrite de temps à autre, de façon à provoquer de fréquents mouvements réactionnels, on remarque que la paralysie se produit beaucoup plus vite, et la survie peut être notablement abrégée. — De ces faits on peut déjà conclure que la longueur de la survie est en raison inverse de l'activité des échanges chimiques de l'animal. Plus ces échanges sont actifs, comme chez les grenouilles d'été, et plus la mort arrive rapidement.

EXPÉRIENCES. — Le 23 août, à 7 h. 30 du matin, six grenouilles rousses (quatre mâles et deux femelles) sont opérées : après l'opération, les grenouilles réagissent vigoureusement et paraissent absolument normales.

Pendant la journée du 23, pas de troubles.

Le 24, dans la matinée, deux grenouilles sont déjà paralysées de leur train postérieur, les quatre autres grenouilles présentent une parésie marquée : quand on les retourne sur le dos, elles ne peuvent reprendre que très difficilement leur attitude normale.

A 4 heures, deux grenouilles sont mortes; les quatre autres meurent à 5 heures.

Autopsie. — Rien de particulier du côté des viscères abdominaux, pas d'hémorragie, pas de congestion.

Cœur : en diastole sur quatre grenouilles et en systole sur les deux autres.

Centres nerveux : rien de particulier.

On voit que ces grenouilles n'ont pas survécu 36 heures.

Comme exemples de survie prolongée, nous citerons les suivants :

Le 12 novembre, à 2 heures de l'après-midi, par une température extérieure très basse, deux grenouilles mâles rousses de la taille moyenne sont opérées. Ces grenouilles sont en hibernation : leurs mouvements sont lents et paresseux. Les capsules, très peu pigmentées, sont à peine apparentes. Hémorragie assez abondante pendant la cautérisation.

Après l'opération, réactions normales.

Les grenouilles sont laissées dans une salle où on ne fait pas de feu et où la température est très basse (5° au-dessus de 0).

Jusqu'au 23 novembre, pas de troubles apparents. Le 24 novembre, les réactions sont moins vigoureuses. Quand on les retourne sur le dos, les grenouilles ne peuvent reprendre leur position normale.

Le 24 novembre au matin, les grenouilles sont paralysées et meurent dans l'après-midi.

A l'autopsie, on constate que la cautérisation a porté non seulement sur les capsules, mais aussi un peu sur le rein. Rien du côté des centres nerveux. Cœur en diastole.

Le 12 octobre, à 9 heures du matin, deux grenouilles mâles de taille moyennes sont opérées. Vessie vide. Capsules peu pigmentées.

Jusqu'au 13 octobre, dans l'après-midi, pas de troubles. La sécrétion urinaire paraît se faire normalement, car, en saisissant une des grenouilles, elle émet un jet d'urine.

Le 13 octobre, à 5 heures du soir, la faiblesse musculaire est très marquée.

Le 14 octobre, à 10 heures du matin, une des grenouilles est mourante. L'autre est paralysée, elle meurt le soir seulement à 6 heures.

Le 25 août, à 8 heures du matin, deux grenouilles mâles subissent la destruction totale de deux capsules. Après l'opération, réactions normales.

Au bout de deux ou trois heures on les irrite de façon à provoquer des réactions énergiques.

On remarque que les mouvements, d'abord très vifs, s'affaiblissent rapidement.

A 2 heures d'intervalles, on renouvelle les excitations : la faiblesse musculaire paraît avoir augmenté considérablement, les grenouilles rampent, mais ne sautent plus.

A 9 heures du soir, la parésie a encore fait de grands progrès.

A 10 h. 30, la paralysie est complète ; les grenouilles meurent dans la nuit.

IV. — *La destruction d'une seule capsule n'entraîne pas la mort.* — Les animaux ne présentent aucun trouble ; leur attitude et leurs réactions sont absolument normales.

Expériences. — Le 21 août, à 8 h. 30 du matin, sur 6 grenouilles (5 mâles et une femelle), toutes de taille moyenne, on détruit complètement par cautérisation la capsule gauche.

Les grenouilles paraissent absolument normales après l'opération : les jours suivants, aucun trouble n'apparaît.

Le 10 septembre, c'est-à-dire vingt jours après l'opération, on ne constate pas le moindre trouble.

On sacrifie les animaux pour constater l'état de la capsule intacte. On ne remarque pas (en apparence au moins) d'hypertrophie de la capsule droite.

V. — *Destruction complète d'une capsule et de la majeure partie de l'autre.* — Il faut considérer deux cas : 1° Si on détruit la presque totalité de la deuxième capsule, les grenouilles meurent généralement, mais leur survie est toujours plus longue que celle des grenouilles dont les deux capsules ont été totalement détruites. Au moment de la mort, on observe

souvent des secousses convulsives et une respiration dyspnéique ;

2° Si on laisse intact un fragment notable de la seconde
capsule, la survie est la même que pour les grenouilles dont
on n'a détruit qu'une capsule.

VI. — L'insertion sous la peau, dans le sac lymphatique
dorsal, de fragments de reins avec les capsules attenantes
pris à une grenouille normale prolonge la survie.

Dans ce cas, la survie est en effet plus longue que celle
des grenouilles dont on a détruit simplement les deux capsules. Elle est le double au moins. Nous avons vu des grenouilles d'été ainsi traitées vivre cinq à six jours. A l'autopsie
on remarque que les fragments des reins insérés dans le sac
dorsal ont subi une altération très apparente ; ils sont décolorés
et paraissent réduits de volume. De plus, le pigment des
capsules a complètement disparu, et on ne peut plus distinguer que difficilement ces organes. Les fragments du rein
n'ont contracté aucune adhérence. Il ne s'agit donc pas là
d'une greffe.

EXPÉRIENCES. — Le 29 août, à 7 h. 30, sur quatre grenouilles mâles,
A, B, C, D, on détruit les deux capsules. Sur deux de ces grenouilles,
C et D, on insère dans le sac lymphatique dorsal (en fendant la cloison
aponévrotique latérale) les deux reins, avec leurs capsules attenantes,
pris à deux grenouilles normales qui viennent d'être sacrifiées.

Le 31 août au matin, on trouve les deux grenouilles A et B mortes ;
les deux grenouilles C et D ne présentent pas de troubles.

Le 1er septembre au soir, pas de troubles encore.

Dans la journée du 2 septembre, leurs mouvements paraissent affai-
blis.

Dans la matinée du 3 septembre, on trouve les deux grenouilles
mortes.

VII. — Nous avons aussi essayé de prolonger la survie en
injectant aux grenouilles opérées un extrait aqueux fait avec
les capsules surrénales.

Pour cela, nous avons pris des fragments de reins avec

leurs capsules, et nous les avons broyés dans une solution physiologique de sel marin. Nous avons injecté cet extrait. mais nous devons dire que la survie n'a jamais été très prolongée. Peut-être cela tient-il à un défaut dans la préparation des extraits aqueux, préparation difficile à cause du petit volume des organes. En tous cas, les survies obtenues n'ont pas dépassé de plus de vingt-quatre heures la survie de grenouilles dont les deux capsules avaient été simplement détruites.

VIII. — L'injection intraveineuse et sous-cutanée du sang d'une grenouille mourante, à la suite de la destruction de ses deux capsules, à une grenouille qui a récemment subi la même opération entraîne une paralysie rapide et la mort.

On sacrifie une grenouille mourante, on lave son appareil circulatoire par une solution physiologique de sel marin, soit par la veine médiane abdominale, soit en introduisant une canule dans le bulbe artériel et une autre dans le sinus veineux, et on recueille le liquide qui s'écoule. On peut encore décapiter la grenouille, exciser son cœur et recueillir ainsi quelques gouttes de sang ; mais la quantité recueillie ainsi est toujours minime. Il vaut mieux laver l'appareil circulatoire, on a ainsi un mélange de sang et de solution saline. On injecte 5 centimètres cubes de ce mélange, soit dans la veine abdominale, soit dans les sacs lymphatiques d'une grenouille dont les capsules ont été récemment détruites et qui ne présente pas le moindre trouble. Immédiatement après l'injection, la grenouille réagit normalement, mais, au bout de quinze à vingt minutes, les mouvements s'affaiblissent considérablement, et bientôt la paralysie est complète. Mais la grenouille vit encore quelque temps, et ce n'est qu'au bout de cinq à six heures que le cœur cesse de battre.

La même injection faite à une grenouille normale ne produit que des troubles très légers et très passagers.

Tels sont les faits que nous avons observés dans une première série de recherches, faits que nous avons communiqués à la Société de Biologie[1].

De ces faits nous avons conclu : 1° Que la mort qui se produit fatalement à la suite de la destruction des deux capsules est bien le résultat de la suppression d'organes essentiels, et non point le résultat du choc opératoire, d'une inhibition, pour mieux dire. Ceci est surabondamment prouvé par les faits suivants :

a. Les grenouilles ne présentent que des troubles tardifs ;

b. Ces troubles sont encore plus tardifs après la destruction de la presque totalité des deux capsules, bien que l'opération soit aussi grave que la destruction totale des deux ;

c. L'insertion sous-cutanée de fragments de reins avec les capsules attenantes prolonge la survie. Cette opération serait évidemment sans effet sur des phénomènes d'inhibition ;

2° La mort n'est donc plus la conséquence d'un trouble de la fonction rénale.

En effet : *a.* Nous avons remarqué que la miction pouvait se faire parfaitement chez des grenouilles privées de leurs deux capsules ;

b. On peut cautériser le rein en dehors des capsules, et très largement, sans que cette opération amène la mort des animaux ;

c. Nous avons sectionné entre deux ligatures le segment inférieur des deux reins, supprimant ainsi la fonction de ces organes. Dans ce cas, les grenouilles survivent beaucoup plus longtemps qu'après la destruction des deux capsules. La survie a été en moyenne de cinq jours.

Quelle est donc la cause de la mort après la destruction des deux capsules surrénales ?

1. J.-E. ABELOUS et P. LANGLOIS, Note sur les fonctions des capsules surrénales chez la grenouille (*Comptes rendus de la Société de Biologie*, 1891, p. 792).

D'une part, le fait que le sang d'une grenouille paralysée et mourante est toxique pour une grenouille récemment opérée et entraîne une paralysie et une mort rapide ; d'autre part, le fait que l'insertion de fragments de reins avec les capsules attenantes prolonge la survie, nous permettent de dire d'abord que la mort des grenouilles privées de leurs deux capsules est la conséquence d'une intoxication résultant de l'accumulation dans le sang d'une ou plusieurs substances toxiques de nature inconnue ; et ensuite que les capsules surrénales paraissent préposées à l'élaboration d'une substance qui en neutralise les effets toxiques. Plus les échanges nutritifs sont actifs, et plus les poisons sont élaborés en grande quantité. C'est pourquoi les grenouilles d'été ou les grenouilles chauffées artificiellement meurent beaucoup plus vite que les grenouilles en hibernation.

Nous devons ajouter qu'au cours de ces expériences nous n'avons pas observé de troubles apparents dans la pigmentation.

Une seconde série de recherches nous a permis de constater des faits qui sont appelés, croyons-nous, à jeter un jour nouveau sur les fonctions des capsules surrénales[1].

Nous avons, en effet, remarqué, sur les grenouilles qui venaient de succomber à la suite de la destruction des deux capsules et sur les grenouilles paralysées à la suite de l'injection de sang des grenouilles acapsulées mourantes, que l'excitation faradique, même avec des courants très forts, du sciatique ou des nerfs lombaires ne produisait plus aucune contraction musculaire, alors que l'excitant électrique appliqué directement aux muscles déterminait encore des réactions manifestes.

Nous avons été naturellement conduits à nous demander si la substance toxique ou, pour ne rien préjuger, les sub-

1. J.-E. ABELOUS et P. LANGLOIS, La mort des grenouilles après la destruction des capsules surrénales (*Comptes rendus de la Société de Biologie*, 1891, p. 855).

stances toxiques qui s'accumulent dans l'organisme après la destruction des deux capsules n'agiraient pas sur les terminaisons motrices à la façon du curare.

Pour résoudre cette question, le moyen le plus simple était de répéter l'expérience classique de Cl. Bernard sur le curare, c'est-à-dire de mettre à nu le sciatique d'un côté et, en appliquant au-dessous du nerf une ligature serrée sur le membre, d'interrompre la circulation en ne laissant subsister que la continuité nerveuse de la patte avec le tronc.

Nous avons pris une grenouille dont nous avions détruit les capsules trois heures auparavant : cette grenouille était encore très vivace et réagissait vigoureusement. Nous avons mis à nu un sciatique, et au-dessous du nerf nous avons lié très fortement le membre au niveau du tiers moyen de la cuisse.

Immédiatement après, nous avons recueilli le sang et lavé l'appareil circulatoire d'une grenouille mourante à la suite de la destruction des deux capsules et nous avons injecté 5 centimètres cubes de mélange de sang et de solution saline à la grenouille dont une patte avait été liée.

Immédiatement après l'injection, la grenouille réagit avec vigueur et saute avec vivacité. Mais au bout de quinze minutes elle présente des troubles parétiques très nets. C'est avec beaucoup de peine qu'elle fléchit le membre postérieur intact. En revanche, la mobilité des membres antérieurs paraît encore intacte.

Nous mettons à nu le sciatique gauche. Une heure après l'injection, il n'y a plus aucune contraction apparente dans la patte non liée; l'autre patte réagit par des contractions musculaires faibles, mais nettes. Si à ce moment on excite par un courant faradique très faible, presque insensible à la langue, le sciatique de la patte non liée, on obtient quelques faibles secousses du gastrocnémien. Les contractions sont beaucoup plus fortes dans la patte liée.

Au bout de deux heures, avec un courant de moyenne

intensité, on obtient des contractions très énergiques dans la patte liée, des secousses à peine apparentes dans la patte opposée. A ce moment les mouvements respiratoires sont très ralentis.

Trois heures après l'injection, même avec un courant très fort (la bobine induite au 0), on n'obtient rien dans la patte non liée, tandis qu'un courant beaucoup plus faible, très supportable à la langue, donne lieu à d'énergiques réactions dans la patte liée.

Donc le nerf de la patte non liée ne donne plus de contractions musculaires sous l'influence d'un courant faradique même très fort. Cependant les muscles de cette même patte réagissent encore avec un courant de moyenne intensité appliqué directement sur eux; les muscles de la patte liée réagissent avec un courant plus faible.

Nous trouvons donc dans ces faits une analogie remarquable avec les phénomènes de l'intoxication curarique. Sans doute les effets toxiques sont plus lents, ce qui peut être dû à la faible quantité de poison injecté. Mais les résultats définitifs sont les mêmes, à cette différence près que l'irritabilité musculaire paraît plus affaiblie que dans l'intoxication par le curare.

Ces faits que nous avons pu constater nombre de fois viennent heureusement compléter les faits observés dans une première série de recherches et nous permettent de préciser davantage nos conclusions en disant :

1° Que la mort des grenouilles à la suite de la destruction de deux capsules surrénales est bien due à l'accumulation dans le sang d'une ou plusieurs substances toxiques ;

2° Que ces substances sont des substances principalement curarisantes, c'est-à-dire agissant sur les terminaisons motrices et un peu aussi sur les muscles eux-mêmes.

Quelle est l'origine de ce poison ou de ces poisons? Nous ne pouvons encore le dire. Nous inclinerions pourtant à penser d'après des recherches en cours d'exécution que ces substances toxiques sont élaborées au cours de la contraction musculaire, mais nous ne pouvons pas être plus affirmatifs pour le moment.

Le rôle des capsules surrénales consisterait donc (cela découle naturellement de nos recherches) à élaborer par une sécrétion interne des substances que neutraliseraient ou détruiraient ces poisons. Ces organes mériteraient ainsi d'être placés au rang des organes les plus importants de l'économie. Ce sont bien des organes essentiels à la vie.

Il est toujours téméraire de conclure de certains faits observés sur les animaux inférieurs à l'existence de faits semblables chez les animaux plus élevés dans l'échelle zoologique.

Cependant des expériences entreprises par nous sur les mammifères[1] tendent à confirmer cette opinion.

1. *Voy.* le Mémoire suivant.

XXIV

SUR LES

FONCTIONS DES CAPSULES SURRÉNALES

CHEZ LES COBAYES

Par MM. J.-E. Abelous et P. Langlois

En même temps que nous poursuivions nos recherches sur les fonctions des capsules surrénales chez les grenouilles, nous avons étudié la physiologie de ces organes chez les animaux supérieurs, et spécialement chez le cobaye. Les recherches sur les mammifères, sur le chien, le lapin et le chat sont très nombreuses, elles ont conduit les auteurs à des conclusions extrêmement divergentes, et il nous est impossible de résumer, même très brièvement, les résultats de ces divers travaux.

Nos recherches ont porté presque exclusivement sur les cobayes. Nous considérons en effet le cochon d'Inde comme un animal de choix pour l'étude des fonctions de cet organe. Les capsules sont volumineuses, beaucoup plus considérables que celles des autres animaux par rapport au poids total. Pour des cobayes de 500 grammes, chaque capsule atteint en moyenne un poids de 12 centigrammes, alors que chez des lapins de 2 kilogrammes elles n'ont que 10 à 15 centigrammes et chez les chiens 1 gramme. Un autre point important, c'est la rareté des capsules accessoires. Alors que chez les lapins et les chiens on trouve fréquemment des capsules supplémentaires, chez le cobaye, malgré nos recherches attentives sur ce point, nous n'avons trouvé que deux fois une glandule accessoire. On comprend que l'existence de ces capsules accessoires, susceptibles de se développer très rapidement, puisse modifier beaucoup les résultats de la destruction des capsules principales, comme l'a montré M. GLEY dans ses recherches sur les effets de l'ablation de la thyroïde chez le lapin.

TIZZONI et NOTHNAGEL ont employé la voie lombaire. Nous avons préféré sur le cobaye opérer à l'aide d'une laparotomie latérale, en faisant partir l'incision de la dernière côte ; une incision de 3 centimètres et demi, dirigée de haut en bas et de dedans en dehors suffit dans la plupart des cas. La contention des intestins et surtout du lobe droit du foie pour la capsule droite est une des parties délicates de l'opération et qui exige une certaine habitude. Nous avons réalisé cette contention avec des éponges très plates et douces, le foie se déchirant facilement. Inutile d'insister sur les précautions antiseptiques que nous n'avons jamais négligées. La capsule découverte, on la sépare avec l'extrémité d'une sonde cannelée du rein, qu'il faut incliner légèrement en bas. La face inférieure de la capsule se présente alors très nettement. Quand il s'agit d'une destruction partielle, il suffit alors de toucher avec la sonde portée au rouge un point quelconque de la capsule ; mais, si l'on veut obtenir la destruction totale, il faut tout d'abord porter la sonde vers le tiers interne de la capsule, dans la région où la veine capsulaire émerge de l'organe. Il se produit alors une hémorragie d'un sang rouge (veine capsulaire) qu'un coup de sonde au rouge sombre ou une légère compression suffit à arrêter le plus souvent. On continue ensuite à évider la capsule avec le bec de la sonde ou une curette fixée au rouge. Les débris de la capsule sont enlevés avec une éponge portée au bout d'une pince ou avec la pince elle-même. Par ce procédé, la destruction complète, surtout pour la capsule droite, est difficile, mais il faut ajouter que les débris restant sont touchés par le feu, ainsi qu'on peut le constater à l'autopsie. Nous avons du reste, dans un certain nombre d'expériences, passé une ligature au catgut à la base de la capsule, à l'émergence de la veine capsulaire.

Nos animaux étaient des cobayes adultes, d'un poids variant entre 400 à 600 grammes. Quand nous avons opéré sur les deux capsules, soit pour une destruction totale, soit pour une cautérisation partielle, nous avons fait varier l'intervalle entre les deux opérations. Pour quelques animaux l'opération a été faite à une heure d'intervalle, chez d'autres nous avons attendu de un à quinze jours, quelquefois même plus longtemps, n'opérant du second côté que lorsque l'animal avait récupéré et même dépassé son poids primitif, pour éviter ainsi l'objection de l'influence d'un second traumatisme agissant sur un animal déjà affaibli par une opération récente [1].

L'opération, quand aucune complication ne survient, peut être faite très rapidement, quinze minutes depuis le moment où l'animal est rasé, l'abdomen lavé antiseptiquement, jusqu'au moment où, le double plan de suture fait, la plaie occluse avec du collodion iodoformé, il est détaché et porté à l'étuve à 30°.

Nous diviserons nos recherches sur les cobayes en trois groupes, suivant en cela l'ordre que nous avions adopté pour l'étude sur les grenouilles :

1° Destruction totale d'une seule capsule ;

2° Cautérisation partielle des deux capsules ;

---

1. STILLING a signalé chez le lapin, dès le second ou troisième jour, une hypertrophie compensatrice de la capsule restante. Nous avons nous-mêmes constaté une hypertrophie très nette de la capsule intacte, hypertrophie caractérisée par une augmentation de volume de l'organe et une congestion très marquée.

3º Destruction totale des deux capsules.

I. — *Destruction d'une même capsule.* — C'est presque toujours la capsule droite qui a été détruite. Celle-ci, par suite du voisinage du foie et de la veine cave, est beaucoup plus difficile à opérer; la difficulté était même regardée par GRATIOLET comme telle, qu'il considérait son ablation comme fatalement mortelle. Il nous a donc paru indispensable de débuter toujours par elle. M. BROWN-SÉQUARD avait déjà montré que cette opération n'était pas toujours fatale, et nos recherches à cet égard sont pleinement confirmatives. Nous avons détruit sur 40 animaux la capsule droite; un certain nombre de ceux-ci, quand ils ont été complètement rétablis, ont subi la destruction de la deuxième capsule. Sur les animaux gardés en observation nous n'avons noté que deux décès. En règle générale, les animaux, après la destruction d'une seule capsule, ne présentent aucun trouble apparent ni dans la motilité ni dans la respiration. Le choc opératoire est nul. La température, qui pendant l'opération descend quelquefois jusqu'à 36 et même 35°, remonte rapidement au chiffre normal.

Bien que l'animal mange, on constate assez souvent néanmoins, dans les premiers jours, un amaigrissement assez marqué, mais passager, et les cobayes reprennent ensuite leur poids primitif ou le dépassent.

Dans deux cas (sur quarante) l'amaigrissement a été rapide et continu, et les deux animaux sont morts dans un état d'émaciation extrême, quelques jours après l'opération, et sans que l'examen des organes ait pu nous expliquer les troubles profonds survenus dans la nutrition. Chez ces deux animaux, nous n'avons noté aucun mouvement convulsif.

EXPÉRIENCE XX. — Cobaye mâle (poids 415 grammes). Le 22 janvier, destruction de la capsule droite. Pas de choc opératoire. On n'observe aucun trouble dans la motilité. L'animal mange bien dès le second jour; néanmoins, on constate une diminution de poids pendant la première semaine. Il existe, il est vrai, une suppuration superficielle de la plaie abdominale. La cicatrisation se fait néanmoins et actuellement, en mai, c'est-à-dire quatre mois après l'opération, il pèse 505 grammes.

EXPÉRIENCE LV. — Cobaye femelle (poids 410 grammes). Le 31 mars, la capsule droite, qui se présente bien, est facilement détruite. Les débris sont enlevés à l'éponge et à la pince. L'opération est rapidement faite et sans hémorragie. Immédiatement après, l'animal réagit vigoureusement, marche sans difficulté. On le porte néanmoins à l'étuve à 30°, où il reste toute la nuit. Les jours qui suivent, et bien que l'animal ne présente aucun trouble fonctionnel, qu'il mange avec appétit de l'avoine et des carottes, il maigrit ; son poids tombe, le quatrième jour, à 373 grammes. Le douzième jour, on trouve 394 grammes. Mais nouvelle rechute, le seizième jour, à 350 grammes. Il existe une suppuration superficielle de la plaie, qui tend néanmoins à se cicatriser. A partir de cette époque, il reste stationnaire pendant huit jours, puis reprend ensuite. Récupère son poids normal le 29 avril, soit un mois après l'opération ; et le 26 mai atteint 591 grammes.

EXPÉRIENCE LVIII. — Cobaye mâle (poids 441 grammes). Destruction, par cautérisation, de la capsule droite, le 7 avril. L'animal se remet immédiatement, il mange bien, et, le 10 avril, trois jours après l'opération, il avait augmenté de 30 grammes ; l'accroissement continue ; le 15, il est à 500 grammes. L'animal, ayant été opéré ensuite de la seconde capsule, est mort, et l'autopsie a montré que la destruction de la capsule droite était complète.

II. — *Destruction partielle des deux capsules*. — Intentionnellement, nous n'avons, dans un certain nombre de cas, cautérisé qu'une partie des deux capsules, soit en respectant toutes les connexions nerveuses et vasculaires de la capsule, et en nous contentant de toucher ou d'enfoncer la pointe rougie dans la capsule, ou bien encore en mobilisant de tous côtés l'organe, sauf dans la région du hile, et en déterminant des lésions de voisinage aussi importantes que lorsque nous cherchions une destruction complète ; enfin nous devons faire rentrer dans ce groupe d'expériences les animaux chez lesquels nous avons voulu faire une destruction complète des deux glandes, et où l'autopsie nous a montré que cette destruction n'avait pas été totale.

Il résulte de l'ensemble de nos expériences, au nombre de vingt-cinq, que les troubles observés sont fonction de la gravité des lésions faites et de l'intervalle mis entre les deux opérations.

On peut diviser ce groupe, cautérisation partielle des deux capsules, en trois sous-divisions.

A. La cautérisation bilatérale a lieu à intervalle très rapproché, soit dans la même séance, soit en espaçant les deux cautérisations de vingt-quatre à quarante-huit heures.

Les animaux survivent le plus souvent, mais ils présentent un amaigrissement lent et progressif. Dans quelques cas, cependant, et après une période assez longue de dénutrition, l'amaigrissement s'arrête, la courbe du poids remonte, mais lentement.

EXPÉRIENCE LXIII. — Grosse femelle très vigoureuse (poids, 680 grammes). Le 21 avril, à 3 heures, cautérisation de la capsule droite, l'opération est rendue difficile par une hémorragie provenant d'une déchirure du foie ; la cautérisation porte sur un cinquième environ de l'organe dans la région externe. L'hémorragie s'arrête d'elle-même, et l'animal, placé à l'étuve, réagit vigoureusement.

A 4 h. 30, on pratique une cautérisation analogue sur l'autre capsule ; le point cautérisé est plus interne, et il se produit une hémorragie d'un sang rutilant assez abondante, qui nous fait craindre d'avoir touché la veine rénale. Après l'opération, le cobaye est très prostré.

Le lendemain, l'animal paraît remis, mange avec appétit ; mais dans la journée, il tombe dans une torpeur marquée, quoique passagère. Les jours suivants, bien que l'animal mange, il existe une certaine torpeur qui disparaît peu à peu ; l'amaigrissement est rapide. Du 21 avril au 10 mai, la perte de poids est régulière ; un peu de suppuration des plaies. Le 10 mai, c'est-à-dire en vingt jours, l'animal est tombé à 498 grammes, soit une diminution de 180 grammes ; mais, à partir de cette époque, il paraît se rétablir, et, au 25 mai, il atteint 610 grammes.

B. Si l'on met un intervalle de huit à dix jours entre les deux cautérisations partielles légères, les animaux ne présentent aucun trouble notable ; à peine observe-t-on une diminution de poids passagère, bientôt l'animal retrouve son poids. Nous avons des animaux opérés depuis plusieurs mois qui n'ont présenté, depuis cette époque, aucun trouble et ont un accroissement de poids normal.

EXPÉRIENCE XLVIII. — Cobaye femelle (poids 475 grammes). Le 31 mars, destruction partielle de la capsule droite; la destruction porte sur le quart externe. Le 12 avril, l'animal pèse 550 grammes; le 13, on cautérise profondément la région médiane de la deuxième capsule. Le 15 avril, poids 475 grammes; le 18, 495 grammes; le 28, 501 grammes; enfin, le 25 mai, 510 grammes; le 5 juin, 560 grammes.

C. Quand les cautérisations, sans être totales, portent sur une grande partie de l'organe, des deux côtés, les animaux maigrissent rapidement, et la mort survient dans un délai assez rapide, mais la survie est néanmoins beaucoup plus longue que lorsqu'il y a eu destruction totale (quatre à cinq jours environ).

EXPÉRIENCE LXII, 19 *avril.* — Cobaye femelle (poids, 395 grammes). Dans la même séance, on cautérise les deux capsules, la destruction portant sur une moitié de l'organe. En six jours, l'animal tombe à 230 grammes; il mange néanmoins et court dans sa cage. Mort, le 27, dans un état d'émaciation profonde. L'autopsie ne révèle aucune lésion péritonéale.

III. — *Destruction complète des deux capsules.* — La destruction complète des deux capsules entraîne fatalement la mort à bref délai. Dans le mémoire de M. BROWN-SÉQUARD de 1856, on trouve comme survie moyenne pour les cobayes adultes treize heures, comme survie minima neuf heures et maxima vingt-trois heures. Enfin, dans une note récente à la Société de Biologie, M. BROWN-SÉQUARD donne le chiffre moyen de neuf heures.

Les survies que nous avons observées n'ont jamais dépassé ce laps de temps, et la mort est très souvent survenue vers la cinquième heure.

Les animaux meurent fatalement, même quand on espace de huit à quinze jours les deux opérations.

Dans ces conditions, nous avons observé quelquefois une

survie un peu plus longue, mais toujours très faible : douze heures environ.

M. Brown-Séquard, dans son mémoire déjà cité de 1856, a donné une description, restée classique, des accidents consécutifs à la destruction des deux capsules. Ces accidents sont de deux ordres : accidents paralytiques et accidents convulsifs. Nous verrons d'ailleurs que ces symptômes en apparence dissemblables sont pour nous les effets d'une même cause.

Immédiatement après l'opération, les animaux s'affaiblissent graduellement. Ils s'engourdissent progressivement, et un peu avant la mort on voit survenir une parésie qui devient bientôt une paralysie complète des membres postérieurs. L'animal ne ramène pas ses pattes quand on les étend, la sensibilité est pourtant conservée puisque le pincement des pattes postérieures détermine des mouvements réactionnels dans le train antérieur, ou des cris de douleur. Bientôt le train antérieur est paralysé à son tour, l'animal tombe sur le flanc, la respiration devient dyspnéique, puis l'amplitude des mouvements respiratoires s'affaiblit, et les animaux meurent par paralysie des muscles respirateurs.

Nous avions observé des phénomènes analogues chez les grenouilles ; guidés par l'analogie des symptômes observés, nous nous sommes demandés si la mort, chez les cobayes comme chez les grenouilles, n'était pas le résultat d'une auto-intoxication par l'accumulation dans l'organisme de substances paralysantes. Aussi avons-nous, au moment de la mort et même avant la mort, pendant la période préagonique, interrogé l'excitabilité des nerfs. Nous avons constaté que l'excitation du sciatique par un courant faradique même très fort ne déterminait plus de contractions musculaires dans la patte, alors qu'un courant plus faible, de moyenne intensité, appliqué directement sur le muscle, déterminait des contractions très nettes.

Cependant la conductibilité du nerf paraît intacte, puisque, si l'on excite le sciatique dans sa continuité, on observe dans le train antérieur des manifestations douloureuses : mouvements du cou et de la tête.

Au moment de la mort, si on excite le phrénique, qui, comme on le sait, conserve longtemps son excitabilité après la mort sur l'animal normal, on ne détermine aucune contraction du diaphragme, bien que l'excitation directe de ce muscle produise des contractions énergiques.

Nous avons observé une résistance plus considérable des nerfs du plexus brachial, qui réagissent encore un peu à l'excitant électrique, alors que les mouvements respiratoires ont disparu, mais cette excitabilité très faible disparaît avec une extrême rapidité. Comme on le voit, ces troubles paralytiques présentent dans leur marche une analogie très grande avec les phénomènes de l'intoxication par le curare.

EXPÉRIENCE XXXIII. — Cobaye mâle (poids, 500 grammes). Le 5 février, à 11 heures du matin, destruction des deux capsules, en espaçant d'une demi-heure les deux opérations; à 5 h. 30 du soir, parésie très marquée des membres supérieurs; à 5 h. 45, paralysie complète des pattes postérieures. Respiration dyspnéique. L'animal est mourant. A ce moment, on met à nu un sciatique, et on l'excite par des courants faradiques de moyenne intensité. Pas de contractions musculaires. L'animal manifeste de la douleur par des mouvements réactionnels de sa tête et de son train antérieur. Les muscles du membre postérieur réagissent sous l'influence de faibles courants directement appliqués sur eux. A 6 heures, l'animal meurt. On ouvre rapidement le thorax et on excite le phrénique. Pas de contractions du diaphragme. Le diaphragme se contracte énergiquement quand on l'excite directement.

EXPÉRIENCE LVI. — Cobaye mâle (poids, 373 grammes). Destruction de la première capsule (droite), le 31 mars; le 14 avril, à 10 heures, l'animal pèse 400 grammes. On détruit la deuxième capsule. Mort à 5 h. 30 du soir.

EXPÉRIENCE LXIV. — Cobaye mâle (poids, 570 grammes). Le 22 avril, à 10 h. 30, destruction de la capsule droite, hémorragie hépatique légère; l'animal réagit bien après l'opération. Température, 35°,6. Il est porté à l'étuve à 30°. A 2 heures du soir, l'animal va bien, la motilité est normale. Suintement séro-sanguinolent à travers les lèvres de la plaie. L'animal est remis à l'étuve; le 23 avril, à 9 h. 30, l'animal va bien. Température, 38°,8. A 11 heures, destruction de la capsule gauche. On le met dans l'étuve. A 2 h. 45, l'animal a l'œil très vif. Température, 37°. Il traine un peu ses pattes postérieures, mais n'a pas encore de paralysie. A 3 h. 45, pas de troubles marqués de la motilité. A 4 heures, température 35°,5. A 9 h. 30, l'animal est affaissé, couché sur le flanc; la respiration est dyspnéique. Température au-dessous de 34°. A 10 h., mort. Inexcitabilité des nerfs, pas de péritonite, pas d'hémorragie abdominale.

Dans certains cas, M. Brown-Séquard a observé, un peu avant la mort, des convulsions toniques et cloniques, signalées ultérieurement par d'autres physiologistes. Nous avons constaté nous-mêmes ces secousses convulsives chez un certain nombre de nos animaux. Le pincement d'une patte postérieure déterminait des réactions énergiques et prolongées. Ces faits semblent mal se concilier avec les phénomènes de paralysie que nous attribuons à une intoxication curariforme, et qui pour nous dominent la symptomatologie des animaux privés de capsules. Mais la différence n'est qu'apparente; au fond, la pathologie des troubles peut être ramenée à une même cause. Les physiologistes [1], en effet, qui ont étudié l'action du curare, ont constaté fréquemment des convulsions précédant la paralysie et une exagération du pouvoir réflexe de la moelle. Il existe d'ailleurs des différences individuelles au point de vue de l'évolution des symptômes, dont il nous est difficile, dans l'état actuel, d'expliquer la cause. Du reste nous avons toujours observé au moment de la mort, sur ces animaux qui avaient présenté des convulsions, l'inexcitabilité des nerfs périphériques et du phrénique, les muscles réagissant normalement.

IV. — *Toxicité du sang des cobayes acapsulés pour les grenouilles.* — En présence de ces faits, nous avons cherché si le sang des animaux morts à la suite de la destruction des capsules

---

1. Vulpian, *Leçons sur les substances toxiques et médicamenteuses : Curare,* p. 58.

avait une action toxique; il est difficile d'étudier sur les animaux supérieurs les phénomènes de curarisation, tels que les a observés Cl. Bernard sur les grenouilles, et surtout de démontrer directement la paralysie des terminaisons motrices, les plaques motrices des mammifères perdant très vite leur excitabilité après l'anémie du membre. Aussi, pour élucider ce point, avons-nous expérimenté sur des grenouilles[1].

Nous avons injecté à des grenouilles dont la circulation d'une patte postérieure était interrompue par la ligature du membre à sa racine, du sang, du sérum ou le produit du lavage de l'appareil circulatoire de cobayes acapsulés immédiatement après la mort. Nous avons constaté que ces injections déterminaient, après un laps de temps variable d'une à deux heures, des phénomènes de paralysie chez des grenouilles normales ou opérées de leurs capsules, l'excitation du nerf déterminant des réactions sur la patte liée. Comme expérience de contrôle, nous avons injecté les mêmes doses et des doses plus fortes de sang ou de sérum de cobaye normal ou de cobaye sacrifié après la destruction d'une capsule, à des grenouilles témoins, et nous n'avons pas observé de troubles.

Nous avons pu observer quelquefois, à la suite de l'injection de sang de cobayes qui avaient présenté des convulsions avant la mort, des phénomènes plutôt convulsifs que paralytiques. C'étaient des tremblements généralisés avec secousses fibrillaires coïncidant avec une impuissance motrice relative. De cette dernière catégorie de grenouilles, les unes sont mortes, les autres se sont rétablies, peut-être parce que la quantité de substances toxiques était insuffisante. Ce que nous voulons retenir de ces faits, c'est la toxicité du sang des cobayes acapsulés pour la grenouille, même normale, après la destruction de leurs capsules.

---

1. Abelous et Langlois, Sur l'action toxique du sang des mammifères après la destruction des capsules surrénales (*Société de Biologie*, 20 février 1892).

V. — *Injections d'extrait aqueux des capsules surrénales.*
— La physiologie contemporaine tend à considérer les
glandes vasculaires sanguines comme des organes destinés à
déverser dans le sang des substances élaborées par elles et
indispensables à l'intégrité fonctionnelle de l'organisme. Ces
faits paraissent nettement établis pour le corps thyroïde à la

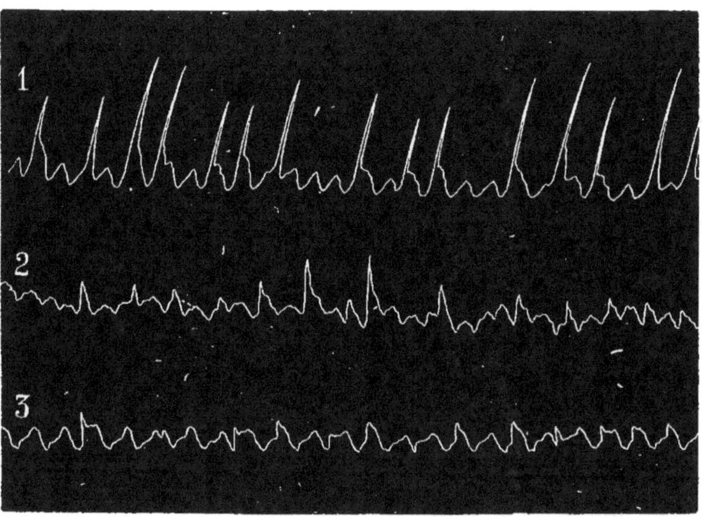

Fig. 121. — Cobaye, 3 févr. — Destruction des deux capsules terminée à 2 heures.

1. — A 3 heures et demie, secousses convulsives portant surtout sur les muscles
respiratoires, enregistrées avec le cardiographe double de Marey. — 2. — A 4 heures,
première injection de 5 centimètres cubes d'extrait, diminution des secousses. —
3. — A 5 heures, nouvelle injection de 5 centimètres cubes, suppression des secousses.
Mort de l'animal à 7 heures du soir.

suite des expériences de nombreux physiologistes, parmi
lesquels nous citerons spécialement M. Gley. MM. Vassale,
en Italie, et Gley, en France, ont réussi, en effet, à prolonger
notablement la survie des animaux après l'ablation du corps
thyroïde, par des injections intra-veineuses d'extraits aqueux
de cette glande.

La nature des capsules surrénales comme glandes vasculaires sanguines a été établie depuis longtemps par les travaux d'Ecker et de Brown-Séquard. Nous avons voulu voir si des injections d'extrait aqueux de ces organes pouvaient prolonger la survie de nos cobayes opérés. Nous avons préparé ces extraits aqueux de la manière suivante : Nous nous sommes servis soit de capsules fraîches prises chez un animal venant d'être sacrifié, soit de capsules conservées dans la glycérine. On broyait sept ou huit capsules dans 25 centimètres cubes de sérum artificiel. Cet extrait non filtré était injecté sous la peau des cobayes qui venaient d'être opérés des deux capsules. On faisait ainsi trois ou quatre injections de 5 centimètres cubes chaque.

Nous avons obtenu quelquefois une certaine prolongation de la survie, prolongation qui pouvait atteindre le double de la survie moyenne. Dans des expériences communiquées récemment à la Société de Biologie (séance du 20 mai 1891) par M. Brown-Séquard, le succès a été plus marqué. M. Brown-Séquard a fait ses extraits avec quatre capsules surrénales de cobayes, broyées dans 4 centimètres cubes d'eau pure. L'extrait filtré au papier a déterminé une amélioration considérable des symptômes. L'un des cobayes avait eu des convulsions et était agonisant au moment de l'injection.

Au cours de nos recherches, nous avons constaté la diminution progressive, puis la suppression des secousses convulsives qui se produisent quelquefois, comme nous l'avons dit plus haut, chez les animaux opérés, à la suite de deux injections, de 5 centimètres cube chaque, d'extrait capsulaire, comme le montre le tracé ci-dessus (p. 171).

Conclusions

Dans un travail récent fait au laboratoire de M. A. Mosso, M. Albanese a confirmé les résultats que nous avons obtenus sur les grenouilles, et a observé des faits nouveaux en ce qui concerne la résistance à la fatigue des animaux privés de capsules. Il conclut que les capsules surrénales sont destinées à détruire ou du moins à transformer les substances toxiques qui, par l'effet du travail des muscles et du système nerveux, se produisent dans l'organisme. Déjà, dans notre précédent mémoire, sans être aussi affirmatifs, nous avions conclu dans le même sens.

Ce qui ressort de toutes nos recherches sur les grenouilles et les cobayes, c'est que, comme l'a dit formellement M. Brown-Séquard, en 1856, les capsules surrénales sont des organes essentiels à la vie ; leur très grande importance fonctionnelle se déduit naturellement des effets qui suivent leur destruction totale et même partielle. Les troubles profonds de la nutrition, l'amaigrissement extrême que nous avons observés sur les cobayes qui avaient subi la destruction partielle des deux capsules montrent bien qu'une lésion, même partielle, de ces organes peut entraîner des conséquences graves. D'autre part, la toxicité du sang des cobayes privés des capsules indique qu'il s'accumule dans l'organisme une ou plusieurs substances toxiques de nature encore inconnue à la suite de la suppression de la fonction surrénale.

Ces substances nous ont paru agir tout spécialement sur les terminaisons des nerfs moteurs dans les muscles.

On peut expliquer la mort des animaux par une auto-intoxication, une sorte de curarisation déterminant une paralysie progressive et rapide.

L'injection d'extrait aqueux semble bien agir d'une façon favorable pour modifier et atténuer les symptômes morbides.

Nous conclurons donc :

Les capsules surrénales sont des glandes vasculaires sanguines dont l'importance fonctionnelle est manifeste ; ce sont
des organes chargés d'élaborer des substances qui peuvent
modifier, neutraliser ou détruire des poisons fabriqués sans
doute au cours du travail musculaire et qui s'accumulent
dans l'organisme après la destruction des glandes surrénales [1].

1. Depuis la rédaction de cet article, nous avons communiqué à la Société
de Biologie (4 juin 1892) une note sur l'action toxique exercée chez les grenouilles
récemment privées de capsules, par l'extrait alcoolique de muscles de grenouilles mortes à la suite de la destruction de ces organes ou de grenouilles
tétanisées jusqu'à épuisement. Dans un prochain mémoire nous donnerons le
résultat de ces recherches encore incomplètes.

XXV

NOTES

DE

TECHNIQUE PHYSIOLOGIQUE

Par M. Charles Richet.

I

Injections péritonéales pour l'anesthésie

Actuellement, dans la plupart des laboratoires, on a renoncé à anesthésier les chiens par le chloroforme, et, le plus souvent, on détermine l'anesthésie par l'introduction intra-veineuse de chloral. C'est un procédé qui, je crois, a été employé pour la première fois d'une manière méthodique par Vulpian et Bochefontaine, il y a déjà vingt ans. Il a de grands avantages sur la chloroformisation, mais cependant il comporte un inconvénient sérieux : c'est que l'injection intra-veineuse introduit directement dans le sang du chloral, qui est toxique et qui, par son action directe sur l'endocarde, lorsqu'il est trop rapidement injecté, amène quelquefois des syncopes mortelles. Ces syncopes surviennent surtout si la solution du chloral est trop concentrée, par exemple 250 grammes par litre.

Je préfère introduire le chloral, non plus dans le système veineux, mais dans le péritoine ; l'absorption est rapide, et, en dix minutes, l'anesthésie est complète. Cela n'entraîne aucun accident inflammatoire. On n'a rien à craindre en piquant l'abdomen avec une aiguille de Pravaz, car l'intestin fuit devant l'aiguille et n'est jamais perforé.

En ajoutant du chlorhydrate de morphine au chloral, on obtient une anesthésie qui dure très longtemps, près d'une heure, sans menace de syncope, ce qui permet alors de faire avec une complète sécurité des opérations très longues.

La solution que j'emploie contient, par litre, 200 grammes de chloral et 1 gramme de chlorhydrate de morphine, cette petite quantité de morphine étant tout à fait suffisante pour rendre le sommeil calme, profond et prolongé.

Quant à la dose anesthésiante, après de nombreux essais, elle m'a paru être, en tenant compte du poids de l'animal, de 5 décigrammes de chloral et de 25 dixièmes de milligramme de morphine par kilogramme d'animal, ce qui représente le chiffre, commode pour l'usage, de 2 c.c. 5 de la solution par kilogramme du poids de l'animal.

Mais c'est là un chiffre extrême, qu'il ne faut pas dépasser. surtout sur les jeunes chiens.

Chez les lapins et les cobayes, où l'injection intra-péritonéale réussit très bien également, la dose ne doit pas être aussi forte ; et on obtient l'anesthésie avec 2 décigrammes de chloral par kilogramme et la quantité de morphine correspondante.

En faisant cette expérience d'anesthésie sur des animaux de taille différente, appartenant soit à la même espèce, soit à des espèces diverses, on voit l'influence curieuse de la taille sur le refroidissement : quoique la dose de chloral injecté soit proportionnellement la même, les petits chiens se refroidissent très vite, tandis que les grands chiens, pesant 30 kilogrammes, par exemple, ne perdent que quelques dixièmes de degré de leur température. Cela tient à ce que, à l'état normal, les gros chiens ont des combustions chimiques moins actives que les petits chiens, tandis que, sous l'influence du chloral, les gros et les petits chiens ont des échanges chimiques également faibles. Alors l'abaissement de température est également proportionnel à la déperdition par la surface.

II

De la disposition de la soupape de Muller pour la respiration spontanée et pour la respiration artificielle.

M. HANRIOT et moi nous avons fait construire, par M. Alvergniat, une soupape de MULLER pour faire respirer des animaux de manière à doser leurs échanges respiratoires. Par cette disposition, on peut graduer la pression à vaincre, soit à l'inspiration, soit à l'expiration. On peut faire la pression égale ou différente dans un sens ou dans l'autre.

Pour apprécier cette pression et inscrire graphiquement l'effort musculaire de l'animal qui respire, nous avons, avec M. LANGLOIS, disposé l'expérience de la manière suivante :

Un long tube, étroit et rempli d'eau, est adapté à la branche commune de la soupape de MULLER : chaque effort de l'animal détermine une ascension ou une descente du liquide, et on peut lire sur la colonne le degré d'abaissement ou d'élévation, ce qui indique en centimètres d'eau la hauteur de la pression. En adaptant au tube un tambour inscripteur, on inscrit les variations de volume de l'air, et on a ainsi la notation graphique de l'effort musculaire accompli par l'animal.

On peut encore se servir de cette soupape pour la respiration artificielle ; dans certains cas, en effet, il est intéressant de mesurer les échanges respiratoires chez des animaux qui n'ont plus de respiration spontanée et chez qui on doit faire la respiration artificielle. Dans ce cas, il suffit de diminuer beaucoup le diamètre du tube de l'expiration. Voici alors ce qui se passe : chaque mouvement du soufflet introduit brusquement une grande quantité d'air dans la poitrine et dans le tube à expiration ; mais le tube à expiration est trop étroit pour permettre la sortie de tout cet air, et alors une partie de l'air insufflé dilate la poitrine ; puis, pendant le silence du soufflet, cet air introduit dans la poitrine est chassé par l'élasticité pulmonaire et sort par le tube à expiration. Ainsi, par l'inspiration, il y a des mouvements intermittents, tandis qu'à l'expiration le mouvement est continu.

En rendant le mouvement du soufflet très lent et en serrant le thorax du chien avec une ceinture de caoutchouc, on rend l'expérience très régulière.

III

Procédé pour conserver pendant longtemps du sang frais sans altération grossière et sans stérilisation.

Nous avons essayé, avec M. HÉRICOURT, de conserver pour l'alimentation des lapins du sang frais pendant longtemps, et le procédé suivant nous a paru satisfaisant.

On fait à chaud une solution très concentrée de gélatine dans l'eau, répondant à peu près à 250 grammes de gélatine par litre. Dans 100 grammes de cette solution, portée à une température qui ne dépasse pas 60°, on fait tomber directement le sang sortant de l'artère ouverte dans laquelle on a placé une canule stérilisée. On a soin d'agiter rapidement et constamment, de manière que l'ensemble soit bien homogène. Dans ces conditions, un gros chien fournit à peu près 800 grammes de sang, et on a un mélange où il y a environ 3 p. 100 de gélatine. La masse ainsi constituée se prend en une gelée résistante, élastique. On a pu, avant cette gélification, verser tout le liquide dans des flacons et dans des vases.

Cette sorte de confiture de sang se conserve sans altération extérieure pendant très longtemps, si l'on empêche les moisissures qui se développent à sa surface tout à fait comme sur des confitures ordinaires.

Toutes les propriétés extérieures du sang sont conservées, et, quand on chauffe cette gélatine de sang à 50°, elle fond en offrant la couleur du sang normal, sans odeur et sans altération apparente.

Il est possible qu'il se passe dans cette gélatine quelques altérations microbiennes ; mais celles-ci sont probablement peu marquées à cause du milieu solide, et, au point de vue alimentaire, la qualité du sang n'a pas sensiblement changé.

Il serait peut-être intéressant de substituer au sang liquide, recommandé, paraît-il, par quelques médecins, pour l'alimentation, ce sang gélatinisé, facile à conserver et à transporter.

IV

Action des vapeurs de mercure.

En faisant quelques expériences pour doser les produits de la respiration chez les lapins, j'ai été amené à substituer à l'eau de la cloche du mercure métallique. Je plaçais les lapins sur un grillage en bois reposant sur le mercure ; le tout était recouvert d'une cloche d'environ 30 litres, dans laquelle passait un courant d'air.

Au bout de trois ou quatre heures, les lapins étaient retirés de la cloche, leur température s'était abaissée, et les échanges respiratoires avaient semblé diminuer dans les derniers moment de l'expérience.

Dans ces conditions, quelques-uns de ces lapins étaient trouvés morts le lendemain : la seule cause possible de la mort est l'intoxication par les vapeurs de mercure, attendu que je n'ai jamais eu d'accident pour les lapins mis sous la cloche quand le mercure était remplacé par de l'eau.

Ce sont donc les vapeurs de mercure qui ont cette action toxique, malgré leur faible tension à la température normale. Je dois dire que ces expériences se faisaient en été, par une température moyenne de 20°.

On rapprochera ces données expérimentales de certaines observations prises sur l'homme, d'après lesquelles du mercure non chauffé, mais répandu en grande quantité, a provoqué des accidents d'intoxication, parfois mortels.

XXVI

RECHERCHES EXPÉRIMENTALES SUR LA POLYURIE

Par MM. R. Moutard-Martin et Charles Richet.

I

Historique.

Les anciens auteurs avaient déjà remarqué que la quantité d'urine s'accroît avec la quantité des boissons. *Copia potus multum ad urinam facit*[1]. Ils avaient vu en outre que cette quantité est extrèmement variable : *Copia ejus quæ sano homini competit vix potest definiri*[2]. Malgré cette incertitude dans l'appréciation exacte de la quantité d'urine, plusieurs auteurs, cités par Haller, ont pu donner le chiffre moyen de l'urine rendue en 24 heures par un homme adulte : soit 1,250 grammes. Les auteurs modernes sont arrivés à la même conclusion, de telle sorte que l'on peut regarder le chiffre rond de 1,250 grammes comme exprimant la quantité d'urine émise communément en 24 heures par un homme adulte et bien portant.

---

1. Haller, *Elementa physiologiæ*, t. VII, p. 390.
2. Haller, *ibid.*, p. 389.

D'ailleurs on ne trouve ni dans HALLER, ni dans les auteurs qui l'ont presque immédiatement suivi, le récit d'expériences relatives à la diurèse. Les médecins avaient cependant, et de tout temps, reconnu que certaines substances sont diurétiques : la digitale, la scille, le nitre, etc.; mais ils n'avaient pas franchi la distance qui sépare les notions médicales empiriques de la connaissance d'un phénomène physiologique, avec une relation établie entre l'effet et la cause.

Un des premiers auteurs qui paraissent s'être occupés de la question au point de vue expérimental, c'est SÉGALAS D'ETCHEPARE[1]. Il observa que l'urée introduite dans les veines d'un chien en est éliminée très promptement, qu'*elle est un puissant diurétique*, et qu'elle n'a pas d'action bien nuisible sur l'économie. Et il fait remarquer, dans une note, que, sur l'homme, l'urée paraît agir aussi comme un diurétique.

Quelques temps après, WÖLHER[2] fit sur la sécrétion urinaire des expériences très précises. D'après lui, les sels qui sont éliminés par l'urine (carbonates, chlorures, azotates, sulfates de potassium et de sodium, matières colorantes, etc.) activent la sécrétion de l'urine. Il attribue au rein la fonction d'éliminer non seulement l'urée et l'acide urique, mais encore toutes les substances solubles non volatiles.

MAGENDIE[3] vit que, toutes les fois qu'on injecte dans le sang une certaine quantité d'eau, l'urine devient albumineuse et sanguinolente.

LUDWIG donna de la sécrétion urinaire, vers 1844, une théorie sur laquelle il est inutile d'insister. Cette théorie a provoqué de nombreuses expériences sur la sécrétion urinaire. Cependant peu de recherches ont trait directement à la polyurie.

Les expériences de GOLL[4] et LUDWIG établirent qu'il y a une

---

1. *Journal de physiologie expérimentale et de pathologie de Magendie*, 1822, t. II, p. 354 à 363.
2. Mémoire trad. dans les *Archives de Médecine*, 1824, t. VII, p. 577.
3. Cité par CL. BERNARD, *Leçons sur les liquides de l'organisme*, t. II, p. 139.
4. VULPIAN, *Leçons sur l'appareil vaso-moteur*, t. I, p. 523 et suivantes.

relation entre la pression du sang dans les artères et la sécrétion de l'urine. La saignée, qui diminue la pression sanguine, diminue aussi l'excrétion. L'excitation des pneumogastriques agit de même. Ces expériences, répétées par beaucoup d'auteurs, firent adopter comme générale la théorie de la dépendance mutuelle de la sécrétion urinaire et de la tension artérielle.

Il résulte donc des expériences de WÖLHER d'une part, et de LUDWIG d'autre part, que la production de la polyurie est soumise à deux influences :

1° La composition du sang ; et c'est ce point spécial que nous nous proposons d'étudier ;

2° La pression du sang, soit dans le système circulatoire général, soit dans le système rénal. Mais la question ne sera pas traitée par nous à ce dernier point de vue, et nous nous contenterons de mentionner cette influence et de rappeler qu'un grand nombre d'expériences ont été faites pour déterminer l'action directe ou indirecte du système nerveux sur la fonction rénale.

Venons maintenant aux expériences où les modifications de la composition du sang ont déterminé un accroissement de la sécrétion urinaire.

KIERULF[1], en répétant les expériences de MAGENDIE sur l'injection d'eau dans les veines, vit qu'après une injection de 500 grammes d'eau distillée pour un gros animal, l'urine devenait albumineuse, rougeâtre, sanguinolente, et que la quantité d'urine était *plus considérable*.

GENTH[2] fit remarquer que l'ingestion |d'eau augmente la quantité d'urée excrétée et que le chlorure de sodium, l'urée elle-même, et l'acide phosphorique ont le même effet sur l'excrétion d'urée.

MOSLER[3] admet que l'ingestion d'eau augmente l'élimination de l'urée et des sels.

1. Cité par Cl. BERNARD, *loc. cit.*, t. II, p. 139.
2. Cité par CARPENTER, *loc. cit.*, p. 527.
3. Cité par CARPENTER. *Principles of human Physiology*, 8e édition, p. 101.

Claude Bernard[1] cite une expérience relative aux effets de l'introduction d'eau dans les veines. Il injecta à un tout petit chien pesant 2,500 grammes le tiers de son poids d'eau, soit 800 grammes. « Les sécrétions ne parurent d'abord pas modifiées ; puis, à mesure qu'on injecta plus d'eau, elles *diminuèrent* peu à peu. » Ce résultat était absolument contraire aux conclusions de Kierulf.

Ustimowitch[2] a consigné dans un mémoire très important les résultats de ses expériences sur la sécrétion urinaire. Il a cherché le minimum de pression nécessaire pour que la sécrétion puisse encore s'effectuer. Il admet que, dans le cas où le sang n'est pas modifié par l'introduction de substances étrangères, ce minimum correspond chez un chien à environ 50 millimètres de mercure. Mais, *si l'on injecte de l'urée ou du chlorure de sodium*, quoique la pression soit au-dessous de 50 (entre autres l'expérience 3, page 211, où il y eut $1,08^{cc}$ d'urine par minute avec une pression de 40 millimètres), il y a cependant persistance de la sécrétion. Il admet que le curare ralentit la fonction rénale (p. 224), de telle sorte que, si l'on injecte ensuite de l'urée ou du chlorure de sodium, la sécrétion est moins abondante que sur l'animal non curarisé.

Falck[3] a injecté du chlorure de sodium dans le sang et a constaté que ce sel est éliminé par l'urine sans que ce liquide devienne sanguinolent ni sucré.

D'autres sels que le chlorure de sodium ont été étudiés dans leur action sur la sécrétion urinaire : ainsi les azotates de potassium et de sodium sont diurétiques et rapidement éliminés par les reins. Il en est de même pour les sels de manganèse et de magnésie lorsqu'ils sont pris à dose modérée[4].

---

1. *Leçons sur les liquides de l'organisme*, 1859, t. I, p. 32.
2. « Experimentelle Beitrâge zür Theorie der Harnabsonderung. » *Comptes rendus du Laboratoire de Leipzig*, 1870, p. 198.
3. « Ein Beitrag zur Physiologie des Chlornatriums. » *Virchow's Arch.*, t. LVI, p. 315 à 344.
4. Rabuteau, *Thèse inaugurale*, Paris, 1867, p. 73 et 92.

Kulz[1] observe que l'injection d'une solution salée, non seulement amène la polyurie, mais produit une sorte de diabète avec élimination d'inosite.

Le phosphate de soude se retrouve dans l'urine à l'état d'acide phosphorique, ainsi que Falck[2] l'a montré, sans indiquer cependant qu'il y a polyurie.

Ainsi on admet d'une façon générale que certaines substances salines, chlorure de sodium, azotates, etc., augmentent la quantité d'urine excrétée.

Relativement à la glycérine, de nombreux auteurs se sont occupés de la question. Ustimowitch[3] a montré qu'après l'injection veineuse de quantités, même minimes, de cette substance (2^{cc} pour un chien de moyenne taille), il y avait une augmentation notable dans la quantité d'urine excrétée. Luchsinger[4] avait noté déjà que l'injection sous-cutanée de glycérine produit l'hémoglobinurie. Enfin Plosz[5] a montré qu'après l'injection de glycérine, une partie de cette substance se retrouve dans l'urine à l'état d'aldéhyde glycérique $C^3H^6O^3$ (?).

Pour l'urée, outre les expériences de Ségalas et d'Ustimowitch, mentionnées précédemment, il faut noter celles de Rabuteau[6], qui n'a pu constater qu'une très faible augmentation de la quantité d'urine, en prenant par la voie digestive 5 grammes d'urée par jour.

---

1. « Ueber das Auftreten Von Inosit in Kaninchenharn. » *Centralblatt für med. Win.*, 1875, p. 932.

2. « Untersuchung ueber die Ausscheidung des durch Infusion in das Blut gebrachten phosphorsauren Natrons durch die Nieren. » *Virchow's Archiv.*, t. LIV, p. 173.

3. « Ueber die angebliche zuckerzersetzende Eigenschaft des Glycerin. » *Pflüger's Archiv.*, t. XIII, p. 455.

4. Luchsinger, « Experimentelle Hemmung einer Fermentwirkung des lebenden Thieres. » *Pflüger's Archiv.*, t. XI, p. 502.

Voyez aussi : Schwann. — Ueber die Art wie das Glycerin Hemoglobinurie macht. » *Eckhrad's Beiträge zur Anatomie u. Physiologie,* t. VIII, p. 165.

5. « Ueber die Wirkung und Umwandlung des Glycerins im thierischen Organismus. » *Pflüger's Archiv.*, t. XVI, p. 153.

6. Rabuteau, Note sur les effets physiologiques et l'élimination de l'urée introduite dans l'organisme. *Union médicale,* 1872, p. 841.

Feltz et Ritter[1], après avoir injecté de l'urée dans les veines, notent l'innocuité de cette substance, mais ne remarquent pas qu'il se produise de la polyurie.

Pour ce qui concerne les substances résineuses et les extraits actifs des plantes, on possède quelques données fournies par l'observation clinique et la thérapeutique, mais les expériences physiologiques font à peu près complètement défaut. On sait que la térébenthine, le goudron, le copahu, le santal, etc., sont diurétiques, mais le fait n'a pas été démontré par des expériences physiologiques.

Quant à l'alcool, on sait d'une part que les boissons alcooliques, telles que le vin blanc[2], la bière, etc., provoquent la polyurie, mais on ignore si cette action est due à l'alcool ou à l'eau ingérée en même temps que lui; on n'est même pas certain qu'il soit éliminé par les reins[3].

La scille, la digitale, ont été, de toute antiquité, considérées comme des diurétiques. On a fait beaucoup d'expériences pour savoir si la digitale agissait sur le rein directement, ou, au contraire, par l'intermédiaire du système nerveux. On ignore même si la digitaline est éliminée par le rein[4]. Ainsi, la question n'est pas résolue, et Lauder Brunton et H. Power[5] ont admis que le moment de la diurèse ne coïncide pas avec l'élévation maximum de la pression artérielle.

D'autres alcaloïdes[6] paraissent aussi augmenter la quantité

---

1. *Journal de l'anatomie et de la physiologie*, mai 1874, et *Comptes rendus de l'Académie des sciences*, t. LXXXVI, p. 976.

2. Hippocrate dit que le vin blanc est diurétique. (*OEuvres, Ed. Littré*, t. II, p. 334.) Un peu plus loin, il dit que l'eau n'est pas diurétique (*ibid.*, p. 360); nous rapprocherons cette opinion ancienne des expériences indiquées plus loin (§ III).

3. Austie, « Recherches sur l'élimination de l'alcool. » *Rev. des Sc. méd.*, t. V, p. 56.

Voyez Binz, « Die Auscheidung des Weingeistes durch Nieren und Lungen. *Arch. f. exp. Path. u. Pharm.*, 1877, février.

4. Bordier, « Revue critique de thérapeutique, » in *Journal de thérapeutique*, t. I, p. 142.

5. *Revue des Sciences médicales*, t. V, p. 53.

6. Wernich, *Centralblatt für die med. Wissenchaft*, 1873, p. 353.

d'urine excrétée : l'ergotine [1], l'aconit [2], la caféine et ses con-génères [3].

Les effets de l'injection d'eau ont donné des résultats diffé-rents suivant les expérimentateurs. Nous avons dit que Cl. BERNARD, injectant à un animal le tiers de son poids d'eau (330 grammes par kilogramme), a vu toutes les sécrétions se tarir, tandis que KIERULF avait cru constater de la polyurie. M. FALCK, de Marbourg, a fait, à diverses reprises, des expé-riences sur les injections d'eau, soit dans le système vascu-laire [4], soit dans le tissu cellulaire [5]. En injectant de l'eau distillée dans la veine, il a constaté que l'urine (obtenue par catéthérisme) augmentait de plus du double (de 16cc à 37cc). Il a vu l'hématurie se produire à la suite de l'introduction d'une quantité d'eau considérable dans le système vasculaire. En usant de la voie stomacale pour faire pénétrer l'eau dans l'organisme, il a vu que presque toute l'eau était éliminée par le rein, et qu'il y avait par conséquent polyurie. Il faut, selon lui, pour produire la mort chez le chien, injecter dans la veine 220 grammes d'eau tiède et distillée par kilogramme. En faisant absorber l'eau par le tissu cellulaire, il a vu *aug-menter* la quantité d'urine (p. 425), dans la proportion de 209,2 à 100. La densité de l'urine descendit dans un cas à 1 001.

M. PICOT [6] a fait des expériences analogues, et a constaté que l'injection d'eau à la dose de un trentième du poids du corps (soit 33 grammes par kilogramme) tue les lapins ; et, à la dose de 200 grammes par kilogramme, tue les chiens.

Il ne semble pas avoir observé l'effet produit sur la sécré-tion du rein.

1. HUNTER MACKENZIE, *The Practitioner*, janvier 1880, p. 1.
2. GUBLER, « Action diurétique de la caféine. *Rev. des Sc. méd.*, t. XV, p. 117.
3. LEWIS SHAPTER, *ibid*.
4. « Ein Beitrag zur Physiologie des Wassers. *Zeitschrift für Physiologie*. III, Heft, 1872.
5. « Welchen Einfluss übt die subcutane Injection von Wasser auf den thie-rischen Organismus. » *Pflüger's Archiv*, fasc. 8 et 9, t. XIX.
6. *Comptes rendus de l'Académie des Sciences*, juillet 1874.

Il résulte de cet ensemble d'expériences que l'on n'a aucune donnée précise relativement à l'influence des injections d'eau sur la sécrétion rénale.

En résumé, les seuls faits bien établis expérimentalement sont les suivants : l'urée (SÉGALAS), le chlorure de sodium (WÖHLER) et la glycérine (USTIMOWITCH) sont diurétiques et passent dans l'urine [1].

II

Procédé expérimental.

Nous dirons d'abord, en quelques mots, quels sont les procédés que nous avons mis en usage dans les expériences que nous rapportons.

Pour apprécier exactement les variations quantitatives de l'urine, il est indispensable de la recueillir au moment où elle s'écoule de chaque uretère. Le catéthérisme vésical est un procédé défectueux qui ne permet pas de saisir le moment précis où l'urine varie dans sa quantité. Au contraire, lorsqu'une canule est introduite dans l'uretère, on apprécie, à une seconde près, le moment où les gouttes s'écoulent en plus ou moins grande quantité. Aussi, dans toutes nos expériences, avons-nous cru nécessaire de placer une canule dans chaque uretère.

L'animal étant préalablement, soit anesthésié à l'aide du chloral seul, ou mieux encore, à l'aide d'un mélange de chloral et de morphine, soit immobilisé par le curare, on procède à l'ouverture de l'abdomen et à la recherche des uretères. L'opération peut se faire très vite et très facilement: on pra-

---

1. On trouvera l'exposé des théories actuelles relatives à la polyurie dans les thèses d'agrégation de M. LANCEREAUX : *De la Polyurie*, 1869; et LAURE : *De la Médication diurétique*, 1878; et dans le travail de M. MAIRET (*Montpellier médical*, 1879, p. 950).

tique une incision longitudinale de dix centimètres environ sur la paroi abdominale, immédiatement en avant des muscles vertébraux entre la dernière côte et l'os iliaque. Pour empêcher les hémorragies qui surviendraient à la suite de l'incision des muscles abdominaux, il est bon de ne couper que la peau avec le bistouri, et de procéder ensuite par *dilacération*. On arrive ainsi, presque sans écoulement de sang, jusqu'au péritoine. Le péritoine étant incisé, on écarte l'intestin et les replis mésentériques, de manière à avoir sous les yeux le péritoine pariétal prévertébral. Il est rare qu'on ne puisse pas alors apercevoir un cordon résistant, blanchâtre, qui fait presque saillie sous le péritoine. C'est l'uretère, qu'il suffit alors de soulever sur une aiguille courbe. La recherche de l'uretère devient très facile lorsqu'on a bien présents à l'esprit son aspect et sa couleur dans le tissu cellulaire sous-péritonéal. Néanmoins, ce n'est qu'après un grand nombre d'expériences que nous avons pu pratiquer rapidement et sans tâtonnements son isolement. On reconnaît qu'on a bien réellement l'uretère sur l'instrument, à la résistance élastique de ce cordon, et surtout à ce qu'il se laisse étirer et séparer facilement des parties voisines, sans entraîner avec lui des lambeaux de tissu, comme il arrive pour les artères ou les nerfs que l'on aurait saisis par erreur. Il faut alors l'attirer au dehors. Si l'uretère est volumineux, on peut le sectionner à la partie moyenne, et introduire dans sa lumière une canule d'argent. Si, au contraire, il est de petite dimension, il est bon, avant de le sectionner, de ne faire avec les ciseaux qu'une boutonnière latérale par laquelle on introduira plus facilement la canule. Cela fait, on dénude avec soin l'uretère, et on le lie sur la canule qu'il faut enfoncer jusqu'au bassinet.

Tout étant ainsi disposé à droite et à gauche, on fait la suture des parois abdominales, et au moyen d'un système de tubes élastiques et d'un tube de verre en T, on recueille la totalité du liquide qui s'écoule par les deux uretères. De cette manière, chaque goutte que fournit l'un des deux uretères détermine la chute d'une goutte d'urine par la branche descendante du tube en T.

Si on veut, dès le début de l'expérience, connaître la quantité d'urine excrétée, il faut avoir soin d'amorcer le système de tubes que l'on adapte aux canules urétérines. Si l'on ne prend pas cette précaution, il faut un temps relativement très long pour qu'il se remplisse, et qu'on ait un écoulement de liquide tombant goutte à goutte. Il est vrai que, si les tubes ont été amorcés, ce n'est pas de l'urine, mais de l'eau qui s'écoule au début ; mais peu importe au point de vue de l'appréciation de la polyurie, car cet écoulement d'eau répond exactement à la quantité d'urine sécrétée. D'ailleurs, au bout d'un quart d'heure environ, il n'y a plus que de l'urine dans les tubes.

On peut se demander si l'opération ne modifie pas les conditions normales de la fonction rénale. Nous avons vu constamment que l'incision du péritoine ou peut-être la ligature des uretères sur la canule, l'exposition de l'intestin à l'air, etc., en un mot, le traumatisme opératoire, ralentissait momentanément ou supprimait même l'écoulement de l'urine. Il s'agit là probablement d'une action réflexe.

On peut facilement compter le nombre de gouttes qui s'écoulent en une minute ou même en une demi-minute. La sensibilité de ce procédé est telle qu'après l'injection de sucre on peut déjà noter un commencement de polyurie au bout de 35 à 40 secondes.

D'ailleurs, en recueillant l'urine ainsi écoulée pendant des intervalles de temps égaux, toutes les dix minutes, par exemple, on peut apprécier très exactement les variations quantitatives de l'urine. On peut ainsi recueillir des quantités suffisantes pour connaître les variations de la quantité d'urée toutes les dix minutes.

Pour ce qui concerne les modifications qualitatives de l'urine, en la faisant tomber dans des réactifs convenables,

on voit, par le changement de coloration caractéristique ou
par la formation d'un précipité, le moment de l'élimination de
la substance expérimentée. Il est vrai que ce moment est un
peu retardé par suite du temps nécessaire au liquide pour
cheminer à travers le système de tubes. Il suit de là qu'il faut
les prendre aussi courts et aussi étroits que possible.

III

Effets des injections d'eau.

Lorsqu on a placé les deux canules dans les uretères, on
n'observe pas, tout d'abord, d'écoulement d'urine. En effet,
il semble que l'opération, ou la ligature de l'uretère sur la
canule, arrête momentanément la fonction du rein ; de sorte
qu'au début de l'expérience, il ne s'écoule presque pas d'u-
rine. CLAUDE BERNARD rapporte des faits analogues[1] relativement à la sécrétion du rein. D'ailleurs, nous n'insisterons pas
sur ce phénomène ; car il s'agit là, très probablement, d'une
de ces influences nerveuses dites *d'arrêt*, que nous n'avons
pas l'intention d'étudier.

Lorsqu'on a attendu quelque temps, de manière à laisser
la sécrétion se rétablir, on voit l'écoulement d'urine redevenir
régulier ; toutefois les gouttes d'urine ne s'écoulent pas à
des intervalles égaux. Il semble que, sous l'influence d'une
inspiration plus profonde ou d'une contraction des voies
excrétoires, ou peut-être encore d'une oscillation brusque de
la pression artérielle, l'urine s'écoule par saccades, donnant
plusieurs gouttes en quelques secondes, pour rester ensuite
longtemps stationnaire. Cependant, en se plaçant dans les

---

1. CLAUDE BERNARD, *Leçons sur les liquides de l'organisme*, t. II, p. 162.
« Chez un lapin, la mise à nu du rein gauche, au moyen d'une incision dans
la région lombaire, comme pour la néphrotomie, avait arrêté momentanément
la sécrétion urinaire. »

conditions normales, le nombre de gouttes qui s'écoulent par minute est, en somme, assez fixe. Chez les gros chiens, ce nombre est de trois à cinq par minute, chez les petits chiens, de deux à trois par minute. On peut donc, d'une manière générale, admettre le nombre de trois par minute comme exprimant la moyenne des gouttes d'urine excrétées par un chien dans les conditions normales de l'expérience, pendant une minute .

Or, si on injecte de petites quantités d'eau tiède, on ne constate pas d'abord de changement dans la sécrétion ; mais si l'on en injecte de grandes quantités, la sécrétion diminue beaucoup et finit par se tarir complètement.

Dans une expérience, nous avons injecté d'abord une petite quantité d'eau, puis des quantités croissantes. A aucun moment de l'expérience il ne s'est produit de diurèse ; bien plus, la sécrétion a fini par se tarir complètement, au point que nous n'étions pas assurés d'avoir bien adapté les canules aux uretères. L'autopsie nous démontra qu'il n'en était rien.

Il résulte de cette première expérience, d'abord, que l'eau, considérée comme dissolvant, pourvu qu'elle soit injectée en petite quantité (au-dessous de 40^{cc} environ) chez un chien, n'exerce aucune action sur la sécrétion de l'urine. Puisqu'en injectant 20^{cc} d'eau dans les veines, nous n'obtenons aucun effet appréciable, les effets que nous obtiendrons en injectant 20^{cc} d'eau sucrée seront évidemment dus au sucre et non à l'eau injectée.

D'ailleurs, au lieu d'injecter primitivement de l'eau, on peut, au préalable, rendre un chien polyurique, et alors injecter de l'eau dans ses veines et observer les effets de cette opération.

Ainsi (Exp. IX), tandis que l'injection de 40^{cc} d'une solution sucrée fit uriner à un chien 32^{cc} en dix minutes, l'injection de 80^{cc} d'eau distillée ne lui fit uriner que $9^{cc},5$ dans le même temps. Le rapport de la puissance diurétique de l'eau sucrée par rapport à l'eau a donc été comme 7 à 1. Sur le même chien, l'injection de 260^{cc} d'urine fit écouler 40^{cc} de liquide en dix minutes, tandis que l'injection de 25^{cc} d'une solution de chlorure de sodium lui fit excréter 51^{cc} d'urine en dix minutes.

Le résultat est donc bien net : l'injection d'eau ne provoque pas de sécrétion plus abondante.

D'ailleurs, d'autres expériences vont nous donner le même résultat.

On voit, dans l'expérience I, la polyurie provoquée par 30^{cc} d'une solution de sucre de canne (soit 22^{gr},5 de sucre) et qui s'était élevée à 54^{cc},5 en trente minutes (soit 1^{cc},8 par minute), tomber, après une injection de 30^{cc} d'eau, au chiffre de 18^{cc} en trente minutes (soit 0^{cc}6 par minute). Et plus loin, dans la même expérience, on voit encore la quantité d'urine qui, chez l'animal, alors fatigué par une expérience qui se prolongeait depuis 7 heures et demie déjà, avait atteint 50^{cc} en trente minutes à la suite d'une injection de 100^{cc} de la solution sucrée (soit 75 grammes de sucre) descendre brusquement, à la suite d'une injection de 150^{cc} d'eau, à 44^{cc},5 en trente minutes (soit 0^{cc},5 au lieu de 1^{cc}06 que l'on recueillait auparavant par minute), c'est-à-dire diminuer d'un tiers.

L'injection faite à un autre chien (Exp. II), de 20^{cc} d'une solution sucrée donna 1^{cc},02 d'urine par minute, alors que l'injection de 90^{cc} d'eau provoqua seulement l'urination de 0,06^{cc} par minute.

Si on commence l'expérience par l'injection d'eau, la sécrétion est tout à fait nulle, ou peu s'en faut. Un chien (Expérience XI) reçut dans ses veines 200^{cc} d'eau distillée tiède : en trois heures il ne sécréta que 14^{cc} d'urine ; cependant, dans les quinze minutes qui avaient précédé l'injection, il avait sécrété 15^{cc} d'urine. Plus tard, sous l'influence du chlorure de sodium et du sucre, on lui fit sécréter 5^{cc},8 par minute, c'est-à-dire, en 2 minutes et demie, autant de liquide qu'en 3 heures.

Pour rendre ces faits plus faciles à comprendre, nous pouvons les présenter sous la forme de tableau :

1° Urine normale. . . . . 1ᶜᶜ par minute.
  — après injection d'eau. . . . . . 0ᶜᶜ,08 —
  — après injection de sucre. . . . . 5ᶜᶜ,8 —

URINE RENDUE PAR MINUTE.

	Exp. I.	Exp. I.	Exp. I.	Exp. IX.	Exp. II.
2° Injection de sucre . .	1ᶜᶜ,8	4ᶜᶜ,3	1ᶜᶜ,06	2ᶜᶜ,09	1ᶜᶜ,37
Injection d'eau . . .	0ᶜᶜ,6	0ᶜᶜ,5	0ᶜᶜ,15	1ᶜᶜ	0ᶜᶜ,06

Un autre fait est à remarquer : c'est que l'urine qui s'écoule après les injections d'eau est sanguinolente et alors albumineuse. Au contraire, même après l'injection de doses considérables de sucre, jamais le sang ne passe dans l'urine, tandis qu'il suffit d'une dose relativement minime, soit 200 grammes d'eau (20 grammes par kilogramme), pour provoquer cette hématurie.

Le fait avait été noté par MAGENDIE; il avait vu, dit CLAUDE BERNARD [1], l'albumine passer dans les urines toutes les fois qu'on injecte dans le sang une certaine quantité d'eau. « Dans ces conditions, l'urine devient albumineuse et même sanguinolente..... Il faut admettre là une action particulière de l'eau sur les éléments du sang, qui, sans doute, doivent garder entre eux des rapports de quantité tels qu'on ne peut les faire varier, sans que ce liquide s'altère et change de nature. »

D'autres expérimentateurs, KIERULF, FALCK et PICOT, ont aussi vu l'hématurie se produire; mais ils n'ont pas observé l'anurie consécutive à l'injection d'eau, et, même, FALCK et KIERULF ont cru pouvoir noter de la polyurie.

En réalité, ce n'est pas seulement sur le rein que l'injection d'eau a un effet tout différent de l'injection de sucre; avec l'intestin, le résultat est identique : l'expérience suivante en est la preuve :

Ayant mis à nu l'intestin et placé un tube dans chaque bout

1. *Leçons sur les liquides de l'organisme*, t. II, p. 139.

de cet organe sectionné, nous ne vîmes aucun écoulement de liquide se produire, bien que nous eussions injecté 1,050^{cc} d'eau distillée; au contraire, il y eut une production abondante de liquide après l'introduction, dans les veines du même animal, de 216^{cc} d'une solution de sucre concentrée.

A quoi faut-il attribuer ces phénomènes d'arrêt sécrétoire provoqués par les injections d'eau ? On pourrait supposer qu'il s'agit là d'une modification des éléments du rein ou de l'intestin, telle que ces organes, altérés dans leur structure, soient troublés dans leurs fonctions. Il n'en est rien cependant; car l'expérience IV nous montre que l'injection de la solution sucrée a pu provoquer l'écoulement d'un liquide intestinal abondant, malgré l'introduction préalable de 1,050^{cc} d'eau distillée dans le système veineux. De même pour le rein : les expériences I, II et IX montrent nettement la possibilité du rétablissement de la fonction rénale par le fait de l'introduction d'une solution de sucre, par exemple, dans le système circulatoire, alors que la sécrétion urinaire avait été presque tarie par une ou plusieurs injections d'eau distillée.

Pour ce qui concerne l'hématurie, il faut en revenir à l'opinion de Claude Bernard, qui voit dans ce phénomène la conséquence d'une lésion des globules et du plasma du sang [1].

Quant à l'anurie consécutive aux injections aqueuses, nous en connaîtrons mieux la cause lorsque nous aurons exposé l'action des diverses substances sur la fonction du rein.

En résumé, nos expériences nous montrent que :

1° L'injection [2] d'eau à petites doses n'agit pas sur la sécré-

---

1. M. MAIRET a trouvé que le sang des individus qui ont absorbé par la voie digestive des quantités notables d'eau présente des altérations globulaires : les globules sont déformés et crénelés. (*Montpellier médical*, 1879.)

2. Nous ne parlons ici que de l'*injection intra-veineuse*, et non de l'*ingestion stomacale*; nous ne confondons pas des expériences qui consistent à faire passer de l'eau distillée dans une veine, avec l'introduction dans l'estomac de boissons abondantes, fussent-elles aqueuses, lesquelles ont toujours produit et produi-

tion urinaire : à doses moyennes (de 5 à 20 grammes par kilo-gramme de l'animal), elle ralentit la sécrétion ; à doses plus fortes (au-dessus de 30 grammes par kilogramme), elle arrête cette sécrétion ;

2° La sécrétion peut être rétablie par le sucre et les autres substances diurétiques ;

3° L'urine est sanguinolente et albumineuse après les in-jections d'eau ;

4° Les sécrétions intestinales, très abondantes après l'injec-tion de sucre, n'augmentent pas après les injections d'eau.

IV

Injections de sucre.

Des expériences antérieures nous avaient montré que l'in-jection intra-veineuse de quantités notables de lait provoque une polyurie abondante. Nous avons pensé alors que l'injec-tion de sucre (lequel existe en quantité notable dans le lait, soit 40 grammes par litre) pourrait peut-être produire les mêmes effets, et l'expérience confirma nos prévisions.

Sur des chiens, opérés comme nous l'avons dit plus haut, si l'on introduit dans la veine une petite quantité de sucre, aussitôt on voit l'urine s'écouler avec abondance. Ainsi (Exp. III), avant l'injection de sucre, on ne peut recueillir en 50 minutes que quelques gouttes d'urine, tandis que, après l'injection de 10^{cc} d'une solution concentrée de sucre de canne, on obtient un écoulement de 12 gouttes par minute.

Cette urine est limpide, non sanguinolente, non albumi-neuse, beaucoup moins fortement colorée que l'urine normale;

ront toujours de la polyurie. Cette distinction pourrait paraître superflue, si elle n'avait échappé à un rédacteur du *Montpellier médical* (1886).

elle est même d'autant plus incolore que la polyurie est plus abondante. Elle contient toujours de très grandes quantités de sucre. A mesure que l'on injecte des doses plus fortes, la quantité d'urine augmente rapidement, au point qu'il devient pour ainsi dire impossible de compter le nombre des gouttes qui s'écoulent par minute (nous avons compté une fois 150 gouttes par minute). Pour toutes ces numérations de gouttes et de quantité d'urine s'écoulant dans un temps donné, nous renvoyons aux expériences placées à la fin de ce travail. Disons seulement que la polyurie, après les injections de sucre, est, dans quelques cas, telle, que, si l'on représente par 1 la quantité d'urine normale, la quantité d'urine sucrée éliminée dans le même espace de temps peut être représentée par 40.

Nous nous sommes demandés s'il existe un rapport entre le volume du liquide injecté et le volume du liquide sécrété. Il est facile de voir, dans l'expérience I, par exemple, que le volume du liquide sécrété dépasse de beaucoup celui du liquide injecté, déduction faite du chiffre normal de l'excrétion urinaire pendant ce temps. Ainsi, un chien, en une demi-heure, avait éliminé 14^{cc} d'urine; on lui fait une injection de 19^{cc} d'une solution sucrée dans la demi-heure qui suit : il sécrète 54^{cc} d'urine, ce qui représente, déduction faite du liquide normalement sécrété, quatre fois le volume du liquide injecté. Il s'ensuit que, sous l'influence de l'excrétion rénale exagérée, il se fait une véritable déshydratation du sang. Cette déshydratation explique la soif intense manifestée par les animaux à qui on a fait seulement une injection intra-veineuse de sucre.

Nous avons aussi cherché les relations qui pouvaient exister entre la quantité de l'urine et celle de l'urée excrétée à la suite d'injections intra-veineuses de sucre interverti. A mesure que l'urine est plus abondante, elle contient, par litre, une quantité beaucoup moins grande d'urée; mais cette diminution est compensée et au delà par l'augmentation de la sécrétion urinaire. En rapportant le chiffre de l'urée à 1 kilogramme du poids de l'animal par 24 heures, nous avons obtenu les chiffres suivants :

	EXPÉRIENCES.		
	I	II	III
Avant l'injection (moyenne). . . .	0,42	0,45	0,22
Après injection de sucre (moyenne).	1,74	0,81	0,90
Après la première injection. . . .	0,63	0,63	0,68
Après la deuxième injection. . . .	1,06	0,85	0,47
Après la troisième injection. . . .	2,45	0,07	0,95
Après la quatrième injection. . . .	2,14	0,78	0,20
Après la cinquième injection. . . .	2,40	»	1,20

Ainsi la quantité totale d'urée excrétée augmente en même temps que l'eau éliminée par le rein avec le sucre. Ce fait démontre que la glycosurie, l'azoturie et la polyurie sont trois phénomènes simultanés dépendant tous les trois d'une même condition physiologique, à savoir la glycémie.

Pour le sucre comme pour les autres substances (ainsi que nous le verrons plus loin), le moment de la polyurie coïncide avec celui de l'élimination par le rein.

Lorsque l'expérience a duré longtemps, et que la quantité d'urine excrétée a été considérable, les nouvelles injections de sucre ne déterminent plus qu'une polyurie très passagère, et la sécrétion diminue promptement.

Ainsi la sécrétion urinaire qui, à la suite d'injections successives de quantités variables d'une solution sucrée, avait atteint à différents instants, et par minute, 0,56 | 1,8 | 1,43 | 3 | 4,3, tomba, une demi-heure après la sixième injection, à 0,6 par minute.

Par conséquent, la déshydratation du sang atteint bientôt certaines limites qu'elle ne peut plus dépasser, et l'introduction de nouvelles quantités de sucre demeure alors sans action.

Toutefois, au début des expériences, l'écoulement est assez régulier et persiste assez longtemps pour permettre d'entreprendre avec avantage des recherches sur les modifications quelconques de la fonction du rein. Si l'on injecte dans le sang une autre substance, l'écoulement de l'urine, plus rapide qu'à l'état normal, peut être diminué ou accru. L'expérimentateur verra plus vite et plus nettement cette diminution ou cet accroissement se produire s'il a au préalable injecté un peu de sucre, et provoqué de la sorte une légère polyurie. Nous avons souvent dû employer cet artifice pour constater facilement que l'eau arrête la sécrétion, ou que la glycérine l'augmente. Cette polyurie préalable ne doit être considérée que comme un moyen d'investigation plus commode, ne modifiant qu'à peine les conditions physiologiques de l'organisme. Peut-être même y aurait-il intérêt à étudier par cette méthode l'influence des nerfs sur la sécrétion de l'urine.

Un point important que nous n'avons pas abordé, c'est l'influence que cette polyurie provoquée doit exercer sur l'élimination plus rapide des poisons par l'urine.

Les différents sucres : sucre de canne, sucre de canne interverti, glycose, lactose, sont à peu près également tous diurétiques. La dextrine est peut-être moins diurétique que les sucres proprement dits (Exp. XV); cependant son action est analogue; la sécrétion qui était nulle avant l'injection s'éleva à 1,66 après l'injection de 18 grammes d'une solution de dextrine. L'urine contenait de la dextrine, reconnaissable au précipité abondant formé par l'addition d'alcool à l'urine, précipité facilement redissous dans un excès d'eau.

Tels sont les principaux résultats des injections de sucre au point de vue de la fonction rénale. Il y a encore d'autres effets portant sur les diverses fonctions de l'organisme, qui sont intéressants à étudier, d'autant plus que l'attention des expérimentateurs ne s'est pas arrêtée sur cette question.

Si l'injection est faite trop rapidement, la mort peut survenir, comme nous l'avons vu dans un cas, dès le début de l'expérience. Probablement c'est un arrêt du cœur par suite de la substitution d'un liquide presque inerte au sang oxygéné.

Mais si l'on procède avec une lenteur suffisante, on n'observe d'abord aucun accident. A mesure que la quantité de sucre injecté dans le sang est plus grande, on voit la sensibilité de l'animal diminuer. Dans nos expériences, qui se prolongeaient souvent pendant sept heures, la narcotisation de l'animal n'était nécessaire qu'au début (Exp. III). Le chloral et la morphine semblaient continuer indéfiniment leurs effets. En réalité, l'immobilité et l'insensibilité toujours croissantes de l'animal ne peuvent s'expliquer que si l'on admet une certaine influence du sang sucré sur le système nerveux central. La pression artérielle baisse, et, au lieu de se défendre, l'animal reste immobile, plongé dans une sorte de coma.

Ainsi, dans cette même expérience, le chien, ayant reçu à heures la dernière injection sous-cutanée de chlorhydrate de morphine nécesaire pour produire la narcotisation, semblait plus narcotisé à 6 heures qu'à 4 heures, après injection de 900^{cc} d'une solution concentrée de sucre de canne.

Quoique l'insensibilité fût complète à ce point que les réflexes oculaires étaient nuls, nous avons pu, par l'excitation tactile du museau répétée plusieurs fois, provoquer une attaque convulsive épileptiforme. Sur d'autres chiens nous avons obtenu des contractures. Ces phénomènes, joints à l'abaissement de température, à l'adynamie générale et à l'impuissance musculaire, établissent une certaine analogie entre les effets secondaires des hémorragies abondantes et les effets des injections de quantités considérables de sucre. En injectant de grandes quantités de lait, nous avions déjà observé des symptômes très analogues.

La sécrétion biliaire et la sécrétion salivaire ne paraissent pas sensiblement modifiées ; nous n'avons pas constaté d'augmentation de ces liquides ; tout au contraire, il y a eu un accroissement notable de la secrétion intestinale : cette production exagérée se traduit par une diarrhée abondante, et, à l'autopsie des animaux, nous avons pu recueillir dans l'intestin une quantité considérable de liquide contenant toujours du sucre en grande proportion. Nous avons même tenté l'expérience de façon à recueillir, par une fistule intestinale, le liquide sucré excrété par l'intestin (Exp. IV). Nous avons vu un liquide visqueux, transparent et très abondant s'écouler par les tubes placés dans les deux bouts de l'anse intestinale. Avant que l'injection sucrée ne fût faite dans la veine, c'est à peine si l'on voyait quelques gouttes de mucus. Cependant il se produisait un tympanisme facilement appréciable et un épanchement ascitique fut constaté à l'autopsie.

Lorsque la solution est concentrée, le passage de l'intestin au système circulatoire est rendu très difficile. Ainsi (Exp. V), après avoir injecté directement dans le duodénum et l'estomac 1 900 grammes de sucre dissous dans la moitié de son poids d'eau, c'est à peine si nous pûmes constater au bout de deux heures de la polyurie. Quant au volume du liquide contenu dans l'estomac et le duodénum, il était resté à peu près le même au bout de deux heures.

Ces deux faits rapprochés l'un de l'autre paraissent montrer une différence entre l'osmose qui se fait du système circulatoire à l'intestin et l'osmose qui se fait de l'intestin au système circulatoire. Quoi qu'il en soit, il est certain que, si le sang est chargé de sucre, ce sucre tend à exsuder par les parois de l'intestin, de même que, chez les urémiques, l'urée s'élimine par la muqueuse gastro-intestinale. On ne peut attribuer cette influence à l'eau injectée en même temps que le sucre : c'est le sucre qui est en cause ; en effet, après l'injection d'eau, nulle sécrétion intestinale (ou péritonéale) ne se produit. Quant à la dextrine, elle agit comme le sucre, et passe dans l'intestin et dans l'estomac (Exp. VII).

Le liquide intestinal recueilli dans ces conditions est légèrement coloré en jaune et ne précipite que très faiblement par l'acide nitrique : il ne contient donc que peu de bile et peu d'albumine ; en revanche, il renferme beaucoup de sucre.

L'autopsie des animaux morts à la suite d'injection de

quantités énormes de sucre ne donne que peu de renseignements : les reins sont volumineux, mais pâles et comme lavés; le foie et les poumons sont congestionnés; le sang, quelle que soit la quantité de sucre qu'il contient, est coagulable. Une altération presque constante, c'est la présence dans les ventricules, sous l'endocarde, d'ecchymoses punctiformes qui semblent se localiser de préférence au niveau de l'insertion des muscles papillaires du cœur gauche.

En résumé, nous avons constaté les faits suivants :

1° L'injection de sucre à dose faible (1 gramme par kilogramme de l'animal) provoque une polyurie manifeste en même temps que la glycosurie;

2° L'urine n'est ni sanguinolente, ni albumineuse ;

3° Elle contient moins d'urée par litre, mais, la quantité d'urine éliminée étant plus considérable, il y a en somme une élimination d'urée supérieure à la normale.

4° A dose forte de sucre, la polyurie devient très intense;

5° Le sucre et la dextrine s'éliminent en partie par l'intestin, et l'animal meurt avec des phénomènes d'anémie bulbaire.

V

Injections de gomme.

Les gommes, qui, par leur composition chimique, se rapprochent du sucre, ont cependant une action physiologique tout à fait différente. En effet, si on injecte dans la veine une solution concentrée de gomme, la sécrétion urinaire diminue d'abord, puis se tarit. Dans une petite quantité d'urine sécrétée pendant la première période, on peut, par l'alcool, déceler des traces de gomme. Sur un chien rendu polyurique par des injections de sucre, on arrête la polyurie par des injections de gomme. Il y a donc antagonisme entre ces deux substances ; et cette différence tient à ce que la gomme ne peut pas filtrer à travers le rein, au lieu que le sucre passe avec une extrême facilité. Il est intéressant de constater que la diminution, et même l'arrêt de la sécrétion d'urine, provoqués par la gomme, surviennent malgré une énorme élévation de la pression artérielle ; tandis que la polyurie provoquée par le sucre se produit sans augmentation de pression, et souvent même persiste malgré un abaissement de la pression au-dessous de la normale.

De même avec le chlorure de sodium (Exp. VIII), il y avait avant l'expérience 3 gouttes par minute et une pression de 14 centimètres de Hg ; après l'injection, et alors que la pression était seulement de 8 centimètres de Hg, il y eut 40 gouttes par minute.

VI

Effets des injections de différentes substances (glycérine, urée, urine, sels de sodium et de potassium).

Glycérine. — La fonction chimique de la glycérine étant analogue à celle des alcools et des sucres, nous avons voulu expérimenter avec cette substance. Nous avons injecté dans la veine de petites quantités de glycérine, et nous avons vu, comme M. Ustimowitch, qu'il se produit alors une sécrétion urinaire très abondante. L'injection de 11^{cc} de glycérine fit couler 32 gouttes d'urine par minute (Exp. VI). Avec une dose plus forte, nous eûmes un écoulement plus abondant, allant jusqu'à 65 gouttes et 9^{cc} par minute. Enfin se produisirent les phénomènes décrits par MM. Dujardin-Beaumetz et Audigé sous le nom de glycérisme aigu. L'urine recueillie, évaporée à presque siccité, et reprise par un mélange d'alcool et d'éther, cède au liquide éthéré une substance qui, après évaporation du dissolvant, se présente sous la forme d'un liquide sirupeux, jaunâtre, sucré, et se dissolvant en toute proportion dans l'eau ou dans l'alcool.

Par conséquent, il y a simultanément polyurie et élimination de la substance injectée.

Urée. — L'urée, comme Ségalas l'avait montré le premier, est diurétique. Nous avons constaté (Exp. XIII), après injection de 15 grammes d'urée, un écoulement d'urine qui de $0^{cc},24$ est monté à $1,3$, presque six fois la quantité d'urine primitive. L'élimination d'urée en 7 heures a représenté environ le quart de la quantité d'urée injectée.

L'urine, après injection d'une solution d'urée, ne devient ni sanguinolente ni albumineuse, alors que l'injection d'une même quantité d'eau produit aussitôt de l'hématurie.

Nous avons pu souvent constater, comme beaucoup d'auteurs l'ont déjà montré, l'absence d'accidents et de convulsions après les injections d'urée.

Urine. — On peut remplacer la solution d'urée par de l'urine, c'est-à-dire une solution d'urée et de sels assez diluée, et on voit également l'urine couler en très grande abondance (Exp. IX). L'injection de 260 grammes d'urine provoqua de la polyurie (4^{cc} par minute), alors que l'injection de 216 grammes d'eau fit tomber cette polyurie à $2^{cc},1$.

Chlorure de sodium. — Introduite dans le système veineux, cette substance provoque une diurèse abondante. Ainsi, dans un cas (Exp. X), il y eut, après plusieurs injections de ce sel, excrétion de 3^{cc} d'urine par minute, alors que, avant l'expérience, cette quantité n'était que de $0^{cc},1$.

Pour voir se manifester un effet diurétique, il suffit d'une très petite quantité : ainsi (Exp. X), à la dose extrêmement faible de 4 centigrammes par kilo de l'animal, il s'est produit un effet diurétique marqué ; et, à la dose de 8 centigrammes, la sécrétion urinaire s'est accrue, au moins pendant quelque temps, dans la proportion de 0,1 à 1,0.

Dans cette expérience, la quantité d'eau nécessaire pour dissoudre le sel était aussi minime que possible, et n'a pu exercer aucune influence ; on voit, d'ailleurs, en lisant la suite de cette même expérience, que, en injectant une beaucoup plus forte proportion d'eau chargée d'une quantité double de sel, la diurèse est à peine plus notable qu'auparavant.

Il est donc relativement peu important que le sel injecté soit dissous dans une quantité d'eau considérable ou minime : la diurèse ne semble dépendre que de la quantité de chlorure de sodium injectée. C'est là un phénomène que nous avons également constaté avec les injections de sucre.

En analysant les résultats de cette expérience, on voit que le sucre produit beaucoup plus facilement la diurèse que le chlorure de sodium, et que 1 050 grammes d'eau contenant 15 grammes de chlorure de sodium sont beaucoup moins actifs que 120 grammes d'une solution de sucre concentrée. La diurèse, dans le premier cas, était de 1,4 environ ; elle s'est élevée à 9,5, après les injections de sucre. Il est remarquable que, malgré la présence dans le sang d'un excès de chlorure de sodium et de sucre, l'injection d'eau distillée a arrêté subitement la polyurie : en 5 minutes, la sécrétion est tombée de 8,5 à 0,5 par minute.

Dans un autre cas (Exp. VII), nous avons simultanément apprécié, par l'hémodynamomètre, la pression du sang, et, par le procédé déjà indiqué, l'abondance plus ou moins marquée de la diurèse. Avant l'expérience, la pression est de 14 ; et il y a 1^{cc},34 d'urine par minute. Au bout de 40 minutes, la pression est de 8, et il y a 2^{cc},1 d'urine par minute.

L'urine, après les injections de sel marin, n'est pas, comme après les injections d'urée et de sucre, limpide et transparente : tout au contraire, elle est, comme après les injections d'eau, sanguinolente et par conséquent albumineuse.

Cette albuminurie peut être arrêtée très rapidement par l'injection de sucre, qui augmente la diurèse et rend l'urine incolore et non albumineuse ; après cet arrêt, elle peut être provoquée de nouveau par l'injection de sel.

Y a-t-il une relation entre le moment précis de la diurèse, et l'apparition du diurétique dans l'urine ? Il nous avait semblé que. pour le sucre, cette relation existait ; mais cette constatation est difficile pour le chlorure de sodium et l'urée, qui sont des éléments normaux de l'urine. Nous avons donc cherché à constater cette coïncidence avec des substances qui passent dans l'urine, et dont la présence, dans ce liquide, est facile à déceler. Nous avons vu, d'une part, que les substances qui passent dans l'urine sont diurétiques, et, de l'autre, que cette diurèse coïncide précisément avec l'élimination de ces substances.

Ferrocyanure de potassium. — Ainsi (Exp. IX), on recueillait l'urine dans un récipient contenant une petite quantité de perchlorure de fer, de manière à apprécier le moment exact où le ferrocyanure de potassium apparaîtrait dans le liquide urinaire. Nous l'avons vu apparaître au bout de 6 minutes, et le nombre des gouttes, qui, jusque-là, avait été, par minute, de 4, 5, 8, 5, 8, s'est élevé à 13, 8, 16, 11, 12. 13, 24, etc. Par conséquent, le ferrocyanure de potassium a provoqué de la polyurie ; il a été éliminé par l'urine, et, enfin, l'élimination et la polyurie ont coïncidé. Dans l'expérience XII, le résultat a été plus net encore.

Phosphate de soude. — Mêmes résultats avec le phosphate de soude (Exp. XI). Nous avons vu le phosphate de soude apparaître (dans un récipient contenant de l'eau de chaux), au bout de 4 minutes. Le nombre des gouttes, qui avait été de 37, 34, 38, 37 (polyurie provoquée par une injection antérieure de sucre), s'est élevé après l'injection de phosphate de soude, à 20 [1], 35, 41, 66, 68, 61, 62.

Iodure de sodium. — Même résultat encore avec l'iodure de sodium. Ainsi (Exp. XII), le nombre de gouttes par minute, étant avant l'expérience de 3,3, fut, après l'injection de 2 grammes d'iodure de sodium, de 1, 7, 14, 13. C'est à ce moment que nous pûmes constater la présence de l'iode par l'amidon et l'acide sulfurique.

VII

Conclusions

Les faits que nous venons d'exposer sont sans doute d'une lecture très aride ; cependant il est possible d'en déduire quelques considérations relatives à la physiologie générale.

Dans toute sécrétion, trois conditions dominent le phénomène :

La pression vasculaire ;

La composition du sang ;

L'innervation de la glande.

Or, pour la sécrétion rénale, on ne connaît presque pas en quoi consiste l'influence des nerfs glandulaires.

Il a été démontré par Ludwig et ses élèves que l'augmentation de la pression augmente la sécrétion de l'urine, et que la diminution de pression la diminue. Ce fait incontestable n'est exact que si la composition du sang demeure identique : en effet, malgré des pressions très basses, on peut obtenir de la polyurie en changeant la composition du sang.

Ce que nous avons cherché à étudier, c'est précisément

---

1. Il est à remarquer que, dans la minute pendant laquelle on fait une injection intra-veineuse, il y a toujours un certain ralentissement de la sécrétion urinaire. C'est le fait de toutes les excitations sensibles, externes ou internes.

cette influence que les changements de composition du sang exercent sur la fonction du rein. Nous avons ainsi constaté plusieurs faits, dont le principal est le suivant : les sucres, la glycérine, les sels, lorsqu'ils sont en excès dans le sang, augmentent la sécrétion urinaire ; au contraire, l'eau arrête la sécrétion.

Cette différence d'action tient probablement à une différence de concentration de substances solides contenues dans le sang. Pour prendre un exemple, si on injecte dans le sang du NaCl, on augmente la teneur du sang en chlorure de sodium ; si, au contraire, on injecte de l'eau, on diminue la proportion du chlorure de sodium dans le sang. Or le chlorure de sodium ne pourra être éliminé que s'il parvient au chiffre atteint dans le sang normal. On peut donc admettre comme très vraisemblable que, s'il y a diurèse dans le premier cas, celle-ci est due à un excès de NaCl dans le sang, et que, s'il y a anurie dans le second cas, elle tient à la pauvreté relative du sang en chlorure de sodium. De même, CLAUDE BERNARD a montré que la glycose n'était éliminée par le rein que si elle dépassait dans le sang la dose de 3 grammes pour 1000.

Mais cette élimination de sel ne peut se faire toute seule. Il faut que le sel entraîne avec lui une certaine quantité d'eau. Du chlorure de sodium ou du sucre injectés en solution très concentrée ne peuvent être éliminés, par suite des propriétés physiques des membranes, qu'en solution plus ou moins diluée : de là la polyurie.

A posteriori, ces considérations sont confirmées par ces deux faits : 1° toute substance saline ou sucrée introduite dans le sang provoque de la polyurie (à condition que cette substance soit une de celles que le rein peut éliminer) ; 2° cette polyurie coïncide avec le moment de l'élimination.

On voit par là que les diurétiques véritablement physiologiques sont les substances déjà contenues dans l'urine : glycose, urée, phosphates, chlorures. Beaucoup d'autres substances qui n'existent pas normalement dans le sang, mais qui sont éliminées par les reins, peuvent être considérées comme diurétiques : glycérine, sucre de canne, ferrocyanure de potassium, etc.

Ainsi, il n'y a élimination de l'eau contenue dans le sang qu'à la faveur des substances qui y sont contenues en même temps qu'elle. Que la proportion de ces substances augmente, et la polyurie apparaîtra.

La polyurie, lorsqu'elle est provoquée par un changement de composition du sang, reconnaît donc pour cause la présence dans le sang de substances que le rein doit éliminer, élimination qui ne peut se faire qu'en entraînant une certaine quantité d'eau.

Que si l'on augmente les matières solides, aussitôt l'excès de celles-ci sera filtré par le rein, comme si la fonction de cet organe était de préserver le sang d'une concentration exagérée. Inversement, si la quantité d'eau augmente dans le sang (ou si les matières solides diminuent, ce qui revient au même), la filtration cesse.

On pourrait par suite envisager le rein comme destiné, non pas tant à *éliminer* qu'à *conserver* l'eau du sang; son rôle consisterait à maintenir moins la concentration des matières solides du sang, que leur dilution.

De plus, il y a un équilibre qui tend à s'établir constamment entre le sang et l'urine à travers le parenchyme rénal, de sorte que, si l'urine est très aqueuse, mais très abondante, elle entraînera finalement une plus grande quantité de matières solides que si elle est peu abondante, quoique très concentrée.

Supposons, pour expliquer ceci, que l'urée doive se trouver dans l'urine et dans le sang en quantités proportionnelles constantes, que, par exemple, l'urine contienne normalement 20 grammes d'urée par litre, et le sang 2 grammes. On pourra, par suite de cette relation, connaissant la quantité d'urée contenue dans un litre d'urine, prévoir la quantité d'urée contenue dans un litre de sang. Mais, si, brusquement, par suite de causes étrangères, telles que la glycémie expérimentale, par exemple, l'urine devient très aqueuse, c'est-à-dire moins riche en urée par unité de volume, alors le sang tendra lui aussi à devenir finalement moins riche en urée par unité de volume, et une plus grande quantité d'urée sera éliminée par l'urine devenue très aqueuse et très abondante. C'est ainsi que la dilution plus grande de l'urée dans l'urine suit la dilution plus grande de l'urée dans le sang. C'est ainsi que la polyurie entraîne l'azoturie.

Peut-être sera-t-il permis d'appliquer au fonctionnement normal du rein les données relatives à la polyurie.

Nous avons vu que les sucres et les sels entraînent par leur élimination une certaine quantité d'eau, tandis que l'eau pure ne peut être éliminée. On peut alors se demander si, à l'état normal, l'élimination de l'eau de l'urine n'est pas due à la filtration des sels. Il en est probablement ainsi à l'état normal, et la densité de l'urine ne tombe guère au-dessous de 1010; de telle sorte que, de même qu'on admet un minimum de pression nécessaire pour la sécrétion urinaire, de même il semble exister un minimum de densité de l'urine.

Ces considérations ne sauraient s'appliquer à l'état pathologique. On a constaté, dans certains cas de diabète insipide, des densités de 1007, 1005 et même 1002. Mais ici l'innervation de la glande et la pression du sang sont sans doute profondément modifiées.

En résumé, le rein doit être considéré comme le régulateur de la concentration du sang. Par conséquent la polyurie résulte de la concentration trop grande d'une substance dialysable dans le sang, réserve faite des conditions de pression et d'innervation.

EXPÉRIENCES.

EXPÉRIENCE I. — 1er *juillet* 1879.

Chien narcotisé avec le chloral et la morphine.

Avant l'expérience, l'urine ne contient pas de sucre ; elle est limpide. Urée, 19 grammes par litre.

h. m. h. m. Urine en cc.		Urée en 24 h. par lit. et par kil.	
		totale. gr.	par minute. gr.
De 10,00 à 11,30	19,0 soit $0^{cc},2$ par min.	21,0	0,33
— 11,30 à 12,00	11,5 — 0 ,38 —	19,0	0,52
— 12,00 à 12,30	9,5 — 0 ,31 —	18,5	0,42
— 12,30 à 1,00	14,0 — 0 ,46 —	16,6	0,55
— 1,00 à 1,30	17,0 — 0 .56 — Injection de 10cc d'une solution contenant 750gr de sucre de canne par litre.	15,4	0,63
— 1,30 à 2,00	54,5 — 1 ,8 — Injection de 20cc de la solution.	6,3	0,85
— 2,00 à 2,30	18,0 — 0 ,6 — Injection de 30cc d'eau.	7,0	0,30
— 2,30 à 3,00	90,0 — 3 ,00 — Injection de 40cc de la solution sucrée.	4,6	0,97
— 3,00 à 3,30	43,0 — 1 ,43 —	4,4	0,47
— 3,30 à 4,00	14,0 — 0 ,46 — Injection de 50cc d'eau.	7,0	0,24
— 4,00 à 4,30	130,0 — 4 ,3 — Injection de 50cc de la solution sucrée.	2,5	0,78
— 4,30 à 5,00	48,0 — 1 ,6 —	3,0	0,35
— 5,00 à 5,30	11,0 — 0 ,36 —	4,5	0,12
— 5,30 à 6,00	50,0 — 1 ,06 — Injection de 100cc de la solution sucrée.	2,5	0,12
— 6,00 à 6,30	18,0 — 0 ,6 —	2,0	0,08
— 6,30 à 7,00	4,5 — 0 ,15 — Injection de 150cc d'eau.	2,0	0,02
— 7,00 à 7,30	0,8 — 0 ,02 — Injection de 100cc de la solution sucrée.		

Le pouls est très faible, intermittent ; l'animal meurt.

Expérience II. — 24 juillet 1879.

Chien de 6 kilogrammes, narcotisé par 2^{gr},25 de chloral et 0^{gr},02 de morphine.

Dans l'urine qui s'écoule avant l'injection, il n'y a pas de sucre; on recueille en deux heures 5^{cc} d'urine.

h. m.	h. m.	Urine en cc.	Urée par litre.	
De 10,00 à 12,00		5,0 soit 0^{cc},04 par min.	22^{cc},00	
— 12,00 à 1,00		13,0 — 0 ,22 —	13 ,00	Injection à 12^h,30 de 6^{gr} de sucre interverti.
Avant l'injection : gouttes par minute. . .			3	
—	—	. . .	5	
—	—	. . .	7	Minute de l'injection.
—	—	. . .	18	
—	—	. . .	30	
—	—	. . .	30	
—	—	. . .	30	
			25 minutes après.	
—	—	. . .	16	
			10 minutes après.	
—	—	. . .	14	
—	—	. . .	10	
—	—	. . .	12	
—	—	. . .	7	
—	—	. . .	12	Injection de 18^{gr} de sucre interverti
—	—	. . .	36	
—	—	. . .	25	
—	—	. . .	38	
—	—	. . .	30	
—	—	. . .	33	
—	—	. . .	41	
—	—	. . .	37	
—	—	. . .	29	
—	—	. . .	26	
—	—	. . .	25	
—	—	. . .	24	
—	—	. . .	24	

h. m.	h. m.	Urine en cc.	Urée par litre.	
De 1,30 à 2,00		27,0 soit 0^{cc},9 par min.	4^{cc},24	
— 2,00 à 2,30		37,0 — 1 ,02 —	3 ,18	Injection de 18^{gr} de sucre interverti.

h. m.	h. m.	Urine en cc.		Urée par litre.	
De 2,30 à 3,00		14,0 — 0 ,47 par min.		3 ,18	
— 3,00 à 3,30		5,0 — 0 ,06 —		3 ,18	Injection de 90ᶜᶜ d'eau tiède.
— 3,30 à 4,00		41,0 — 1 ,37 —		3 ,18	Injection de 44ᵍʳ de sucre interverti dissous dans 132ᶜᶜ d'eau.
— 4,00 à 4,30		20,0 — 0 ,7 —		1 ,9	

A 5 heures, l'animal meurt.

EXPÉRIENCE III. — 17 novembre 1879.

Chien de 7 kilogrammes, narcotisé par la morphine et l'éther.

h. m.	h. m.				
De 3,30 à 4,05		Aucun écoulement d'urine ;			
— 4,05 à 4,20		Écoulement de quelques gouttes d'urine ;			
A 4,20		Injection de 10ᶜᶜ de la solution de sucre de canne (750ᵍʳ par litre); l'urine coule tout de suite en abondance ;			
— 4,40		12 gouttes d'urine par minute ;			
— 4,59		4 —			
— 5,00		Injection de 20ᶜᶜ de la solution ;			
— 5,04		34 gouttes ;			
— 5,05		46 —			
— 5,06		40 —			
— 5,07		32 —			
— 5,20		17 — injection de 40ᶜᶜ de la solution ;			
— 5,24		Les gouttes sont innombrables; mais l'écoulement diminue rapidement ;			
De 5,30 à 5,39		Injection de 150ᶜᶜ de la solution ;			
— 5,40 à 5,42		— 150 —			
— 5,43 à 5,47		— 50 —			
— 5,47 à 5,53		— 150 —			
— 6,00 à 6,12		— 250 —			
— 6,12 à 6,23		— 150 —			
— 6,23 à 6,20		— 40 —			

A ce moment, l'animal respire très lentement, les battements du cœur sont réguliers; cependant il y a un état d'adynamie et de refroidissement considérable (à 4 h. 30, la température était de 35°,7; à 6 h. 12, elle était de 34°,2; à 6 h. 20, de 34°,1); les réflexes oculaires sont presque nuls. Quoique la dernière injection de morphine ait été faite à 3 heures, l'animal semble plus profondément narcotisé à 6 heures qu'à 4 heures, c'est-à-dire trois heures après l'injection.

Un léger choc sur le museau ne produit pas d'effet appréciable ; mais, en répétant plusieurs fois de suite et rapidement cette excitation, on provoque une attaque convulsive généralisée ; en recommençant cette expérience 3 minutes après, on provoque une nouvelle attaque convulsive, mais très légère et ébauchée, comme si le système nerveux avait été épuisé par l'attaque précédente.

A 6 h. 35, la respiration cesse presque tout à fait ; le cœur bat très faiblement, et l'animal meurt à 6 h. 43.

En résumé, il y a eu injection de 900^{cc} de la solution ; pendant la dernière demi-heure, on a noté un écoulement abondant de liquide par la plaie ; le ventre était gonflé ; il y avait aussi de la tympanite et de l'ascite, la vessie était remplie d'urine. Il est encore à noter que l'urine qui s'était écoulée par les deux uretères a toujours été limpide et non sanguinolente.

En ouvrant l'intestin, on y trouve une grande quantité de liquide presque aqueux, incolore le soir à la lumière, mais jaunâtre le lendemain matin, au jour ; contenant à peine quelques mucosités. Les intestins étaient blancs, comme lavés.

Le lendemain matin, on recueille dans l'estomac environ 120^{cc} d'un liquide jaunâtre, faiblement acide, mélangé à très peu de débris alimentaires. Les reins sont pâles, comme lavés, infiltrés d'une petite quantité de liquide. Le péricarde contient environ 10^{cc} de sérosité. Dans le cœur, quelques caillots agoniques. Au bord adhérent de la valve antérieure de la valvule mitrale est une ecchymose sous-endocardique. Les poumons, et surtout le foie, sont très congestionnés.

EXPÉRIENCE IV. — 19 novembre 1879.

Chien jeune, pesant 20 kilogrammes, narcotisé par le chloral et la morphine.

Après avoir pratiqué l'opération ordinaire relative à la recherche des uretères et l'adaptation d'une canule dans chacun d'eux, une autre incision est faite dans la paroi abdominale. L'intestin étant attiré au dehors et ouvert, un tube est adapté à chacun des bouts ainsi obtenus.

	h. m.	h. m.	
A	4,25		{ Le bout supérieur laisse écouler quelques gouttes d'un liquide sanguinolent.
—	4,35		Injection de 50^{cc} d'eau.
—	4,50		— 25 —
—	5,00		— 50 —
De	5,05 à 5,20		— 550 —
—	5,30 à 5,25		— 375 —

A ce moment, l'urine est sanguinolente, et s'écoule très lentement.

h. m. h. m.	Injection de 216ᶜᶜ de la solution sucrée (750ᵍʳ de sucre de canne par litre); on constate qu'une minute après l'injection, l'urine se met aussitôt à couler avec abondance, d'abord un peu sanguinolente, puis très transparente.
De 5,25 à 5,40	
A 5,35	Il se fait un écoulement abondant de liquide par les tubes intestinaux, qui, jusque-là, n'avaient fourni que quelques gouttes de sang mélangé à un peu de mucus. Le liquide qui s'écoule alors est transparent, filant. (10 gouttes par minute par le bout supérieur).
— 5,40	L'écoulement devient de plus en plus marqué.
— 5,45	On injecte 135ᶜᶜ de la solution sucrée.
De 5,50 à 6,10	La sécrétion intestinale augmente encore. A ce moment, l'animal est sacrifié par une injection d'alcool.

L'autopsie, faite le 20 novembre, montre que les intestins sont décolorés. L'estomac ne renferme pas de liquide. La plèvre et le péricarde n'en renferment pas non plus. Le foie et les reins sont congestionnés et volumineux. Le cœur est aussi volumineux.

Expérience V. — 21 novembre 1879. — Résumé.

Chien vieux et vigoureux, narcotisé par le chloral et la morphine.

Après avoir adapté des canules aux uretères, on fait une incision dans la portion duodénale de l'intestin et on injecte dans le bout stomacal 600ᶜᶜ d'une solution contenant 2 kilogrammes de sucre par litre.

De 2 h. 50 à 3 h. 15, il s'écoule à peine quelques gouttes d'urine. A 3 h. 15, nouvelle injection, dans l'intestin, de 350 grammes de la solution; il s'écoule 30ᶜᶜ d'urine de 3 h. 15 à 4 h. 50, soit 0,3 par minute; à 4 h. 50, on injecte dans la veine 100ᶜᶜ de la solution; l'urine coule aussitôt en très grande abondance (36 gouttes par minute).

On constate en faisant l'autopsie que, sur les 950ᶜᶜ de solution sucrée qui ont été injectés, il n'y en a guère eu que 30 d'absorbés.

Expérience VI. — 7 janvier 1880.

Chien épagneul de 13 kilogrammes, narcotisé par 4 grammes de chloral et 0ᵍʳ,05 de morphine.

Les muscles sont sensibles à 11,5 de la bobine d'induction. La température rectale est de 37°,5. Le cœur bat de 60 à 70 par minute.

A 2 h. 15 min.   Injection de 5ᶜᶜ de glycérine mélangée à 5ᶜᶜ d'eau.
On n'observe aucun effet appréciable.

A 2 h. 15 min. Injection de 6^{cc} de glycérine, comme précédemment ; l'animal fait des mouvements d'extension, l'agitation est très vive ; pulsations, 220 ; l'urine coule abondamment (32 gouttes par minute).

De 2,16 à 2, 2   9^{cc} d'urine, soit 1^{cc},3 par minute ; la première urine écoulée était rouge, sanguinolente ; peu à peu elle devient d'un jaune rougeâtre et de plus en plus transparente.

— 2,22 à 2,24   13^{cc} d'urine, soit 1^{cc},1 par minute.

A 2,30   Le cœur bat moins tumultueusement (104 pulsations) ; température rectale, 37°. A ce moment (2^h,34) :

Gouttes par minute.

1re minute : 5
2e —   5   Injection de 19^{cc} de glycérine.
3e —   12
4e —   28
5e —   93
6e —   54

Après l'injection, pulsations du cœur : 160. On observe des mouvements de contracture, des phénomènes d'extension des membres et des cris.

De 2,34 à 2,42   Urine, 23^{cc}, soit 2^{cc},9 par minute.

A 2,42   La sensibilité musculaire est de 15,5 ; la température de 37°,4 : les pulsations de 104,

— 2,50   Gouttes par minute : 24
    —   18
    —   18   Injection de 12^{cc} de glycérine.
    —   19
    —   23   Id.
    —   41
    —   60
    —   65
    —   60   Il y a alors de la dyspnée et des mouvements d'extension.

De 2,50 à 3,00   Urine 30^{cc}, soit 3^{cc} par minute.
— 3,00 à 3,10   — 36   — 3,6   —
— 3,10 à 3,20   — 56   — 5,6   —   Injection de 13^{cc} de glycérine.

Avant l'injection, 53 gouttes ; après l'injection, 73 gouttes.

De 3,20 à 3,30 — Injection de 26ᶜᶜ de glycérine ; la sensibilité musculaire est de 15, mais elle est difficile à apprécier par suite des contractions fibrillaires qu'on observe dans tous les muscles. L'animal paraît tranquille, mais, en frappant la table à plusieurs reprises, on provoque une crise d'épilepsie terrible. Au bout d'une minute et demie environ, l'accès cesse, l'iris est dilaté, il y a perte de connaissance. En 10 minutes, urine, 90ᶜᶜ, soit 9ᶜᶜ par minute.

De 3,30 à 3,40 — Injection de 39ᶜᶜ de glycérine ; le cœur s'arrête ; il y a un accès tétanique, avec une contracture généralisée. On a recueilli 20ᶜᶜ, soit 2ᶜᶜ par minute.

A l'autopsie, on constate que le foie est extrêmement congestionné ; l'intestin est aussi très congestionné, mais ne contient pas de liquide ; le sciatique reste sensible à l'électricité et fait contracter les muscles ; la sensibilité musculaire est égale à 15 au moment de la mort.

REMARQUES.

1° Action diurétique de la glycérine à faible dose (1 gr. par kilogr.) ;
2° Passage d'une urine sanguinolente à la suite de ces injections ;
3° Augmentation (?) de l'irritabilité musculaire ;
4° Passage dans l'urine de la glycérine, ou, tout au moins, d'une substance analogue. En effet, l'urine, évaporée à siccité et reprise par un mélange d'alcool et d'éther, cède au liquide éthéré une substance qui, après l'évaporation du dissolvant, se présente sous la forme d'un liquide sirupeux, jaunâtre, sucré et se dissolvant en toutes proportions dans l'eau et dans l'alcool ;
5° Phénomènes de glycérisme aigu (tels qu'ils ont été décrits par M. DUJARDIN-BEAUMETZ et AUDIGÉ).

EXPÉRIENCE VII. — 12 janvier 1880.

Chien de chasse maigre, criard, pesant environ 12 kilogrammes. Narcotisé par 1ᵍʳ,23 de choral et 0ᶜᶜ,03 de morphine.

Cette faible dose suffit pour arrêter la respiration et le cœur pendant près d'une demi-heure et produire un état syncopal.

Il s'écoule en 10 minutes 6 centimètres cubes d'urine.

Injection de 27 centimètres cubes d'une solution de dextrine ; en 10 minutes, 6ᶜᶜ,5 d'urine.

Injection de 27 centimètres cubes de dextrine ; en 10 minutes, 6ᶜᶜ,5 d'urine ; gouttes par minute : 13.

Injection de 27 centimètres cubes d'une solution de dextrine ; gouttes par minute : 15,21.

A ce moment, le cœur paraît s'arrêter, et un état syncopal se produit ; gouttes par minute : 14, 9, 4, 2. Suppression complète de l'urine.

Alors apparaissent des vomissements très abondants, d'abord alimentaires, puis liquides, fortement brunâtres, d'une couleur semblable à celle de la dextrine, entièrement dépourvus de matières alimentaires. Il se produit des contractions intestinales et plusieurs évacuations de matières solides.

Une injection de lactose n'augmente pas sensiblement la production d'urine. Une injection de gomme ne produit pas, non plus, de diminution sensible de la sécrétion urinaire.

L'animal est tué par injection d'air dans les veines.

L'intestin est très congestionné. Le liquide intestinal, examiné le lendemain, après précipitation par la chaleur et par l'acide, puis filtré, ne paraît pas contenir de dextrine. Au contraire, il y en a une certaine quantité dans le liquide stomachal examiné le lendemain, un peu moins cependant que dans le même liquide examiné la veille.

REMARQUES :

1° Sensibilité de l'animal au chloral et à la morphine ;

2° Persistance des effets narcotiques par l'action du sucre et de la dextrine injectée ;

3° Passage de la dextrine dans l'urine et dans l'estomac. On constate la présence de la dextrine dans ces liquides en les traitant par l'alcool, qui les précipite abondamment. Le précipité se redissout facilement par l'addition d'une petite quantité d'eau. Une certaine quantité de dextrine est transformée en sucre dans l'estomac ;

4° Production d'une polyurie moins intense et moins rapide qu'avec le sucre;

5° Absence d'action de la gomme après injection d'une quantité considérable de dextrine ;

6° Une quantité considérable de dextrine paraît arrêter la sécrétion à une dose où le sucre n'aurait pas eu la même action (réserves à faire à cause de l'état misérable de l'animal).

EXPÉRIENCE VIII. — 14 *janvier*.

Chien de 14 kilogrammes, curarisé.

L'expérience est disposée de telle sorte qu'on peut mesurer la pression du sang dans l'artère carotide.

Avant l'expérience, la pression oscille entre 13 et 15 centimètres de mercure.

h. m. h. m.	cc	Urine par cc. minute.		
De 4,30 à 5,4	43	1,34	3 gouttes.	Injection de 12 gr. d'une solution contenant 3 gr. de chlorure de sodium.
			24 —	(Au bout de 5 minutes.)
			18 —	(Au bout de 10 minutes, 4h,43.)
			13 —	A 4h,51, injection de 1gr,25 de chlorure de sodium.
			14 —	
			15 —	
			15 —	La pression oscille entre 15 et 14 cent. de mercure.
			38 —	A 4h,57, injection de 1gr,25 de chlorure de sodium.
			38 —	
— 5,2 à 5,12	22	2,2		A 5h,12, la pression est de 13 à 14 cent. de mercure.
— 5,12 à 5,25	30	2,3		A 5h,14, injection de 2gr,5 de chlorure de sodium.
			32 —	A 5h,15.
			36 —	
			43 —	
			43 —	
			44 —	
— 5,25 à 5,51	54	1,1	40 —	A 5h,42, la pression est de 7 à 9 cent. de mercure. A 5h,50, injection de 5 gr. de NaCl.
			39 —	
			28 —	A 5h,42.
			29 —	
			31 —	
			29 —	
			26 —	
— 5,51 à 6,10	30	1,5		L'urine est légèrement sanguinolente. De 5h,57 à 6 heures, injection de 200 gr. d'eau distillée.
			6 —	A 5h,57.
			23 —	
			30 —	
			24 —	
			26 —	
			23 —	
			26 —	

                        Urine par
   h. m.   h. m.   cc. minute.
De 5,51 à 6,10 30   1,5   25 gouttes. } A ce moment la pression est de
                                        } 10 cent. de mercure.
                       22   —
                       21   —
                       21   —   A 6ʰ,8.

L'animal est sacrifié par injection de NaCl concentré.

REMARQUES :

1º Polyurie provoquée par NaCl sans augmentation et même malgré l'abaissement de la pression ;

2º L'injection d'eau consécutive à des injections réitérées de chlorure de sodium n'a pas modifié la polyurie.

EXPÉRIENCE IX. — *15 janvier.*

Chienne de 8ᵏ,5 fortement curarisée.

Avant l'expérience, il s'écoule une assez grande quantité d'urine, soit par minute 5, 4, 3, 7, 6, 7 gouttes. L'urine précipite notablement par les réactifs de Walzer et de Mayer, ce qui indique la présence de l'alcaloïde du curare.

On fait une solution de ferrocyanure de potassium, soit 10 grammes de sel cristallisé dans 100 grammes d'eau. On mélange 10 grammes de cette solution avec 90 grammes d'urine humaine normale. Cette solution contient donc 1 gramme de ferrocyanure pour 100 grammes d'urine normale à peine diluée.

3ʰ,22, injection de   3ᵍʳ,3 de cette solution.,

A partir de 3ʰ,23, on compte le nombre des gouttes qui s'écoulent par minute. On trouve :

   h. m.
A 3,23   4 gouttes.
— 3,24   5   —
— 3,25   8   —
— 3,26   5   —
— 3,27   6   —

— 3,28   13   —   { A 3ʰ,28, injection de 10 gr. de la solution. C'est pendant cette minute que l'urine, recueillie dans un verre contenant quelques gouttes de perchlorure de fer, donne la coloration bleue caractéristique de la présence du ferrocyanure.

— 3,29   8   —
— 3,30   16   —
— 3,31   11   —
— 3,32   12   —
— 3,33   13   —

h. m.

A 3,34   24 gouttes. { Pendant cette minute, injection de 20 gr. de la
                        { solution.
— 3,35   16   —
— 3,36   19   —
— 3,37   25   —
— 3,38   32   —
— 3,39   28   —
— 3,40   26   —

		Urine totale. en cc.	Urine par minute. en cc.	
h. m.	h. m.			
De 3,41 à 3,49		8	1	
— 3,49 à 4,00		5	0,45	
— 4,00 à 4,10		24	2,4	Injection de 20 gr. de la solution.
— 4,10 à 4,21		32	2,9	Injection de 40 gr. de la solution.
— 4,21 à 4,30		18	2	
— 4,30 à 4,40		14	1,4	
— 4,40 à 4,50		12	1,2	
— 4,50 à 5,00		9,5	0,95	Injection de 80 gr. d'eau distillée.
— 5,00 à 5,10		9,5	0,95	{ Injection de 80 gr. d'eau distillée. { L'urine est teintée en rose et sanguinolente.
— 5,10 à 5,20		10	1	L'urine est fortement colorée par le sang.
— 5,20 à 5,30		31	3,1	{ Injection de 27 gr. d'urine pure et de { 54 gr. de la solution de ferrocyanure et { d'urine.
— 5,30 à 5,40		31	4	Injection de 264 gr. d'urine.
— 5,40 à 5,50		27	2,7	Injection de 216 gr. d'eau distillée.
— 6,00 à 6,10		21	2,1	Injection de 135 gr. d'eau distillée.
— 6,10 à 6,20		24	2,4	
— 6,28 à 6,30		45	4,5	{ Injection de 20 gr. d'une solution de { chlorure de sodium contenant 25 gr. pour { 100 gr. (Soit injection de 5 gr. de NaCl.)
— 6,30 à 6,40		35	3,5	
— 6,40 à 6,50		51	5,1	Injection de 25 gr. de la solution de NaCl.
— 6,50 à 7,00		9	0,9	{ Injection de 140 gr. d'une solution de { gomme très concentrée. — Le cœur bat { avec plus de lenteur, mais avec force.

L'animal est alors sacrifié par galvanisation du cœur.

Ainsi :

1° Le curare a déterminé une très légère polyurie ;

2° 13 grammes d'urine, contenant 0,1 de ferrocyanure, ont plus que doublé la quantité d'urine excrétée (ces 13 gr. représentent 0,165 d'urine par kilogr. de l'animal) ;

222 R. MOUTARD-MARTIN ET CH. RICHET.

3º Le moment de la polyurie (3ʰ,28) a coïncidé avec l'élimination du ferrocyanure ;

4º L'injection de 160 grammes d'eau distillée a provoqué l'hématurie (soit 19 gr. par kilogr. de l'animal). Cette petite quantité d'eau a suffi pour diminuer la polyurie ;

5º L'injection de 264 grammes d'urine provoque de nouveau la polyurie, qui est arrêtée par l'injection d'une quantité un peu moindre d'eau distillée (216 gr.) ;

6º Alors que la polyurie reparaît de nouveau sous l'influence du chlorure de sodium, l'injection de gomme l'arrête.

Expérience X. — 16 janvier.

Chienne de 24 kilogrammes, curarisée.

h. m.		Urine totale en cc.	Urine par minute en cc.		Gouttes par minute.	
De 10,21 à 10,31	1	0,1				
— 10,31 à 10,41	0,9	0,09		1	Avant l'injection.	
— 10,41 à 10,51	1	0,1	1ʳᵉ minute	0	Injection de 1 gramme de NaCl dans 4 grammes d'eau avec traces de ferrocyanure.	
			2ᵉ —	0		
			3ᵉ —	3		
			4ᵉ —	2		
			5ᵉ —	2		
			6ᵉ —	2		
— 10,51 à 10,56	0,5	0,1			Injection de 2 grammes de NaCl.	
— 10,56 à 11,06	1,5	0,3	A 11ʰ,04	1	A 11ʰ,4, injection de 2 grammes de NaCl.	
			— 11ʰ,05	10		
			— 11ʰ,06	9		
— 11,06 à 11,11	5	1,0				
— 11,11 à 11,16	2	0,6	— 11ʰ,14	14		
			— 11ʰ,15	15		
— 11,15 à 1,15	31	0,26	— 11ʰ,16	13		
— 1,15 à 1,30	4,5	0,3	— 1ʰ,18	5		
				5		
				6		
				6		
				6		
				6		

		Urine totale.	Urine par minute.			Gouttes par minute.	
	h. m.	h. m.	en cc.	en cc.			
De	1,30 à	1,50		0,4	— 1^h,38	7	Injection de 1000 gr. d'eau distillée contenant 4 gr. de NaCl.
						6	
						7	
						6	
						5	
						4	
						5	
						6	
						9	
						9	
						12	
						5	
						6	
—	1,50 à	2,00	9,5	0,95	— 1^h,51	7	
						19	Fin de l'injection.
						12	
						9	
						15	
						20	
						17	
						22	
						20	
						25	
						18	
						20	
—	2,00 à	2,10	13	1,3			L'urine est légèrement rosée.
—	2,10 à	2,20	14,5	1,45			
—	2,20 à	2,30	14,5	1,45			
—	2,30 à	2,40	14	1,4			
—	2,40 à	2,50	30	3			Injection de 32 grammes d'une solution contenant 8 grammes de chlorure de sodium.
—	2,50 à	3,00	16	1,6			Urine sanguinolente.
—	3,00 à	3,10	7	0,7			Sécrétion péritonéale (?) abondante.
—	3,10 à	3,20	24	2,4			
—	3,20 à	3,30	11,5	1,15			
—	3,30 à	3,40	15	1,5			Injection de 15 grammes d'eau agitée avec de la térébenthine.
—	3,40 à	3,50	12,5	1,25			

	Urine totale.	Urine par minute.	Gouttes par minute.	
	h. m.	en cc.	en cc.	
De 3,50 à 4,00	9,5	0,95		
— 4,00 à 4,05	1,5	0,3		Injection d'eau agitée avec la térébenthine.
— 4,05 à 4,10	11	2,2		Injection de 50 grammes d'une solution concentrée de sucre de canne.
— 4,10 à 4,20	47	4,7		A 4ʰ,11, injection de 70 grammes de la solution de sucre.
— 4,20 à 4,30	95	9,5		A 4ʰ,35, injection de 210 grammes d'eau distillée. L'écoulement d'urine s'arrête presque subitement. Le cœur continue à battre fortement (92 battements par minute).
— 4,30 à 4,35	42	8,5		
— 4,35 à 4,40	3	0,6		
— 4,40 à 4,45	1	0,2		Injection de 70 grammes de solution sucrée. Mort.
— 4,45 à 4,50	2,5	0,5		

Dosage de l'urée.

	Urée par litre. grammes.
Urine contenue dans la vessie avant l'expérience.	17
Urine recueillie après l'injection de sucre (4ʰ,05 à 4ʰ,45).	1,8
Urine recueillie après l'injection de NaCl (10ʰ,45 à 1ʰ,30).	4,5
Urine recueillie après l'injection de NaCl (1ʰ,30 à 4ʰ,05).	5,2

Il résulte de cette expérience :

1° L'injection de 1 000 grammes d'eau contenant 4 grammes de sel est moitié moins active que l'injection de 32 grammes d'eau contenant 8 grammes de sel ;

2° L'injection de 0ᵍʳ,2 de NaCl par kilogramme de l'animal provoque une polyurie notable ;

3° L'eau arrête la polyurie, même à la dose de 8 grammes par kilogrammes, et alors la quantité d'urine a été diminuée dans la proportion de 14 à 1 ;

4° L'injection de 120 grammes d'une solution concentrée de sucre augmente l'écoulement d'urine dans la proportion de 1 à 32.

EXPÉRIENCE XI. — *17 janvier* 1880.

Chien de 11 kilogrammes, curarisé.

	Quantité d'urine recueillie.	Quantité d'urine par minute.	Gouttes par minute.	
De 10,45 à 11,00	15	1,0	2	
			2	
			2	
— 11,00 à 2,00	14	0,08	1	A 11 heures, injection de 200 grammes d'eau distillée tiède. — 1ʳᵉ minute.
			1	2ᵉ —
			0	3ᵉ —
			0	Le cœur bat avec force. Le pouls est à 60.
			0	
			0	
			0	
			0	
			1	
— 2,00 à 2,10	17	1,07	3	Injection de 200 grammes d'eau contenant 2 grammes de NaCl.
			4	
			4	
			5	
			9	
			19	
			12	
			9	
			8	
			7	
			8	
			7	
			5	
			5	
			7	
			8	
— 2,30 à 2,40	25,5	2,5		L'urine, qui était jusque-là très colorée, devient plus limpide.
— 2,40 à 2,45	14,5	2,9		

	Quantité d'urine recueillie.	Quantité d'urine par minute.	Gouttes par minute.	
	h. m.	h. m.		
De 2,45 à 2,50	23	4,6		Injection de 140 grammes d'une solution concentrée de sucre de canne.
— 2,50 à 2,55	29	5,8		
— 2,55 à 3,00	24,5	4,9		
— 3,00 à 3,05	26	5,2		Injection de 280 grammes d'eau distillée.
— 3,05 à 3,10	24	4,8		
— 3,10 à 3,25	80	5,3		
— 3,25 à 4,06	14,8	4,25		
— 4,06 à 4,20	31	2,2	41	
			39	
			37	
			34	
			38	
— 4,20 à 4,36	43	3,9	37	Injection de 5 grammes de phosphate de soude dissous dans 50 grammes d'eau distillée.
			20	
			35	
			41	
			66	On constate à ce moment le passage d'un phosphate soluble par le précipité abondant obtenu en recueillant l'urine dans de l'eau de chaux.
			68	
			61	
			72	
— 4,36 à 4,50	24	1,7		
— 4,50 à 4,56	6,5	1,8		L'animal est tué par une injection de ferrocyanure de potassium.

On voit par cette expérience :

1° Que l'injection d'eau arrête presque complètement la sécrétion urinaire, qui est tombée de 1,05 (par minute) à 0,08, la dose d'eau injectée étant de 18 grammes par kilogramme ;

2° Qu'une petite quantité de chlorure de sodium (0,18 par kilogr.) ramène la sécrétion urinaire ;

3° Que le phosphate de soude produit de la polyurie, et que cette polyurie coïncide avec le moment de l'élimination.

Dosage de l'urée.

	Grammes d'urée par litre.
Urine recueillie avant l'expérience.	19,2
Urine recueillie de 10ʰ,45 à 2 heures.	19,2
Urine recueillie de 2 heures à 2ʰ,45 (NaCl).	2,2
Urine recueillie de 2ʰ,45 à 4ʰ,20 (sucre).	5,1

EXPÉRIENCE XII. — *19 Janvier 1880.*

Chien de 15 kilogrammes, curarisé.

h. m. h. m.	Urine totale recueillie.	Urine par minute.	Gouttes par minute.	
De 3,28 à 3,58	4	0,2	3	
			3	
			1	Injection de 2 grammes d'iodure de sodium dissous dans 10 grammes d'eau.
			7	
			14	
			13	La coloration caractéristique de l'iode par l'acide sulfurique et l'amidon apparaît à ce moment.
— 3,58 à 4,08	11,5	1,15		
— 4,08 à 4,18	13	1,3	4	Nouvelle injection semblable à la première (2 grammes d'iodure de sodium).
— 4,18 à 4,28	8	0,8	10	
— 4,28 à 4,40	8	0,75	10	
— 4,40 à 4,50	11	1,1	10	Injection de 8ᵍʳ,5 de ferrocyanure de potassium dissous dans 12,5 d'eau.
			15	
			18	Réaction du ferrocyanure.
— 4,50 à 5,00	15	1,5	17	
				A 4ʰ,55, injection de 0ᵍʳ,50 de ferrocyanure de potassium, comme plus haut. A 4ʰ,57, nouvelle injection semblable.
— 5,00 à 5,10	27	2,7		Injection de 1 gramme de ferrocyanure.

	Urine totale recueillie.	Urine par minute.	Gouttes par minute.	
De 5,10 à 5,20	35	3,5		
— 5,20 à 5,25	16	3,2		
— 5,25 à 5,35	20	2,0		Injection de 6 grammes d'alcool mélangé à 20 grammes d'eau.
— 5,35 à 5,45	11,5	1,15		Injection de 16 grammes d'alcool mélangé à 16 grammes d'eau.
— 5,45 à 5,55	77	7,7		Injection de sucre de canne.

L'animal est sacrifié.

On peut conclure de cette expérience :

1° L'injection d'iodure de sodium a déterminé de la polyurie ;

2° La polyurie a coïncidé avec le passage de l'iodure de sodium ;

3° Mêmes résultats pour le ferrocyanure de potassium ;

4° L'alcool n'a amené aucune polyurie.

EXPÉRIENCE XIII. — *22 janvier* 1880.

Chien de 8 kilogrammes, curarisé.

	Urine recueillie.	Urine par minute.	Élimination d'urée par lit.	et par kil.	
De 9,40 à 9,51	2,5	$0^{cc},24$	17,9	0,45	Injection de 5 grammes d'urée dans 20 grammes d'eau.
— 9,51 à 10,00	6	0,6	18,6	0,1	A 9h,55, injection de 10 grammes de la solution (soit 2gr,50 d'urée).
— 10,00 à 10,10	9,5	0,95	21,1	0,2	A 10 heures, même injection.
— 10,10 à 10,20	6	0,6	17,9	0,1	
— 10,20 à 10,30	5,5	0,55	20,5	} 0,19	
— 10,30 à 10,40	4	0,4	19,2		
— 10,40 à 10,50	3,5	0,35	21,8		
— 10,50 à 11,00	4	0,4	21,8		A 11 heures, injection de 20 grammes de la solution (soit 5 grammes d'urée).
— 11,00 à 11,10	13	1,3	21,8	} 1,6	
— 11,10 à 11,20	8	0,8	21,8		
— 11,20 à 11,30	7	0,7			
— 11,30 à 1,06	38	0,4	21,8		
— 1,06 à 1,18	3	0,25	38,4[1]		A 1h,18, injection de 5 grammes d'une solution concentrée de sulfate de soude.
— 1,18 à 3,10	25	0,22	20,5	} 0,7	
— 3,10 à 3,41	5,2	0,13	38,4[1]		
— 3,41 à 3,56	39,5	2,6	11,5	0,45	Injection de 25 grammes d'une solution concentrée de sucre de canne.

		Urine recueillie.	Urine par minute.	Élimination d'urée par lit. et par kil.		
	h. m.	h. m.				
De	3,56 à	4,20	37	1,5	10,8	0,4
—	4,20 à	4,40	13	0,65	20,8	0,2
—	4,40 à	4,51	3	0,27	24,9 [1]	
—	4,51 à	5,03	5	0,41	24,9 [1]	
—	5,03 à	5,18	5	0,33		
—	5,18 à	5,26	25	3,02	15,03 [1]	
—	5,26 à	5,35	16	1,6	7,6 [1]	

De 4h,40 à 4h,47, injection de 50 grammes d'eau distillée.

A ce moment, l'urine est sanguinolente.

Injection de 25 grammes de sucre de canne.

L'urine est moins sanguinolente.

L'animal est sacrifié.

1° L'élimination totale d'urée a été, de 9h,40 à 4h,40, de 4 grammes ;

2° Avec le sucre, l'élimination d'urée a été de 0,03 par minute ;

3° Après l'injection d'urée, l'élimination d'urée a été de 0,01 par minute.

EXPÉRIENCE XIV. — *Juillet* 1879.

Chien de 12 kilogrammes, narcotisé avec une injection de morphine et de chloral.

h. m.	h. m.	
De 10,00 à 10,15	*Injection* de 108 gr. d'eau : pas de sécrétion.	
A 10,15	*Injection* de 27cc d'une solution de dextrine.	
	(La solution contient 8 p. 100 de *dextrine*.)	
— 10,30	*Injection* de 108cc de la solution (soit 8,64 de dextrine).	
	En 20 min., par l'uretère droit 0cc soit 0cc,4 par minute.	
De 10,15 à 10,35	— — gauche 4 — 0,2 —	
— 10,35 à 12,15	— — droit 5 — 0,06 —	
	— gauche 50 — 0,5 —	
A 12,15	*Injection* de 108cc de la solution (8,64 de dextrine).	
De 12,15 à 12,45	par l'uretère droit 30cc soit 1 par minute.	
	— gauche 20 — 0,66 —	
— 12,45 à 1,45	— droit 34 — 0,56 —	
	— gauche 23 — 0,38 —	
— 1,45 à 2,15	— droit 16 — 0,53 —	
	— gauche 10 — 0,33 —	
A 2,35	*Injection* de 50cc de la solution (soit 4 gr. de dextrine).	
De 2,15 à 2,45	par l'uretère droit 7cc,5 soit 0,26 par minute.	
	— gauche 4 ,5 — 0,15 —	

____

1. Urée dosée le lendemain.

<pre>
 h. m.   h. m.
De 2,45 à 3,15   par l'uretère droit   3   soit 0,1 par minute.
                              —   gauche 3   — 0,4   —
A   3.20   Injection de 200 gr. de solution sucrée.
                   (La solution est de 266 gr de saccharose pour 1000).
De 3,15 à 3,50   par l'uretère droit   12ᶜᶜ soit 0,34 par minute.
                              —   gauche 12   — 0,34   —
                   A partir de ce moment, l'uretère gauche fonctionne seul.
— 3,40 à 4,00   par l'uretère gauche   8,4 soit 0,84 par minute.
— 4,00 à 4,10   —   2,4 — 0,24   —
— 4,10 à 4,20   —   2   — 0,2   —
</pre>

Jusque-là, toute l'urine était foncée, collante, brune, se troublant légèrement par l'acide nitrique, ayant au microscope de rares globules sanguines. L'addition d'alcool fait naître un précipité abondant qui se dissout dans un excès d'eau.

Expérience XV. — 12 janvier 1880.

Chien jeune, 7 kilogr., curarisé et soumis à la respiration artificielle.

On mesure la pression par l'artère carotide, à laquelle est adaptée l'hémodynamomètre.

Il s'écoule avant l'expérience très peu d'urine par les uretères. On injecte dans la veine saphène de l'*eau distillée tiède* par seringues de 60 grammes. On injecte ainsi successivement 18 seringues d'eau, soit 1080 grammes d'eau. On ne provoque ni polyurie ni élévation notable de la pression artérielle. On remarque que, au moment de chaque injection, la pression artérielle baisse légèrement pour remonter ensuite et revenir au bout d'une demi-minute à la pression primitive.

A aucun moment de l'expérience il n'y a polyurie, ni même sécrétion assez abondante pour compter les gouttes.

Cependant on constate à l'autopsie que les canules étaient bien placées dans les uretères.

Expérience XVI. — 10 janvier 1880.

Chien de 12 kilogrammes. On mesure la pression avec le manomètre à mercure adapté à la carotide. Avant l'injection, la pression varie de 110 à 150 mm. soit en moyenne 130 de Hg. Il s'écoule 1 goutte par minute. On fait une injection de sucre (à 9 h.); à 9 h. 2 m. la pression a légèrement augmenté; elle est de 140, 150, 190 de mercure; à 9 h. 5 m., elle est 140; à ce moment, il coule 10 gouttes d'urine par minute. On fait une nouvelle injection de sucre; la pression est de 150, 140; il s'écoule 27 gouttes par minute. La pression revient à 140; il s'écoule 25 gouttes par minute.

A 9 h. 15 m., injection de gomme en solution concentrée. La pression monte à 190; il s'écoule 6 gouttes par minute. A 9 h. 25 m., nouvelle injection de gomme; il s'écoule 2 gouttes par minute; la pression est à 170. A 9 h. 27 m., la pression est de 180, et il s'écoule 1 goutte par minute : A 9 h. 30 m., nouvelle injection de gomme. *La sécrétion urinaire s'arrête complètement et la pression s'élève à 250.*

Expérience XVII — 23 décembre 1880.

Chien vieux, bouledogue, chloralisé.

Injection de 60 grammes d'une solution sucrée. Gouttes par minute 18, 19.

Nouvelle injection de 60 grammes; gouttes : 21, 33, 35.

Injection d'eau; gouttes : 33, 30, 30, 29, 28.

Injections successives de gomme; gouttes : 25, 15, 13, 17, 8, 9, 5, 6, 3, 2, 2.

A 4 h. 30 m. (25 minutes après le début de l'expérience), il s'écoule 7 gouttes par minute.

A 4 h. 40 m., 16 gouttes.

A 5 heures, 14, 15, 16 gouttes.

Nouvelle injection de sucre, Après 2 minutes, 36 gouttes.

Injection de gomme; gouttes : 35, 37, 25, 21, 14. 16, 15, 12.

Expérience XVIII.

Chien de 20 kilogrammes, chloralisé.

On mesure la pression artérielle dans la carotide droite. P = 150 mm.

Injection de 500 grammes d'eau distillée tiède. La pression baisse un peu au moment de l'injection. L'urine est sanguinolente.

On fait alors une injection de 100 grammes d'une solution concentrée de sucre de lait. L'urine devient extrêmement abondante : 150 gouttes par minute; elle redevient limpide, mais avec la coloration brunâtre de la solution injectée. *La pression n'augmente pas et n'a pas augmenté;* elle reste à 150.

On injecte alors 300 grammes de la solution de gomme. La pression s'élève, atteint un maximum de 280. Le cœur se ralentit, la sécrétion diminue, si bien qu'au bout de 3 minutes il n'y a plus que 10 gouttes par minute.

L'augmentation de pression est telle qu'une hémorragie considérable se produit au niveau des plaies abdominales.

Au bout d'un quart d'heure, injection de 150 grammes d'eau. La pression ne varie pas, et il n'y a pas de polyurie. On fait alors l'injection de 200 grammes de la solution sucrée. La polyurie reparaît aussitôt (130 gouttes par minute), mais il n'y a aucun changement de pression.

Expérience XIX.

Chien de 10 kilogrammes.

On fait une injection de gomme qui ne semble pas provoquer de polyurie. Il s'écoule seulement quelques gouttes d'urine qui contient une substance précipitant par l'alcool.

L'injection de sucre provoque une polyurie abondante, moins abondante cependant que d'ordinaire.

On injecte alors 1200 grammes d'une solution de gomme, on ouvre l'intestin : il s'écoule par l'intestin une petite quantité d'un liquide transparent, filant, donnant par l'alcool un précipité qui se redissout dans un excès d'eau.

L'injection de gomme a arrêté la sécrétion ordinaire : après l'injection de sucre, il s'écoulait 21 gouttes par minute, tandis que, après l'injection de gomme, on a

1re minute.	10	gouttes.
2e —	8	—
3e —	8	—
4e —	6	—
5e —	6	—
6e —	4	—

Quelques minutes après, on fait l'injection de 300 grammes de la solution sucrée, mais on ne peut plus ramener la polyurie.

L'animal est tué par la section du bulbe.

Expérience XX. — 1er février 1880.

Résumé.

On injecte à un chien curarisé de la glycérine mélangée à son volume d'eau, soit 350 grammes de liquide. La pression baisse. On injecte alors 120 grammes de glycérine pure : le cœur se ralentit et s'affaiblit. Des mucosités bronchiques abondantes s'amassent dans les voies respiratoires ; la sécrétion salivaire est exagérée. L'animal meurt.

A l'autopsie, on constate que le liquide intestinal est très abondant et qu'il y a aussi beaucoup de liquide dans l'estomac.

Il est à remarquer que le cœur n'a pas été troublé dans sa fonction après une injection de 175 grammes de glycérine mélangée à l'eau. Il a fallu ensuite injecter de la glycérine pure pour troubler la fonction cardiaque.

APPENDICE.

Nous avons pensé qu'on pourrait remplacer (au point de vue de la diurèse) le lait par une solution de sucre de lait. Ce sucre a une saveur sucrée très faible et par conséquent ne produit pas le dégoût que produirait infailliblement une solution de sucre de canne.

Nous devons l'observation suivante à l'obligeance de M. DUPLEIX, qui, sur notre demande, a remplacé, dans la médication d'un malade (hôpital Tenon, 1879), le lait par une solution de sucre de lait :

		Urine.	Urée en 24 heures.
6 août, 2 litres de lait contenant 45 grammes de sucre de lait.		2 litres.	12,6
7 — 2 litres de lait contenant 45 grammes de sucre de lait.		2,500 gr.	12,6
8 — 1 litre de solution de sucre de lait à 45 grammes pour 1000.		1 litre.	7,5
10 — 2 litres de solution de sucre de lait à 45 grammes pour 1000.		2,250 gr.	14,2
11 — 2 litres de solution de sucre de lait à 45 grammes pour 1000		2,500 gr.	15,8
12 — tisane commune non sucrée.		1 litre.	6,3
14 — 2 litres de solution de sucre de lait à 45 grammes pour 1000.		1,500	15,8

En voici une autre, que nous lui devons également :

		Urine.	Urée en 24 heures.
10 août, 2 litres de lait.		2,500 gr.	22,0
11 — 2 litres de la solution de sucre de lait à 45 grammes pour 1000		2,500 gr.	19,2
12 — 2 litres de tisane commune non sucrée.		2 litres.	12,6
13 — 2 litres de la solution de sucre de lait.		2,500 gr.	18,9
14 — 2 litres de tisane commune non sucrée.		1,500 gr.	13,0
15 — 2 litres de la solution de sucre de lait.		2,500 gr.	27,9
16 — 2 litres de la solution de sucre de lait.		2,500 gr.	26,8

C'est en 1888 et 1889 que l'emploi du sucre de lait, et du glycose comme diurétiques, a passé dans la pratique médicale courante : guidés par les faits physiologiques que nous avions établis, M. G. SÉE d'une part, et d'autre part, M. DUJARDIN-BEAUMETZ, ont donné, avec succès, du sucre à leurs malades, pour augmenter l'excrétion urinaire.

XXVI

QUELQUES FAITS RELATIFS

A LA

DIGESTION CHEZ LES POISSONS

Par M. Charles Richet.

I

Disposition générale de l'appareil digestif chez les poissons cartilagineux.

Il y a quelques années, comme j'étudiais les phénomènes de la digestion stomacale chez l'homme, je voulus aussi faire des recherches sur l'estomac des poissons, chez lesquels la digestion stomacale est extrêmement active. Je me rendis alors au Havre, et, dans un petit réduit dépendant du vieux Musée, je pus faire quelques expériences très rudimentaires.

Je les développai plus tard dans le laboratoire de physiologie maritime créé par M. P. Bert[1].

[1]. P. Bert, à qui je fis alors part de mes recherches, employa son influence et put créer un laboratoire de physiologie maritime au Havre. Ce laboratoire

Mes recherches ont porté uniquement sur deux genres de poissons cartilagineux des genres Scyllium et Acanthias (*Scyllium catulus* et *Acanthias vulgaris*). Ces poissons sont très abondants dans ces parages. Sur les marchés du Havre on en trouve toujours en grand nombre. Ils sont parfois de fort belle taille, et, comme leur chair est peu appétissante, leur prix est fort modique. (Un *Scyllium* de 5 à 6 kilog. ne vaut guère plus de 2 à 3 francs.) En outre, comme leur résistance à l'asphyxie est considérable, il n'est pas rare qu'on les possède vivants, ce qui est une condition très favorable.

L'appareil digestif de ces poissons cartilagineux est extrêmement simple. Un œsophage large et court fait suite à la cavité buccale ; puis vient l'estomac lui-même, qui est d'une extensibilité extrême, et qui ne se distingue guère de l'œsophage que par la coloration plus foncée de la muqueuse et l'épaisseur moins grande des parois. La rate est appendue au cul-de-sac stomacal, et se continue sous la forme d'un mince filament accolé au côté de la poche ventriculaire. L'estomac est séparé de l'intestin par un orifice très rétréci, que j'ai appelé *détroit pylorique* et qui remonte parallèlement à l'estomac, sur les quatre cinquièmes de sa longueur. Alors ce conduit s'élargit et débouche dans un intestin beaucoup plus large, à parois très épaisses, et dont la membrane interne se replie en forme de spirale qui ralentit le passage des matières à demi digérées. La longueur totale de l'intestin est peu considérable : si la longueur de l'estomac est de 5, celle du détroit pylorique est de 3, et celle de l'intestin (intestin grêle et gros intestin) est de 10. Le pancréas, qui chez les poissons cartilagineux existe, comme chez les vertébrés supérieurs, à l'état de masse glandulaire distincte, se trouve dans un repli du mésentère à la partie supérieure de l'estomac, et son conduit vient déboucher à peu près au point où

qui était fort bien installé, a été en activité pendant sept ou huit ans. — Actuellement il n'existe plus, pour diverses raisons qu'il n'est pas intéressant de mentionner.

le détroit pylorique s'élargit pour faire place à l'intestin.

Telle est, exposée d'une manière sommaire, la disposition anatomique des organes digestifs chez les Roussettes et les Squales. On peut maintenant comprendre quel est alors le processus digestif chez ces animaux. Les proies sont avalées sans être mâchées. Elles passent immédiatement, telles qu'elles sont ingérées, dans l'œsophage (très large), et s'accumulent dans l'estomac qui est très extensible. Là elles sont triturées, acidifiées, peptonisées, ramollies, digérées, finalement en partie absorbées, en partie réduites à l'état de masse molle diffluente. Tant que cet état de liquéfaction n'a pas été obtenu, les aliments ne peuvent passer par le détroit pylorique, qui est très étroit, et qui, pendant la vie, par suite de l'énergique resserrement de ses fibres musculaires, est encore plus rétréci que sur l'animal mort. Puis les matières dissoutes s'engagent dans l'intestin, et reçoivent les liquides pancréatiques et hépatiques. Leur cheminement dans l'intestin ne peut être qu'assez lent, par suite de la présence de la lame spirale qui retarde beaucoup leur passage. Quand on presse l'intestin pour faire sortir par l'anus les matières qui sont contenues dans la cavité intestinale, c'est à peine si l'on peut en faire sortir quelques parcelles, encore que la masse soit tout à fait liquide.

Il s'en suit que, malgré la brièveté du tube digestif, les matières alimentaires y séjournent pendant tout le temps qui est nécessaire à une complète absorption. Le détroit pylorique fait que l'estomac ne donne issue qu'aux substances liquides ou pâteuses. La lame spirale fait que les matières ramollies séjournent longtemps dans l'intestin et peuvent alors être parfaitement digérées et absorbées.

II

Acidité des liquides stomacaux.

Ce sont là des faits anatomiques faciles à vérifier et indiscutables. Au contraire, les faits chimiques sont plus difficiles à établir.

Notons d'abord que les poissons, qui avalent sans les mâcher des proies énormes, doivent, pour que ces proies soient bien digérées, posséder un pouvoir digestif considérable. En outre, comme leur nourriture se compose de poissons, de crustacés et autres animaux à parois tégumentaires épaisses, les sucs digestifs doivent être non seulement riches en pepsine, mais encore riches en acide chlorhydrique. Pour l'acidité, j'ai constaté dans mes premières recherches qu'elle atteint parfois 15 grammes de HCl par litre, ce qui est un chiffre bien supérieur à tout ce qui a été constaté pour l'acidité du suc gastrique des mammifères.

Non seulement l'acidité absolue est grande, mais elle est aussi très considérable, par rapport au poids total de l'animal. Ainsi, dans une expérience, un *Scyllium*, pesant 7 kilogrammes, contenait dans son estomac 450 grammes de matières, pulpeuses, à demi digérées, dont l'acidité totale répondait à $3^{gr},57$ de HCl, c'est-à-dire environ 0,5 de HCl par kilogramme d'animal.

III

Action du suc gastrique sur l'amidon.

Une première question assez importante peut être facilement résolue par l'examen du suc gastrique des poissons. On

a dit souvent que le suc gastrique contient un ferment diastasique, et que, grâce à ce ferment, pendant leur séjour dans
l'estomac, les aliments féculents se transforment en sucre.
Mais l'expérience est difficile à faire chez les vertébrés autres
que les poissons. En effet, constamment les glandes salivaires
déversent dans la cavité buccale, et, par suite, dans l'estomac,
de la salive, qui contient, comme on sait, un puissant ferment diastasique. Cette salive peut fort bien contribuer à
l'hydratation des matières féculentes qui se trouvent dans
l'estomac. Il faut donc, pour être assuré que l'estomac agit ou
n'agit pas sur les féculents, faire au préalable la ligature de
l'œsophage, de manière à empêcher l'écoulement de salive
dans l'estomac. Mais cette opération ne laisse pas de modifier les conditions biologiques : il est donc préférable d'étudier ce phénomène chez les poissons, lesquels ont des glandes
salivaires, ou nulles, ou rudimentaires.

Or il est facile de constater, d'une part, que les liquides
gastriques mixtes (sucs de l'estomac mélangés aux peptones
et aux aliments) ne contiennent pas de sucre ; d'autre part,
que le liquide stomacal neutre ou acide n'agit pas sur l'empois d'amidon.

L'expérience peut être réalisée d'une manière démonstra-
tive. On prend, d'une part, un estomac tout entier de Roussette, pesant, je suppose, 200 grammes, et d'autre part, 0,01
seulement de son pancréas. On met la petite portion du pancréas en contact avec l'empois d'amidon, et, d'autre part,
dans un autre flacon, l'estomac tout entier avec l'empois
d'amidon. Au bout de deux heures, par exemple, le pancréas a
hydraté l'amidon, et on peut constater par la liqueur de
Fehling qu'il s'est formé une quantité abondante de sucre,
alors que nulle parcelle de sucre ne s'est formée dans la
liqueur gastrique, que le milieu soit alcalin, neutre ou acide.

Si pendant deux ou trois jours on abandonne à l'étuve un
mélange de suc gastrique neutralisé et d'amidon, quelquefois
on constate la production de sucre. Mais, dans ce cas, c'est

que la liqueur a fermenté et qu'il s'y est développé des organismes inférieurs qui ont certainement été les agents de la transformation de l'amidon en sucre.

Pour s'assurer que le suc gastrique mixte (c'est ainsi que l'on peut appeler le mélange de la sécrétion gastrique avec les aliments à demi digérés) ne contient pas de sucre, il faut précipiter la majeure partie des matières albumineuses dissoutes, ce qui se fait en ajoutant au suc gastrique mixte trois ou quatre fois son volume d'alcool. La partie filtrée est évaporée, et c'est dans le résidu de l'évaporation qu'on recherche le sucre. On trouve toujours des peptones, et des substances qui décolorent et font tourner au violet la liqueur de FEHLING ; mais il n'y a pas précipitation d'oxyde de cuivre.

Ainsi, voici un premier fait bien établi, c'est que le suc gastrique des poissons cartilagineux n'agit sur l'amidon, ni en milieu acide, ni en milieu neutre, et que les matières dissoutes par le suc gastrique ne contiennent pas de sucre.

Il est assez vraisemblable qu'il en est ainsi chez la plupart des poissons, et même chez les autres vertébrés.

IV

Action du suc gastrique sur les matières albuminoïdes.

Chez les Squales et les Roussettes, comme chez tous les autres vertébrés, c'est sur les matières albuminoïdes qu'agit surtout le suc gastrique.

Pour déterminer la mesure de cette action digestive, j'ai fait trois séries d'expériences entreprises avec des albumines diverses. J'ai employé, en effet, tantôt la fibrine du sang, tantôt de l'albumine d'œuf, soit cuite, soit non cuite.

La fibrine du sang peut être, après lavage, ramollie et dissoute dans une quantité d'eau contenant 2 grammes de HCl par litre. Si, je suppose. on met 100 grammes de fibrine dans un litre d'eau acide, on aura 0,1 de fibrine par centimètre cube de liquide. On pourra ainsi, sans faire de pesées, et par une mesure volumétrique, employer telle quantité de fibrine qu'on désire. Si l'on veut conserver longtemps sans altération la liqueur de fibrine, il faut y ajouter des substances qui entravent la fermentation putride, par exemple du cyanure de potassium (5 grammes par litre) ou du chloroforme. Grâce à ces substances, la liqueur de fibrine peut se conserver presque indéfiniment.

On peut aussi, d'après la méthode classique, découper de petits cubes dans l'albumine d'œuf coagulée.

J'ai souvent opéré avec l'albumine d'œuf soluble. Cette albumine, dissoute et battue dans trois fois son volume d'eau, donne avec l'acide azotique un précipité abondant, précipité qui n'a pas lieu quand l'albumine a été peptonisée.

Ce procédé de l'albumine crue est très expéditif et très exact. Aussi ne puis-je guère m'expliquer pourquoi il a été abandonné par tant de physiologistes. L'examen seul des vases où se font les digestions artificielles, leur transparence, leur viscosité, donnent des notions précieuses. La coagulation par la chaleur d'abord, puis par l'acide azotique, puis par la chaleur et l'acide azotique ensemble, fournit des renseignements plus complets et plus nuancés que n'en peut donner l'examen de la fibrine quand l'albumine n'est pas digérée. L'acide nitrique en excès la précipite et donne un coagulum jaune (xanthoprotéique). Ce coagulum jaune n'a lieu que quand il y a un grand excès d'acide nitrique. Si donc, dans une albumine peptonisée, on verse quelques gouttes d'acide, nulle couleur jaune ne se manifestera; mais, s'il y a des flocons d'albumine, l'excès d'acide nitrique les colorera aussitôt en jaune.

Pour préparer cette albumine d'œuf, voici le procédé que j'ai employé. L'albumine de l'œuf frais est mêlée à 2 fois son poids d'eau, puis à HCl, en quantité telle qu'un centimètre cube de la liqueur contienne 0,01 de HCl.

La solution obtenue ainsi est parfaitement limpide et homogène, et, par des mesures volumétriques, on peut en mettre, dans les vases où se font les digestions artificielles, des quantités rigoureusement exactes.

Ces trois méthodes (fibrine, albumine cuite, albumine crue) se contrôlent l'une par l'autre.

On sait que certains auteurs, en particulier M. KRUKEN-BERG [1], ont constaté chez certains poissons l'existence dans la muqueuse stomacale d'une trypsine, autrement dit d'une substance analogue à la trypsine pancréatique, qui digère l'albumine en solution neutre ou faiblement alcaline.

J'ai donc voulu vérifier ce fait, et pour cela j'ai fait digérer, à plusieurs reprises, par du suc gastrique très actif, l'albumine et la fibrine en solution neutre.

Or, jamais il n'y a eu, non seulement peptonisation, mais même dissolution de la fibrine. C'est, comme on sait, le premier stade de la digestion. Eh bien! en solution neutre, le suc gastrique des poissons n'a jamais effectué cette dissolution, que réalisent très rapidement, en solution acide, des traces de pepsine. Quant à l'albumine, elle n'a pas été attaquée.

Ainsi l'estomac des poissons cartilagineux ne contient ni diastase ni trypsine.

Si on laisse longtemps la fibrine en solution neutre avec du suc gastrique, la fibrine se putréfie, se dissout, mais précipite toujours par l'acide azotique.

Je rappelle ce résultat que j'avais déjà indiqué dans mes premières recherches sur le suc gastrique, parce qu'on a attribué à la pepsine des propriétés antifermentescibles dont elle est absolument dépourvue. C'est l'acide chlorhydrique, qui, dans le suc gastrique, empêche la putréfaction.

M. KRUKENBERG a aussi constaté qu'il n'y a pas de trypsine dans l'estomac des sélaciens.

Évidemment il contient une substance analogue, mais non

1. *Untersuchungen aus dem physiol. Institute der Universität Heidelberg*, 1882, t. II, fasc. 4, p. 396.

identique, à la pepsine des vertébrés supérieurs. Elle présente en effet deux caractères principaux :

1° Elle agit à une température de 20° presque aussi énergiquement qu'à 40° ;

2° Elle agit dans des solutions très acides, contenant 10, 15, et même 20 de HCl, mieux que dans des solutions ne contenant que 1 gramme, 1er 5, et 2 grammes de HCl.

Le premier fait est bien connu, et je n'ai pas à y insister.

Quant au second fait, il faudrait, pour différencier la pepsine des poissons de la pepsine des mammifères, établir que celle-ci est entravée ou ralentie dans son action quand l'acidité du milieu dépasse 5 ou 6 grammes de HCl par litre.

Si l'acidité de la liqueur digestive atteint ou dépasse 25 grammes de HCl par litre, la digestion, au lieu d'être activée, est ralentie.

Mais si l'on prend une même quantité de suc gastrique, et qu'on le fasse agir sur l'albumine dans des solutions contenant 2, 3, 4 grammes, etc., jusqu'à 10 grammes de HCl (par litre), on constate que l'activité digestive va en augmentant, à mesure que la quantité d'acide est plus considérable. Souvent des liquides gastriques, acidifiés de manière à ce que la liqueur contînt 4 grammes de HCl, m'ont paru inactifs, alors qu'ils redevenaient très actifs quand l'acidité était de 10 grammes de HCl.

D'ailleurs, il est possible que, selon qu'on fasse des digestions d'albumine ou de fibrine, l'influence de l'acidité soit différente. J'ai cru constater que l'albumine se digère mieux que la fibrine dans des milieux très acides.

La mesure de la puissance digestive de la pepsine des poissons est difficile à donner. Je puis cependant indiquer quelques faits qui vont montrer que la muqueuse stomacale des poissons contient, relativement à son poids, une très grande quantité de ferment actif.

5 grammes de suc gastrique mixte peuvent, dans l'espace de trois ou quatre heures, transformer complètement en pep-

tone 6 grammes de fibrine. En prenant 1 gramme de muqueuse stomacale, en la broyant avec de l'eau acidifiée, on a un extrait qui peut peptoniser en 3 ou 4 heures 6 grammes de fibrine. Par conséquent, la muqueuse de l'estomac peptonise, durant un très court espace de temps, six fois son poids de fibrine.

Ces actions peuvent s'opérer à des températures basses, à 12° par exemple.

Avec l'albumine, laquelle est si difficilement digérée par les sucs gastriques des mammifères, on obtient aussi de très bons résultats.

Ainsi en seize heures, 1 gramme de la muqueuse gastrique a parfaitement peptonisé (à froid) 7 grammes d'albumine crue.

La limite de l'activité digestive n'était pas atteinte ; car 1 gramme de cette même muqueuse a peptonisé presque complètement pendant le même temps 33 grammes d'albumine crue (à l'étuve à 38°).

Cette muqueuse, desséchée à 40° pendant vingt-quatre heures, perd l'eau dont elle était imprégnée, de sorte que son poids diminue beaucoup, de 80 p. 100 d'après une expérience. Il s'ensuit que 0,2 de cette muqueuse sèche peut dissoudre en seize heures et peptoniser 30 grammes d'albumine environ, soit 1 gramme peut peptoniser 150 grammes d'albumine.

La dessiccation de la muqueuse n'altère pas profondément ses propriétés peptiques. La pulpe stomacale raclée, conservée quelque temps avec un peu d'alcool salicylé, puis desséchée dans l'étuve à 40°, a donné une masse solide douée de propriétés très actives encore.

Par rapport au poids de l'animal on peut admettre (ainsi que me l'ont démontré beaucoup d'expériences) que sur un squale pesant 1 kilogramme, la raclure de l'estomac donne environ 5 grammes de substance peptique. Ces 5 grammes sont capables de faire la digestion de 150 grammes d'albumine. On peut voir par là qu'un Squale d'un kilogramme peut peptoniser en 24 heures 150 grammes d'albumine, soit plus du sixième de son poids.

D'ailleurs, en pareille matière, des chiffres absolus sont difficiles à donner. C'est par des expériences comparatives et multipliées qu'on pourra s'assurer que la muqueuse gastrique d'un *Scyllium* ou d'un *Galeus* contient, proportionnellement à son poids, comme au poids total de l'animal, beaucoup plus de pepsine que la muqueuse gastrique d'un porc ou d'un chien.

V

Action sur la chitine.

Parmi les substances alimentaires ingérées par les poissons, il faut ranger les crustacés. Or, par le suc gastrique l'enveloppe chitineuse de ces arthropodes est parfaitement digérée. C'est un fait sur lequel MM. Pouchet et Tourneux ont insisté, et il serait étrange de supposer, comme l'a fait M. Krukenberg [1], qu'il s'agit là d'une exception.

Au contraire, c'est le fait normal et régulier, et, quoiqu'il soit difficile de réaliser cette dissolution de la chitine dans des digestions artificielles, il n'en est pas moins vrai que pendant la vie la chitine des crustacés se ramollit et se dissout dans l'estomac des squales.

Ce fait est assez surprenant, car on connaît la résistance vraiment extraordinaire de cette substance aux actions chimiques.

L'enveloppe tégumentaire des crustacés se compose de calcaire, lequel est dissous par l'acidité de la sécrétion gastrique; de chitine, qui se dissout aussi, et d'une matière colorante qui est mise en liberté.

---

1. *Loc. cit.*, p. 385.

Cette matière colorante, qui rougit par les acides, se prssente sous la forme d'une huile qui s'amasse en très fines gouttelettes, et qu'on peut extraire en agitant avec l'éther la masse stomacale pulpeuse.

Cette huile, d'un rouge vif, exhale une odeur pénétrante, qui est tout à fait analogue à la bisque d'écrevisse. Peut-être la matière odorante et la matière colorante sont-elles identiques? On pourrait faire des recherches sur ce point.

Cette huile rouge, qui provient des carapaces des crustacés, est soluble dans l'éther; elle se décompose par l'ébullition avec l'acide nitrique en dégageant des vapeurs nitreuses, et, par l'oxydation à l'air, elle se détruit spontanément, en quelques heures, donnant une huile incolore à odeur désagréable.

VI

Sécrétion gastrique.

Les ferments organisés abondent dans les produits de la digestion gastrique chez les mammifères, et ils jouent un rôle important dans les phénomènes digestifs; c'est un point sur lequel j'ai insisté en 1878, et qui est maintenant devenu non seulement classique, mais banal.

Chez les poissons, j'ai constaté aussi la présence de nombreux organismes élémentaires, dans l'estomac. Ces microbes extrêmement nombreux sont cependant peu mobiles; et, quand l'estomac est très acide, comme pendant la digestion, il est probable que les actions chimiques qu'ils effectuent sont peu considérables. Mais, si le suc gastrique est neutralisé, comme cela a lieu dans l'intestin, aussitôt ils se développent et pullulent[1].

1. Des observations que j'ai faites d'abord dans la Méditerranée, puis au Havre, sur des poissons marins de petites dimensions, appartenant aux genres *Serranus*,

J'insisterai ici seulement sur ce point. Quelle est l'influence des agents antiseptiques sur la digestion gastrique ?

Cette question est d'autant plus intéressante que, pour quelques auteurs, la digestion peptique a été assimilée à une fermentation par des microbes.

Il ne me paraît pas que cette opinion puisse être soutenue. En effet, j'ai obtenu des digestions artificielles excellentes dans des milieux contenant des substances antiseptiques :

1° Albumine, suc gastrique d'une acidité de 23 grammes de HCl par litre : *bonne digestion.*

2° Albumine, suc gastrique A : *bonne digestion.*

3° Albumine et même suc gastrique avec éther en excès : *assez bonne digestion.*

4° Albumine et même suc gastrique avec chloroforme en excès : *très bonne digestion.*

5° Albumine et suc gastrique B : *assez bonne digestion.*

6° Albumine et même suc gastrique avec éther en excès : *bonne digestion.*

7° Albumine et même suc gastrique avec 5 grammes de cyanure de potassium (par litre) : *assez bonne digestion.*

8° Albumine et même suc gastrique avec chloroforme en excès : *très bonne digestion.*

Il me paraît inutile de multiplier les exemples analogues. En effet, il est démontré que l'acide chlorhydrique à 23 grammes par litre, ou le cyanure de potassium, en solution acide, à 5 grammes par litre, ou le chloroforme en excès, empêchent absolument la fermentation par des microbes. Par conséquent,

---

Julis, Scorpœna, m'ont prouvé que les germes sont moins dans la cavité stomacale que dans le liquide péritonéal qui baigne l'estomac. D'innombrables bactériens *coccus, micrococcus, torula,* etc., sont appendus aux tuniques extérieures des appendices pyloriques et de l'estomac. Il n'est pas douteux que certains de ces éléments ne passent dans le sang, et en effet, dans le sang des poissons on voit, mélangées aux globules, des granulations extrêmement fines. réfringentes, mobiles, tout à fait analogues aux corpuscules-germes. Quelquefois même on y trouve, mais bien plus rarement, des formes bactériennes.

puisque la digestion peptique peut s'accomplir dans de tels milieux, elle ne saurait être assimilée à une fermentation microbiotique.

A la dissolution de la fibrine dans l'acide chlorhydrique, j'ai ajouté constamment du cyanure de potassium (4 grammes par litre), qui empêchait complètement la putréfaction de la fibrine, mais qui n'entravait en rien sa digestion par le suc gastrique.

Toutefois l'addition de cyanure de potassium a cet inconvénient que ce sel est décomposé par l'acide chlorhydrique, et que l'acide libre est alors de l'acide cyanhydrique, beaucoup moins favorable à la digestion que l'acide chlorhydrique. Il faut donc avoir soin de mettre une quantité de HCl suffisante pour qu'il y en ait un excès dans la liqueur digestive.

Le chloroforme et l'éther (lavé à l'eau et dépourvu d'alcool) sont plus convenables à cette démonstration. Peut-être même faut-il préférer le chloroforme qui se volatilise moins vite que l'éther. Or des quantités considérables de chloroforme ne modifient en rien la puissance digestive des liquides gastriques.

VII

Influence de la putréfaction et des matières antifermentescibles.

Ce qu'il y a de plus intéressant dans l'étude de la digestion gastrique chez les poissons, c'est le mode de formation du suc gastrique. Les expériences qu'on peut faire à cet égard chez les *Scyllium* jettent quelque lumière sur ce phénomène, un des plus obscurs de la physiologie.

Tout d'abord, faisons observer que le suc gastrique n'est fortement acide que pendant la digestion. On l'a constaté depuis bien longtemps chez les mammifères. L'expérience réussit aussi très bien chez les poissons.

Sur une Roussette qui avait vécu dans l'aquarium depuis deux mois, et qui, malade, asphyxiée lentement, n'avait pas pris de nourriture depuis longtemps, j'ai trouvé l'estomac complètement dépourvu d'aliments. Or c'est à peine si le papier de tournesol bleu rougissait légèrement au contact de la muqueuse. Dans la cavité gastrique, le produit de sécrétion était une masse glutineuse, parfaitement transparente, que je ne saurais, pour toutes les apparences extérieures, mieux comparer qu'au corps vitré de l'œil. Cette humeur demi-solide, constituant du suc gastrique absolument pur, était douée d'une activité digestive très médiocre. En effet, 10 grammes ne purent peptoniser de la fibrine acidifiée qu'au bout de 3 fois 24 heures. La muqueuse gastrique, râclée, et mise en suspension dans de l'eau, donna aussi des quantités fort médiocres de pepsine active.

D'une manière générale, plus l'estomac est rempli de matières alimentaires, plus l'acidité est considérable, plus est grande la quantité de pepsine contenue dans la muqueuse stomacale. Toutefois, la muqueuse d'un estomac tout à fait vide contient encore une certaine quantité du ferment peptogène.

Chez les mammifères, le suc gastrique qui est sécrété est liquide : mais chez les poissons il ne semble pas qu'il en soit ainsi. Jamais on ne trouve, à proprement parler, de *liquides* dans l'estomac; mais seulement des matières alimentaires imprégnées d'une masse mucilagineuse qui n'est autre que le suc gastrique. Exposée à l'air, cette masse, d'abord cohérente, difficilement miscible à l'eau, et impossible à filtrer, change peu à peu de caractère. Elle *se dissout elle-même*, devient de plus en plus liquide, si bien qu'au bout de quelques heures, les matières alimentaires nagent dans un liquide assez abondant, véritable suc gastrique *secondaire*, qui résulte de l'autodigestion du suc gastrique primitif.

Le suc gastrique primitif, qui est sécrété par l'estomac, n'est pas un vrai produit de sécrétion. C'est plutôt le résultat d'une sorte de fonte de la muqueuse stomacale.

En effet, si l'on prend un estomac de Roussette en pleine digestion, c'est à peine si l'on pourra, par le raclage de la membrane interne de l'estomac, obtenir quelques parcelles de la substance grisâtre qui constitue la partie la plus superficielle de la muqueuse. C'est qu'en effet cette couche superficielle s'est désagrégée. Elle s'est détachée de la paroi stomacale pour former le suc gastrique mêlé aux aliments. Le mucus gastrique qui englobe les matières alimentaires a tout à fait le même aspect que la pulpe grisâtre qu'on obtient en raclant la muqueuse.

L'amas pulpeux grisâtre qui résulte du raclage de la membrane interne de l'estomac possède une propriété singulière. Si on le mélange avec dix fois son volume d'eau, par exemple, en l'agitant fortement, la masse se gonfle, emprisonne l'eau, et le tout forme une masse glutineuse, cohérente, non filtrable, et non miscible à l'eau. Il s'agit là d'un véritable mucilage, comme celui qu'on obtient dans certaines préparations pharmaceutiques.

Ce mucilage abandonné à soi-même se dissout très lentement, et même si lentement qu'il se putréfie avant d'être devenu parfaitement liquide.

Mais si l'on y ajoute quelques gouttes d'acide chlorhydrique, de manière à donner à toute la liqueur une acidité répondant à 10 grammes de HCl par litre, la dissolution est très rapide. En deux ou trois heures, à la température ordinaire, toute la masse s'est liquéfiée et dissoute. Il ne reste plus que quelques rares flocons de matières insolubles, grisâtres, qui tombent au fond du vase. Le reste constitue une masse parfaitement homogène, liquide et miscible à l'eau.

Comme ce fait est assez important, je donnerai le récit d'une expérience faite de cette manière.

Sur un gros squale pesant 5 kil. (l'estomac était à peu près vide), on lave doucement la cavité stomacale, puis on racle la muqueuse. Le raclage donne une masse glutineuse pesant

24 grammes [1]. Quand le raclage est terminé, sans déterminer de rupture vasculaire, on voit à découvert la partie profonde de la muqueuse stomacale, vasculaire, et parsemée de taches ecchymotiques.

La masse glutineuse est alors agitée dans 240 grammes d'eau. Elle forme un magma cohérent, filant, et non miscible à l'eau.

La moitié de ce magma est laissée dans un verre à expérience.

L'autre moitié est acidifiée par l'acide chlorhydrique, de manière que son acidité réponde à 11 grammes de HCl par litre. En moins de trois heures toute la masse se dissout, et il ne reste plus que quelques rares flocons gris insolubles.

La portion non acidifiée reste mucilagineuse.

Le lendemain (24 heures après), la portion non acidifiée s'est dissoute en partie. Mais il reste encore beaucoup de mucilage.

Le surlendemain, presque tout s'est dissous, quoique la dissolution soit moins complète que dans la portion acidifiée. L'odeur de la putréfaction est assez prononcée. Néanmoins, c'est encore un liquide peptique très actif : en effet 5 centimètres cubes (après acidification) transforment en vingt heures à froid 4 grammes d'albumine crue [2].

Voyons maintenant quelles sont les conclusions qui se dégagent de cette expérience.

Nous pouvons supposer qu'au moment où les aliments pénètrent dans l'estomac, sous l'influence de l'excitation de la muqueuse, il se fait, par voie réflexe, une production abondante d'acide chlorhydrique : cet acide va ramollir, gonfler et

---

1. Ces 24 grammes représentent environ 4gr,8 de matière sèche.

2. Cette dernière expérience montre d'une part que la pepsine ne s'oppose pas à la putréfaction, d'autre part que ce n'est pas la première substance qui disparaît par le fait de la putréfaction, et qu'elle résiste un certain temps aux microbes destructeurs.

Ces 5 centimètres cubes représentent 0,5 de muqueuse humide, et 0,1 de muqueuse sèche.

dissoudre la portion la plus superficielle de la muqueuse. Ainsi sera formé le suc gastrique, résultat de la fonte de la muqueuse par l'action de l'acide chlorhydrique sécrété. Cette hypothèse me paraît rendue vraisemblable par l'expérience précédente que j'ai répétée trois fois et qui m'a trois fois donné le même résultat.

La pepsine existe-t-elle toute formée dans l'estomac? ou bien se produit-elle pas suite d'un dédoublement particulier? On sait que M. HEIDENHAIN a émis l'opinion qu'il existe une sorte de *propepsine*, substance qui se dédouble en donnant de la véritable pepsine.

Quelques expériences m'ont semblé montrer qu'il en était ainsi.

En effet 10 centimètres cubes de suc gastrique mixte filtré n'ont pas peptonisé 5 grammes de fibrine; tandis que le lendemain une quantité moitié moindre de ce même suc gastrique a peptonisé en quelques heures 5 grammes de fibrine.

Une autre fois, la peptonisation de la fibrine, tout à fait nulle au bout de 24 heures, était complètement achevée le lendemain, comme si le premier jour il n'existait pas de pepsine, alors que le lendemain cette pepsine existait en quantité considérable.

Ce qui m'a paru le mieux démontrer la présence, encore assez hypothétique, de cette propepsine, c'est l'action du cyanure de potassium. Ce sel, quand il est en solution très acide, n'entrave pas la digestion : mais il entrave la transformation de la propepsine en pepsine ; de sorte que des liquides digestifs, peu actifs le premier jour, restent définitivement inactifs, quand on les additionne de cyanure de potassium (10 grammes par litre). Au contraire, ils deviennent très actifs, si on les abandonne à eux-mêmes, sans addition de cyanure de potassium. Une fois qu'ils ont acquis leur activité, le cyanure de potassium ne peut plus entraver leur puissance digestive.

En somme, il me paraît qu'on peut se faire l'idée suivante de la sécrétion du suc gastrique.

La muqueuse gastrique contient dans sa portion superficielle une substance qui par l'action d'un acide peut se dissoudre et donner la pepsine. Au moment de l'abord des
aliments, par une influence nerveuse, l'acide se forme. Il
dissout la muqueuse, et, dans cette dissolution qui se fait
lentement, au fur et à mesure la pepsine se forme par le
dédoublement de la propepsine qui y est contenue.

Ce ne sont là, malheureusement, que des hypothèses ; mais
elles sont rendues assez vraisemblables par les expériences
qui précèdent.

VIII

Pancréas et son action sur l'amidon, sur les matières albuminoïdes, et sur les matières grasses.

Chez les Sélaciens et les poissons cartilagineux, le pancréas n'est pas disséminé ; mais il se présente sous la forme
d'une petite glande blanchâtre bien distincte[1].

Comme on connaît peu de chose de ses propriétés physiologiques dans cette classe, j'ai essayé de comparer ses fonctions avec celles du pancréas des vertébrés supérieurs.

Le pancréas des mammifères agit, comme on le sait depuis
les belles expériences de CLAUDE BERNARD sur les aliments
albuminoïdes, sur les matières amylacées et sur les matières
grasses.

Or le pancréas des *Scyllium* et des *Galeus* (car je ne voudrais pas trop généraliser les résultats obtenus) m'a paru
dépourvu de toute action sur les matières azotées.

Si l'on prend le pancréas d'un squale, qu'on le broye dans
un mortier avec de l'eau et du sable, puis qu'on filtre le
mélange, on a une sorte de suc pancréatique artificiel, dépourvu de toute action sur la fibrine.

1. Chez un *Scyllium* de 5 kilogrammes, le pancréas pesait 4^{gr},5.

Ni en solution acide, ni en solution neutre, ni en solution faiblement·alcaline, je n'ai pu obtenir la moindre digestion par l'action de ce suc pancréatique artificiel, même quand l'expérience durait quatre jours. Dans les solutions alcalines ou neutres, la fibrine restait indissoute ; elle se dissolvait à la longue cependant, ce qui paraît dû plutôt à la putréfaction par des ferments organisés qu'à une peptonisation vraie par la trypsine.

En mettant de nombreux fragments du pancréas au contact de la fibrine ou de l'albumine, je suis de même arrivé à un résultat négatif.

Si le pancréas des *Scyllium* ne contient pas de trypsine, en revanche il possède une diastase dont l'activité est assez notable :

1° Suc pancréatique et empois d'amidon avec traces de cyanure de potassium. Le lendemain, la réaction sucrée est extrêmement nette.

2° Fragments de rate broyée avec de l'eau et empois d'amidon avec traces de cyanure de potassium. Ni le lendemain, ni le surlendemain, il n'y a formation de sucre.

3° Fragments de rate broyée avec de l'eau et empois d'amidon, sans cyanure de potassium. Au bout de deux heures, nulle formation de sucre, mais le lendemain la liqueur est putréfiée, et contient des quantités considérables de sucre[1].

Ces expériences servent en quelque sorte de contrôle pour montrer que la saccharification de l'amidon n'est pas produite par tous les tissus, quels qu'ils soient ; mais qu'il y a une sorte de spécificité d'action et qu'il faut un ferment particulier pour que la saccharification ait lieu.

Quelques auteurs ont aussi soutenu que tous les liquides animaux peuvent, à la longue, sans qu'il y ait fermentation par des organismes inférieurs, opérer la saccharification de l'empois d'amidon. Il ne me paraît pas que cette opinion soit

---

1. Ni le tissu de la rate, ni le tissu du pancréas ne contiennent de glycose.

exacte, puisque le suc gastrique, ainsi que nous l'avons vu plus haut, est dépourvu de toute influence saccharifiante.

4° 0^gr 2 de pancréas ont transformé en deux heures à froid (à 15° environ) une grande quantité d'empois d'amidon.

5° A chaud (40°), en moins de quatre minutes un suc pancréatique artificiel a saccharifié l'empois d'amidon.

6° A chaud (40°), en une heure, ce suc pancréatique artificiel a saccharifié l'empois d'amidon, en présence d'un grand excès de cyanure de potassium.

7° Pancréas et amidon cru. Au bout d'une heure, il n'y a pas de sucre. Il en est de même le lendemain et le surlendemain, quoique la liqueur soit mise à l'étuve.

Il y a là une différence, qui mérite d'être notée, entre le pancréas des squales et celui des mammifères [1].

L'action du pancréas sur les graisses m'a paru aussi évidente que son action sur l'empois d'amidon.

Dans trois expériences, j'ai constaté une émulsion presque parfaite, en agitant deux ou trois gouttes d'huile d'olive avec le suc pancréatique artificiel obtenu comme il a été dit précédemment.

En comparant cette émulsion avec celle que donnaient d'autres tissus, comme la rate, on voit bien qu'il y a dans le pancréas une action émulsivante spéciale; car au bout de quelques minutes l'huile surnage quand elle a été agitée avec le tissu de la rate, tandis qu'elle reste pendant plusieurs heures suspendue, à l'état de fines gouttelettes imperceptibles, qui rendent la liqueur blanchâtre, quand il s'agit du tissu du pancréas [2].

---

1. M. KRUKENBERG dit que chez les squales (*Scyllium* et *Acanthias*) le pancréas contient de la trypsine et non de la diastase. Je ne puis m'expliquer son opinion. En effet, j'ai cru trouver précisément le contraire, c'est-à-dire pas de trypsine, mais de la diastase.

2. CLAUDE BERNARD a constaté sur le pancréas d'une Raie qu'il saccharifiait l'amidon, et qu'il acidifiait les graisses. — *Leçons de physiologie expérimentale,* t. II, pp. 483-484.

IX

Lymphe et son action sur l'amidon.

Ce n'est pas seulement le pancréas qui contient un ferment diastasique. En effet, la sérosité péritonéale semble posséder aussi des propriétés saccharifiantes.

En ouvrant l'abdomen d'un squale vivant encore, on trouve que les viscères abdominaux plongent dans un liquide peu abondant, très transparent, qui ne contient pas de sang, quand on le recueille avec précaution.

Ce liquide incolore ne peut guère être assimilé à la lymphe : car l'ébullition ne détermine aucun coagulum ; et ni l'acide azotique, ni l'acide acétique ne provoquent de précipité albumineux.

En outre cette sérosité ne contient pas de sucre.

Dans une expérience, la sérosité péritonéale, additionnée de cyanure de potassium, a saccharifié en seize heures l'empois d'amidon.

Dans une autre expérience, une quantité minime de sérosité, mise au contact d'empois d'amidon, l'a saccharifié en moins de trois heures.

D'autres expériences m'ont donné le même résultat. On doit donc admettre que la sérosité péritonéale a la propriété de saccharifier l'amidon, et qu'elle contient une diastase[1].

---

1. Je n'ai pas alors recherché la présence de microbes dans cette sérosité. Les observations faites sur les *Serranus, Iulis, Crenolabrus, Labrus, Scorpœna*, m'autorisent à supposer qu'il se trouve aussi des microbes dans la sérosité péritonéale des squales, et que c'est aux substances chimiques qu'ils sécrètent qu'est due l'action diastatique de ce liquide.

X

Foie des poissons cartilagineux

Le foie des poissons cartilagineux est très chargé de graisse. Il est volumineux relativement au poids de l'animal. Un squale de 3500 gr. avait un foie pesant 232 gr., soit 66 grammes de foie par kilogramme l'animal.

Je n'ai pas recherché l'action du foie ou de la bile sur les aliments ; mais j'ai pu vérifier une assertion de CLAUDE BERNARD[1] relative à la teneur du foie en glycogène et en sucre.

Dans un cas, le foie contenait une forte quantité de sucre, soit 14^{gr}, 3 par kilogramme de tissu hépatique. Ce chiffre est très voisin des chiffres qu'a trouvés CLAUDE BERNARD dans le foie des chiens [2] (19-14-17-13-13-18-8-15).

Dans un autre cas, je n'ai trouvé que des traces de sucre et de glycogène.

Dans deux autres cas, je n'ai pu trouver ni sucre, ni glycogène.

Or ces différences s'expliquent par l'état physiologique des poissons que j'ai examinés.

Le *Scyllium* dont le foie contenait du sucre était très vivant encore quand il m'a été apporté. Son cœur battait avec force : et ses mouvements respiratoires étaient réguliers.

Le *Scyllium* dont le foie ne contenait que des traces de glycogène vivait encore ; mais le cœur ne battait plus, et les mouvements respiratoires étaient rares, faibles et irréguliers. Évidemment il avait été pêché depuis longtemps, et l'asphyxie à laquelle il avait été soumis durant plusieurs heures avait déterminé la destruction du glycogène et du sucre hépatique.

1. *Leçons sur les phénomènes de la vie*, t. II, pp. 98 et suiv.
2. *Leçons de physiologie expérimentale*, t. I, p. 93.

Des deux autres *Scyllium* dont le foie ne contenait pas de sucre, l'un était mort; l'autre était très vivant. Mais ce dernier provenait de l'aquarium. Il avait vécu en captivité, depuis un mois. Son tube digestif était absolument vide, et son corps était presque exsangue.

Ces faits confirment complètement l'opinion de Claude Bernard; d'une part, que le glycogène et le sucre du foie disparaissent très vite après la mort, et même pendant la mort (quand elle est lente); d'autre part, que des animaux placés dans un état de misère physiologique ne peuvent plus faire de glycogène.

XI

Digestion intestinale.

L'acidité extrême des sucs de l'estomac fait que les liquides intestinaux conservent pendant la digestion encore quelque acidité. Toutefois cette acidité est faible, et dans quelques cas le liquide intestinal est tout à fait neutre. Je ne l'ai jamais trouvé alcalin.

Chez les poissons, par suite de la brièveté extrême du tube intestinal, la digestion intestinale est peu importante. D'ailleurs, il en est ainsi chez la plupart des carnassiers.

A plusieurs reprises, j'ai examiné les produits de la digestion intestinale : c'est une masse pulpeuse, blanchâtre, et nullement liquide : je n'y ai pu trouver traces de sucre.

Il est vraisemblable que le sucre, au fur et à mesure qu'il est formé, est absorbé et disparaît.

L'action des liquides intestinaux sur les matières albuminoïdes m'a paru être tout à fait nulle. Ni en solution acide, ni en solution alcaline, ni en solution neutre, il n'y a peptonisation de la fibrine ou de l'albumine. Ce fait prouve que dans l'intestin la pepsine disparaît. Comment se fait cette disparition? Cette recherche serait importante à poursuivre ; car elle nous renseignerait sur un des points les plus obscurs de l'histoire de la digestion ; c'est-à-dire le sort ultérieur de la pepsine, après que les matières alimentaires à demi chymifiées ont quitté l'estomac.

Sur la plupart des sujets, les matières intestinales broyées avec de l'eau et de l'empois d'amidon n'ont aucune action saccharifiante. Cependant, sur un *Acanthias*, il y a eu rapidement formation de sucre, même en présence d'une quantité notable de cyanure de potassium.

On peut supposer, vu l'activité diastasique du pancréas, que ces matières intestinales contenaient encore du suc pancréatique, qu'en général ce suc pancréatique disparaît rapidement, mais que dans quelques cas on peut encore en retrouver des traces.

XII

Foie des crustacés et des mollusques. Son action sur l'amidon.

Je dirai, en terminant, quelques mots des propriétés digestives du foie de quelques invertébrés, crustacés (*Carcinus mœnas*) et échinodermes (*Asteria aurantiaca*).

Le foie des crabes ne m'a pas paru contenir de sucre ; mais seulement du glycogène en petite quantité.

Il en est de même du foie des astéries, qui, le premier jour, ne contenait pas de traces de sucre, alors qu'examiné le lendemain, il en contenait d'assez notables quantités, dues probablement à la transformation du glycogène en sucre.

Ni le foie des crabes, ni le foie des astéries, ne m'ont paru contenir de trypsine, soit en solution alcaline, soit en solution neutre.

Au contraire, l'un et l'autre, et surtout le foie des crabes,

contiennent un ferment diastasique énergique. Quelques parcelles d'un foie de crabe, mises en contact avec de l'empois
d'amidon, l'ont saccharifié à froid, en cinq minutes.

Une transformation analogue, quoique moins rapide, a eu
lieu avec le tissu hépatique, si volumineux, des astéries.

Enfin cette saccharification a pu être obtenue, même en
présence d'un grand excès de substances antifermentescibles,
cyanure de potassium, dans un cas, et chloroforme dans
l'autre.

Ainsi le foie des crustacés et des échinodermes contient
un ferment diastasique puissant.

XXVII

INFLUENCE DE LA PRESSION

ET DE

LA TEMPÉRATURE SUR L'ASPHYXIE

DES POISSONS

Par M. Charles Richet.

Après avoir étudié l'influence de la température sur la durée des réflexes chez les poissons, j'ai essayé d'examiner l'influence de la température sur la durée totale de l'asphyxie.

J'appelle durée totale de l'asphyxie le temps qui s'écoule entre le moment où le poisson est sorti de l'eau et le moment où il n'a plus du tout de réflexes.

On sait que les divers poissons sortis de l'eau ne mettent pas le même temps à mourir. Il y a de très grandes diversités dans la résistance, depuis la sardine qui meurt immédiatement, jusqu'à l'anguille qui résiste plus de vingt-quatre heures.

L'influence de la température sur la durée de l'asphyxie est manifeste.

Julis vulgaris	16°	55 minutes.
—	18°	31 —
—	20°	11 —
Crenolabrus.	16°	50 —
—	16°	50 —
—	17°	35 —
Serranus cabrilla . . .	15°,5	57 —
— . . .	27°,5	5 —
Brama Rai.	17°	20 —

Ces faits sont facilement explicables et n'ont pas besoin de commentaires. Ils sont d'ailleurs parfaitement connus des physiologistes d'une part, sans que la mesure précise ait été faite, et d'autre part des pêcheurs qui savent qu'en été les poissons sortis de l'eau vivent moins longtemps qu'en hiver.

M. AUBERT, dans ses expériences sur les grenouilles, a constaté que l'asphyxie est d'autant plus rapide que la température est plus élevée.

Un autre point plus intéressant est l'influence de la pression subie par les poissons sur l'asphyxie.

En pêchant des poissons à des profondeurs diverses, ce qui revient à pêcher des poissons soumis à des pressions différentes, j'ai obtenu les chiffres suivants :

Girelle (Iulis).	Durée de l'asphyxie.	Profondeur.
15°,4	43 minutes.	4^m,5
16°	55 —	0 ,5
17°	42 —	12
17°	33 —	30
17°	66 —	30
17°,5	62 —	35
18°	31 —	21
19°	59 —	0 ,5

Il ne semble pas que ces chiffres assez irréguliers puissent autoriser à une conclusion.

Au contraire, chez les Serrans on voit nettement que la durée de l'asphyxie est d'autant plus courte que la pression est plus forte.

$$
\begin{array}{lll}
12 \text{ minutes} & 90 \text{ m.} \\
12 & - & 32 \\
24 & - & 21 \\
30 & - & 24 \\
50 & - & 12 \\
57 & - & 0^{\mathrm{m}},5 \\
\end{array}
$$

Ces six expériences, très concluantes et allant dans le même sens, autorisent à admettre que chez les Serrans la durée de l'asphyxie est, au moins dans certaines limites, inversement proportionnelle à la pression; la mort par l'asphyxie survient très vite quand l'animal est retiré de l'eau à une grande profondeur. Elle est plus lente quand la profondeur de l'eau où il se trouvait était faible.

On sait d'ailleurs que la plupart des poissons, sans doute à cause des conditions d'équilibre de leur vessie natatoire, restent constamment dans les mêmes profondeurs. Ils ne se déplacent guère perpendiculairement de plus de quelques mètres. En pêchant à la ligne, en mer, dans des eaux très claires et peu profondes, on voit bien que certaines espèces de poissons, si affamés qu'ils soient, ne remontent jamais à plus d'un mètre au-dessus du niveau du sol.

Lorsqu'on prend des poissons (Girelles et Serrans) à une profondeur même assez faible de 5 mètres ou de 10 mètres, et qu'au lieu de les asphyxier on les remet dans un bassin, de manière à essayer de les faire vivre, on constate que plusieurs d'entre eux périssent. La mortalité étant, je suppose, dans les premières vingt-quatre heures, de 50 p. 100, le lendemain, sur les 50 qui restent, en vingt-quatre heures, la mortalité est de 25 p. 100, le surlendemain de 10 p. 100; puis ceux qui survivent se sont habitués à cette nouvelle existence, et, si les conditions d'aération sont bonnes, ils survivent indéfiniment.

J'ai noté aussi l'influence sur la durée de l'asphyxie du traumatisme même faible de l'hameçon. Si peu que la bouche ait été déchirée par l'hameçon, cela suffit pour amener une mort bien plus rapide.

Girelle (sans traumatisme) asphyxiée en 42 minutes.
— (avec —) — en 16 —
Serran (sans —) — en 57 —
— (avec —) — en 37 —

Sur les poissons, on peut constater très nettement un fait qui a un certain intérêt, c'est l'activité d'autant plus grande des poisons que la température est plus élevée.

Voici des chiffres à cet égard, pour deux poisons, le chlorure de potassium d'abord, puis le chlorure de cadmium :

Quantité du sel KCL par litre.		Durée de la vie.
A 15°,17° :	10 gr.	40 minutes.
—	10 gr.	44 —
—	5 gr.	140 —
—	2,5	575 —
De 24° à 26 :	10 gr.	21 —
—	5 gr.	47 —
—	2,5	150 —

Quantité de chlorure de cadmium ($CdCl_2 + H_2O$) par litre.	Durée de la vie.
A 15°,17° : 0,375	14 heures.
— 0,250	18 —
— 0,100	24 —
— 0,05	plus de 48 —
De 24° à 26° : 0,375	3 h. 30'

Ces chiffres montrent avec une évidence parfaite que les poisons agissent d'autant plus rapidement que la température est plus élevée [1].

1. Voy. dans le t. Ier le mémoire de M. Saint-Hilaire sur le même sujet.

XXVIII

DES DIASTASES CHEZ LES POISSONS

Par M. Charles Richet.

Dans le précédent travail [1], j'ai étudié l'action diastasique
de quelques tissus et de quelques liquides chez les poissons
cartilagineux. J'ai montré que, chez les squales, le suc gastrique n'a pas d'action saccharifiante sur l'amidon, que la
lymphe péritonéale d'une part, et d'autre part la glande pancréatique, ont une action saccharifiante évidente sur l'amidon
en empois. Le liquide céphalo-rachidien, analogue à la lymphe, et qui contient des albumines coagulables par la chaleur,
peut aussi quelquefois saccharifier l'amidon.

Sur les poissons osseux, chez la carpe et la tanche, j'ai
cherché à étudier l'action diastasique des mêmes liquides et
des divers tissus qui font partie du tube digestif.

Si l'on prend quelques gouttes de la sérosité péritonéale
d'une carpe, liquide riche en petits cristaux microscopiques et
parfois aussi en bactéries, et qu'on les mélange à de l'empois
d'amidon, en quatre ou cinq minutes on obtient une formation

1. Voy. plus haut, p. 255.

abondante de sucre. Chez les carpes et les tanches, comme chez les squales, la lymphe péritonéale est donc fortement diastasique.

La muqueuse stomacale et la muqueuse intestinale sont aussi pourvues de cette même action saccharifiante, et, en quelques minutes, une parcelle de ces muqueuses peut, avec l'empois d'amidon, donner d'assez notables quantités de sucre. Il faut remarquer cette diastase de l'estomac de la carpe, poisson herbivore, alors que, chez les squales qui sont carnivores, l'estomac est absolument dépourvu de toute puissance diastasique [1].

On sait que chez les vertébrés supérieurs la bile n'a que des propriétés diastasiques très faibles. Il n'en est pas de même chez les poissons. Il suffit qu'une ou deux gouttes de bile soient chauffées à 40 degrés pendant quelques minutes avec l'empois d'amidon pour qu'on puisse aussitôt constater du sucre. Ce résultat, très net dans certains cas, ne me paraît pas être constant.

Quelques expériences ont été faites par CLAUDE BERNARD, par M. KRUKENBERG, sur le pancréas des sélaciens qui constitue une glande distincte, parfaitement délimitée. Mais, chez les poissons osseux, le pancréas est très difficile à voir; le plus souvent il est à l'état de tubes disséminés dans le mésentère (tubes pancréatiques de LEGOUIS). J'ai constaté que les replis mésentériques, qu'ils contiennent ou non des glandes pancréatiformes, sont pourvus d'une puissance diastasique surprenante. Une portion du mésentère pesant à peine quelques milligrammes peut en moins de trois minutes saccharifier quelques centimètres cubes d'amidon. A cet égard le mésentère des carpes et des tanches — car je ne voudrais pas généraliser les résultats obtenus — se comporte, vis-à-vis de l'em-

---

1. M. LUCHAU (*Centralbl. f. d. med. Wiss.*, 1877, p. 497) et M. HOMBURGER (*Ibid.*, p. 561) avaient noté le fait : et ils en ont conclu que l'estomac des carpes est analogue au pancréas. Mais leurs expériences ont porté surtout sur la digestion de la fibrine.

pois d'amidon, aussi énergiquement que le tissu pancréatique des vertébrés supérieurs [1].

Il ne s'agit assurément pas de ferments organisés; d'abord, parce que l'action est presque instantanée, et que je ne regarde comme diastasiques que les tissus qui donnent du sucre en quelques minutes; ensuite, parce que, dans des expériences de contrôle, j'ajoutais tantôt du salicylate de soude, tantôt du cyanure de potassium, ce qui entrave tout développement d'organismes.

En terminant je noterai l'inefficacité diastasique absolue de la glande palatine des carpes et des tanches. Chez les cyprins, existe, comme on sait, à la voûte palatine, un organe volumineux, de consistance molle, rouge, peu étudié, à ce qu'il paraît, par les histologistes. Cette masse spongieuse, que je pensais *a priori* très riche en diastase, par suite de quelque homologie possible avec les glandes salivaires, a été, au contraire, sans action sur l'amidon, comme je l'ai constaté à plusieurs reprises [2].

---

1. M. KRUKENBERG nie que ces replis mésentériques des poissons osseux puissent être assimilés au pancréas (*Untersuch. aus dem physiol. Institute Heidelberg*, 1878, t. I, fasc. 4, p. 338).

2. M. KRUKENBERG (*loc. cit.*, t. II, p. 44) est arrivé à un résultat tout à fait différent, mais il y a tant de contradictions dans ses recherches mêmes que je ne puis m'étonner de ce désaccord.

Afin de fixer les idées par des chiffres, voici le résultat d'une expérience dans laquelle j'ai mis en contact, pendant vingt-quatre heures, à une température de 12 degrés environ, de petites portions de tissu d'un poisson avec de l'empois d'amidon.

Voici les quantités de sucre trouvées finalement, par la liqueur de FEHLING, évaluées par rapport à 1 gramme de tissu ou de liquide :

Replis mésentériques.	6^{gr},9 de sucre.
Vésicule biliaire (vide).	2,7.
Intestin.	1,6.
Estomac.	0,5.
Foie	0,31.
Bile.	0,04.
Glandes salivaires ou palatines.	traces faibles.

XXIX

L'INANITION

Par M. Charles Richet [1].

Pour expliquer ce qui se passe chez un animal privé d'aliments, il faut revenir à une comparaison très ancienne, très banale, mais exacte et presque nécessaire : c'est la comparaison entre l'animal et la machine à feu. Dans la machine, il y a du charbon qui brûle et qui produit de la chaleur et de la force. Les animaux en brûlant produisent aussi de la chaleur et de la force. En cela, ils suivent la même loi que la machine à feu, et brûlent comme elle. L'oxygène qu'ils respirent va oxyder le charbon de leurs tissus, et cette combustion produit chaleur et mouvement. Les aliments représentent le combustible : quant au comburant, dans les deux cas, il est le même, c'est l'oxygène ; et le résultat de cette combustion est toujours la chaleur et la force.

Cela est vrai non seulement pour les animaux, mais encore pour les plantes, car la plante et l'animal font de même : ils dégagent tous les deux de la chaleur et de la force. Seulement la plante en dégage très peu, tandis que l'animal en

1. La forme de ce travail est celle d'une leçon faite aux élèves qui suivent le cours de physiologie. Mais j'y ai pu placer des expériences nouvelles et des recherches originales.

dégage relativement beaucoup. De là, pour l'animal, la nécessité de divers appareils qui lui permettent d'aller chercher au loin sa nourriture.

La plante reste en place, fixée au sol; l'animal, au contraire, est, pour se nourrir, forcé de se mouvoir. On peut dire que toute son organisation, si merveilleusement compliquée, n'est, en somme, que l'appareil annexe de l'estomac.

Les êtres inférieurs ne sont guère qu'un estomac apte au mouvement. C'est en perfectionnant les moyens de chercher au loin et partout sa nourriture que l'animal s'est perfectionné.

Si l'animal ya chercher sa nourriture, c'est qu'il éprouve un besoin, qui est la faim. La nature, en effet, se méfie de l'intelligence de ses enfants. C'est pourquoi elle a donné à tous ses enfants, à tous les êtres vivants, des instincts et des besoins : elle les a tous, sans aucune exception, munis du sentiment de la faim, qui les porte précisément à chercher leur nourriture. Sans le sentiment irrésistible de la faim, nul être ne pourrait vivre.

Le sentiment de la faim est une sensation pénible de malaise et de faiblesse. Cette sensation est générale, mais elle paraît cependant localisée dans l'estomac. Les physiologistes ont donné à cet égard plusieurs explications. Beaucoup d'auteurs anciens envisageaient la sensation de la faim comme une sensation locale : les uns ont dit que le suc gastrique devient plus acide et produit une sensation de brûlure dans l'estomac; les autres ont dit qu'il y avait une contracture de l'estomac. Mais, quoique la sensation faim soit rapportée à l'estomac, la faim n'en est pas moins un phénomène général. En effet, si la faim est quelquefois apaisée par une ingestion de terre et de cailloux (certains oiseaux granivores avalent des cailloux peut-être pour tromper leur faim), si, dis-je, ces substances inertes trompent la faim, elles ne l'apaisent pas complètement.

En outre, l'expérience prouve qu'après la section du nerf

pneumo-gastrique, qui est le nerf sensible de l'estomac, le sentiment de la faim n'est pas aboli. On a fait sur ce sujet quantité d'expériences. Déjà, au xvi⁰ et au xvii⁰ siècle, on savait que les animaux auxquels on avait coupé les pneumo-gastriques ont autant de sensibilité à la faim que les autres.

La faim semble être apaisée, du reste, quand on donne des lavements alimentaires. Il faut donc voir dans la faim un phénomène général et non un phénomène dérivant de la sensibilité de l'estomac.

Il en est de même pour la soif. Quand on a soif, on éprouve une sensation de sécheresse dans l'arrière-gorge. C'est une sensation locale, mais cette sensation est menteuse ; car la soif ne provient pas d'un état quelconque de la muqueuse du pharynx. MAGENDIE, ayant fait la section de l'œsophage chez un chien, laissa ce chien sans lui donner à boire ; cet animal avait une soif ardente : quand il buvait, l'eau s'écoulait par l'ouverture de l'œsophage ; mais il n'en continuait pas moins à boire indéfiniment. Après les grandes hémorragies, le symptôme principal, qui n'a presque pas d'exception, c'est la soif. Tous ceux qui ont perdu beaucoup de sang ont soif, et, sur un champ de bataille, le premier cri des blessés est de demander à boire.

Ce qui produit la soif, c'est la spoliation des éléments aqueux du sang. Il n'est donc pas surprenant que les injections d'eau calment la soif, comme l'a vu MAGENDIE sur des chiens. De même, dans certains naufrages, quand des marins abandonnés sur un rocher aride, ou dans un radeau, étaient privés d'eau douce ; s'ils prenaient des bains, l'absorption d'eau par la peau calmait leurs souffrances. L'eau, pénétrant par les pores de la peau, apaisait leur soif. Donc la soif, comme la faim, est un phénomène général.

Si la faim n'est pas satisfaite, elle disparaît après un certain temps. C'est là un phénomène curieux et paradoxal. La faim, quand l'inanition se prolonge, ne va pas en s'exaspérant. C'est surtout dans les premières vingt-quatre heures qu'elle se fait sentir. On souffre, mais les souffrances vont en diminuant, non en augmentant, comme on aurait pu le croire. M. Laborde m'a montré un chien qu'il avait soumis à l'inanition et auquel il ne donnait pas d'eau. Eh bien! au bout de trente jours de jeûne, ce chien ne s'est pas jeté avec avidité sur une soupe très appétissante qu'on lui avait préparée avec du pain et de l'eau. L'autre jour, à un chien soumis à l'inanition depuis douze jours, j'ai injecté 2 centigrammes de morphine. Cette injection a fait complètement disparaître le sentiment de la faim. Ainsi cette sensation de la faim, si cruelle d'abord, disparaît avec de la patience, et les douleurs atroces qu'on a décrites se produisent surtout vers le commencement de l'abstinence.

Quand on soumet un animal à la faim, le phénomène caractéristique qui se manifeste, c'est la diminution incessante et ininterrompue de son poids.

Je dois insister sur cette perte de poids, car cela nous permettra d'étudier une des lois les plus générales et les plus intéressantes de la physiologie.

Placez dans les deux plateaux d'une balance une tare et une bougie : au bout d'un certain temps, vous verrez le plateau de la balance s'incliner du côté de la tare. Si vous mettez un animal à la place de la bougie, le même phénomène se produit. C'est la vieille comparaison classique de Lavoisier qui a dit : « La vie est un phénomène chimique. »

Donc, si un animal vivant est dans le plateau d'une balance, on voit le poids de l'animal diminuer avec une rapidité vraiment surprenante. Un animal de 10 kilogrammes perd à peu près 5 ou 10 ou 20 grammes par heure; il peut même perdre 25 grammes par heure dans certaines conditions.

Pourquoi perd-il de son poids? Au premier abord, on est tenté de comparer cette perte de poids au phénomène que présente la bougie, et de dire qu'un animal perd de son poids parce qu'il perd de l'acide carbonique et de l'eau; mais, si l'on analyse le phénomène, on voit que cette perte de poids est mesurée par la déshydratation pulmonaire.

Comparons en effet le poids de carbone que l'animal perd avec le poids d'oxygène qu'il assimile. Un animal qui prend un litre d'oxygène perd 700 centimètres cubes d'acide carbonique. Or le litre d'oyygène pèse $1^{gr},4$, le litre de CO^2 pèse 2 grammes en chiffres ronds, vous voyez que les quantités pondérales sont identiques pour la recette et pour la dépense.

Mais un animal qui respire perd de l'eau par les poumons; à chaque expiration, il rend une certaine quantité de vapeur d'eau : le phénomène de diminution de poids qui se produit alors est donc mesuré par le départ de l'eau, et non par le départ de l'acide carbonique.

En respirant, nous nous desséchons. Bien entendu, il se fait ailleurs et simultanément d'autres pertes. Pendant le jeûne, les reins continuent à fonctionner, l'urine s'accumule dans la vessie, elle est éliminée; et l'urine éliminée par les reins, c'est une substance perdue, c'est un déchet rendu à intervalles plus ou moins éloignés. Il en est de même pour les matières fécales. Mais, quand on n'émet ni urines ni matières fécales, la balance ne traduit que le fait de la déshydratation pulmonaire.

DÉSHYDRATATION PULMONAIRE CHEZ L'HOMME

EXPÉRIENCES.	PERTE DE POIDS du corps.	ÉLIMINATION D'EAU.	DIFFÉRENCE.
1re expérience.	261	229	— 32
2e —	293	325	+ 32
3e —	303	287	— 16
4e —	309	311	+ 2
5e —	334	317	— 17

(D'après M. Lewin, *Zeitchr. f. Biol.*, 1881, t. XVII, p. 73.)

M. Lewin a comparé sur cinq individus la perte de poids subie pendant la nuit avec la quantité d'eau rendue par les poumons ; les différences sont minimes : ces individus avaient perdu 1500 grammes d'eau en moyenne et leur poids avait diminué de 1200 grammes. On voit que la différence n'est pas très grande.

M. Valentin a fait des expériences très intéressantes sur les variations de poids des animaux hibernants. Il a vu que des marmottes placées dans une atmosphère humide diminuaient à peine de poids, et que même, dans certains cas, elles augmentaient de poids. Pendant quinze jours, une marmotte a augmenté d'une quantité minime, il est vrai, mais suffisante pour indiquer que, en dehors des matières fécales et de l'urine éliminées, il n'y avait pas de perte de poids [1].

PERTE DE POIDS DES HIBERNANTS

(Valentin, *Moleschott's Untersuch.*, 1857, t. Ier, p. 206.)

	Durée du jeûne.	Perte par kilogramme et par heure.
	jours.	gramme.
Marmotte	146	0,098
—	134	0,072
—	134	0,057
—	70	0,133
—	40	0,204
—	40	0,086
Hérisson.	50	0,204
—	26	0,640
Moyenne des marmottes et des deux hérissons.		0,187

1. Dans une curieuse expérience, Valentin a mis une marmotte dans l'air humide.

Le premier jour, elle pesait 596 grammes. Elle a dormi quinze jours sans interruption ; le quinzième jour, elle pesait 596,65, soit un gain de 0,65 ; soit, par kilogramme et par heure, 0,003.

Une autre marmotte a dormi quinze jours sans interruption et a passé de 833,70 à 834,10, soit un gain de 0,4 ; soit, par kilogramme et par heure, + 0,0014.

Mais, dans l'air sec, une nouvelle marmotte a passé de 589,55 à 570,10 en dix jours ; et une deuxième marmotte, de 807,97 à 803,65 en dix jours. Soit, perte par kilogramme et par heure : 1re, 0,137 ; 2e, 0,024.

J'ai fait beaucoup d'expériences sur la perte de poids;
j'ai comparé les grands et les petits animaux, et j'ai constaté,
ce qui n'avait pas été indiqué par d'autres observateurs, que
la fonction de déshydratation est en rapport direct avec la
taille de l'animal.

Il s'agit là, je crois, d'une des plus grandes lois de l.
physiologie comparée : *toutes les fonctions, dans leur activité
et dans leur intensité, sont déterminées par la taille de l'animal.*

Prenons un petit cobaye de 50 grammes. Il perd par kilogramme 11 grammes par heure. Mais un cobaye de 150 grammes
perd 5 grammes par kilogramme. Un lapin de 2 kilogrammes
perd 1^{gr},5. Vous voyez que la proportion est bien nette, puisqu'un lapin de 2 kilogrammes perd 23 fois moins que le
cobaye de 150 grammes.

Est-ce que cela était imprévu? Nullement. On pouvait le
prévoir d'après le rythme respiratoire.

DÉSHYDRATATION PULMONAIRE DES ANIMAUX

	grammes.
Cobayes de 50 grammes. .	10,9
Cobayes de 100 à 200 gr. .	5,4
Pigeons de 400 gr.	5,5
Cobayes de 750 gr.	3,1
Canards de 1 200 gr. . . .	3,5
Chat de 1 900 gr.	1,1
Lapins de 2 000 gr.	1,75
Chien de 2 500 gr.	1,75
Chien de 2 800 gr.	1,28

Si vous comptez minute par minute le nombre des respirations chez les animaux de taille différente, vous verrez que
ce nombre est une fonction directe de la taille. Le cheval respire 8 fois par minute, l'homme respire 16 fois, le lapin
40 fois, le cobaye 80 fois; le petit cobaye respire davantage
encore; pour les souris et les rats, on a peine à compter le

nombre des respirations, tant elles sont nombreuses. Il y a donc proportionnalité entre le rythme respiratoire et la taille, comme entre la déshydratation et la taille.

Pourquoi voyons-nous cette différence entre les animaux de taille différente ? Pourquoi cette loi si étonnante ? Pourquoi la respiration du lapin est-elle dix fois plus active que celle du bœuf ? C'est parce que les petits animaux ont, relativement à leur volume, une quantité plus grande de chaleur à donner, car le rapport de la surface au volume est d'autant plus grand que le volume est plus petit. Prenez cent petites sphères pesant en tout un kilogramme, elles auront une surface totale beaucoup plus grande que la surface d'une grande sphère de un kilogramme. On sait en effet que les surfaces augmentent proportionnellement au carré du rayon, tandis que les volumes augmentent proportionnellement au cube de ce même rayon. L'accroissement des surfaces est donc beaucoup plus lent que l'accroissement des volumes. Or, plus un animal a de surface, plus il se refroidit, et l'animal offre d'autant plus de surface relativement à son volume, qu'il est plus petit. Les petits animaux ont donc pour ne pas se refroidir plus de chaleur à fournir que les grands.

Si l'on mesure la chaleur produite par différents animaux, et si l'on représente par 1 celle qu'a produite un lapin, celle qui est dégagée par le moineau sera de 11, je suppose, et celle que dégage un cheval sera 0,1. Les petits moineaux produisent donc 100 fois plus de chaleur que les chevaux, 10 fois plus que les lapins. De même l'intensité de la respiration va de pair avec l'intensité de la déshydratation. La vie est plus active chez les petits animaux ; tout est plus intense chez eux, pour la perte en eau, comme pour la perte en CO_2, parce qu'ils perdent plus de chaleur à la périphérie [1].

Les tableaux suivants vont montrer ces faits. (Tous les chiffres se rapportent à un kilogramme de poids vif.)

---

1. DONHOFF dit que les abeilles ont déjà faim une heure après avoir mangé.

CALORIES PRODUITES PAR DES CHIENS DE TAILLE DIFFÉRENTE

Chien de 31 kilogrammes. .		100	(unité arbitraire.)
—	24	—	. 114	—
—	20	—	. 128	—
—	10	—	. 182	—
—	2	—	. 246	—

(RÜBNER.)

CALORIES PRODUITES PAR DES LAPINS DE TAILLE DIFFÉRENTE

Lapins de 3 200 à 3 000 grammes. .		100	(unité arbitraire.)
—	de 3 000 à 2 800	—	. 107	—
—	de 2 800 à 2 600	—	. 110	—
—	de 2 600 à 2 400	—	. 115	—
—	de 2 400 à 2 200	—	. 120	—
—	de 2 200 à 2 000	—	. 143	—

(CH. RICHET.)

CALORIES PRODUITES PAR DES ANIMAUX DE TAILLE DIFFÉRENTE

Lapins de 3 200 à 3 000 grammes.	100	(unité arbitraire.)
Cobayes de 700 grammes	198	—
Pigeons de 300 —	316	—
Cobayes de 150 —	376	—
Moineaux de 20 —	1 084	—

(CH. RICHET.)

CONSOMMATION ORGANIQUE SUIVANT LES POIDS

(D'après RÜBNER, *loc. cit.*, p. 561.)

			Azote.	Graisse.
Chien de 31 kilogrammes. .			0,17	3,29
—	20	—	0,17	4,24
—	10	—	0,26	5,61
—	6	—	0,30	5,56
—	3	—	0,58	7,46

OXYGÈNE ABSORBÉ PAR DES ANIMAUX DE TAILLE DIFFÉRENTE

(D'après REGNAULT et REISET, cités par RÜBNER, *loc. cit.*, p. 536.)

			grammes.
Veau	de 115 kilogrammes .		0,455
Mouton	67	— .	0,450
Chien	6	— .	0,802
Oie	4,5	— .	0,677
Petits oiseaux	0,025	— .	11,000

CO² PRODUIT SUIVANT LA TAILLE

(Letellier, Regnault et Reiset, cités par moi, Bull. Soc. Biol.,
11 janvier 1885, p. 6.)

				grammes.
Lapins	de 3 200 grammes.	. . . . . .	1,12	
Cobayes	700	—	. . . . . .	2,52
Tourterelles	160	—	. . . . .	4,58
Oiseaux	28	—	. . . . . .	13,03

La proportionnalité avec la taille ne s'observe pas seulement pour la perte de chaleur, mais aussi pour la rapidité de la circulation.

En effet, Vierordt, mesurant chez différents animaux la rapidité de la circulation, c'est-à-dire la rapidité avec laquelle une molécule de sang accomplit son circuit total, a trouvé que cette rapidité est de 30 secondes pour le cheval, de 16 secondes pour le chien, de 8 secondes pour le lapin, de 4 secondes pour l'écureuil ; par conséquent, la circulation est huit fois plus active chez l'écureuil que chez le cheval.

VITESSE DU SANG

Cheval	. . . .	31″,5
Chien	. . . .	16″,0
Lapin	. . . .	8″,0
Écureuil	. . .	4″,5

Or ces lois s'appliquent rigoureusement à l'inanition, et vous allez voir que, si nous comparons, chez divers animaux inanitiés, la rapidité de la déperdition de poids, nous retrouverons cette même loi de la proportionnalité avec la surface. Mais il faut bien observer ceci, c'est que la loi se retrouve seulement chez les animaux à sang chaud, parce que, pour les animaux à sang froid, il n'y a pas de déperdition de chaleur extérieure. La proportionnalité n'a donc pas de raison d'être pour eux ; elle n'existe que chez les animaux à sang chaud.

Nous allons étudier, maintenant, ce qui se passe chez les animaux qu'on soumet à l'inanition. Combien de temps l'inanition peut-elle durer? Combien de temps un animal met-il à mourir de faim? On est tenté de croire, à première vue, qu'un chien privé de nourriture va mourir vite. Déjà, au temps de REDI, le vulgaire croyait que cet animal soumis à l'inanition devait mourir tout de suite. Mais REDI montra qu'il n'en était pas ainsi. Des expériences furent faites sur deux chiens ; l'un résista vingt-cinq jours, l'autre trente-quatre.

Depuis cette époque lointaine, d'autres auteurs, très nombreux, ont repris cette même expérience, et, en maintenant des chiens à l'inanition jusqu'à la mort, on a vu qu'ils mettent très longtemps à mourir. M. FALCK a conservé un chien pendant soixante et un jours sans lui donner aucune nourriture, et il n'est mort qu'au bout de ce temps très long.

Pour la plupart des autres animaux à sang chaud qu'on soumet au jeûne, il faut un temps un peu moins long. La durée moyenne de la survie à l'inanition est de trente à quarante jours pour un chien ; mais si, pour un chien, il faut trente-cinq jours, il en faut vingt pour un cheval, douze pour un lapin, six pour un petit cobaye de 500 grammes. Les rats, les souris, les taupes, soumis à l'inanition, vivent un ou deux jours, trois jours au plus. Donc, vous voyez encore présente ici la loi de proportionnalité avec la taille.

INFLUENCE DE LA TAILLE SUR L'INANITION

Mammifères.

	Durée moyenne de l'inanition.	Nombre d'observations.
Chien	33 jours.	XVII
Cheval.	21 —	IV
Chat.	20 —	VIII
Lapin	13 —	XVII
Poule	14 —	VII
Souris, rats, taupes. .	1 à 3 —	IX

PERTE DE POIDS QUOTIDIENNE DANS L'INANITION

Oiseaux.

	Perte par kilogr. et par heure.
1 oie de 4 800 grammes. . .	0,46
5 poules de 1 700 grammes .	1,06
20 pigeons de 350 —	1,73

Chats.

Chat de 5 800 grammes. . .	0,43
— 2 500 — . . .	0,72
— 2 500 — . . .	1,20
— 2 300 — . . .	1,20
— 2 150 — . . .	1,06
— 1 900 — . . .	0,85
— 1 800 — . . .	1,20
— 1 700 — . . .	1,36

Selon toute apparence, les animaux carnivores supportent mieux le jeûne que les herbivores. Les herbivores mangent presque constamment, et leur alimentation n'est pour ainsi dire jamais interrompue. Dès qu'elle cesse, ils souffrent et sont malades. Les carnivores, au contraire, sont, à l'état sauvage, souvent forcés de subir une abstinence assez prolongée, et une inanition de quelques jours est chez eux presque un état physiologique.

Si nous examinons chez un animal à jeun les phases de la perte de poids, nous voyons que, les premiers jours, l'animal perd beaucoup ; puis il s'établit un taux uniforme de perte modérée. Enfin, au dernier jour, l'animal perd de nouveau beaucoup de son poids. Ainsi, si nous prenons une moyenne de trente jours comme durée totale de la survie, nous avons trois périodes. Pendant la première, qui dure un ou deux jours, la perte est rapide et considérable. Pendant l'autre période, la perte est très lente et se maintient à un taux modéré. La dernière période est très courte : elle précède immédiatement la mort.

MARCHE DE LA PERTE HORAIRE DE POIDS

		grammes.
Lapin. . .	Du 1er au 2e jour . .	2,5
— . . .	Du 2e au 8e — . .	1,5
		(RÜBNER.)
Chien[1] . .	Du 1er au 2e jour . .	1,0
— . .	Du 2e au 15e — . .	0,38
		(PETTENKOFFER.)
Chien. . .	Du 1er au 2e jour . .	1,23
— . .	Du 2e au 3e — . .	0,98
— . .	Du 3e au 4e — . .	0,86
— . .	Du 4e au 37e — . .	0,82
		(LUCIANI.)
Chien. . .	Du 1er au 4e jour . .	2,21
— . .	Du 4e au 39e — . .	0,42
		(LABORDE.)
Coq . . .	Du 1er au 2e jour . .	5,35
— . . .	Du 2e au 10e — . .	3,60
		(KUCKEIN.)
Canard. .	Du 1er au 3e jour . .	2,50
— . .	Du 4e au 7e — . .	0,84
		(CH. RICHET.)
Canard. .	Du 1er au 3e jour . .	3,13
— . .	Du 3e au 7e — . .	0,85
		(CH. RICHET.)

PERTES SUCCESSIVES DE 8 COBAYES (MOYENNE)

	Perte par kilog. et par heure.
	grammes.
1re journée. .	5,4
2e — . .	4,3
3e — . .	3,4
4e — . .	2,9
5e — . .	2,5
	(FINKLER.)

Le graphique obtenu par l'inscription de cette perte de

1. *Zeitsch. f. Biol.*, 1869, t. V p. 370.

poids est presque parallèle à la courbe thermique de l'animal en expérience. Supposons que 40° soit la température normale. Le second jour, la température est de 39°. A partir de ce jour, elle descend très lentement jusqu'à 38°. Enfin, au moment de la mort, elle descend en quelques heures jusqu'à 34, et 33°. La courbe qu'on peut tracer alors représente ces variations d'une manière très sensible; c'est une ligne brisée. Si la variation avait été régulière, elle serait représentée par une ligne droite joignant les deux points extrêmes.

En laissant de côté la période finale, nous constatons qu'il y a une première période, qui est une période de *luxe*, période pendant laquelle il y a une alimentation de luxe, une chaleur de luxe, une respiration de luxe. Ce que l'animal brûle, c'est le surplus de combustible qu'il avait dans son sang et dans ses tissus.

Cette expression de *luxe* n'est pas tout à fait exacte, car il est indispensable, peut-être, à un bon état de santé de l'animal qu'il ait normalement une alimentation et une chaleur surabondantes.

En tout cas, nous constatons, les premiers jours, un abaissement de température qui est de quelques dixièmes de degré. Cet abaissement est bien plus considérable dans les deux premiers jours que dans les deux autres semaines qui suivent.

Par conséquent, nous arrivons à cette conclusion, que c'est l'activité nerveuse qui détermine la période plus ou moins longue de l'inanition chez les animaux. S'ils ont une activité nerveuse et une combustion chimique interstitielle considérables, ils meurent vite. Si leur activité nerveuse est faible, ils sont longtemps à mourir.

Il faut alors comparer l'importance relative du système nerveux chez les grands animaux et chez les petits.

Supposons, en effet, le poids du corps égal à 100. Le poids du cerveau chez les différents animaux sera en rapport avec leur taille, c'est-à-dire que, plus l'animal est petit, plus son système nerveux sera volumineux. En effet, voici le poids du cerveau pour différents animaux :

POIDS DU CERVEAU PAR KILOGRAMMES

Oiseaux.

	grammes.
Autruche. .	0,9
Oie	3,0
Canard. . .	4,0
Sarcelle . .	13,0
Mésange . .	80,0

(LEURET et GRATIOLET.)

Mammifères.

	grammes.
Baleine. . .	0,3
Bœuf. . . .	1,25
Mouton. . .	3,0
Lièvre . . .	4,0
Rat	7,0
Souris . . .	25,0

(CUVIER.)

Chez les mammifères comme chez les oiseaux, il y a proportionnalité entre le poids du cerveau (c'est-à-dire sans doute l'activité nerveuse), et le poids du corps. Chez l'autruche, le poids du cerveau est de 0,9 p. 1000. Chez les petits oiseaux, il est de 80 p. 1000.

Bien que, dans l'inanition, le poids du corps diminue constamment, l'animal continue à vivre. Pourtant il finit par atteindre une certaine limite extrême de perte, la seule qui soit compatible avec son existence. D'après Chossat, l'animal dont le poids était 100 meurt quand son poids est arrivé à 60. Un animal de 100 grammes meurt quand il ne pèse plus que 60 grammes. Il a alors perdu 40 p. 100 de son poids. C'est le moment où il atteint l'extrême limite de dénutrition compatible avec la vie.

Lukjanow [1] a constaté sur deux pigeons que la mort est survenue par l'inanition chez l'un après 132 heures, chez l'autre après 156 heures, soit au bout de 5 jours et demi, et 6 jours et demi ; la perte de poids étant de 38 p. 100 et de

1. *Ueber den Gehalt der Organe und Gewebe an Wasser,* etc. *Zeitsch. für physiol. Chemie,* t. XIII, fasc. 4, p. 336; 1889.

45 p. 100, en moyenne 42 p. 100, ce qui se rapproche absolument du chiffre donné par Chossat.

Sur d'autres pigeons, il a fait de très nombreuses pesées
pour déterminer la quantité d'eau perdue par le fait de l'inanition. En comparant vingt pigeons inanitiés et vingt pigeons
bien portants, il a pu exactement indiquer la perte d'eau pour
les différents organes.

La durée moyenne de ces vingt expériences d'inanition a
été de 152 heures ; soit un peu plus de 6 jours (maximum
216 heures, soit 9 jours ; minimum 99 heures, soit 4 jours).
La perte totale de poids a été en moyenne de 33,8 p. 100, soit
de $2^{gr},22$ par kilogramme et par heure ; chiffre qui concorde
bien avec ceux que nous a donnés Chossat dans son mémorable travail[1].

Voici quelle est la teneur en eau des divers tissus chez les
pigeons normaux et chez les pigeons inanitiés :

	TISSUS DES PIGEONS normaux.	TISSUS DES PIGEONS inanitiés.	DIFFÉRENCE.
Sang.	77,07	77,44	+ 0,37
Cerveau.	80,15	79,78	— 0,38
Foie.	74,27	72,19	— 2,08
Pancréas.	75,29	74,08	— 1,21
Rate.	78,90	78,22	— 0,68
Rein.	77,41	77,55	+ 0,14
Muscles.	74,86	76,57	+ 1,71
Cœur.	77,14	77,05	— 0,09
Intestin.	76,53	76,21	— 0,32
Os.	46,48	51,52	+ 5,04

[1]. Dans les infections expérimentales, et les maladies chroniques qu'on provoque chez les animaux, la perte de poids est graduelle, progressive, et peut
être assez bien comparée à la perte de poids qui survient par le fait de l'inanition. J'ai expérimenté sur un grand nombre de lapins et de chiens. En général,
au moment de la mort, la perte de poids est de 25 à 28 pour 100 ; et sauf exception, quand la perte de poids atteint 25, toute chance de vie ou de guérison a
disparu. Jamais la perte n'atteint à 40. Mais j'ai vu quelques animaux tuberculeux mourir avec des pertes de 35 et même 38 pour 100 (dans un cas).

Ce qui frappe dans ce tableau, c'est la très grande analogie de l'une et l'autre colonne. Il faut donc conclure avec M. Lukjanow que la teneur en eau des différents tissus change à peine par le fait de l'inanition.

En comparant le poids de ces organes inanitiés au poids des organes sains par rapport à la masse du corps, M. Lukjanow conclut que le cerveau qui, à l'état normal, représente 0,66 du poids du corps, supposé égal à 100, chez un animal inanitié représente 0,99.

Ce qu'on peut traduire par le tableau suivant :

	Pigeon normal	Pigeon inanitié.
	= 100 gr.	100 gr.
Cœur. . . .	0,81	1,05
Cerveau . .	0,64	0,99
Rate	0,052	0,022
Pancréas . .	0,39	0,270
Os	0,245	0,407

Ainsi le cœur, le cerveau et les os ne subissent presque pas de changement de volume.

En somme, 40 p. 100 est la perte que l'animal peut subir sans mourir. Ce chiffre est légèrement modifiable, selon la quantité de graisse préexistante. En effet, c'est la graisse que l'inanition fait disparaître. Si l'on examine, tissu par tissu, organe par organe, un animal mort d'inanition, on trouve que la graisse a complètement disparu.

Tout le monde sait que les animaux soumis à l'inanition maigrissent. Cela est scientifiquement juste. La graisse diminue chez eux de 100 p. 100. Les muscles subissent aussi une réduction énorme. Ils diminuent de 50 p. 100. Mais le poids du cerveau des animaux morts d'inanition n'a pas sensiblement diminué. C'est un fait certain, que toutes les expériences confirment. On le constate aussi bien chez les animaux hibernants que chez les enfants morts d'athrepsie [1].

---

1. M. Ohlmuller (*Zeitschrift für Biologie*, t. XVIII, 1882, p. 82) a montré

284 CHARLES RICHET.

Chez les uns et les autres, toute la graisse a disparu; mais le cerveau n'a pas subi de dénutrition appréciable. Il est resté intact, par un privilège remarquable, au milieu de l'émaciation de tous les tissus. Mais, au moment où l'émaciation générale est telle que l'amaigrissement doit porter sur la graisse phosphorée du système nerveux, le cerveau s'altère, et l'animal meurt.

PERTE DE POIDS PAR KILOGRAMME ET PAR HEURE

ESPÈCE ANIMALE.	OBSERVATEURS.	POIDS INITIAL.	DURÉE de L'ABSTINENCE.	PERTE DE POIDS finale p. 100.	PERTE DE POIDS par kilogramme et par heure.
Cheval. .	Colin..	405	30 jours.	19,7	0,28
Chien. . .	Falck.	21	61 —	49,0	0,36
— . .	Luciani et Bufalini. .	17	43 —	48,5	0,43
— . .	Laborde.	15,5	39 —	51,0	0,54
— . .	—	15,5	20 —	48,0	1,00
— . .	Carville et Bochefon-taine..	11	27 —	40,0	0,65
— . .	Carville et Bochefon-taine.	10	29 —	45,0	0,70
— . .	Falck.	8,9	24 —	32,0	0,84
Chat. . .	Colin..	5,8	29 —	30,0	0,43
Oie. . . .	—	4,8	48 —	54.0	0,46
Chat. . .	Bidder et Schmidt. .	2,5	18 —	52,0	1,20
Lapin.. .	Rübner.	2,1	8 —	32,0	1,70
Coq.. . .	Kuckein.	1,9	9 —	34,0	1,65
Lapins. .	Anrep.	1,2	7 —	25,0	1,50
Pigeons..	Chossat.	0,35	10 —	41,6	1,73
Lapins. .	—	1,44	14 —	37,4	1,11
Cobayes..	—	0,55	6 —	33,0	2,30

Cette perte de poids, ainsi que je l'ai vu en plaçant des animaux dans une balance, et en étudiant la déshydratation

que chez les enfants morts d'athrepsie, la pesée des organes lui donnait les mêmes résultats que les animaux inanitiés à Chossat.

La graisse cutanée contribue à la diminution de poids pour 76 p. 100.

Le poids du cerveau est le même.

pulmonaire, est encore sous la dépendance d'autres causes, qui rentrent toutes d'ailleurs dans l'influence du système nerveux, dont elles manifestent l'activité sous ses diverses formes : telles sont les variations qui correspondent à l'âge, à la digestion, aux mouvements. Toutes les fois qu'il y a grande activité nerveuse, la perte de poids est considérable, dans l'unité de temps. De même, par conséquent, dans la fièvre.

INFLUENCE DE L'AGE SUR LA DURÉE DE L'INANITION

	Perte par kilogramme et par heure.
Pigeons très jeunes.	3,4
— moyens	2,4
— adultes	1,4

(CHOSSAT.)

INFLUENCE DE LA RESPIRATION ET DES MOUVEMENTS SUR LA DÉSHYDRATATION.

Pigeon agité.	29,1
Pigeon calme	20,0
Petit chien mis au soleil . .	8,1
Chien échauffé.	8,3
Chien normal	1,28

(CH. RICHET.)

INFLUENCE DE LA DIGESTION SUR LA DÉSHYDRATATION.

Lapin venant de manger. Midi.	1,2
— — 3 h.	1,2
— — 6 h.	1,0
— — 9 h.	0,6
— — 11 h.	0,5
Lapin à jeun depuis 24 heures.	2,0
— — 48 —	0,7
— — 96 —	0,3

(CH. RICHET.)

INFLUENCE DE LA FIÈVRE SUR LA DURÉE DE L'INANITION

Cheval bien portant. .	30 jours.
— très malade . .	5 —

(COLIN.)

Lapin bien portant . .	10 jours.
— malade	4 jours.

(CH. RICHET.)

Durée de l'inanition

ESPÈCE ANIMALE.	OBSERVATEURS.	INDICATIONS BIBLIOGRAPHIQUES.	DURÉE de L'ABSTINENCE mortelle.	OBSERVATIONS.
		ANIMAUX A SANG CHAUD		
Chien.	Redi.	*Animal. vivent.*, etc., éd. d'Amsterdam, 1708, in-18, p. 136	34 jours.	
—	—	*Id.*, p. 706	36 —	
—	Gallois	*Hist. de l'Acad. des sciences*, éd. d'Amsterdam, 1747, p. 6	41 —	Chienne pleine, abandonnée dans une chambre, a mis bas pendant son jeûne et a mangé ses petits.
—	Du Hamel.	*Id.*	42 —	
—	Collard de Martigny.	*Journ. de phys. de Magendie*, t. VIII, 1828, p. 154	36 —	
—	—	*Id.*	27 —	
—	—	*Id.*	21 —	Avait subi une opération sur le larynx.
—	L. Luciani et Bufalini.	*Archivio per le scienze mediche*, t. V, 1882, p. 338	43 —	Observation très complète.
—	Hayem.	*Leçons sur les modific. du sang*, p. 381	25 —	Avec numération des globules.
—	Posaschny.	Thèse russe de Saint-Pétersbourg, d'après l'analyse du *Jahresb. für Physiologie*, pour 1886, p. 360	30 —	Observation incomplète.

—	Laborde.	*Bullet. de la Soc. de Biol.*, 1886, p. 334...	20 —	Privé aussi de boisson.
—		*Id.*...	39 —	Encore assez bien portant le 39e jour; a survécu; non privé de boissons.
—	Rabuteau.	*Id.* 1874, p. 318...	29 —	
—		*Id.*..	31 —	
—	Carville et Bochefontaine.	*Id.*, p. 343...	29 —	
—		*Id.*...	27 —	
—	Falck.	Cité par Voit. *Hermann's Handbuch*, t. VI, 1re partie, p. 99...	61 —	Chienne vieille et grasse, soumise aussi à l'abstinence des boissons.
—		*Id.*...	24 —	Chien d'un an.
—	Hofmann.	*Id.*, p. 99..	38 —	
		Moyenne pour les chiens...	33 jours.	
Chat.	Colin.	*Traité de physiologie comparée*, t. II, p. 606 (2e éd. 1873)...	11 jours.	Non adulte.
—		*Id.*...	11 —	
—		*Id.*...	27 —	
—		*Id.*...	14 —	Adulte, maigre.
—		*Id.*...	23 —	
—		*Id.*...	28 —	Très gras, tué alors qu'il était encore vigoureux, le 28e jour.
—	Bidder et Schmidt.	Cités par Voit., *loc. cit.*, p. 89...	18 —	Observation très complète.
—	Redi.	Cité par Haller, *Elem. physiol.* t. VI, p. 170.	20 —	Chat sauvage.
		Moyenne pour les chats...	20 jours.	

ESPÈCE ANIMALE.	OBSERVATEURS.	INDICATIONS BIBLIOGRAPHIQUES.	DURÉE de L'ABSTINENCE mortelle.	OBSERVATIONS.
Lapin.	Chossat.	*Rech. expériment. sur l'inanition (Mém. de l'Acad. des sciences, 1843, p. 12)*.	6 jours.	Privé d'eau.
—	—	*Id*.	9 —	Avec eau.
—	—	*Id*.	11 —	Privé d'eau.
—	—	*Id*.	14 —	—
—	—	*Id*.	16 —	Avec eau.
—	Rübner.	An. dans *Jahresberichte für Ph.,siologie*, 1881, p. 209.	9 —	
—	—	Cité par Voit, *loc. cit.*, p. 161.	15 —	
—	—	*Id*.	7 —	
—	Weiske.	*Id*.	32 —	Il y a sans doute une erreur
—	—	*Id*.	27 —	d'observation.
—	Anrep.	*Arch. de Pflüger*, t. XXI, p. 69.	9 —	
—	—	*Id*.	7 —	
—	—	*Id*.	7 —	
—	Dugès.	Cité par Colin, *loc. cit.*.	12 —	
—	Bernard.	*Id*.	17 —	
—	Ch. Richet.	Observation inédite.	9 —	
—	—	*Id*.	10 —	Vivant encore, mais très malade, le 10e jour.
		Moyenne pour les lapins. . .	13 jours.	
Cheval.	Colin.	*Loc. cit.*, p. 563.	30 jours.	

—	Gurtl.	Cité par Colin, *loc. cit.*	27 —
—	Bouley.	*Id.*	12 —
—	Colin.	*Id.*	12 —
—	Magendie.	Cité par Voit, *loc. cit.*	24 —
		Moyenne pour les chevaux. . .	21 —
Taupe.	Flourens.	Cité par Colin, *loc. cit.*, t. Ier. p. 563. . . .	1 jour.
—	Colin.	*Id.*	1 jour 1/2
Cobaye.	Chossat.	*Rech. sur l'inanition*, p. 31 (moyenne de 5 expér.)	6 jours.
Porc.	Colin.	*Loc. cit.*	34 —
Souris.	Magendie.	Cité par Colin, *id.*	3 —
Rats.	Colin.	*Loc. cit.* (moyenne de 5 expér.	2 —
Phoque.	Redi.	*Loc. cit.*	35 —
Gazelle.	—	*Loc. cit.*	20 —
Hyène.	—	*Loc. cit.*	10 —
Rats.	—	*Loc. cit.*	2 à 3 jours.
Buse.	Redi.	*Loc. cit.*	18 jours.
Épervier.	—	*Loc. cit.*	18 —
Vautour.	—	*Loc. cit.*	21 —
Aigle.	—	*Loc. cit.* (moyenne de 2 expér).	25 —
—	Buffon.	Cité par Colin, *id.*	33 —
Vautour.	—	*Id.*	14 —
Effraie.	—	*Id.*	10 —
Grand-Duc.	Spallanzani.	*Id.*	6 —

ESPÈCE ANIMALE.	OBSERVATEURS.	INDICATIONS BIBLIOGRAPHIQUES.	DURÉE de L'ABSTINENCE mortelle.	OBSERVATIONS.
Dindon.	COLIN.	Id.	4 —	
Moineaux.				
Fauvettes.	—	Id.	1 —	
Rossignol.				
Corbeau.	EICHHORST.	Centr. f. med. Wiss, 1879, p. 161.	13 —	
Corneille.	CHOSSAT.	Loc. cit.	4 —	
Canard.	COLIN.	Loc. cit.	15 —	
Oie.	—	Id.	44 —	
—	—	Id.	19 —	Oie à foie gras. Encore bien portante le 44ᵉ jour.
Pigeons.	CHOSSAT.	Loc. cit. (moyenne de 20 expér.).	11 —	
Tourterelles.	—	Loc. cit. (moyenne de 16 expér.).	10 —	
Pigeons.	REDI.	Loc. cit. (moyenne de 2 expér.).	12 —	
		MOYENNE POUR LES PIGEONS . .	11 jours.	
Poule.	SCHIMANSKI.	Cité par KUCKEIN, Zeitsch. f. Biol., t. XVIII. 1882, p. 29.	9 jours.	
—	—	Id.	6 —	
—	—	Id.	32 —	
—	KUCKEIN.	Loc. cit.	8 —	

—	CHOSSAT.	Id.	11 —	
—	REDI.	Id. (moyenne de 2 expér.)	18 —	
		Id. (moyenne de 6 expér.)	12 —	
		MOYENNE POUR LES POULES	14 jours.	

ANIMAUX A SANG FROID

Saumons.	MIESCHER.	Cité par VOIT, loc. cit.	8 à 9 mois.	
Crotale.	COLIN.	Loc. cit.. . . .	27 mois.	
Python.	VAILLANT.	Comm. orale.. . .	23 —	
Grenouilles.	BATHURST.	Cité par HALLER, loc. cit., p. 170. .	4 an.	
Caméléon.	P. BELON.	Observal. etc., éd. in-12 de 1555, p. 222 . .	4 —	
Tortue.	REDI.	Cité par HALLER, loc. cit. . . .	18 mois.	
Crabe.				
Salamandre.	HALLER.	Loc. cit.. . .	Plus d'un an.	
Araignée, etc.				
Lézard.	REDI.	Loc. cit. . . .	8 mois.	
Grenouille.	CHOSSAT.	Loc. cit. (moyenne de 12 expér.).. .	10 —	
Vipère.	REDI.	Loc. cit. . . .	20 —	
Couleuvres.	CHOSSAT.	Loc. cit. (moyenne de 3 expér.) . .	2 —	Ont pu boire.
Anguilles.	—	Loc. cit. (moyenne de 3 expér.). .	5 —	
Tortue.	—	Loc. cit. . . .	40 jours.	
—	CH. RICHET ET RONDEAU.	Bull. de la Soc. de biol., 1882, p. 692.. .	3 mois.	Mise dans du plâtre.
Lézard.	CHOSSAT.	Loc. cit. (moyenne de 2 expér.). . .	4 mois.	Deux autres lézards ont vécu plus de 4 mois et demi.
Reinettes.	—	Loc. cit. (moyenne de 3 expér.). . .	6 —	

Les animaux à sang froid supportent l'inanition pendant un temps prodigieusement long. Les auteurs classiques donnent à cet égard des chiffres très nombreux, et le tableau d'ensemble présenté ici, tableau qui est, je crois, plus complet que tous ceux qu'on a publiés jusqu'ici, fournit des indications caractéristiques.

J'ai écrit à mon savant collègue du Muséum, M. Vaillant, pour lui demander des renseignements sur la durée de l'inanition des serpents. Il m'a cité le cas d'un python de 70 kilogrammes qui a vécu vingt-trois mois sans manger. M. Colin cite un crotale qui serait resté vingt-neuf mois sans nourriture. Voilà des faits bien intéressants et bien invraisemblables, quoique authentiques! deux ans sans manger pour le python, et deux ans et demi à peu près pour le crotale [1]!

Chez les autres vertébrés à sang froid, la survie à l'abstinence est aussi très longue. Redi parle d'une tortue qui serait restée dix-huit mois sans nourriture et d'une grenouille qui est restée seize mois. Quand nous avons des grenouilles dans nos aquariums, pour nos expériences, nous ne les nourrissons

---

1. Crossat a fait sur les animaux à sang froid, comme sur les pigeons, de très belles expériences. Une grenouille a survécu 16 mois.

Moyenne des autres grenouilles : 8 mois 1/2.

Perte finale 41,5
Perte par kilogramme et par heure.. 0,0625

3 anguilles : 5 mois.

Perte finale (mort). . . . . 21 p. 100
Perte par kilogramme et par heure.. 0,1

3 grenouilles reinettes vécurent 185 jours; 1 tortue, 40 jours; 2 lézards (moyenne), 80 jours; 4 autres lézards vivaient encore au bout de 48, 130, 130 et 90 jours.

Bérard (*Cours de physiologie*, t. Ier, p. 536) cite un poisson qui, d'après Rondelet, serait resté 3 ans sans manger, des tortues 6 ans, des protées 5 à 10 ans. Mais il est permis de contester la rigoureuse exactitude de ces derniers chiffres.

Dans une expérience que j'ai faite récemment, une tortue au froid est restée 26 jours sans manger. Elle pesait 440 grammes. Au bout de 26 jours, elle pesait 435 grammes.

Soit, perte par kilogramme et par jour, 11,4; et par kilogramme et par heure, 0,018.

pas, et elles ne meurent jamais de faim. Il est vrai qu'elles maigrissent beaucoup.

Nous avons, M. RONDEAU et moi, enfermé des tortues dans du plâtre, nous les avons murées, et, malgré l'inanition, malgré l'énorme diminution des échanges gazeux respiratoires, elles ne sont mortes qu'au bout d'un temps très long, deux mois.

Je ne parle que pour mémoire de ces histoires plus ou moins exactes, mais dont je ne nie pas absolument la véracité. On prétend que l'on a trouvé des crapauds enfermés depuis plusieurs années dans des troncs d'arbres. *Ils s'étaient nourris de l'air du temps*, comme on dit, mais ils n'étaient pas morts.

Donc les animaux à sang froid peuvent vivre très longtemps sans nourriture. Et pourquoi? Précisément parce qu'ils n'ont pas de consommation organique à faire. Cette consommation doit compenser la quantité de chaleur dont nous rayonnons au dehors. Les animaux à sang froid, eux, n'ont pas besoin de rayonner au dehors; ils n'ont pas besoin de perdre de poids, ou du moins ils en perdent extrêmement peu. De fait, si les animaux à sang chaud perdent 1 gramme par kilogramme et par heure, et si la courbe générale des animaux à sang chaud et à sang froid marque également une perte de poids, la perte est dix fois moindre pour les animaux à sang froid.

Or quelle est la moyenne de la vie pour un chien soumis à l'inanition? Elle est d'une trentaine de jours. Le renouvellement sera donc dix fois plus long pour les animaux à sang froid; leurs oxydations sont plus lentes, et ils résisteront dix fois plus longtemps ou trois cents jours. Ces animaux brûlent moins vite; et ici encore se représente la vieille comparaison avec la flamme.

Si une flamme dégage beaucoup de chaleur, elle s'éteindra, dans un milieu confiné, plus vite qu'une flamme dégageant peu de chaleur; dans une combustion lente, le combustible qui produit peu de chaleur ne diminuera pour ainsi dire pas de poids.

Eh bien ! nous retrouvons chez les animaux la même proportion. Les animaux à sang chaud perdent 1 gramme par kilogramme et par heure ; les animaux à sang froid perdent 1 décigramme. Par conséquent, si les animaux à sang chaud peuvent vivre trente jours sans manger, les animaux à sang froid pourront vivre trois cents jours.

Or, ce qui est curieux, c'est de voir qu'ils meurent d'inanition précisément quand ils sont arrivés au même taux de perte que les animaux à sang froid. Nous disions qu'un animal à sang chaud meurt quand il a perdu 40 p. 100 de son poids. Si nous faisons jeûner des grenouilles, nous arrivons au même résultat. Au moment de la mort, c'est la même perte de poids finale. 40 p. 100 est donc la limite compatible avec la vie, chez les animaux à sang chaud, aussi bien que chez les animaux à sang froid. Seulement, chez les uns, cette descente du poids se produit très vite, chez les autres elle se produit très lentement.

Et pourquoi ? Je reviens toujours à la même explication, la seule qui me paraisse rationnelle : c'est que le système nerveux est, chez les animaux à sang froid, chez les reptiles, dix fois moins considérable, dix fois moins actif. Par suite, les actions chimiques sont dix fois moins intenses.

Ce qui prouve que le système nerveux règle l'intensité des échanges chimiques, c'est que, dans de certaines conditions, les animaux à sang chaud deviennent des animaux à sang froid. Les marmottes, les hérissons, les chauves-souris, les loirs, les blaireaux, tous ces animaux hibernants, tous ces insectivores, au moment où la froide saison arrive, commencent à s'engourdir. Leur respiration devient rare, leur circulation paresseuse, leurs mouvements plus faibles. Leurs paupières se ferment. Ils sont endormis du sommeil hibernal. Ils ne sont plus animaux à sang chaud ; ils sont maintenant animaux à sang froid, avec une température pouvant descendre jusqu'à 4°.

Leur respiration devient extrêmement lente. Au lieu de respirer quarante fois par minute, ils respirent une ou deux fois toutes les cinq minutes. Dans ces conditions, la déshydratation et la désassimilation générale sont très lentes, la sécrétion urinaire diminue notablement; les matières fécales continuent à se produire, mais elles ne se produisent et ne sont éliminées qu'en très petite quantité. Pour s'en débarrasser, les animaux se réveillent; ils sortent de leurs tanières et vont à quelque distance rejeter leurs excréments — (c'est même ce qui indique aux chasseurs, surtout quand la terre est couverte de neige, l'endroit où ces animaux sont cachés). — M. Dubois me racontait qu'il avait placé une marmotte dans ma balance enregistrante, et que cette marmotte, se réveillant à des intervalles de quelques semaines, allait déposer ses excréments dans un coin du laboratoire; puis, cette fonction achevée, revenait se mettre dans la balance. Après s'être débarrassés, les hibernants reviennent s'endormir de nouveau. Or, pendant ce court réveil, la température s'est relevée, la circulation et la respiration se sont accélérées, la perte de poids a augmenté (Valentin) [1]. Enfin, sous l'influence du coup de fouet donné par le système nerveux, toutes les fonctions organiques, qui s'étaient ralenties pendant le sommeil, ont repris pour quelques instants une activité nouvelle, qui s'est manifestée par un rayonnement de calorique exagéré. Donc nous avons là le type de transition entre les animaux à sang chaud et les animaux à sang froid, et nous voyons qu'une excitation partie du système nerveux suffit à les faire passer d'une classe dans l'autre.

	Durée du jeûne.	Perte intégrale.	Perte par kilogramme et par heure.
	jours.	pour cent.	en grammes.
Animaux à sang chaud . . .	10	39,7	1,75
Animaux à sang froid . . .	226	40,4	0,087

(Chossat).

1. Dans l'étude des animaux hibernants, il faut surtout citer les remarquables travaux de Valentin qui a étudié avec le plus grand soin toutes les fonctions physiologiques des hibernants. (*Moleschott's Untersuchungen*, passim.)

A vrai dire, nous constatons des effets; mais nous ne pouvons aller plus loin. Nous ignorons le mécanisme par lequel ces effets se produisent. Nous ne pouvons pas dire comment le froid agit sur le bulbe d'une marmotte. Nous nous bornons à constater que ces animaux qui étaient à sang chaud sont devenus des animaux à sang froid, mais des animaux à sang froid d'une sorte tout à fait particulière, c'est-à-dire chez lesquels le système nerveux n'est que momentanément paralysé et, dès le réveil, fait reprendre très vite aux fonctions qu'il gouverne toute leur activité normale.

Par conséquent on voit, dans ces lois relatives à l'inanition, prédominer l'influence du système nerveux. Celui-ci est le grand incitateur de la nutrition. Avec un système nerveux vigoureux ou excité, la nutrition stomacale est très active, la respiration très rapide, la température très élevée : la perte de poids et la durée de l'abstinence suivent la même marche.

Ainsi, je pense vous avoir démontré : 1° qu'une des principales influences qui déterminent la durée de la vie chez les animaux soumis à l'inanition, c'est la taille; 2° que les petits animaux perdent beaucoup de leur poids et meurent très vite, tandis que les grands animaux perdent relativement moins de poids et résistent plus longtemps; 3° enfin que, chez les animaux à combustions lentes, la perte de poids quotidienne, par kilogramme, est très faible, de sorte que la mort n'arrive qu'au bout d'un temps très long; mais que, pour les uns et pour les autres, animaux à sang chaud ou animaux à sang froid, la mort survient quand ils ont perdu 40 p. 100 de leur poids.

Eh bien, pour l'homme, ce sont les mêmes conditions d'abstinence ou d'inanition que pour les animaux à sang chaud. L'homme est un animal au même titre que les autres mammifères; il ne fait pas exception à la règle; les conditions des phénomènes physiologiques sont les mêmes chez

lui que chez eux. Nous retrouverons donc chez l'homme toutes
les conditions que nous avons étudiées chez les mammifères,
toutes les influences de la taille, de l'âge et du système
nerveux.

D'abord, pour ce qui concerne l'âge, vous connaissez tous
l'histoire légendaire de la famille d'Ugolin; c'est le plus petit
de ses enfants, un enfant de huit ans, qui meurt le premier;
les autres meurent ensuite; Ugolin ne meurt que trois ou
quatre jours après [1].

Il en est de même dans le naufrage de la *Méduse* que SA-
VIGNY a raconté d'une façon si émouvante. Sur le radeau, ce
sont encore les enfants qui sont morts les premiers; les vieillards sont morts ensuite, et enfin les adultes. On avait cru
autrefois que les vieillards résistaient davantage. Il n'en est
rien. Les vieillards supportent mieux le jeûne peut-être, mais
ils supportent moins bien l'inanition.

Chez les nouveau-nés, chez les petits enfants, la résistance
à l'inanition est moindre que chez l'adulte. Elle est cependant
assez notable encore. Dans les expériences de M. COLIN, on
voit que les petits animaux résistent encore au bout d'une
semaine et même au bout de huit à dix jours. De même, chez
les petits chiens et les petits chats, la résistance est beaucoup
plus forte qu'on ne serait tenté de le croire.

On a fait beaucoup d'études sur l'inanition chez les nouveau-nés, et on a constaté qu'ils étaient très résistants aux
influences extérieures. Ils n'ont besoin que d'être nourris et
bien nourris. Donnez-leur de bon lait, et ils résisteront admi-

---

1. Tout le monde connait sans doute le récit du Dante :

« Comme le quatrième jour commençait, le plus jeune de mes fils tomba à
mes pieds étendu, en me disant : « Mon père, secours-moi! » C'est à mes pieds
qu'il expira, et je les vis tous trois tomber un à un entre la cinquième et la
sixième journée, si bien que, n'y voyant déjà plus, je me jetai moi-même, hur-
lant et rampant, sur ces corps inanimés, les appelant deux jours après leur
mort, et les rappelant encore, jusqu'à ce que la faim éteignit en moi ce qu'avait
laissé la douleur. »

rablement à tout, même au froid. De fait, la mortalité des petits enfants est due surtout à un défaut d'alimentation qu'on a appelé l'athrepsie. Les enfants morts d'athrepsie présentent les mêmes lésions organiques que les animaux inanitiés. Chez les enfants athrepsiques, on constate à l'autopsie que tous les organes sont dépourvus de graisse, comme ceux des animaux morts de faim, mais que le système nerveux n'a pas diminué de poids.

Par conséquent, si vous voulez avoir des notions exactes sur la santé des petits enfants, il faut recourir à des pesées fréquentes et observer la courbe qu'elles donnent. Si, au bout d'un certain temps, la courbe baisse constamment, vous pourrez en conclure qu'il existe, chez l'enfant, une cause d'affaiblissement, soit une maladie, soit une alimentation insuffisante.

A propos de l'inanition des enfants nouveau-nés, il y a, je ne dirai pas dans la science, mais dans les journaux de médecine, une histoire extraordinaire.

Il s'agit d'un enfant né avant terme, à sept mois, qui serait resté sept semaines sans avoir le sentiment de la déglutition. « Pendant ces sept semaines, il ne but ni ne mangea, n'évacua pas, ni n'urina, et garda la situation de l'enfant dans la matrice. Au bout de ces deux mois, il se réveilla et se mit à crier comme les autres. Cet enfant vécut et se porta très bien. » C'est une histoire qui ne date pas du xvie ou du xviie siècle : elle a été donnée, il y a une quarantaine d'années, dans les journaux de médecine (par CHAUVAIN en 1840), et, s'il n'y a pas lieu de la considérer comme absolument vraie, il n'y a pas lieu non plus d'en douter complètement [1].

En général, l'inanition, chez les enfants, se manifeste par la diminution du poids et par un fait curieux que M. LÉPINE a étudié : l'accroissement des globules du sang. Mais ceci ne veut pas dire que les globules du sang ont réellement aug-

---

1. « *Enfant né avant terme,* » etc., par CHAUVAIN. (*Journal de méd. et de chir. pratiques,* 2º édit.; Paris, 1840; t. XI, art. 2023, p. 259.)

menté en nombre; cela signifie simplement qu'ils ont augmenté par rapport à l'eau. L'inanition entraîne une déshydratation du sang, de telle sorte que, si l'on compare deux enfants, l'un se portant bien, l'autre en état d'inanition, le nombre des globules paraîtra plus grand chez celui-ci que chez l'enfant en bonne santé. M. Lépine a trouvé 6 millions de globules par millimètre cube pour l'enfant en état d'inanition et 5 millions chez l'enfant normal.

Il faut étudier une autre influence qui détermine les conditions de la plus ou moins grande durée de l'inanition; c'est l'action de la fièvre, et, là encore, nous voyons intervenir le système nerveux.

La fièvre détermine probablement une production de poisons qui stimulent le système nerveux et qui amènent une dénutrition énergique.

Je vous ai dit que, chez les lapins, la perte de poids était de 1^{gr},5 par kilogramme et par heure. Dans des expériences faites par nous sur des lapins fébricitants, nous avons vu la dénutrition s'élever à 5 grammes par kilogramme et par heure.

	Perte par kilogramme et par heure.
Lapins fébricitants . .	2,30
— . .	5,60
— . .	1,80
Lapins normaux . . .	1,33

Ils se dénourrissaient avec une extrême rapidité. De même, M. Colin a comparé un cheval se portant bien et un cheval malade. Le cheval bien portant a perdu 0^{gr},28 et le cheval malade a perdu six fois plus.

	Durée de la résistance à l'inanition.	Perte par kilogramme et par heure.
Cheval sans fièvre . .	30 jours.	0,28
Cheval avec fièvre . .	6 —	1,31

Chez les individus atteints de fièvre typhoïde, le poids du corps diminue parfois très vite. Si, chez les individus adultes, en bonne santé, la perte de poids est de $0^{gr},3$ par kilogramme et par heure, chez les individus malades, la perte est plus considérable ; chez les typhoïdiques, la dénutrition est de $0^{gr},7$ par kilogramme et par heure.

Un homme à jeun et bien portant perd en moyenne de $0^{gr},30$ à $0^{gr},50$ par kilogramme et par heure, tandis que des fébricitants, quoique étant alimentés, et quoique les aliments introduits comptent dans le poids final, ont perdu bien davantage.

Ainsi, des malades atteints de fièvre typhoïde, cités par COHIN (Thèse de Paris, 1887, n° 144), ont perdu, par kilogramme et par heure, les poids suivants :

En 5 jours. .	0,61
En 9 jours. .	0,88
En 7 jours . .	0,73

ils étaient pourtant suffisamment alimentés ; leur inanition n'était pas absolue, mais relative, due seulement à ce qu'étant malades, ils ne mangeaient pas, et n'avaient pas envie de manger.

Sous l'influence de la fièvre, le poids tombe donc bien plus vite que par l'inanition seule.

Il faut encore noter l'influence des boissons. De deux chiens observés par M. LABORDE, l'un est mort en vingt jours ; l'autre, au bout de trente-sept jours, était encore vivant, mais il avait pu boire à sa guise. Il y a bien quelques exemples contradictoires. Ainsi le chien de FALCK serait resté soixante et un jours sans boire ni manger. En général, les chiens soumis à l'inanition boivent extrêmement peu. Il semble que leur instinct les avertit de ne pas boire plus qu'il ne faut. L'eau, en effet, hâte le lavage des tissus et accélère la spoliation des sels de l'organisme. Il en résulte qu'en buvant de l'eau, on excrète plus de chlorure de sodium, plus de phosphates, plus d'urée, de sorte que, si, en général, les animaux soumis à la privation de boisson vivent moins longtemps que ceux qui peuvent boire, il y aurait cependant une certaine différence entre ceux qui peuvent boire un peu et ceux qui boivent beaucoup, et qui mourraient plus vite.

En tout cas, lorsqu'on a la possibilité de boire, les souffrances sont moins grandes. Car ce qu'il y a de caractéristique dans la privation d'aliments et dans la privation de boissons, c'est que la soif torture beaucoup plus que la faim, et ceux qui ont raconté les cruelles souffrances qu'ils ont éprouvées ont dit, en effet, qu'elles étaient causées bien plus par la soif que par la faim. Il me paraît cependant, en général, que l'heure de la mort n'est pas beaucoup retardée par l'ingestion des boissons.

Venons maintenant aux exemples de jeûne plus ou moins prolongés chez l'homme. Nous avons différents cas à examiner. Il y a d'abord le jeûne *expérimental*, comportant des expériences précises, limitées à de certains jours; il y a aussi le jeûne que j'appellerai le jeûne *charlatanesque;* et enfin le jeûne *forcé,* portant sur des individus surpris par des accidents, des naufrages, des éboulements, ou jetés tout à coup dans l'immensité du désert.

Voyons d'abord le jeûne expérimental. Un physiologiste allemand, M. Ranke, s'y est soumis pendant quarante-huit heures. Il n'en a pas ressenti une grande incommodité; de plus, durant ce jeûne, c'est surtout aux premiers moments que les souffrances ont été cruelles. Les symptômes qu'il éprouvait étaient une grande faiblesse musculaire, l'impossibilité de se livrer à des mouvements prolongés, des frémissements fibrillaires, de la céphalalgie. Ce qu'il y avait de plus saillant, c'était le phénomène — constant d'ailleurs — d'une dure insomnie avec des nuits troublées par des cauchemars et le retentissement du pouls dans la tête.

M. Ranke a fait des expériences pour voir quelle était sa

quotidienne diminution de poids et pour déterminer sa consommation d'azote et de carbone par kilogramme et par heure; car nous brûlons à la fois l'azote que nous ingérons et l'azote qui fait partie de nos tissus : par conséquent notre consommation doit être en partie proportionnelle à la quantité ingérée.

Il a constaté que, si nous brûlons $0^{gr},1$ d'azote par kilogramme et par vingt-quatre heures, nous brûlons 2 grammes de carbone par kilogramme et par vingt-quatre heures, ce qui fait en chiffres ronds vingt fois plus de carbone que d'azote. Il a eu soin de ne commencer ses expériences que dix-neuf heures après avoir cessé de prendre des aliments[1]. Il a aussi étudié la perte de poids subie par lui, et il a constaté qu'elle était à peu près de $1^{gr},2$ par kilogramme et par heure. La quantité d'acide carbonique que M. RANKE a produite à l'état de jeûne a été de quatorze litres par kilogramme et par heure.

Ce nombre est important à retenir. En effet, à l'état normal, nous produisons dix-huit litres d'acide carbonique par heure. D'autre part, dans ce jeûne, on n'est ni malade ni invalide. A quoi servent donc les quatre litres d'acide carbonique en plus? On peut supposer qu'ils ne servent guère, et qu'ils constituent une consommation *de luxe*. Nous pourrions, sans être incommodés, ne produire que quatorze litres d'acide carbonique, mais nous en produisons davantage. Malgré toute l'économie qu'il y a dans la machine animale, il y a un excédent de dépense considérable, puisqu'elle porte sur une fraction importante de la consommation totale.

J'ai fait, de mon côté, des expériences sur un brave homme qui s'est soumis au jeûne pendant quelque temps. Avec M. HANRIOT, nous avons étudié sa consommation d'oxygène, et sa production de CO^2, et nous avons trouvé qu'à l'état d'inanition, la quantité d'acide carbonique produite était de quatorze litres. Au bout de trois jours, après un repas abondant,

____

1. *Arch. f. Anat. u. Physiol.*, etc., 1862, p. 311.

elle est montée d'un tiers. La ventilation pulmonaire a augmenté dans des proportions analogues. De quatre cents litres par heure qu'elle était pendant le jeûne, elle s'est élevée à cinq cents litres.

La diminution de poids est restée sensiblement la même : elle s'est maintenue à $1^{gr},32$ par kilogramme et par heure. Mon patient, en somme, n'a pas souffert ; il a éprouvé les mêmes phénomènes que M. RANKE : des vertiges, de la faiblesse musculaire, des fourmillements dans les jambes.

Nous l'avons soumis, après le jeûne, à une alimentation exagérée. Sous l'influence de ce régime, ses forces ont augmenté et ses appétits génésiques se sont développés, d'après une confidence qu'il nous a faite, dans des proportions remarquables [1].

1. Expérience sur Sauvage : le 21 avril, à midi, dernier repas ; le 21 avril, à 8 heures du soir, il pesait $49^{kg},7$; le 23 avril, à 8 heures du matin, il pesait $47^{kg},3$; soit une perte, par kilogramme et par heure, de $1^{gr},32$.

DURÉE DU JEUNE.	O² EN LITRES.	C O² EN LITRES.	RAPPORT $\frac{CO^2}{O^2}$	VENTILATION en litres.
Premier jeûne.				
20 heures..	18,9	14,25	0,75	416
28 —	17,45	13,45	0,77	421
42 —	17,30	11,90	0,69	399
48 —	14,70	11,70	0,79	400
Après un repas..	18,90	15,35	0,81	497
Deuxième jeûne.				
24 heures.	16,85	14,15	0,84	394
48 —	16,07	14,30	0,85	401
Après un repas azoté. .	18,25	15,40	0,80	445
Après un repas féculent.	21,70	17,70	0,80	475
Le lendemain, à jeun. .	15,20	12,82	0,83	407
Après repas mixte. . . .	17,75	15,75	0,88	455

Ranke pesait 70 kilogrammes, et a perdu $0^{gr},73$ par kilogramme et par heure ; Sauvage pesait 50 kilogrammes et a perdu 1,32.

J'aurais pu faire sans doute d'autres expériences sur l'homme, mais j'ai reculé devant une proposition qui m'a été faite. Un médecin d'Arménie m'a écrit pour me proposer de m'envoyer un vieillard de soixante-quinze ans qui supportait le jeûne pendant trois mois. Mais on hésite à faire venir quelqu'un de l'Arménie, et je n'ai pas cru devoir tenter cette expérience, d'autant plus qu'il y avait à cette époque des jeûneurs célèbres, Tanner, Succi, Merlatti.

Il est assez difficile d'affirmer qu'il n'y ait pas eu de supercherie dans leur cas. Cependant je ne crois pas qu'il y en ait eu. Des précautions, sinon absolues, au moins assez sérieuses, ont été prises pour éviter les fraudes.

D'ailleurs, tous ces jeûneurs ont supporté leur jeûne dans des conditions spéciales. Merlatti, avant de commencer le sien, qui devait durer cinquante jours, a mangé une oie grasse avec tous les os. Succi a pris une boisson à laquelle il attribuait une grande importance. On peut supposer que cette boisson contenait du laudanum.

Je crois donc, tout en observant une réserve que vous trouverez légitime, qu'on peut admettre comme authentiques les observations faites sur ces jeûneurs[1].

La perte quotidienne de poids n'a pas été aussi considé-

L'exhalation d'acide carbonique a été :

$$\text{Pour Ranke (après 48 heures)} \ldots \ldots \left\{ \begin{array}{l} 14,3 \\ 13,8 \\ 13,8 \end{array} \right.$$

Soit 0,20 par kilogramme et par heure.

$$\text{Pour Sauvage (après 48 heures)} \ldots \left\{ \begin{array}{l} 11,9 \\ 11,7 \\ 14,3 \end{array} \right.$$

Soit 0,25 par kilogramme et par heure.

Sous l'influence du repas, la ventilation est montée de 400 litres à 500 litres deux heures après le premier repas.

1. Succi a jeûné du 18 août, à midi, au 18 septembre, soit 30 jours (il buvait). Poids initial $= 61^{kg},300$; poids final $= 49^{kg},2$, soit 441 grammes de perte par jour ; soit, par kilogramme et par heure, $0^{gr},30$, chiffre qui concorde avec nos chiffres observés sur des animaux (pour les chiens, 0,65, et pour les lapins, 1,25) ; l'urée éliminée a été, en moyenne, de $6^{gr},12$ par jour.

Dans les 19 premiers jours, la perte, par kilogramme et par heure, a été de 0,353, et, dans les 11 derniers jours, de 0,14.

rable que celle de mon sujet ; elle a été, en moyenne, de 0ᵍʳ,3
seulement par kilogramme et par heure ; à la fin, elle n'a été
que de 0ᵍʳ,2. Dans le jeûne de Merlatti, cette perte a été
de 0ᵍʳ,4 à 0ᵍʳ,2, de telle sorte qu'au bout de cinquante jours
la diminution du poids du corps était de 27 p. 100.

L'expérience eût alors pu se terminer fatalement; car le
système nerveux était très affaibli. Or, d'après les expériences
de Chossat, quand la température commence à baisser, alors
il n'y a plus moyen de rappeler l'animal à la vie ; le système
nerveux a perdu toute son énergie. Merlatti était arrivé à
la limite extrême. Au lieu de 66 kilogrammes qu'il pesait
au commencement de son jeûne, il ne pesait plus à la fin
que 44 kilogrammes[1].

Malgré cette perte de poids considérable, malgré ce jeûne
prolongé, il résistait au conseil qu'on lui donnait d'arrêter
son expérience. Lorsqu'il fut arrivé au moment qu'il avait
fixé, et qu'il eut pris un peu de nourriture, il eut des vomissements aussitôt après la première ingestion d'aliments; mais
cela ne l'empêcha pas de présider un banquet qui avait lieu
en son honneur; deux mois après, il était rétabli.

---

1. Voici l'observation de Merlatti : il ne faut pas oublier qu'il pouvait boire.

Diminution de poids.

	kilog.
Le 27 octobre. . . .	61,2
Le 1ᵉʳ novembre. . .	58,6
Le 15 — . . .	53,8
Le 25 — . . .	50,6
Le 10 décembre . . .	44,8

	Perte par kilogramme et par heure.
Soit les 5 premiers jours . .	0,355
— les 15 jours suivants. .	0,217
— les 10 — . .	0,218
— les 6 — . .	0,181
— les 9 derniers jours. .	0,281

(Le poids n'a pas été pris pendant les cinq derniers jours du jeûne, du 11
au 15 décembre.)

Soit, en 45 jours, une perte de 0,226 par kilogramme et par heure, et une
perte totale de 26,8 p. 100.

L'étude expérimentale du jeûne a été aussi entreprise, par M. Senator, sur un individu nommé Cetti[1].

Cetti a jeûné pendant dix jours; il pesait le premier jour 57 kilogrammes, et le dixième jour $50^{kg},650$, soit une perte totale de $6^{kg},350$ et une perte quotidienne de 635 grammes, ce qui fait par kilogramme et par heure une perte de $0^{gr},47$: chiffre un peu plus fort que les chiffres de Merlatti, Sauvage et M. Ranke. Cetti pouvait d'ailleurs boire de l'eau, et il a perdu plus dans les cinq premiers jours que dans les cinq suivants.

Le nombre des globules rouges s'est accru, par rapport à la masse du sang, de 5 250 000 par millimètre cube à 6 830 000.

On a noté que l'urine contenait une quantité notable d'urate d'ammoniaque, substance qui n'existe pas dans l'urine normale.

On trouvera encore dans le mémoire de M. Senator des détails intéressants, sur lesquels je ne puis insister ici, relatifs aux dimensions des divers organes appréciés par la percussion.

Voici maintenant d'autres faits qui montreront que quelquefois la durée de la résistance est parfois moins longue, et que certains jeûnes moins prolongés n'ont pu être supportés.

Et, en effet, il faut penser que les individus dont je viens de vous parler, Merlatti, Succi, Tanner, se trouvent dans des conditions excessivement favorables : ils n'ont pas à résister aux intempéries; ils n'ont pas d'inquiétude sur leur sort; ils savent qu'ils n'ont qu'à faire un geste pour qu'on leur apporte aussitôt un repas succulent. Tout autre est la situation des individus qui se sont trouvés pris, par exemple, sous des éboulements; c'est un cas malheureusement assez fréquent. Les malheureux ainsi séparés du reste du monde savent qu'on ne peut pas immédiatement arriver à leur secours; qu'il faut, pour parvenir jusqu'à eux, percer des galeries, déblayer quel-

1. *Biologisches Centralblatt*, 1er août 1887, p. 349.

ques centaines de mètres cubes de terre et de pierres. Dans ces conditions, la privation de nourriture est parfois fort longue. BÉRARD cite l'exemple d'hommes qui sont restés quatorze jours dans une cave humide. Un mineur, cité par LICETUS, est resté sept jours dans une cave. Les mineurs de Bois-Mouzil sont restés huit jours enfermés à la suite d'un éboulement, sans souffrir beaucoup. Ces derniers ont d'ailleurs donné un exemple bien rare de solidarité et de charité humaines. En général, les individus soumis aux angoisses de la faim montrent un égoïsme féroce. Les mineurs de Bois-Mouzil, au contraire, se sont partagé les provisions que l'un d'eux avait apportées[1].

On cite, dans ces jeûnes forcés, d'autres exemples, non plus de mineurs, mais de naufragés. Il y a une histoire intéressante d'individus qui, errant sur les glaçons, sont restés dix-sept jours exposés à un froid terrible, sans autre nourriture qu'un peu d'eau de mer dégelée, du 24 mars au 9 avril 1809[2]. Quand on les a trouvés, ils avaient la peau collée sur les os; les yeux enfoncés dans l'orbite; l'haleine fétide, le teint terreux, la peau recouverte de croûtes fuligineuses, la langue noirâtre. Il faut remarquer que cet aspect fuligineux de la peau est un symptôme qui se retrouve dans les grandes disettes, comme il y en a encore dans l'Inde, dans la Chine. Ainsi, il y a quelques années, pendant une grande famine qui a sévi en Chine et dans laquelle ont péri des millions d'individus, on a retrouvé cette altération profonde de la peau, qui empêche toute exhalation.

Je dois vous rapporter aussi quelques récits de jeûnes individuels. Telle est l'histoire que raconte DIDEROT de l'alchimiste Duchanteau, son ami, qui resta vingt-cinq jours à ne

1. Citation de LONGET, *Traité de physiologie*, 3ᵉ édit., 1873, t. Iᵉʳ, p. 25.
2. *Journ. d. pract. Heilkunde*, 1811, t. XXXII, p. 116.

boire que de son urine, espérant opérer ainsi une cohobation d'une nature particulière[1],

Un individu de 77 ans, italien, cité par MM. Monin et Maréchal, aurait vécu sans se nourrir jusqu'au trente-septième jour, buvant seulement un peu de brandy et d'eau ; puis il se serait remis à manger, sans éprouver d'autre inconvénient.

On raconte d'un individu nommé Granié, condamné à mort, qu'il se laissa mourir d'inanition et que la mort est survenue au bout de soixante-trois jours.

Un amaurotique soigné par un charlatan vécut quarante-sept jours sans manger, mais en ayant la permission de boire[2].

Un autre individu est mort plus rapidement : c'était en 1821, il s'appelait Antonio Viterbi. Pour échapper à la peine de mort, il s'est fait mourir de faim. Il a donné un exemple bien rare de stoïcisme, en restant dix-sept jours sans manger. Il a fait, lui-même, le récit des souffrances qu'il a subies. Il avait résolu aussi de ne pas boire ; mais, à un certain moment, ayant pris de l'eau dans sa bouche pour se rafraîchir, il n'a pu résister à la tentation et il l'a avalée. Il a eu des vertiges et des cauchemars, mais il n'a souffert que de la soif. Il est mort le dix-septième jour[3].

Il faut retenir ce nombre de dix-sept à vingt jours. C'est la durée moyenne de la vie chez un homme soumis à l'inanition et se trouvant dans les conditions normales. Cependant, d'après Simon Goulart[4], un jeûneur, nommé Hasselt, aurait été enfermé pendant quarante jours sans nourriture, et on l'aurait, après ce long temps, retrouvé vivant.

Quant à Succi et à Merlatti, ils étaient peut-être des aliénés

1. Cité par Gley : *Jeûne et jeûneurs*, in *Revue scientifique*, 2ᵉ sem. 1886, p. 725.

2. Le poids de ce malade, après 47 jours de jeûne, était tombé de 65,5 à 48,5 ; ce qui fait une perte de 26 p. 100, soit 0ᵍʳ,23 de perte par kilogramme et par heure. Il mourut alors. Son cas est cité par Bérard (*Cours de physiologie*, 1848, t. Iᵉʳ, p. 521).

3. Cité par MM. Monin et Maréchal dans *Stefano Merlatti : Histoire d'un jeûne célèbre*, p. 21. — In-12, sans date ; Paris, chez Marpon.

4. Goulart et non Coulart, cité par MM. Monin et Maréchal, *loc. cit.*, p. 18.

ou des mélancoliques. Les individus qui sont pris en pleine santé résistent beaucoup moins que les maniaques. Lorsqu'il n'y a pas de folie, lorsqu'il n'y a pas d'aliénation mentale, la résistance au jeûne est beaucoup moindre. Je viens de citer le cas de Viterbi qui est mort au bout de dix-sept jours. M. Lépine cite le cas d'une jeune fille qui, ayant avalé de l'acide sulfurique, eut un rétrécissement de l'œsophage ; elle est restée seize jours sans pouvoir ni manger ni boire, et elle est morte au bout de ce temps[1].

Mentionnons aussi le cas extrêmement intéressant d'un négociant allemand, qui, ayant fait de mauvaises affaires, s'est retiré dans un bois, pour s'y laisser mourir de faim. Il a vécu ainsi du 15 septembre au 3 octobre 1812. Il est mort le dix-huitième jour ; et, quand on l'a trouvé, il respirait encore. Il avait noté, jour par jour, les impressions qu'il éprouvait. Au bout de cinq jours, le 19 septembre, il écrivait : « Si j'avais seulement du feu, un peu de feu ! comme ces nuits sont longues, comme elles sont froides ! » Ce jour-là, il but. Le 22 septembre, il essaye de boire de l'eau froide, ce qui lui donne des vomissements. Le 29 septembre, il voulut encore essayer d'aller boire de l'eau, mais ses forces le trahirent, et il resta dans son trou. A cette date, il pleut toute la nuit. Pendant ces dix-huit jours de souffrances il n'avait donc bu qu'une seule fois[2].

Voilà donc des périodes de dix-neuf, dix-sept et seize jours chez des individus non aliénés. Nous pouvons ainsi admettre que, chez les individus sains, sans tare nerveuse, la durée de l'inanition qui amène la mort est d'environ vingt jours. Mais, chez les aliénés et les individus préparés au jeûne, la durée de l'inanition peut être plus considérable. Succi, qui s'est soumis à un jeûne de trente jours, a été deux fois enfermé dans un asile d'aliénés.

1. Cité in *Revue scientifique*, 2ᵉ sem., 1886, p. 570.
2. *Journal der practischen Heilkunde*, mars 1819, p. 95.

Cardan raconte l'histoire d'un Écossais qui aurait vécu trente jours en prison sans rien prendre.

Devilliers (*Journal de médecine*) parle d'un aliéné qui mourut après soixante-quinze jours d'un jeûne relatif, prenant seulement quelques verres de boissons, un peu de vin et de bouillon.

H. Boëns cite le cas[1] d'un boucher qui aurait pratiqué, pour se faire mourir, le jeûne absolu pendant près d'un mois. Mais l'observation est tout à fait insuffisante.

Si nous résumons ces cas divers, nous trouvons, comme durée du jeûne, les nombres suivants, pour la survie :

	jours.
Merlatti	50
Tanner	40
Brasseur (Goulart)	40
Italien de 77 ans (Monin et Maréchal).	37
Succi	30
Boucher (Boëns).	30
Duchanteau	25
Mineur de Licetus . . . . , .	7
Mineur de Bérard.	14
Mineurs de Bois-Mouzil	6

La mort est survenue après les durées suivantes ;

	jours.
Aliéné de Devilliers.	76
Malade de Desbarreaux	63
Amaurotique de Bérard.	47
Malade de M. Lépine	16
Marchand allemand de Hufeland. . .	17
A. Viterbi	17

On peut donc dire que la durée relative de la vie est de bien près de vingt jours. Quant à la perte de poids totale, difficile à apprécier rigoureusement, vu la défectuosité des documents, elle serait, au moment de la mort, de 30 p. 100 environ.

---

1. Monin et Maréchal, *loc. cit.*, p. 49.

Ces faits se rapportent à des individus sains, ou à peu près sains.

Passons aux histoires de malades. Celles-ci sont tout à fait extraordinaires. Il faut, dans ces matières, éviter un double écueil, celui de la crédulité et celui de l'incrédulité excessives. Il est facile d'être incrédule; mais il ne faut pas tout rejeter.

Voici un livre du commencement du xviie siècle. C'est un in-folio, écrit en latin, et d'une lecture peu récréative. C'est le fruit des méditations d'un professeur de Padoue, nommé LICETUS; il est intitulé : « *De ceux qui peuvent vivre longtemps sans aliments* ». Il comprend divers chapitres : *De ceux qui vivent huit jours... De ceux qui vivent un mois... De ceux qui vivent trois mois... De ceux qui vivent de un an à huit ans... De ceux qui vivent plus de douze ans.* Enfin LICETUS termine par l'histoire de ces sages qui se sont endormis dans une cabane et qui ont dormi deux siècles, pour se réveiller après deux cents ans de sommeil : du règne de l'empereur Décius à celui de l'empereur Théodose!

En présence de ces récits, faits par LICETUS, il est permis d'élever plus que des doutes; mais un fait qu'on ne peut contester, c'est qu'il y a eu des enfants malades, des jeunes filles malades, qui ont vécu longtemps dans l'état de jeûne. Il faut donc se méfier un peu de cette incrédulité si facile. Ayons un peu d'indulgence pour un livre écrit il y a trois cents ans. Peut-être y a-t-il quelque chose de vrai au milieu de tout ce fatras.

D'abord il est facile de voir que toutes ces longues abstinences ont été observées chez des hystériques. Qu'il s'agisse d'hommes, ou de femmes, ou d'enfants, cela importe peu. On sait maintenant que l'hystérie existe aussi bien chez les enfants et chez les hommes que chez les femmes.

En prenant au hasard quelques-unes des nombreuses histoires rapportées par les vieux auteurs, nous trouverons des traces manifestes d'hystérie. Voyons, par exemple, l'*Histoire mémorable et prodigieuse d'une fille qui, depuis plusieurs années, ne boit, ne mange, ne dort et ne jette aucuns excréments et vit néanmoins par une grâce admirable et vertu de Dieu.* (Francfort, Wechel, 1587. In-8°.)

Cette jeune fille de 27 ans, Catherine Binder, d'Heidelberg, perd subitement le goût des viandes chaudes (voilà bien une fantaisie d'hystérique), et, pendant cinq ans, ne mange plus rien de chaud : alors elle se fait traiter par un charlatan et elle perd en même temps le goût des viandes froides. Elle reste sept ans sans rien manger ni boire.

Il nous est permis de concevoir quelque doute sur l'exactitude de cette affirmation. Ce qui n'est pas douteux, c'est qu'elle est très névropathique : elle ne peut tenir la tête droite, à cause des tournements de la tête. A la suite d'une apparition, elle est restée, pendant trois ans, sans entendement ni parole. Quand elle essaye de prendre de la nourriture, elle éprouve un spasme pharyngé, de sorte qu'elle ne peut avaler, son gosier étant comme clos et étouffé. On l'a surveillée pendant quatorze jours et quatorze nuits, et on a constaté que, pendant ce temps, elle n'avait ni bu, ni mangé, ni uriné.

Une autre fille[1], âgée seulement de 12 ans, à partir du samedi saint, ne put plus manger (c'est encore là un phénomène hystérique que ces idées délirantes ayant une origine religieuse). « Elle parloit peu ; le bruit de la halle et de l'église lui estonnoit le cerveau, dont elle sentoit la douleur à la tête. Elle avoit toujours auprès d'elle l'image du crucifix. La faim l'a quittée dès le commencement, et elle avoit en horreur toute chose mangeable, ne pouvoit avaler, si bien que, lorsqu'elle communioit, il fallait lui mettre de l'eau dans la bouche. » Pendant quatre ans elle aurait vécu uniquement avec de l'eau

---

1. *Histoire admirable et véritable d'une fille champêtre du pays d'Anjou, laquelle a été quatre ans sans user d'aucune nourriture que d'un peu d'eau,* par PASCAL ROBIN, gentilhomme angevin. — In-8°, Paris, Roigny, 1586.

et, à de très longs intervalles, avec un peu de pain trempé dans l'eau.

Une autre histoire est celle d'Apollonie Schrierer : *Historia admiranda de prodigiosa inedia Apolloniæ Virginis, etc., etc.*, par Lentulus. (Berne, chez Lepreux, 1604.)

Apollonie est manifestement une hystérique, et on nous la montre dans une gravure étendue sur son lit, dans l'attitude des mélancoliques, presque sans voiles, et pas trop décharnée, malgré son long jeûne. Elle était certainement insensible, puisque les mouches se promenaient sur son corps sans qu'elle cherchât à les chasser. Elle restait éveillée toute la nuit, et, à quelque heure que ses parents l'interrogeassent, ils la trouvaient éveillée. Pour s'assurer qu'il s'agissait réellement d'un jeûne prolongé et non d'une simulation quelconque, les magistrats l'ont séparée pendant deux semaines de sa mère, ce qui ne s'est pas effectué sans cris et sans larmes : ils l'ont surveillée pendant deux semaines, et ils ont constaté que, pendant deux semaines, elle n'avait pris aucun aliment.

Dans le même ouvrage se trouve l'histoire d'une fille de Spire qui a vécu sans manger, et qui a été observée par Gerardus Bucoldianus. Elle introduisait, de temps à autre, quelques gouttes d'eau ou de vin entre ses lèvres. On l'a observée pendant douze jours, et on n'a pas pu trouver de fraude. Il paraît qu'elle serait restée pendant trois ans dans cet état : d'ailleurs elle n'a pas été observée pendant trois ans, mais seulement pendant douze jours. Elle était âgée de douze ans, et son corps était chargé de pustules (?) : (*Corpus pustulis de phlegmate scatebat*). Elle était dans une somnolence continuelle et pleurait quand on lui parlait de sa mère.

Une autre jeune fille de Cologne aurait vécu quatre ans sans nourriture. Elle entrait en syncope dès qu'on voulait lui mettre quelque chose dans la bouche. — C'est encore là une tare hystérique.

Enfin, dans le même ouvrage de Licetus, après nombreuses

citations de jeûnes célèbres, d'Élie, de Moïse, du Christ, on arrive à l'histoire de la jeune fille de Confolens qui a excité l'admiration de quantité de médecins et de poètes[1]. Un sieur Moreau qui l'a vue croit devoir lui adresser ces vers :

> Rougis, ventre glouton, à l'abord de ce livre,
> Si tu ne veux pallir au jugement de Dieu.
> Que feras-tu, chétif, en ce terrible lieu,
> Puisqu'on peut, ici-bas, longtemps vivre sans vivre ?

Il s'agit d'une jeune fille de 12 ans qui serait restée quatre ans sans manger et sans rendre d'excréments. Mais, dans l'observation qu'en donne le médecin qui l'a observée, un certain docteur en médecine de Poitiers, il est beaucoup plus question de Pline et de Galien que de la malade. Elle est d'ailleurs manifestement hystérique, ainsi qu'il ressort de ses spasmes œsophagiens.

Jean de Marcoville raconte[2] l'histoire d'une jeune fille âgée de 22 ans « qui fut l'espace de deux ans entiers sans boire ni manger, sous réserves d'aucunes confitures et quelque peu d'eau dont elle se rafraîchissait la bouche. Elle avait le ventre si fort enflé qu'il fallait trois aulnes de lisière pour en prendre le tour. »

Marcoville répète les histoires d'un notaire picard qui serait resté (pour cause de maladie) deux ans sans nourriture ; d'un jeune homme écossais qui resta trente jours en prison, et d'une fille de Tulle qui, en l'an 822, resta trois ans sans manger après avoir reçu la communion à Pâques.

D'après Querietanus[3] (XVIᵉ siècle), Jeanne Balans, âgée de 14 ans, aurait été pendant six mois avec de la dysphagie et

---

1. *Histoire merveilleuse de l'abstinence triennale d'une fille de Confolens en Poitou.* En cette histoire est aussi traicté si l'homme peut vivre plusieurs jours, mois et années sans recevoir aucun aliment... — Paris, chez Jean de Heuqueville, 1602.

2. *Traicté mémorable d'aucuns cas merveilleux,* etc., p. 40, § XIII. — In-12 ; Paris, chez Jean Dallier, 1564.

3. Cité par Kiesewetter : *Inedia, das mystische Fasten,* in *Sphinx,* mai 1888, p. 323.

l'impossibilité de manger. Elle était atteinte d'une coxalgie empêchant tout mouvement, et des accès de délire et de torpeur avaient précédé sa maladie. Aucune critique d'ailleurs pour juger s'il y a, ou non, simulation.

Licetus rapporte, d'après Matheus Ferrarius de Gradibus, l'histoire d'une femme qui avait des syncopes et des accès de frénésie : elle vomissait tout ce qu'elle mangeait. Cela a duré trois ans, et, cependant, on la saignait tous les sept jours. Elle a vécu dix-sept jours sans rien prendre qu'un peu de vin, et dix jours sans prendre absolument rien.

En des temps plus récents (1757), Fontenette rapporte l'histoire d'une fille de 15 ans qui, depuis quatre ans, ne boit ni ne mange. Il est vrai qu'il ne l'a pas observée par lui-même; il se contente de dire qu'elle fut surveillée pendant trois semaines consécutives.

D'autres histoires encore peuvent être brièvement rapportées; car tous ces récits se ressemblent. Alliet, médecin à Gisors (*Journal de médecine, chirurgie, etc.*, 1762, p. 432), parle d'une petite fille de dix ans qui, à la suite d'une frayeur, est prise d'une convulsion, puis d'assoupissement avec dysphagie. Alors, après divers accès où elle tient des propos *grossiers*, *indécents* et *furieux*, elle entre dans une période de délire qui ressemble étrangement à du somnambulisme. Pendant trente-trois jours elle ne prend absolument rien, et pendant deux mois elle n'ingère qu'une très petite quantité de pain et d'eau. Puis, subitement, elle se réveille, demande de la nourriture et retourne à l'état normal.

A la suite de cette observation remarquable, le Frère Calixte Gauthier, religieux de la Charité, démonstrateur en anatomie de l'hôpital de Grenoble, rapporte l'histoire d'un garçon de 13 ans qui vivait depuis deux ans et demi sans boire ni manger. Le frère Gauthier, visitant ce malade, l'observe pendant quatre jours et ne constate aucune supercherie. « Il a la peau collée sur les os et est d'un tempérament fort susceptible et mélancolique; la plus petite contrariété le jette dans une mélancolie qui dure plusieurs jours. » C'est assurément un cas d'hystérie.

Mercadier (*Journal de médecine, etc.*, 1765, p. 133) raconte l'histoire d'une demoiselle de 23 ans, mélancolique, à demi imbécile et versant continuellement des larmes, qui est restée six mois sans prendre d'autre nourriture qu'un peu de tisane et de bouillon ; pendant six semaines elle n'a pas prononcé un mot. On a osé la saigner à plusieurs reprises ; mais, comme les saignées provoquaient des syncopes, on ne les faisait pas très abondantes. Elle était dans une somnolence continuelle, entrecoupée de larmes et de gémissements. Elle guérit subitement sous l'influence des douches.

Mercadier raconte aussi l'histoire d'une fille qui fut trente-cinq semaines, en 1688, sans boire ni manger, d'après le *Journal des savants*, et d'une femme dont le *Journal de Verdun, mars* 1760, dit qu'elle ne voulait manger devant personne et qui serait restée dix-sept ans dans cet état.

Licetus parle d'une jeune fille de Pise (*Loc. cit.*, liv. Ier chap. viii, p. 9), qui serait restée seize mois sans nourriture, en 1603. C'était une petite paysanne de quatorze ans ayant des contractures dans les jambes, somnolente et taciturne. Elle guérit très bien et au bout de dix-sept mois reprit sa vie ordinaire.

Licetus rapporte aussi le fait d'une jeune fille de Pise, âgée de dix-huit ans, qui, à la suite d'un chagrin, est prise de contracture du bras, de convulsions, puis de vomissements et de dysphagie qui l'empêchent de se nourrir. Pendant huit mois elle reste dans cet état sans rien prendre, et, ce qui excite l'admiration de Licetus, c'est qu'elle n'a ni maigri ni changé de visage.

Dans les *Mémoires de l'Académie des sciences* pour 1704, p. 162-222, nous trouvons l'observation d'une dame qui a vécu plusieurs mois sans prendre autre chose qu'un demi-setier (25 centilitres) de bouillon maigre par jour, c'est-à-dire une décoction simple de quelques herbes potagères dans de l'eau, avec un peu de sel.

Un enfant de dix ans[1], à moitié idiot (p. 27), (« il jouait avec un miroir en cherchant au derrière ce qu'il voyait en la glace »), serait resté dix-neuf mois sans manger ni boire. Siméon de Provenchères, pour une pareille affirmation, se satisfait à bon compte : il ne l'a pas fait observer avec soin et se contente de l'opinion des gens de Vauprofonde.

Vandermonde[2] raconte l'abstinence d'une femme qui serait restée vingt-six ans sans manger. A vrai dire, l'abstinence n'était pas complète, mais relative. Elle ne prenait que quelques cuillerées de bouillon, de lait, de vin, de tisane. Or une abstinence incomplète peut être presque indéfiniment prolongée; et il n'est pas douteux que beaucoup de ces cas ne soient authentiques.

On trouvera à l'article Abstinence de l'*Index Catalogue*, et dans le *Catalogue de la Bibliothèque nationale, Sciences médicales*, t. Ier, p. 361, d'autres cas de même nature, aux xvie, xviie et xviiie siècles. J'en citerai seulement quelques-uns :

I. — *De Puella germanica quæ fere biennium vixerat sine cibo potuque.* Simonis Portii *Disputatio.* — In 4 ; L. C., 1538.

II. — *De Puella quæ sine cibo et potu vitam transigit. Auctore Gerardo Bucoldiano.* — In-8 ; Robert Estienne, 1542.

III. — *Relation du jeûne d'une demoiselle de Hadersleben pendant un an et demi.* —In-8 (en allemand); Copenhague, Imprimerie royale, 1722.

IV. — *Description... d'un cas d'inanition observé, en 1718, chez Marie Jehnfelds... Manière dont cette personne est tombée dans cet état et est restée fort longtemps sans manger, boire ni parler,* par Lessan. — In-4 (en allemand); Hambourg, Brandt, 1729.

V. — Consbruch, *Abstinence d'aliments et de boisson pendant dix-huit mois (Journal der pract. Heilk.* (en allemand), p. 115 à 123. — Iéna, 1800.

VI. — Kundmann, *Histoire de deux femmes dont l'une est restée dix ans, l'autre trois ans, sans manger (Sammlung von Nat. und Med.,* p. 298 à 306, en allemand). — Leipzig, 1724[3].

____

1. *Discours sur l'inappétence d'un enfant de Vauprofonde, confins de Sens, qui n'a bu ni mangé depuis dix-neuf mois,* par Siméon de Provenchères ; 2e édit. — Sens, chez Georges Niverd, 1612.

2. *Journal de méd., chir. et pharm.,* p. 158. — Paris, 1760.

3. Dans le même volume, p. 101, on trouve l'histoire d'une jeune fille qui serait restée vingt-cinq mois sans manger.

VII. — MACKENSIE, *Femme qui vit sans manger et boire* (*Phil. Trans.*, p. 1, en anglais). — Londres, 1777.

VIII. — *Cas d'abstinence de quinze mois*, par SCHILVER (*Med. Rev. Mag.*, p. 484, en anglais). — Londres, 1799.

Dans les auteurs mystiques, on trouve aussi des récits de jeûnes, comme Lidvinsa de Schiedam et Catherine de Sienne (voyez *Sphinx*, 1888, t. V, p. 320).

A la vérité, il ne s'agit pas de jeûne absolu, mais d'un jeûne interrompu seulement par l'introduction de quelques gouttes de lait ou de bouillon, et vraiment il est impossible de ne pas reconnaître que certaines malades supportent, pendant un temps prodigieusement long, une abstinence presque complète.

Dans les temps modernes, nous retrouvons des histoires analogues, de sorte qu'il n'est guère possible de révoquer en doute le fait de ces jeûnes prolongés.

Je ne puis entrer dans le détail de ces nombreuses observations médicales, qui se rapportent presque toutes à l'hystérie. Je ne rapporte pas celles qui sont citées dans la plupart des livres, et en particulier à l'*Index Catalogue*.

A. Serrata, près Porto-Maurizio, vit une femme, couchée dans son lit, ayant des alternatives de catalepsie et de léthargie et qui, depuis vingt-sept ans, ne prend qu'un peu de pain et d'eau[1].

RICCI (cité par SCHMALZ, *loc. cit.*, p. 222) raconte l'histoire d'une femme âgée de quarante ans, Anna Garbero, qui, après un sommeil et un jeûne de quarante jours, est prise, le 8 septembre 1825, d'une répulsion absolue pour les aliments. Elle ne mange plus rien jusqu'au 19 mars 1828, jour de sa mort, après avoir présenté un sommeil léthargique d'une durée de trois mois.

A l'autopsie, on trouva un rétrécissement, probablement

---

1. Cité par MONIN et MARÉCHAL, *loc. cit.*, p. 46. Il est probable que l'autre malade qu'ils citent à la page 45 est la même.

cancéreux, de l'S iliaque du côlon ; ce rétrécissement pouvait à grand'peine laisser passer les liquides.

Un des exemples les plus extraordinaires est celui de cette femme[1] hollandaise hystérique et ayant des attaques d'hystérie, Angelina de Vlies, qui serait restée du 10 mars 1822 jusqu'en 1826 sans rendre autre chose qu'un peu d'urine et d'excréments. Elle buvait de temps en temps un peu d'eau qu'elle avait de la peine à avaler. Une commission l'a surveillée pendant quatre semaines, et a constaté que, réellement, elle a jeûné pendant tout ce temps. Elle est prise parfois de crampes et de tremblements. Agée de quarante et un ans, elle semble en avoir soixante-dix, et est tellement faible, qu'elle ne peut se lever sans aide.

Bourneville et d'Ollier[2] citent l'histoire d'un enfant idiot qui aurait eu des accès de jeûne : un premier durant trois semaines, à deux ans ; un autre durant vingt-huit jours, à sept ans. Il ne prenait que de l'eau et du bouillon.

En 1713, un individu de quarante-cinq ans fut pris, après une émotion, d'un accès de léthargie. On eût dit qu'il était mort. Pendant deux mois, il fut nourri uniquement avec quelques cuillerées de lait et de bouillon[3].

En 1713, il y eut le cas du célèbre dormeur de la Charité, observé par Burette. De fin d'avril à juillet, pendant deux mois et demi, il fut nourri uniquement avec quelques cuillerées de gelée, de bouillon et de vin[4].

Une femme de dix-huit ans[5] eut un accès de léthargie de quarante jours. Six ans après, elle en eut un de cinquante jours. On l'alimentait avec quelques cuillerées de lait et de bouillon. Douze ans après elle en a un qui dure *un an*.

<hr>

1. Citée par Schmalz (*Journ. der pratischen Heilkunde*, suppl., p. 216). — 1829.

2. *Recherches clin. et thérap. sur. l'épilepsie, l'hystérie et l'idiotie*, p. 24, 1881, et *Progrès médical*, 1880, p. 708.

3. Cité par Semelaigne, *Du sommeil chez les aliénés* (*Ann. méd. psychol.*, tirage à part, p. 33). — 1885.

4. Cité par Semelaigne, *loc. cit.*, p. 34.

5. Cité par Semelaigne, *loc. cit.*, p. 33.

Autre chose est de manger peu et de ne pas manger du tout. Je crois que ces malades ont mangé, mais qu'elles n'ont mangé que le minimum indispensable à l'entretien de la vie spéciale : un peu de pain, un peu de biscuit trempé dans de l'eau, par exemple.

Lasègue[1] a raconté l'histoire de cette jeune hystérique qui ne connaissait pas le sentiment de la faim et qui vécut uniquement de thé coupé de lait avec un peu de café au lait, dans lequel elle trempait des morceaux de cornichon. Elle mangeait de temps en temps ; mais, pendant presque un an, elle ingéra à peine ce qui aurait été nécessaire à notre alimentation pendant deux jours.

Ce qui est caractéristique dans les cas de ce genre, c'est la perversion extraordinaire du sentiment de la faim. Chez certains malades, il y a boulimie ; chez les autres, il y a anorexie. De même qu'il existe une perversion de l'appétit sexuel, de même il existe une perversion de l'appétit des aliments, et un des caractères de l'hystérie est précisément ce sentiment bizarre.

En même temps que ces goûts fantasques, on observe une résistance exceptionnelle par sa puissance et par sa durée.

Il y a eu pendant longtemps, à la Salpêtrière, une femme nommée Etcheverry ; elle avait de l'hémiplégie d'un côté et une contracture de l'autre côté. Il semblerait que l'hystérie aurait dû provoquer une dénutrition générale. Point du tout. Elle ne se nourrissait pas et on était obligé de recourir à l'emploi de la sonde œsophagienne. Pendant trois mois, elle n'a rendu que quatre grammes d'urée ; et non seulement dans les urines, mais encore dans les vomissements, la quantité trouvée a été minime. Le poids d'urée a été dosé par M. Regnard. Il n'y a pas eu de simulation, car à côté d'elle il y avait deux infirmières qui la surveillaient constamment. M. Charcot admet du reste que, chez les hystériques, il y a

____

1. *Études médicales : de l'anorexie hystérique*, t. II. p. 45.

anurie, c'est-à-dire suspension complète de la production de l'urée.

Dans une expérience précise, j'ai pu observer la diminution extraordinaire des phénomènes de la nutrition chez les hystériques. Avec M. HANRIOT, nous avons étudié la respiration de deux hystéro-épileptiques de la Salpêtrière, et nous avons trouvé que la ventilation était réduite à un minimum. Là encore, aucune simulation n'est possible: on ne peut pas simuler quand on est sous le masque, avec les appareils de dosage. Pendant seize minutes, cette malade en léthargie n'a introduit dans ses poumons que quatre litres d'air. Pendant trente-six minutes, elle n'a fait que huit inspirations. Or il suffit d'essayer sur soi-même pour voir que le minimum de nos inspirations en trente-six minutes est de trois cents litres d'air environ.

	Ventilation pulmonaire.	Production de CO_2.
État normal.	552	11,7
Léthargie.	152	5,8

Dans une autre expérience, en 36 minutes. Gr. n'a donné que 4 lit. 75 pour sa ventilation, soit cinquante fois moins que l'état normal.

Il y a donc eu un ralentissement énorme, presque invraisemblable, des phénomènes respiratoires, et ce ralentissement est dû sans doute à une absence de stimulation ou à une action inhibitoire du système nerveux. A de certains moments, le système nerveux des hystériques peut donc être comparé à celui des animaux hibernants.

Il y a plus : on connaît dans la science des observations d'une maladie qu'on appelle la *maladie du sommeil*. M. CHARCOT en a publié récemment un cas ; M. SEMELAIGNE et M. GÉLINEAU ont publié aussi une observation de ce genre[1]. Un engourdissement irrésistible s'empare de ces individus, qui ne tardent pas à s'endormir ; tous les phénomènes de la nutrition

---

1. CHARCOT. *Gazette des hôpitaux*, 1888, n° 148, p. 1369.

se trouvent ralentis; de temps en temps, les malades se réveillent pour prendre quelques aliments et rejeter leurs excréments. Ce sont de véritables aliénés. Dans cet état, les phénomènes de la nutrition sont réduits au minimum[1].

Il en serait de même pour certains faits à demi merveilleux, mal connus encore : ils sont relatifs à ces fakirs de l'Inde qui se font enterrer vivants. Ces fakirs subissent au préalable des mortifications extraordinaires et ne mangent que très peu. Encore s'abstiennent-ils de viandes. Ils se vident l'estomac au moyen de procédés bizarres. Pour le débarrasser de ses mucosités, ils y introduisent une longue bande de toile qu'ils retirent ensuite; ils se coupent le frein de la langue et la replient en arrière. Puis ils s'hypnotisent en regardant leur nombril : après toutes ces manœuvres ils restent presque sans respirer. D'après ROUSSELET et JACOLLIOT, qui invoquent le témoignage d'un colonel anglais, on connaît des cas authentiques. Mais il faut se méfier de l'habileté des jongleurs. On parle cependant d'un cas qui paraît certain. Il s'agit d'un certain fakir qui se fit enterrer vivant. Des sentinelles anglaises furent placées sur son tombeau. Au bout de huit jours, le résident donna l'ordre de le déterrer : on le trouva dans un état de mort apparente. On le réveilla, et il a survécu.

Il en est de même de ces histoires de mort apparente que vous trouverez dans les livres[2] et dont il n'est pas permis

1. Au moment de corriger ces épreuves, je reçois la communication d'un fait analogue; il s'agit d'une dame de quatre-vingts ans, qui se soutient depuis longtemps en ne prenant qu'un peu de thé et de vin, avec quelques bonbons en chocolat et quelques biscuits.

2. TOURDES, dans l'article MORT APPARENTE, du *Dictionnaire encyclopédique*, en cite des cas nombreux et intéressants (2e série, t. IX, 1875, p. 598).

M. BÉRILLON (*Revue de l'hypnotisme*, avril 1887, p. 289) raconte l'histoire de la léthargique de Thénelles : c'est une femme de vingt-cinq ans qui dort depuis quatre ans, et qu'on nourrit à l'aide d'aliments liquides introduits dans sa bouche. La dormeuse fait alors des mouvements de déglutition.

Les dormeurs de cette nature ne sont d'ailleurs pas extrêmement rares.

BURETTE (1713) en cite un qui dormit 6 mois; FRANCK (1713), en cite un qui dormit 18 mois; SEMELAIGNE raconte l'histoire de la femme d'un colonel anglais qu'on crut morte pendant 8 jours (1745), celle d'une jeune fille de vingt ans

de douter. Certainement il y a des cas authentiques de léthargie. Il se produit dans la léthargie une dépression considérable du système nerveux. L'activité du cœur, le rythme de
la respiration, à un moment donné, tout cela disparaît.

Il n'y a pas beaucoup d'expériences à faire sur ce sujet
chez l'homme; je puis citer cependant les expériences dues à
M. Debove qui a essayé de voir quelle est l'influence de la suggestion chez les hystériques[1]. Il suggéra à deux hystériques
qu'elles ne devaient ni manger ni boire : ces malades ont, en
effet, très bien supporté le jeûne pendant quinze jours, et
n'ont diminué de poids que dans des proportions très faibles.
La dénutrition des tissus était donc minime : elle était de
$0^{gr},13$ par kilogramme et par heure; au bout de quinze jours,
elles ne ressentaient presque pas le sentiment de la faim.

Par comparaison, M. Debove a essayé d'opérer sur un
homme vigoureux, mais on a été obligé de suspendre l'expérience au bout de cinq jours. Il avait perdu $0^{gr},8$ par kilogramme et par heure. Cet individu n'était pas suggestionnable.

C'est en ce sens qu'on a pu soutenir que la mort dans le
jeûne n'était pas due à l'inanition même, et M. Bernheim a
pensé que la mort était produite par la faim, ce qui est d'ailleurs peu soutenable[2]. Ce qu'on peut dire, c'est que, chez les
hystériques, il y a ralentissement des échanges. Nous ne savons pas encore au juste quelle est l'influence du système
nerveux. Ce qu'il y a de certain, c'est qu'il y a diminution
d'activité chimique dans les tissus qui produisent la chaleur
et dans les glandes qui fournissent les sécrétions. Ce n'est pas

qui dormit pendant 15 jours (1763), et enfin celle de la malade de Saint-Marcel,
qui s'engourdissait chaque année pendant le carême, si bien qu'on la croyait
morte. Schomberg (cité par Bérillon, *loc. cit.*, p. 291) parle d'un dormeur
hollandais qui restait également 6 mois en léthargie; Legrand du Saulle (1868)
rapporte l'observation d'un dormeur qu'il dut nourrir pendant 6 mois par la
sonde œsophagienne.

1. Cité par Callamand, *Thèse de Paris*, 1884, n° 103, p. 35.
2. Voyez *Revue scientifique*, 2ᵉ sem., 1886, p. 570.

beaucoup, il est vrai, que de dire cela, mais c'est déjà quelque chose.

Comment se fait-il maintenant que, dans les jeûnes forcés, dont on connaît malheureusement quelques exemples célèbres, il y ait eu une mort beaucoup plus rapide. Je vous en citerai trois principaux : le naufrage de la *Méduse*, l'expédition du colonel FLATTERS et le naufrage tout récent de la *Mignonnette*, petit canot qui s'était perdu dans les mers de l'Australie.

Eh bien, dans ces trois cas, ce n'est pas au bout de vingt jours ou un mois que les horreurs de la faim ont commencé à se faire sentir, c'est déjà au bout de quelques jours. Ainsi, sur le radeau de la *Méduse*, au bout de trois jours, les malheureux naufragés ont été pris de délire. D'après le récit de SAVIGNY [1], ils se sont précipités les uns sur les autres, et ils se sont tués à coups de hache et à coups de pique. De cent soixante-treize qu'ils étaient au commencement, ils n'étaient plus que quinze après ce massacre. Il leur restait des vivres. Ce n'est donc pas la faim seulement qui avait agi sur eux.

Pourquoi donc ces naufragés ont-ils été pris de délire au bout de trois jours, et pourquoi les Danois dont je parlais tout à l'heure et qui sont restés dix-sept jours sur les glaçons ont-ils conservé toute leur raison ? Je crois qu'il faut chercher la cause de cette différence dans la température. Les naufragés de la *Méduse* se trouvaient dans les parages du Sénégal, sous l'influence d'une température qui ne permettait pas à l'organisme de se refroidir. Ils avaient beau être trempés dans l'eau de mer, ils souffraient d'une chaleur étouffante : cette eau elle-même, lorsqu'ils voulaient la boire, ne faisait qu'augmenter leurs souffrances. SAVIGNY raconte qu'ils buvaient de l'urine plutôt que de boire de l'eau de mer, qui provoquait une soif inextinguible.

1. *Thèse de Paris*, 1818.

Pourquoi aussi, dans l'histoire des malheureux qui ont échappé au premier massacre des compagnons de FLATTERS, la mort par l'inanition s'est-elle produite au bout de dix jours seulement? C'est qu'ils étaient dans le Sahara exposés à une chaleur torride. Ils n'étaient pas absolument privés de nourriture : même ils rencontraient de temps en temps des gazelles, des ânes sauvages, qu'ils tuaient. Ils trouvaient un peu d'eau saumâtre dans les puits. Malgré cela, il n'en réchappa que quatre sur quatre-vingts, et encore ces quatre survivants sont-ils des indigènes. Ils ont souffert beaucoup de la faim. Ils ont touché à des viandes *sacrilèges*, ils se sont entretués pour avoir à manger, et cependant leur jeûne ne durait que depuis dix jours.

Les naufragés de la *Mignonnette* étaient exposés également à une chaleur torride. Or une chaleur excessive accélère les combustions dans une mesure difficile à préciser. Il est vrai qu'une température très basse accélère aussi les combustions. Mais il faut tenir compte de l'espèce d'engourdissement dans lequel le froid intense nous met aussitôt, tandis que les hommes qui sont sous l'influence de l'excitation cérébrale résultant de la température extérieure ou de l'activité exagérée imposée par la nécessité de marcher jour et nuit pour fuir, faisaient assurément des combustions et des dépenses excessives.

En somme, c'est le système nerveux qui régit les phénomènes de la dénutrition, et c'est lui, par conséquent, qui règle la durée du jeûne.

XXX

SUR

LA VIE DES ANIMAUX

ENFERMÉS DANS DU PLATRE

Par MM. Ch. Richet et P. Rondeau.

On sait ou on croit savoir de temps immémorial que des reptiles et des batraciens peuvent séjourner impunément enfermés dans des corps solides pendant un espace de temps illimité. Ce sont surtout les crapauds qui jouissent de cette étrange réputation. A vrai dire elle est plutôt dans l'opinion vulgaire que dans les ouvrages scientifiques. En effet, un très petit nombre de savants se sont occupés de cette question intéressante.

Pour donner une idée des faits presque fabuleux qui avaient cours il y a à peine un siècle et demi, nous citerons deux récits empruntés aux Mémoires de l'Académie royale des sciences de Paris.

« Dans un pied d'orme..., précisément au milieu, on a trouvé un crapaud vivant, de taille médiocre, maigre, qui n'occupait que sa petite place. Dès que le bois fut fendu, il sortit et s'échappa fort vite. Jamais orme n'a été plus sain, ni composé de parties plus serrées et plus liées, et ce crapaud n'avait pu y entrer par aucun endroit. L'œuf qui l'avait formé devait se trouver dans l'arbre naissant par quelque accident bien particulier. L'animal avait vécu là sans air, ce qui est encore surprenant, s'était nourri de la substance du bois et n'avait crû qu'à mesure que l'arbre croissait. Le fait est attesté par M. Hubert, ancien professeur de philosophie à Caen, qui l'a écrit à M. Variquen [1]. »

La seconde observation, quoique plus récente, est plus étonnante encore : ·

« M. Seigne écrit le même fait à l'Académie, à cela près qu'au lieu d'un orme, c'était un chêne plus gros que l'orme, selon les mesures qu'il en donne, ce qui augmente encore la merveille. Il juge par le temps nécessaire à l'accroissement du chêne, que le crapaud devait s'y être conservé depuis 80 ou 100 ans, sans air et sans aliment étranger [2]. »

On pourrait certainement, dans les mémoires des anciennes Académies d'Allemagne ou d'Angleterre, trouver nombre d'exemples analogues. Mais il ne nous paraît pas que cela soit bien nécessaire, car ces observations ne sont pas faites avec la précision scientifique indispensable.

Haller même, en étudiant les conditions de l'asphyxie, ne cite que des faits assez peu probants. Il raconte [3] l'histoire des hirondelles qui, à l'approche de l'hiver, à moitié engourdies par le froid, se fixent sur des roseaux, et sont peu à peu envahies par la glace ; il paraît qu'elles peuvent ainsi passer la saison hivernale, ensevelies dans la glace des étangs.

Une observation plus sérieuse paraît être celle de Baglivi, rapportée par Haller [4], qu'une tortue a pu vivre vingt jours

---

1. *Histoire de l'Académie royale des sciences*, 1779. Édit. de Paris, in-12, 1777, p. 49.

2. *Histoire de l'Académie royale des sciences*, 1731. Édit. d'Amsterdam, in-12 1735, p. 29.

3. *Elementa physiologiæ*, t. III, p. 266, lib. VIII, § 19.

4. *Loc. cit.*, p. 271, t. III.

après que la bouche et les narines ont été oblitérées. Mais l'explication anatomique qui est donnée de ce fait nous paraît complètement insuffisante pour donner la raison de cette persistance de la vie[1].

La première expérience sérieuse a été faite par Hérissant à l'Académie des sciences, en 1777. Cet éminent naturaliste enferma, en des boîtes scellées dans du plâtre, trois crapauds, qui furent déposés à l'Académie des sciences. On ouvrit les boîtes dix-huit mois après : un des crapauds était mort, les deux autres vivaient. Mais, probablement il y avait de l'air dans les boîtes où les crapauds avaient été enfermés.

Quarante ans plus tard, une série d'autres expériences, beaucoup plus précises encore, furent faites par William F. Edwards. Elles sont consignées dans son magnifique ouvrage : *De l'influence des agents physiques sur la vie*[2].

Des crapauds placés dans du plâtre, de manière à y être complètement scellés, vécurent dix-neuf jours et plus (sans que la durée soit spécifiée) dans du plâtre ; si le plâtre était recouvert d'eau, la vie ne durait guère plus de 8 à 10 heures.

Avec les grenouilles et les salamandres, l'expérience donna les mêmes résultats. Toutefois, scellées dans du plâtre, les grenouilles vivent moins longtemps que les salamandres et les crapauds placés dans les mêmes conditions.

W. Edwards prouva, en outre, par une expérience directe, que le plâtre est perméable à l'air ; et il fut amené à considérer la survie des batraciens dans du plâtre comme due à la persistance de la respiration cutanée. On sait que, quelques années auparavant, Spallanzani avait démontré que les grenouilles peuvent vivre sans poumon, et que la respiration cutanée suffit à leur minime consommation d'air vital.

W. Edwards fut même amené à cette conclusion très para-

---

1. *Habet testudo musculos annulos in aditu arteriæ pulmonalis, ut sanguinem ab ea arteriá avertere possit, quamdiu sub aquis vivit, atque in iis animalibus iter sanguinis, etiam deleto pulmone, superest.*

2. Paris, 1824, pp. 15-24.

doxale, et cependant rigoureuse et facilement explicable, que les grenouilles vivent plus longtemps dans du plâtre ou dans du sable que dans l'air. En effet, à l'air non humide, les grenouilles se dessèchent et meurent au bout de trois ou quatre jours, tandis que dans du plâtre elles peuvent vivre au moins deux ou trois semaines.

La conclusion de tous ces faits était fort simple. C'était la confirmation de l'expérience de SPALLANZANI. Les batraciens vivent sans poumon, en respirant par la peau, et, comme le plâtre n'empêche pas l'abord de l'air, l'asphyxie n'est pas la conséquence de leur emprisonnement dans le plâtre.

Depuis ces célèbres expériences de W. EDWARDS, les physiologistes se sont peu occupés de la question.

CLAUDE BERNARD[1], rejetant l'expérience avec le plâtre comme pouvant exercer une action funeste sur la vie de l'animal, a placé un crapaud dans un pot de terre, qui fut enfoui dans le sol.

L'animal vécut ainsi deux ans.

La troisième année, la mort fut due, soit à l'inanition prolongée, soit à la gelée, qui avait probablement déterminé la congélation du corps de l'animal[2].

Les auteurs des traités classiques de physiologie ne parlent de ces expériences que pour confirmer l'opinion de WILLIAM EDWARDS, qu'il s'agit là d'une respiration cutanée, rendue possible par les porosités du plâtre, perméable à l'air.

Nous avons d'abord répété les expériences de W. EDWARDS sur des grenouilles et des sangsues, et nous les avons trouvées parfaitement exactes. Des grenouilles et des sangsues ont vécu plus de huit jours dans du plâtre, tandis que, si la masse de plâtre était enfouie dans de l'huile ou de l'eau, la mort survenait en moins de 24 heures.

---

1. *Leçons sur les tissus vivants,* p. 49.
2. Relativement aux animaux enfouis longtemps dans de la terre congelée. Voir POUCHET : « Recherches expérimentales sur la congélation des animaux. » *Journal de l'Anat. et de la Physiol.,* 1866, t. III, pp. 1 à 6.)

Mais c'est surtout avec les tortues que l'expérience nous a donné des résultats imprévus.

Nous avons montré à la Société de Biologie une tortue dont la tête et les pattes antérieures avaient été scellées dans du plâtre. Cette tortue vécut 80 jours, du 15 mai 1882 au 8 août 1882.

Pendant tout ce temps elle resta vigoureuse, quoiqu'elle subît un amaigrissement progressif.

Le 8 août 1882, nous constatâmes qu'elle ne faisait plus de mouvements volontaires ni réflexes, c'est-à-dire qu'elle ne retirait pas les pattes postérieures quand on les pinçait.

Nous fîmes alors son autopsie, et nous constatâmes que son bec et sa tête étaient complètement scellés dans le plâtre, et avaient même subi un commencement de macération par suite de l'excrétion des liquides organiques au travers des narines et de la bouche. Cependant, entre le bec et les pattes existait un tout petit espace, qui devait jouer le rôle d'une sorte de chambre à air.

Le cœur battait encore, quoique faiblement, mais il était presque privé de sang. Tous les tissus étaient absolument exsangues.

Cette expérience est importante : car on ne peut pas admettre chez les tortues de respiration cutanée. Ces reptiles sont, dans les parties privées de carapace, munis d'une peau écailleuse trop épaisse pour que l'oxygène puisse la pénétrer en quantité appréciable. Il s'ensuit que l'explication donnée par W. Edwards est sans doute vraie pour les grenouilles, mais qu'elle ne peut certainement pas trouver son entière application aux tortues, attendu que chez ces animaux il n'y a que la respiration pulmonaire qui puisse introduire de l'oxygène dans le sang.

Comme les pattes postérieures de la tortue étaient libres, on pouvait supposer que les mouvements de ses pattes postérieures servaient à déterminer des expirations et des inspirations pulmonaires. Il a été en effet démontré par P. Bert[1]

_____

1. *Leçons sur la respiration*, pp. 286-298.

que les tortues sont aidées dans leurs grands mouvements d'inspiration et d'expiration par les mouvements des pattes antérieures et postérieures. « L'inspiration peut encore avoir lieu, dit P. Bert, quand les pattes postérieures et les pattes antérieures sont rentrées; mais elle est très faible. Pour avoir une inspiration véritablement active, c'est-à-dire dépassant notablement les limites de la réaction élastique, il est nécessaire que l'animal puisse étendre ses pattes antérieures. »

Ainsi, les tortues peuvent à peine respirer quand elles sont complètement immobilisées. Et cependant l'immobilisation complète dans du plâtre n'asphyxie pas les tortues.

Une tortue a été, le 18 juillet, complètement ensevelie dans du plâtre. Le 3 novembre de la même année, c'est-à-dire 108 jours après, nous avons fendu l'enveloppe de plâtre qui la recouvrait. Ce plâtre était devenu si dur et si compact qu'il a fallu l'ouvrir au ciseau et au maillet. La tortue était parfaitement vivante : et le 15 novembre, quoique nous n'ayons enlevé que le plâtre d'une patte postérieure, juste assez pour apprécier l'état physiologique de l'animal, nous pouvions constater qu'elle vivait encore très bien.

Ainsi les très faibles inspirations que peut faire une tortue complètement immobilisée dans du plâtre suffisent à prolonger sa vie. Et encore respire-t-elle une quantité d'air tout à fait minime, celle qui filtre à travers la muraille épaisse et compacte qui l'englobe étroitement.

Notons aussi que la tortue qui a vécu du 15 mai au 10 août, celle qui a vécu du 18 juillet au 15 novembre, ont traversé la période des plus fortes chaleurs, que, par conséquent, on ne peut assimiler leur état à l'hibernation naturelle à laquelle sont en effet soumises les tortues terrestres.

Si l'on suppose que nos tortues (abstraction faite de la carapace) pesaient 400 grammes, il s'ensuit, d'après les expériences de Regnault et Reiset, que chacune d'entre elles devait consommer environ $0^{gr},03$ d'oxygène par heure, soit

20 centigrammes d'oxygène, c'est-à-dire, par heure, 100 centimètres cubes d'air atmosphérique.

Or il est invraisemblable qu'une telle quantité d'air atmosphérique circule ainsi à travers le plâtre.

Il faut donc admettre que la consommation d'oxygène est devenue tout à fait minime, et cette réduction au minimum de la dépense d'oxygène est due sans aucun doute à l'absence absolue de mouvements musculaires et de digestion. Un animal tout à fait immobile, et qui n'introduit aucune substance alimentaire dans son tube digestif, consomme un minimum d'oxygène et produit un minimum d'acide carbonique.

Par là s'explique ce paradoxe que les animaux (grenouilles, salamandres et tortues), scellés dans du plâtre, vivent mieux que des animaux laissés à l'air libre. Et en effet, sur six tortues de même taille, achetées le 8 juillet, en même temps, il y en eut une qui fut laissée à l'air libre et qui est morte ; une autre ayant subi pour toute opération l'ouverture de la trachée et qui mourut le lendemain. Les quatres autres furent placées dans du plâtre, trois d'entre elles survécurent : elles vivaient encore le 15 novembre et ne moururent que dans le cours du mois de décembre.

XXXI

INFLUENCE

DES PRESSIONS EXTÉRIEURES

SUR LA VENTILATION PULMONAIRE

Par MM. P. Langlois et Ch. Richet.

I

Introduction.

On sait depuis longtemps que, si l'on respire (inspiration ou expiration) à travers une colonne de mercure, on est forcé de développer un effort considérable. Pour peu que la colonne de liquide soit un peu haute, toute respiration devient impossible.

Un homme adulte, vigoureux, peut pendant quelques instants respirer à travers une colonne de mercure haute de 8 centimètres ; mais les forces s'épuisent bientôt à ce rude travail. Quelques individus peuvent, il est vrai, franchir 10 centimètres et même 15 centimètres de mercure (ce dernier chiffre étant tout à fait un maximum). En tout cas, c'est seulement pour peu de temps qu'un pareil effort peut être exercé; et la fatigue survient très vite quand la pression à vaincre dépasse 5 centimètres de mercure.

Même une pression de 2 centimètres devient à la longue insupportable, et on peut dire que, pour une respiration facile, la pression à vaincre doit être nulle ou à peu près.

Il est clair que le fait de respirer à travers une longue colonne d'eau doit changer les condition de la ventilation pulmonaire. C'est cette étude que nous avons entreprise [1].

II

Méthode expérimentale.

Notre méthode expérimentale était très simple. Le chien trachéotomisé respirait à travers une soupape de MULLER. Cette soupape, construite par M. ALVERGNIAT sur nos indications, est d'une seule pièce; un orifice inférieur permet d'ajouter ou d'enlever du liquide, tantôt à l'expiration, tantôt à l'inspiration, sans que ce changement de pression modifie quoi que ce soit au tube trachéal et aux autres appareils de l'expérience.

Pour mesurer la ventilation, il suffit d'adapter un compteur à gaz quelconque aux soupapes, soit de l'inspiration, soit de l'expiration.

Pour mesurer exactement la pression, nous avons adopté le dispositif suivant :

Soit un tube en T, interposé entre la canule trachéale et la

---

1. Peu de travaux sont relatifs à cette influence de la pression.

MAREY. Pneumographie; études graphiques des mouvements respiratoires et des influences qui les modifient (*Journ. de l'anat. et de la phys.*, t. II, p. 452; 1865 et *Méthode graphique*, p. 553). — P. BERT, *Leçons sur la physiologie comparée de la respiration*, p. 408. — EWALD, *Archives de Pflüger*, t. XX, p. 262, 1879. Les travaux de HUTCHINSON et de KRAMER sont surtout relatifs à la physiologie humaine.

soupape : il est clair que toutes les variations de pression vont se transmettre par ce tube ; si alors on met une des branches du T en rapport avec un manomètre à eau, la hauteur de la colonne manométrique mesurera exactement la pression, et une simple lecture indiquera la pression à l'inspiration et la pression à l'expiration.

On pourra aussi inscrire toutes les variations en adaptant à la branche libre du manomètre, soit un flotteur, soit plus commodément un tube en caoutchouc avec un tambour à levier.

Avec quelques points de repère très faciles à prendre, le graphique indique des valeurs absolues de pression en centimètres d'eau de hauteur.

Une précaution indispensable, c'est de déduire de la colonne d'eau qui indique la pression en centimètres le *coup de bélier*, qui tend à donner un chiffre toujours trop fort ; surtout dans les inspirations et les expirations un peu énergiques [1].

III

Limites de pression compatibles avec les efforts respiratoires.

Il faut dès l'abord distinguer la hauteur qui peut être *franchie* dans *quelques respirations énergiques*, et la hauteur qui peut être *franchie* d'une *manière régulière*, permanente, permettant à la respiration normale de s'établir sans menace d'asphyxie.

Voici quelques expériences qui peuvent servir de type :

Expérience I. — Chien de 19 kilogrammes ; franchit $0^m,47$ (expir.), et respire sans asphyxie pendant une demi-heure ; franchit $0^m,56$ (expir.), mais au bout de treize minutes s'asphyxie.

1. Nos chiffres de pression seront donc toujours évalués en colonnes d'eau. On sait que $0^m,01$ d'eau représente $0^m,00074$ de mercure.

     P. LANGLOIS ET CH. RICHET.

Expérience II. — Chien de 12 kilogrammes; ne franchit pas 1 mètre; ne franchit pas 0ᵐ,72; franchit 0ᵐ,45, mais menace de s'asphyxier; franchit 0ᵐ,33, et la respiration devient régulière.

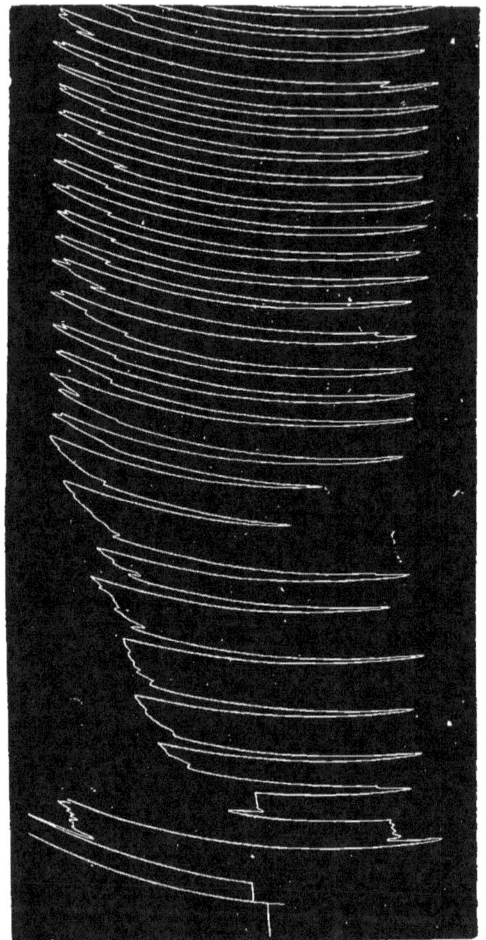

Fig. 122. — Tracé manométrique.

Chien sans chloral ni morphine, respirant sous une pression de 30 centimètres d'eau à l'expiration, et de 20 centimètres à l'inspiration. Les premiers tracés sont les points de repère indiquant la hauteur du tracé correspondant à une respiration efficace.

Expérience III. — Chien basset de 11ᵏⁱˡ,50; franchit 0ᵐ,56, mais menace de s'asphyxier; franchit 0ᵐ,24, et ne s'asphyxie pas.

Ces trois expériences, confirmées par quantité d'autres qu'il est inutile de rapporter ici en détail, nous montrent :

1° Que les chiens ne peuvent franchir une colonne d'eau supérieure à 0^m,70 ;

2° Que, de 0^m,70 à 0^m,40, la respiration, quoique ayant commencé à s'établir, ne peut se prolonger pendant longtemps ;

3° Que, au-dessous de 0^m,40, l'animal peut respirer longtemps et régulièrement.

Bien entendu, il ne faut pas regarder ces chiffres comme absolus. Il y a de nombreuses exceptions. Ainsi, dans une expérience, un chien vigoureux de 12 kilogrammes a pu franchir une pression de 1^m,28 ; mais c'est là un chiffre absolument exceptionnel, et je doute fort qu'on retrouve souvent des chiens aussi vigoureux.

Dans une autre expérience, un chien de 17 kilogrammes, non chloralisé, s'est asphyxié en respirant à travers une colonne de 0^m,30, alors qu'en général un chien peut respirer pendant longtemps quand la résistance à vaincre n'est que de 0^m,30.

Les chiffres que nous venons de donner s'appliquent à l'expiration ; mais ils sont vrais aussi pour l'inspiration, comme le prouve l'expérience suivante :

IV

De quelques influences modifiant la force de la respiration.

L'effort respiratoire, nécessaire pour vaincre la pression d'une certaine colonne d'eau, est évidemment sous la dépendance des divers états physiologiques, mais il faut de très graves perturbations pour que la puissance en soit notablement diminuée. Autrement dit, tant que l'animal n'est pas trop déprimé, il conserve toute sa force d'inspiration et d'expiration.

FROID.

EXPÉRIENCES V et VI. — Un chien de 8 kil,900, refroidi à 24°,8, a pu franchir 0m,41 après huit minutes d'efforts infructueux; il n'a pu franchir 0m,46.

Il est vrai que, si l'on diminue un peu la température, on verra la force diminuer beaucoup; comme si le point critique, à partir duquel les forces de l'animal se mettent à baisser rapidement, était pour le chien de 25° environ.

EXPÉRIENCE VII. — Un chien refroidi à 23° ne peut franchir 0m,27; même à 0m,16, il ne franchit que pendant peu d'instants et s'asphyxie.

HÉMORRHAGIE.

Une hémorrhagie moyenne n'est pas très efficace pour affaiblir la force respiratoire, mais il ne faut pas qu'elle soit trop abondante.

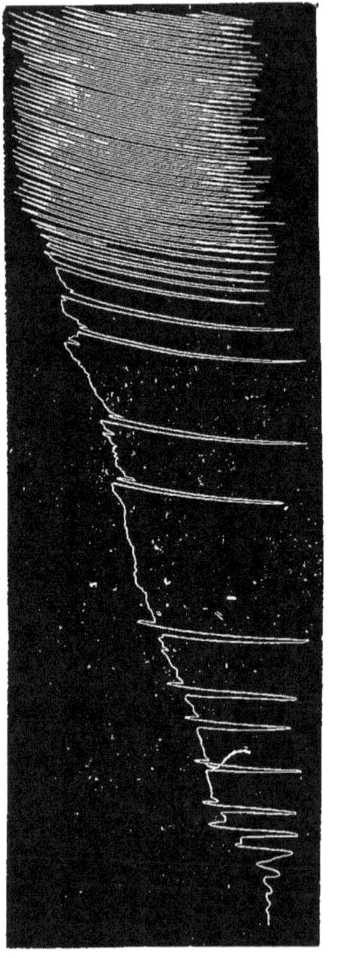

Fig. 123. — Chien ayant subi une hémorrhagie de 700 grammes. Pression à l'expiration de 50 centimètres. Longue durée des efforts expiratoires tant que l'obstacle n'est pas franchi.

EXPÉRIENCE VIII. — Chien de 21 kilogrammes. On lui retire par la carotide 700 grammes de sang. Il a subi une injection de 0gr,05 de morphine qui l'a plongé dans un état de torpeur profonde. Il franchit 0m,50 non sans difficulté; mais, une fois la colonne franchie, la respiration s'établit régulièrement. On fait de nouveau une hémorrhagie de

300 grammes. Il ne peut plus franchir 0^m,50. On le laisse respirer à l'air libre, et on lui fait une nouvelle hémorrhagie de 300 grammes, ce qui fait 1 300 grammes en tout, soit 1/17e du poids de son corps. Alors il s'asphyxie, dès qu'on veut le faire respirer par la colonne de 0^m,50.

SECTION DES PNEUMO-GASTRIQUES

La section des pneumogastriques ne modifie guère la force de la respiration.

Expérience IX. — Chien de 21 kilogrammes, dont les pneumo-gastriques ont été coupés depuis trois jours. Il franchit à 0^m,34, 0^m,44 et 0^m,52°; mais, à 0^m,52, la respiration est laborieuse et l'asphyxie menaçante. A 0^m,80, il ne peut plus franchir.

Expérience X. — Chien de 19 kilogrammes, sur lequel on a déjà fait diverses expériences. On lui coupe les deux pneumo-gastriques; il franchit à 0^m,60, mais ne peut franchir à 0^m,65, et il s'asphyxie.

HYPERTHERMIE

La chaleur semble diminuer beaucoup la force respiratoire, et son action est très efficace pour empêcher la respiration par la soupape de Müller.

Lorsque les animaux sont échauffés, quelque faible que soit la pression, elle est encore trop forte pour eux; si bien que la mesure de la ventilation et des échanges gazeux, pour très faible que soit la pression dans la soupape de Müller, est encore périlleuse.

L'expérience suivante le prouve.

Expérience XI. — Chien de 17 kilogrammes respirant très bien avec une pression de 0^m,20. Alors on l'échauffe par l'électrisation. Sa température monte à 42°,65. Alors on le fait respirer avec une pression de 0^m,12. Au bout de trois minutes, il y a menace d'asphyxie. La respiration devient possible quand on enlève la pression et quand le chien respire à l'air libre; mais il y a menace d'asphyxie dès qu'on le fait respirer à travers une pression de 0^m,12.

Sur cette influence de la chaleur, nous possédons nombre d'expériences analogues qui prouvent bien que la force de l'appareil nerveux respiratoire a été énormément atteinte par l'hyperthermie.

ASPHYXIE

L'asphyxie diminue la force de l'appareil respiratoire. Aussi un animal qui, dans son état physiologique, peut franchir, par exemple, $0^m,45$, ne pourra-t-il, étant en voie d'asphyxie, franchir que $0^m,40$, $0^m,35$, $0^m,30$, et la hauteur de la colonne d'eau qu'il pourra franchir sera d'autant moindre que son état asphyxique sera plus prononcé. Pour le mettre en état de franchir $0^m,45$, il suffit de lui rendre de l'oxygène ou de l'air.

ANESTHÉSIQUES

Mais, de toutes les conditions aptes à modifier la force de la respiration, la plus intéressante est l'anesthésie.

Il est clair que la morphine ne doit pas être considérée comme un anesthésique, et de fait, même à des doses très fortes, la morphine n'a pas modifié la force des inspirations ou des expirations. Le rythme et la ventilation sont changés; mais la respiration continue à se faire avec la même vigueur que précédemment.

Au contraire, si l'on a administré aux animaux du chloroforme ou du chloral, ils ne peuvent continuer à respirer par la soupape, et ils ne tardent pas à s'asphyxier si la pression à vaincre est voisine de $0^m,15$, ou même inférieure.

Nos expériences sur ce point sont trop nombreuses pour être toutes rapportées ici. Mentionnons-en seulement quelques-unes.

Expérience XII. — Chien de 16 kilogrammes; franchit $0^m,36$ à l'inspiration et $0^m,16$ à l'expiration. On lui donne 5 grammes de chloral; alors il ne franchit plus, et on modifie la pression en mettant $0^m,12$ à l'inspiration et $0^m,12$ à l'expiration. Alors on constate que, s'il franchit l'inspiration, il ne peut absolument pas expirer. Alors on met $0^m,22$ à l'inspiration (dose de chloral par kilogramme, $0^{gr},32$) et $0^m,45$ à l'expiration. La respiration s'établit régulièrement. De nouveau on lui donne $2^{gr},50$ de chloral, puis 2 grammes de chloral. Après quelques moments de répit, on constate qu'il peut respirer avec une pression de 0^m,15 et expirer avec une pression de 0^m,04. La respiration se produit alors régulièrement. Si l'on vient alors à déplacer le mercure de telle sorte que tout le mercure de l'inspiration aille à l'expiration, et *vice versa*, on voit que, quand la pression à l'expiration devient forte, la respiration devient impossible par défaut d'expiration et que le chien menace de s'asphyxier.

EXPÉRIENCE XIII. — Chien de 18^kil,500. L'inspiration étant à 0^m,34 et l'expiration à 0^m,13, on lui donne 5^gr,50 de chloral avec 10 centigrammes de morphine (soit 0^gr,30 de chloral par kilog.). On constate que les inspirations sont efficaces, mais qu'aucune expiration n'est possible, quoique la colonne de l'expiration soit près de trois fois moins haute que la colonne de l'inspiration.

EXPÉRIENCES XIV et XV. — Chien jeune de 6 kilogrammes (a subi une hémorrhagie de 150 grammes); l'expiration est à 0^m,125 et l'inspiration à 0^m,18. Il reçoit 0^gr,50 de chloral et 0^gr,05 de morphine, et il continue d'abord à respirer très régulièrement. Puis on lui donne 0^gr,50 de chloral, et il ne peut plus franchir l'expiration, quoique franchissant l'inspiration. On le laisse respirer à l'air libre pendant une demi-heure. Alors la respiration devient plus forte (par suite de l'élimination partielle du chloral), et il peut franchir sans s'asphyxier 0^m,18 (inspir.) et 0^m,125 (expir.). De nouveau, il reçoit 0^gr,30 de chloral. Il franchit l'inspiration, ne peut franchir l'expiration, et s'asphyxie sans réaction asphyxique.

La dose totale de chloral a été de 1^gr,30, soit 0^gr,21 par kilogramme.

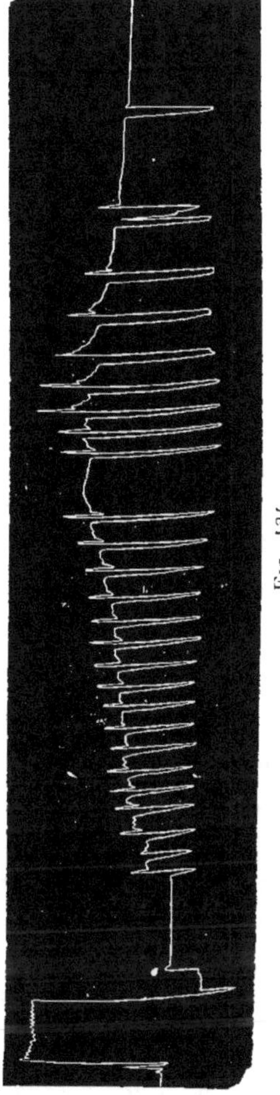

Fig. 124. — Chien chloralisé (0^gr,30 par kilogramme). Pression à l'expiration de 20 centimètres. Impuissance des efforts expiratoires, et asphyxie.

Ainsi toutes ces expériences prouvent que, par le fait du chloral (donné à une dose de 0,20 à 0,30 par kilogramme), la force de l'inspiration est peu modifiée, mais que la force de l'expiration est énormément amoindrie, si bien qu'une pression de $0^m,15$ environ, qui gêne à peine la respiration des chiens normaux, devient asphyxiante pour les chiens chloralisés.

L'explication qu'on peut donner de ce fait paraît assez simple. En effet, dans les respirations normales, l'expiration est à peu près passive. Le poumon, distendu par le jeu des muscles inspirateurs, tend toujours, à cause de son élasticité propre et de l'élasticité de la cage thoracique, à revenir à l'état d'expiration; de sorte qu'après une inspiration active, le poumon revient presque passivement à son état d'expiration, sans qu'il soit besoin de faire intervenir pour son retrait l'action des muscles expirateurs.

Les seules expirations actives que nous donnions sont celles qui sont réflexes ou provoquées par la volonté, comme, par exemple, dans la toux, l'effort, le chant, le cri ou l'acte de souffler.

Mais le chloral paralyse les fonctions psychiques et les fonctions réflexes, ne laissant probablement subsister des fonctions nerveuses que les fonctions automatiques; de sorte que la fonction automatique (inspiratoire) de la respiration n'est pas abolie, tandis que la fonction volontaire (expiratoire) est paralysée. Il faut ajouter à ce fait que la réaction du système nerveux à l'asphyxie fait défaut. Quand un chien ne peut plus respirer par la colonne de liquide opposée à sa respiration, il fait des efforts désespérés, qui s'accroissent à chaque mouvement respiratoire. Au contraire, le chien chloralisé (à une dose allant de $0^{gr},3$ à $0^{gr},5$) ne réagit pas, ne se débat pas. Il s'asphyxie sans bruit, sans lutte. Il ne peut franchir $0^m,15$ à l'expiration; *mais il ne cherche pas à les franchir;* comme si la sensibilité de son appareil bulbaire à l'asphyxie croissante avait été absolument abolie par l'agent anesthésique.

Ces faits, intéressants peut-être au point de vue de la physiologie expérimentale, nous paraissent surtout importants au point de vue de la pratique chirurgicale. En effet, ce n'est pas l'inspiration qu'il faut surveiller, c'est l'expiration. Autrement dit, il ne faut pas laisser le plus faible obstacle s'opposer au retrait du poumon après l'inspiration, car ce retrait ne s'opère que passivement, avec une force minime de $0^m,02$ ou $0^m,03$ tout au plus, et la volonté n'est plus là pour vaincre cet obstacle.

Quand on tire en avant la langue des patients chloroformés, ainsi que l'expérience en a fourni l'indication empirique, en réalité, on agit en supprimant un obstacle à l'expiration. La base de la langue recouvre la glotte et gêne le libre retrait du poumon dans son expiration.

Souvent nous avons vu des chiens profondément chloralisés ne pouvoir respirer que si on leur tirait fortement la langue. Ils n'avaient pas la force de projeter la langue en avant, et de libérer ainsi l'orifice glottique. Dès qu'on leur tirait la langue, la respiration, qui était devenue inefficace, incapable de franchir la résistance opposée par la base de la langue, devenait très suffisante pour entretenir la vie.

V

De la ventilation aux diverses pressions et du rythme.

A. *Ventilation des chiens normaux.* — Il est assez difficile d'apprécier exactement la ventilation normale des chiens. En effet, si on leur fait la trachéotomie, et si l'on enregistre le rythme et l'amplitude de leurs respirations, on n'a pas le rythme et l'amplitude de la respiration d'un chien normal, mais bien d'un chien attaché, trachéotomisé, et par conséquent se débattant, luttant, essayant de crier et de se défendre. C'est là une condition dont il faut tenir compte dans toute appréciation des expériences.

En outre, pour mesurer la ventilation, on est forcé de le faire respirer par la soupape de Müller, avec une colonne

d'eau haute de quelques centimètres au moins, et par conséquent ayant une hauteur appréciable. Il est donc presque impossible de connaître exactement la ventilation d'un chien qui
respire à l'air libre, étant tout à fait au repos et à l'état normal, sans avoir à vaincre une pression à l'inspiration ou à
l'expiration.

Malgré ces réserves, il est clair qu'on peut apprécier l'influence d'une pression croissante (allant, je suppose, de $0^m,105$
à $0^m,50$) sur la ventilation chez un chien trachéotomisé.

Il résulte d'expériences nombreuses faites sur des chiens
normaux que la ventilation (exprimée en litres d'air) par
kilogramme et par heure (avec une pression à vaincre minimum, de $0^m,05$, je suppose) est voisine de 25 litres, comme
l'indiquent les chiffres suivants[1] :

		Ventilation.
Deux chiens de 21 à 28 kilogrammes. .		21 litres.
Neuf chiens de 11 à 14 — . .		28 —
Trois chiens de 8 à 9 — . .		44 —

Sous l'influence d'une pression un peu forte les chiffres
changent.

ExPérience XVI. — Chien de 19 kilogrammes : $0^m,20$ à l'inspiration
et $0^m,47$ à l'expiration.

La ventilation est pendant trente minutes, en moyenne, par kilogramme et par heure de $11^{lit},4$.

En supposant la ventilation normale (pour un chien de cette taille)
égale à 23 litres, on voit que les pressions de $0^m,20$ et $0^m,47$ ont diminué
de moitié la ventilation.

Sur ce même chien, on élève la pression à l'expiration qu'on porte à
$0^m,56$, et on voit la ventilation diminuer, le rythme s'abaisser à 10 par
minute, et le volume d'air devenir, minute par minute, de $0^{lit},17$, 0,22,
0,26, 0,24, 0,28, 0,17, 0,16, 0,19, 0,20, 0,16, 0,18, 0,17, 0,08; soit, en
moyenne, $0^{lit},20$. Alors la respiration efficace cesse, et, pour empêcher
le chien de s'asphyxier, on est forcé de le laisser respirer à l'air libre.

Il s'ensuit qu'une ventilation de $6^{lit},3$ par kilogramme et par heure
est insuffisante pour un chien, tandis qu'une respiration de $11^{lit},4$ est
suffisante.

1. Ch. Richet, « Mesure des combustions respiratoires. » *Trav. du Laborat.*,
t. I, p. 536.

EXPÉRIENCE XVII. — Chien de 12 kilogrammes : expiration, $0^m,33$; expiration $0^m,20$.

La ventilation est en 45 minutes $124^{lit},5$, ce qui fait sensiblement 13,5 par kilogramme et par heure, c'est-à-dire, comme on voit, à peu près la moitié de la ventilation d'un chien normal de même taille.

En élevant la pression (à l'expiration) à $0^m,37$, on ne modifie pas la ventilation, qui reste à $14^{lit},2$. Mais il suffit de porter la pression à $0^m,42$ pour que la ventilation soit insuffisante; elle est alors de $6^{lit},4$ (chiffre intéressant à comparer avec le chiffre donné plus haut).

EXPÉRIENCE XVIII. — Chien de $14^{kil},700$. Pression à l'inspiration, $0^m,20$; pression à l'expiration, $0^m,25$.

Ventilation en vingt minutes; $187^{lit},70$, soit 38 litres par kilogramme et par heure, ce qui est un chiffre peu distant du chiffre donné par les chiens qui respirent à faible pression.

EXPÉRIENCE XIX. — Chienne de $6^{kil},20$ (nourrice). Ventilation en 18′ = 66 litres. Pression à l'inspiration, $0^m,20$, pression à l'expiration, $0^m,25$.

Ventilation par kilogramme et par heure = 35 litres (chiffre légèrement inférieur à la ventilation normale des chiens de cette taille).

EXPÉRIENCE XX. — Petite chienne caniche de $3^{kil},100$. Pression à l'inspiration, $0^m,12$; pression à l'expiration, $0^m,17$. De 2 à 2 h. 35, la ventilation est de $27^{lit},60$, soit de $11^{lit},60$, chiffre bien différent de la ventilation normale (suffisant cependant), mais il faut noter que pour une toute petite chienne la pression $0^m,17$ peut passer pour forte.

EXPÉRIENCE XXI. — Chien de 10 kilogrammes. Pression à l'inspiration, $0^m,20$; pression à l'expiration, $0^m,24$; ventilation en 9 minutes, $28^{lit},55$; soit 19 litres par kilogramme et par heure.

Nous appelons l'attention sur l'expérience suivante, qui paraît plus détaillée que les précédentes, au point de vue des accroissements successifs de la pression.

EXPÉRIENCE XXII. — Chien griffon de $3^{kil},500$. Pression à l'inspiration, $0^m,18$; pression à l'expiration, $0^m,17$ pendant 15 minutes; ventilation par kilogramme et par heure, 38 litres.

Ici un repos :

Pression à l'inspiration, $0^m,08$; pression à l'expiration, $0^m,24$ pendant 15 minutes; ventilation par kilogramme et par heure, 39 litres.

Ici un repos :

Pression à l'inspiration, $0^m,11$; pression à l'expiration, $0,29$ pendant 17 minutes; ventilation par kilogramme et par heure, 33 litres.

Ici un repos :

Pression à l'inspiration, $0^m,15$; pression à l'expiration, $0^m,29$ pendant 15 minutes ; ventilation par kilogramme et par heure, 36 litres.

Ici un repos :

Pression à l'inspiration, $0^m,19$; pression à l'expiration, $0^m,29$ pendant 15 minutes ; ventilation par kilogramme et par heure, 23 litres.

Ici un repos :

Pression à l'inspiration, $0^m,30$; pression à l'expiration, $0^m,29$ pendant 5 minutes ; ventilation par kilogramme et par heure, $10^{lit},7$; alors il s'asphyxie, et on fait la respiration artificielle.

Après repos :

Pression à l'inspiration, $0^m,29$; pression à l'expiration, $0^m,21$; respire bien de 5 h. 57 à 6 h. 5 et donne alors une ventilation de $13^{lit},8$ (suffisante) ; mais de 6 h. 5 à 6 h. 17, il s'asphyxie avec une ventilation de $6^{lit},5$ (insuffisante).

On diminue encore la pression :

Pression à l'inspiration, $0^m,25$; pression à l'expiration, $0^m,11$; ventilation, $5^{lit},6$. Alors il s'asphyxie.

Il ressort de cette expérience qu'une ventilation qui serait normalement, chez un petit chien de $3^{kil},50$, égale à 50 litres environ, devient, quand la pression s'élève, égale à 35 litres environ ; qu'elle est suffisante encore avec 23 litres, mais insuffisante avec $10^{lit},7$. On remarquera aussi l'effet de la fatigue, très caractéristique, puisque le chien ne peut plus avoir à la fin de l'expérience la même ventilation qu'au début, toutes conditions égales d'ailleurs.

EXPÉRIENCE XXIII. — Chienne de $6^{kil},300$ (reçoit $0^{gr},4$ de morphine).
Pression à l'inspiration, $0^m,12$; pression à l'expiration, $0^m,12$.
De 2 h. 30 à 3 h. 30, ventilation égale à $100^{lit},15$: soit par kilogramme par heure, 16 litres.
De 3 h. 30 à 3 h. 50 : pression à l'inspiration, $0^m,12$; pression à l'expiration, $0^m,16$; ventilation par kilogramme et par heure, $10^{lit},8$.
De 3 h. 50 à 4 h. 10 : pression à l'inspiration, $0^m,12$; pression à l'expiration, $0^m,21$; ventilation par kilogramme et par heure, $11^{lit},4$.
De 4 h. 10 à 4 h. 30 : pression à l'inspiration, $0^m,11$; pression à l'expiration, $0^m,25$; ventilation par kilogramme et par heure, $11^{lit},9$.

De 4 h. 30 à 4 h. 59 : pression à l'inspiration, $0^m,12$; pression à l'expiration, $0^m,32$; ventilation par kilogramme et par heure, $11^{lit},2$.

De 4 h. 59 à 5 h. 19 : pression à l'inspiration, $0^m,12$; pression à l'expiration, $0^m,36$; ventilation par kilogramme et par heure, $10^{lit},4$.

De 5 h. 19 à 5 h. 30 : pression à l'inspiration, $0^m,12$; pression à l'expiration, $0^m,39$; ventilation par kilogramme et par heure, $9^{lit},6$.

La pression étant portée (à l'expiration) à $0^m,44$, le chien s'asphyxie.

EXPÉRIENCE XXIV. — Chien de 8 kilogrammes. Pression à l'inspiration ; $0^m,20$; pression à l'expiration, $0^m,18$; ventilation par kilogramme et par heure, $19^{lit},8$.

EXPÉRIENCE XXV. — Chienne de 7 kilogrammes (0,02 de morphine). Pression à l'inspiration, $0^m,38$; pression à l'expiration, $0^m,13$; ventilation par kilogramme et par heure, 14 litres.

EXPÉRIENCE XXVI. — Chienne de $8^{kil},600$. Pression à l'inspiration, $0^m,28$; pression à l'expiration, $0^m,10$; ventilation par kilogramme et par heure, $36^{lit},5$. — Alors on élève la pression à $0^m,43$, ce qui amène l'asphyxie en 2 minutes, avec une ventilation par kilogramme et par heure, $15^{lit},2$. — Pression à l'inspiration, $0^m,35$; pression à l'expiration, $0^m,10$, ventilation par kilogramme et par heure, 21,5 ; pression à l'inspiration, 0,41 ; pression à l'expiration, $0^m,10$; ventilation par kilogramme et par heure, $17^{lit},4$ (insuffisante).

L'ensemble de ces faits peut se résumer dans le tableau suivant :

D'après des expériences faites par l'un de nous[1], on doit supposer que, chez des chiens normaux respirant avec une pression faible, soit environ $0^m,05$ d'eau, la ventilation est la suivante : (Elle varie, bien entendu, avec le poids de l'animal.)

			Ventilation par kilogramme et par heure.
Chien de 25 kilogrammes . . .			20 litres.
—	20	— . . .	23 —
—	14	— . . .	27 —
—	10	— . . .	34 —
—	8	— . . .	40 —
—	5	— . . .	45 —
—	3	— . . .	50 —

1. CH. RICHET, *Trav. du Labor.*, t. I, p. 537.

Ce sont là des données approximatives, car la ventilation d'un chien trachéotomisé et attaché est en grande partie soumise à son état psychique. Selon qu'il se débat plus ou moins et essaye de crier, sa ventilation sera plus ou moins considérable.

Dans ces conditions, on peut tant bien que mal comparer l'effet des fortes pressions avec les pressions faibles, ce qui nous permettra de dresser le tableau suivant :

POIDS du CHIEN.	PRESSION en CENTIMÈTRES D'EAU.	VENTILATION PAR KILOGRAMME et par heure.	RAPPORT entre LA VENTILATION avec pression et la ventilation normale égale à 100.
kilog.		litres.	litres.
20	17	27,5	120
3	17	13,2	37
12	17	25	89
3,5	18	38	78
8	20	20	50
12	20	28	100
9,5	22	17,3	50
10	24	38	112
3,5	24	39	77
14	25	38	146
6	25	35	79
8	28	36	90
9,5	28	21	42
3,5	29	33	47
10	30	8,6 (Insuff.).	34
20	32	18,8	84
12	33	13,5	48
9,5	34	16,8	48
8	35	21,5	54
12	37	14,2	50
7	38	14	33
8	41	17 (Insuff.).	42
12	42	6 (Insuff.).	23
8	43	15 (Insuff.).	37
19	47	11,4	47
19	56	6,3 (Insuff.).	26

En groupant ces chiffres, on voit que si, pour des pressions de 0^m,05 (et il n'est pas possible de savoir exactement la ven-

tilation d'un chien normal à des pressions moindres) la ventilation est de 100, elle sera :

Pour pressions de 0^m,17 à 0^m,29, de. . . . . 83 (suff.)
— 0^m,29 à 0^m,38, de. . . . . 49 —
— 0^m,40 à 0^m,55, de. . . . . 34 (insuff.)

De là cette conclusion :

1° La ventilation diminue avec la pression à vaincre.

2° Cette diminution, répondant à une pression à vaincre de
0^m,30 à 0^m,40, peut comporter 50 p. 100 de la ventilation normale sans déterminer d'asphyxie.

3° L'asphyxie survient quand la diminution représente
environ 60 p. 100 de la ventilation normale, diminution qui a
lieu quand la pression à vaincre atteint ou dépasse 0^m,40.

B. *Ventilation des chiens morphinés.* — L'examen des
chiens morphinés conduit à un résultat fort intéressant.

Voici, en effet, le tableau résultant des expériences faites
sur des chiens non chloralisés, mais seulement morphinés :

POIDS du CHIEN.	PRESSION en CENTIMÈTRES D'EAU.	VENTILATION PAR KILOGRAMME et par heure.	RAPPORT entre LA VENTILATION avec pression et la ventilation normale égale à 100.
kilog.		litres.	litres.
7	8	10	25 (Insuff.).
5	8	12	24
6	10	10,3	33,5
15	10	10	25
10	12	4,5	19
10	12	3,5	15 (Insuff.).
5	13	9,5	21
26	15	6,8	34
5	16	11,1	25
9	16	18,9	53
10	18	7,2	21
15	18	5,8	23
6	18	10,9	25
12	20	13,7	49
6	25	11,3	26
5	25	7,7	17,5

Dans ces expériences, les ventilations ont été suffisantes, sauf une seule. En laissant de côté deux expériences où la ventilation a été assez forte, on voit que le rapport de la ventilation avec pression à la ventilation normale, supposée égale à 100, a été de 22, 34, 29, 22, 19, 32, 20; soit, en moyenne, de 25.

Ainsi, chez les chiens morphinés, la ventilation est suffisante lorsqu'elle n'est que le quart de la ventilation normale, tandis que, chez les chiens normaux, elle est tout à fait insuffisante lorsqu'elle approche du tiers de la ventilation normale.

Cela tient évidemment à la diminution des échanges chimiques chez les animaux morphinés, et je serais tenté de croire que cette diminution des échanges est due simplement à la moindre agitation de l'animal, qui reste silencieux, sans s'agiter, quand il est morphiné, alors qu'il lutte et se débat violemment quand il n'a pas reçu de morphine.

C. *Ventilation des chiens chloralisés.* — Chez les chiens chloralisés, nous voyons le taux de la ventilation suffisante s'abaisser encore.

POIDS du CHIEN.	PRESSION en CENTIMÈTRES D'EAU	VENTILATION PAR KILOGRAMME et par heure.	RAPPORT entre LA VENTILATION avec pression et la ventilation normale égale à 100.
kilog.		litres.	
8	15	7,8	32
6	16	14,4	34
10	17	9,2	29
7	17	8,1	22
8	20	19,8	55
7,13	23	19,5	66
7	23	8,1	19
13	35	9,1	32
7	38	8,3	20
13	76	7,0	24 (Insuff.)

On voit que, chez les chiens chloralisés, comme chez les chiens morphinés, une ventilation dont la valeur est seulement de 20 à 25 p. 100 de la ventilation normale est encore suffisante. Mais on est là à la limite : car, si la ventilation n'est plus que le cinquième de la ventilation normale, la vie de l'animal est précaire, et il court grand risque de s'asphyxier.

En résumant ces données diverses, et en prenant comme type un chien de 10 kilogrammes, nous avons les équations suivantes, relatives à sa respiration :

	litres.
Oxygène consommé par kilogramme et par heure. . .	0,89
CO^2 produit — . . .	0,66
Ventilation de luxe — . . .	34,00
Ventilation nécessaire — . . .	17,00
Ventilation nécessaire (pendant le repos et la chloralisation).	7,00
Oxygène de la ventilation de luxe.	6,80
— de la ventilation nécessaire.	3,40
— de la ventilation nécessaire pendant le chloral.	1,40

XXXII

PROCÉDÉ NOUVEAU

DE

DOSAGE DES MATIÈRES EXTRACTIVES

ET DE

L'URÉE DE L'URINE

Par MM. A. Étard et Ch. Richet.

Nous avons imaginé un procédé qui permet de doser séparément les matières extractives d'une part, d'autre part les matières extractives et l'urée. Ce procédé, facilement applicable à la clinique médicale, repose sur la comparaison de l'action du brome sur l'urine en solution acide et en solution alcaline.

Le dosage du brome se fait par le protochlorure d'étain. d'après la réaction suivante :

$$H^2O + (Br)^2 + SnCl^2 = SnCl^2O + 2 (HBr).$$

de sorte que le brome disparaîtra d'une liqueur qui contient une quantité suffisante de protochlorure d'étain, et sera remplacé par de l'acide bromhydrique.

Pour déceler le brome libre, il suffira d'ajouter de l'iodure de potassium : la plus petite quantité d'iode mise en liberté par le brome colorera la liqueur, et le changement de teinte se peut apprécier très facilement.

Nous avions d'abord songé à l'emploi du sulfure de carbone pour déceler la présence de l'iode libre. De fait, le sulfure de carbone est inutile et complique, sans avantage, le dosage de l'iode.

Si l'on ajoute un grand excès d'eau bromée à l'urine, les matières extractives de l'urine seront oxydées d'après la réaction :

$$Br^2 + H^2O = (HBr)^2 + O.$$

On constatera alors, après avoir mélangé une quantité connue de brome à de l'urine qu'une partie du brome s'est transformée en acide bromhydrique.

La liqueur stanneuse qui nous a paru le plus convenable comme concentration est celle qu'on peut préparer en dissolvant quatre dixièmes d'équivalent du sel d'étain :

$$(SnCl^2 + 2(H^2O);$$

soit 90 grammes, dans un litre de liquide représenté par un mélange à parties égales d'eau et d'acide chlorhydrique ordinaire.

Les solutions de protochlorure d'étain ont l'inconvénient de s'altérer au contact de l'air, avec une très grande rapidité. Il faut donc, ou les conserver dans des flacons hermétiquement bouchés et remplis jusqu'au col, puis fermés à l'émeri, ou bien, chaque fois qu'on opère, préparer une solution nouvelle. La pesée doit être faite rigoureusement : car les moindres changements de titre ont une grande influence sur le chiffre final de dosage.

La préparation d'une eau bromée de concentration convenable peut se faire en dissolvant 32 grammes de brome dans de l'eau saturée de bromure de potassium, et additionnant d'eau de manière à donner un litre de réactif. On a ainsi deux liqueurs telles que 50 cc. de l'eau bromée sont saturés par 25 cc. de la liqueur d'étain.

Cela posé, voici comment l'opération peut être faite ; et il est nécessaire de procéder toujours de la même manière, pour avoir des résultats comparables. On verse dans 50 cc. d'urine 50 cc. d'eau bromée ; on laisse quelques minutes les deux liquides en contact. Puis on dose le brome resté libre dans le mélange, au moyen de la liqueur d'étain, après avoir ajouté quelques gouttes d'une solution d'iodure de potassium.

Supposons qu'on ait constaté au préalable que 50 cc. de la solution bromée répondent à 25 cc. de la solution stanneuse. Si, après réaction sur l'urine, 50 cc. de brome sont réduits complètement par 20 cc. de la solution stanneuse, on en conclura que 50 cc. d'urine ont [un pouvoir réducteur équivalent à 5 cc. de la solution d'étain ; soit : à 100 cc. d'étain par litre d'urine.

Or ce chiffre permet de calculer, en poids d'oxygène, le pouvoir réducteur de l'urine d'après l'équation :

$$SnCl^2 + (HCl)^2 + O = SnCl^4 + H^2O.$$

Si la solution d'étain contient 90 grammes de sel par litre, un litre de cette solution absorbe $6^{gr},4$ d'oxygène, par conséquent le pouvoir réducteur de cette urine sera de $0^{gr},640$ d'oxygène par litre.

En général, après le traitement par le brome, l'urine devient presque incolore ; mais, dans quelques cas, pour des causes que nous n'avons pu déterminer encore, elle se colore en rose d'une manière persistante ; ce qui tient évidemment à certains produits d'oxydation. En tous cas, cette coloration rose, si l'on y fait quelque attention, ne peut avoir de grands inconvénients pour préciser le moment du virage.

Restent à déterminer les substances qui sont oxydées par le brome. Ni l'urée, ni la créatine, ni la créatinine, ni la xanthine, ni l'acide hippurique, ne subissent de modifications. L'expérience nous a montré que l'acide urique est oxydé d'après l'équation connue de sa transformation en alloxane et en urée. Mais, même en supposant que l'urine contienne un gramme d'acide urique par litre, cette oxydation ne représente que le dixième environ de l'oxydation totale de l'urine.

Ce sont donc les matières extractives, nombreuses et inconnues encore, qui sont oxydées par l'eau bromée. On sait que, malgré l'incertitude où l'on est de leur constitution chimique, elles constituent un des éléments les plus importants de l'excrétion urinaire, puisqu'on évalue leur poids total à 5 ou 6 grammes par litre d'urine normale.

Certes, ce procédé de dosage par le brome ne donne pas d'indications précises et irréprochables sur la totalité de ces substances. Il donne cependant un renseignement exact sur leur pouvoir absorbant vis à vis de l'oxygène.

Nous reviendrons tout à l'heure sur les chiffres trouvés dans différentes urines; mais il convient d'abord d'indiquer le procédé que nous mettons en usage pour doser l'urée et les autres matériaux organiques de l'urine.

Ce procédé repose sur le titrage de l'hypobromite alcalin après action sur l'urine. En général, on fait agir l'hypobromite alcalin sur l'urine et on mesure le volume du gaz azote qui se dégage dans cette réaction. Il nous a paru préférable d'employer une solution titrée d'hypobromite et de doser cet hypobromite après sa réaction sur l'urine.

Nous nous servons à cet effet de la même liqueur stanneuse, à 90 grammes de sel par litre, qui nous a servi pour le dosage de l'eau bromée, et d'une solution concentrée d'hypobromite alcalin préparée de la manière suivante. On mélange

300 grammes de lessive de soude avec 300 grammes de glace et on ajoute lentement 256 grammes de brome au mélange de glace et de soude : on étend d'eau de manière à faire un litre et on a ainsi une liqueur telle que 50 cc. répondent à environ 100 cc. de la solution stanneuse.

Si, en effet, on fait tomber dans la solution d'hypobromite la solution de protochlorure d'étain très acide, on aura d'abord la réaction suivante :

$$BrKO + HCl = KCl + HBrO.$$

Il se dégagera de l'acide hypobromeux, qui réagira sur le protochlorure d'étain ; et il se formera de l'oxychlorure d'étain.

D'autres réactions ont lieu aussi.

Ainsi, avec un excès d'hypobromite, on a :

$$(HBrO)^2 + SnCl^2 = SnCl^2O + H^2O + Br^2 :$$

de sorte, que, tant que le protochlorure d'étain ne sera pas en quantité suffisante, il y a du brome libre. Bref le titrage pourra être fait comme pour l'eau bromée. Si l'on ajoute de l'iodure de potassium à la liqueur, on verra très bien, par la décoloration complète, le moment précis de la saturation.

Supposons, pour préciser les idées, que 25 cc. d'hypobromite répondent à 50 cc. de la solution stanneuse. Si l'on constate, après action de ces 25 cc. sur 5 cc. d'urine, qu'il n'y a plus réduction que de 30 cc. d'étain, on pourra évaluer par un simple calcul la quantité d'hypobromite réduite par un litre d'urine.

Cette méthode de dosage est d'une extrême précision, si bien que, dans plusieurs titrages consécutifs, différents observateurs trouvent, à quelques dixièmes près, le même nombre pour exprimer la relation d'une solution donnée d'hypobromite avec une solution donnée de protochlorure d'étain.

Nous avons alors cherché à doser l'urée par cette méthode. Si l'on ne met pas un très grand excès d'hypobromite, on trouve constamment des chiffres trop faibles ; mais, si l'hypobromite est en grand excès, soit, par exemple, 25 cc. de la solution susdite d'hypobromite avec 10 cc. d'une solution d'urée à 10 grammes par litre, on obtient alors des chiffres se rapprochant beaucoup du chiffre théorique donné par l'équation suivante bien connue :

$$COAz^2H^4 + O^4 = CO^2 + Az^2 + (H^2O)^2.$$

Voici le résultat de nos derniers dosages, faits avec une solution contenant 20 grammes d'urée par litre : 19,9 — 20,2 — 19,4 — 19,2 — 19,2 — 19 — 19,5 — 20 — 20 — 19,8 — 19,5 — 19,5 — 20,1.

On voit, que, sans être absolument irréprochables, ces chiffres sont bien préférables à ceux qu'on obtient en faisant le dosage de l'azote dégagé. En effet, les nombreux auteurs qui ont dosé l'urée par le volume de l'azote, même en se plaçant dans les meilleures conditions, n'ont trouvé que 93 à 95 p. 100 de l'azote indiqué par la réaction théorique ; soit, pour une solution d'urée à 20 grammes par litre, $18^{gr},6$ à 19 grammes par litre.

Ce n'est pas là, cependant, le principal avantage du titrage de l'hypobromite. Il y a dans l'urine d'autres substances dont le dosage est important à faire et que l'analyse du gaz dégagé ne peut donner. Ainsi l'acide urique ne donne que 40 p. 100 du chiffre théorique ; la créatinine ne donne que 60 p. 100. Quant aux matières extractives, ou elles ne donnent pas d'azote, ou elles n'en donnent que des quantités insignifiantes, tout à fait inconnues en tous cas. Le titrage de l'hypobromite remédie à ces inconvénients, au moins en partie, en sorte que l'on obtient toujours un chiffre beaucoup plus fort qu'en dosant le volume de l'azote dégagé.

Nous pouvons donner à cet égard quelques chiffres qui permettront de comparer la valeur relative des deux procédés. Pour faciliter la comparaison, nous exprimons en grammes d'urée par litre d'urine, la quantité d'hypobromite qui a été réduite dans les diverses urines examinées par nous à cet effet.

DÉSIGNATION.	POIDS D'URÉE PAR LITRE D'URINE.																
Méthode du titrage de l'hypobromite réduit.	6,2	4,2	7,4	14,4	14,5	17,0	23.3	16,0	23,0	31,0	24,0	23,0	25,0	31,0	31,0	34,0	36,5
Méthode du dosage de l'azote dégagé.	2,5	2,5	3,8	13,0	13,0	14,0	14,0	15,5	19,5	20,0	22,0	22,0	22,0	27,0	27,0	32,0	33,0
Différence en plus pour la première méthode.	3,7	1,7	3,6	1,4	3,0	3,0	9,3	0,5	3,5	11,0	2,0	1,0	3,0	4,0	7,0	2,0	3,5

Il ressort de ces chiffres que le dosage par la mensuration de l'azote dégagé donne constamment des résultats inférieurs au dosage par le titrage de l'hypobromite employé. Il y a donc avantage, pour connaître la désassimilation organique, dans sa plus grande extension, à employer la méthode du titrage de l'hypobromite.

La mensuration du gaz dégagé est un procédé suffisant, quand il s'agit de l'urée pure; mais insuffisant, si l'on veut, avec l'urée, doser les matières extractives.

URÉE DOSÉE PAR LA MÉTHODE des gaz.	URÉE DOSÉE PAR LE TITRAGE de l'hypobromite.	POUVOIR RÉDUCTEUR DE L'URINE en poids d'oxygène.
grammes.	grammes.	grammes.
2,5	4,2	0,064
2,5	6,2	0,138
3,8	7,4	0,281
13,0	14,5	0,625
14,0	23,3	0,281
15,5	16,0	0,483
19,0	23,8	0,825
22,0	24,0	0,940
22,0	25,4	1,193
22,0	23,2	0,454
27,0	31,3	0,510
27,0	34,0	0,843
33,0	36,5	1,920

Appendice.

Notre but a été surtout de déterminer les conditions analytiques du dosage ; mais nous avons aussi pratiqué quelques expériences sur des individus sains et des individus malades, afin d'établir quelque relation entre le pouvoir réducteur de l'urine et sa richesse en urée. Nous évaluons le pouvoir réducteur en poids d'oxygène par litre d'urine. L'autre produit est évalué en urée.

A vrai dire il ne s'agit pas seulement de l'urée ; mais d'une somme de matériaux agissant sur l'hypobromite : acide urique, créatine, créatinine, xanthine : toutes ces substances réduisent l'hypobromite dans des proportions différentes de l'urée.

Mais l'erreur qu'on fait en les évaluant en urée n'est pas considérable, et, au point de vue physiologique, elle importe assez peu, puisqu'il s'agit de comparer dans les divers cas physiologiques ou pathologiques qui se présentent la quantité totale des matières qui contiennent de l'azote.

Voici ces chiffres ; nous regrettons qu'ils ne soient pas plus nombreux ; mais ils suffisent pourtant pour indiquer l'intérêt qu'il y aurait à poursuivre patiemment ces recherches analytiques.

URINE A.		URINE B.	
POIDS D'URÉE (méthode des gaz).	POIDS D'OXYGÈNE absorbé.	POIDS D'URÉE (méthode des gaz).	POIDS D'OXYGÈNE absorbé.
14,0	0,284	13,0	0,539
14,0	0,710	18,0	0,704
16,3	0,784	19,0	0,825
16,0	0,448	27,0	0,510
18,0	0,512	28,0	0,768
20,1	0,896	32,0	1,136
21,0	0,704	»	»
22,0	0,940	»	»
23,0	0,736	»	»
25,0	0,944	»	»
26,0	0,650	»	»
MOYENNE : 19,6	MOYENNE : 0,692	MOYENNE : 22,8	MOYENNE : 0,747
RAPPORT : 28		RAPPORT : 29	

URINE C.		URINE D.	
POIDS D'URÉE (méthode des gaz).	POIDS D'OXYGÈNE absorbé.	POIDS D'URÉE (méthode des gaz).	POIDS D'OXYGÈNE absorbé.
22,0	1,193	17,6	0,480
27,0	0,843	32,0	1,056
33,0	1,920	»	0,768
MOYENNE : 27,3	MOYENNE : 1,319	MOYENNE : 28,8	MOYENNE : 0,768
RAPPORT : 21,0		RAPPORT : 38,0	

Urine E. Rapport du poids de l'urée au poids de l'oxygène. . . . 21
— F. — — — 48
— G. — — — 32
— H. — — — 13

Rapport moyen de ces six dernières urines = 30.

Ces chiffres nous montrent que le pouvoir réducteur de l'urine, quoique étant dans une certaine limite corrélatif de la richesse en urée, n'en dépend pas cependant d'une manière absolue. C'est un nouveau facteur qu'on introduit dans le dosage d'une urine et qui est quelque peu différent du précédent. On ne saurait prévoir, quand on fait dans une urine le dosage de l'urée par la méthode des gaz, que cette urine contiendra telle ou telle quantité de substances extractives avides d'oxygène. Ainsi, dans le tableau qui précède, on voit trois urines différentes contenant toutes trois 22 grammes d'urée (évaluée par la méthode des gaz) ; et cependant leur pouvoir réducteur est différent du simple au triple, puisque nous trouvons les trois chiffres : 0,454 — 1,193 — 0,940. De même encore, une urine contenant 27 grammes d'urée a eu un pouvoir réducteur de 0,510, alors qu'une urine ne contenant que 13 grammes d'urée a eu un pouvoir réducteur de 0,635.

Faisons en outre remarquer que nous avons cherché la relation de ces deux chiffres, en la suivant chez le même individu, même à de longs intervalles de temps (huit mois).

Ces urines appartenaient toutes à des individus bien portants, mais placés dans des conditions physiologiques très variées. On voit que, d'un individu à l'autre, il y a des variations notables, et que, même chez un seul individu, les variations sont aussi assez considérables.

Quelques expériences faites sur les urines de différents malades du service de M. VULPIAN, à l'Hôtel-Dieu, nous ont montré aussi des différences considérables dans le rapport de ces deux chiffres.

Ainsi, chez un malade convalescent d'un ictère, nous avons trouvé les chiffres suivants :

POIDS D'URÉE.	POIDS D'OXYGÈNE ABSORBÉ.
11,0	0,992
16,0	1,870
8,5	1,056
9,5	1,120
9,5	0,992
11,0	0,850
MOYENNE : 11,9	MOYENNE : 1,147
RAPPORT : 9,5	

Il importe de faire remarquer combien ce rapport est différent du rapport trouvé chez des individus normaux, rapport que les chiffres donnés plus haut semblent indiquer comme très proche de 28-29-30. Notons aussi que chez ce convalescent il n'y avait plus trace de matière biliaire dans l'urine.

Sur un tuberculeux nous avons eu les chiffres suivants :

POIDS D'URÉE.	POIDS D'OXYGÉNE ABSORBÉ.
8,0	0,528
10,0	0,528
16,0	0,528
16,0	0,928
20,4	0,704
MOYENNE : 14,1	MOYENNE : 0,643
RAPPORT : 22,0	

Chez un autre individu, atteint de fièvre scarlatine légère, ces chiffres ont été :

POIDS D'URÉE.	POIDS D'OXYGÉNE ABSORBÉ.
11,0	0,416
11,7	0,448
17,6	0,464
18,0	0,460
MOYENNE : 14,9	MOYENNE : 0,447
RAPPORT : 32	

Ces chiffres, encore que tout à fait insuffisants, montrent que dans les maladies on pourrait suivre, jour par jour, les altérations relatives des éléments chimiques de l'urine. Il y aurait un grand intérêt pour la clinique médicale à posséder ainsi des documents exacts sur la désassimilation organique quotidienne.

Le titrage des liqueurs est facile : il suffit d'avoir trois burettes graduées de 50 centimètres cubes. Dans l'une sera l'eau bromée, dans l'autre l'hypobromite, dans la troisième la solution de protochlorure d'étain. Cette dernière est la seule qu'il soit nécessaire de titrer très exactement par pesée. Or cette pesée n'offre aucune difficulté, et la seule précaution à prendre est de conserver la liqueur à l'abri du contact de l'oxygène de l'air.

Avec un peu d'expérience, on arrivera très vite, si l'on prend les précautions indiquées par nous, à effectuer avec la liqueur d'étain des titrages très exacts de l'hypobromite, de l'eau bromée et de l'urée.

XXXIII

L'ÉLIMINATION DES BOISSONS

PAR L'URINE

Par M. Charles Richét

On ne trouve dans les auteurs classiques que peu de documents sur le moment précis où se fait l'élimination des boissons. Dans les conditions normales de l'alimentation, en dehors de toute pratique expérimentale, la durée nécessaire pour le passage des boissons de l'estomac dans les veines et pour l'élimination par la glande rénale n'est que vaguement connue.

J'ai fait sur moi-même, à cet égard, les observations suivantes pendant neuf jours consécutifs.

Il m'a suffi de mesurer volumétriquement la quantité d'urine émise à divers moments de la journée et de la nuit.

J'ai eu soin de recueillir cette urine, excrétée pendant les neuf jours de l'expérience, à des heures assez différentes. De sorte qu'à des jours différents, les points de départ pour les heures étaient différents. Il s'ensuit que l'on peut ainsi, en prenant la moyenne successive, avec une grande approximation, savoir, demi-heure par demi-heure, quelle est la quantité d'urine émise aux divers moments de la journée.

Pour donner les indications nécessaires sur le moment des repas, je dirai qu'ils ont été, pendant ces neuf jours, très réguliers. Le matin, vers 7 h. 15, j'ai pris environ 175 grammes de café au lait. Au déjeuner, qui durait de 11 h. 15 à 12 h. 5, je prenais environ un litre d'eau, sans vin ; au dîner, de 7 à 8 heures, environ 750 grammes d'eau, sans vin : et après chacun de ces deux repas, environ 80 grammes de café noir. Dans l'intervalle des repas, jamais je ne prenais ni aliment ni boisson.

Comme alimentation, rien d'intéressant à noter, sinon, à chacun de ces trois repas, une assez grande quantité de raisin, surtout au déjeûner de 11 h. 15.

Ces observations ont été faites en automne, par une température moyenne de 18° à 23°.

Voici maintenant, depuis 2 heures de l'après-midi jusqu'au midi du lendemain, quelle a été, demi-heure par demi-heure, l'élimination par l'urine : les chiffres représentent la quantité en centimètres cubes d'urine sécrétée pendant une unité de temps arbitraire, c'est-à-dire pendant dix minutes.

De midi à 2 heures, il était intéressant de prendre des intervalles plus rapprochés ; car c'est précisément à ce moment que se fait une élimination, par l'urine, très rapide, de la boisson ingérée.

Nous pouvons, en étudiant ces différents tableaux, déduire quelques conclusions physiologiques importantes.

HEURES.	1er JOUR.	2e JOUR.	3e JOUR.	4e JOUR.	5e JOUR.	6e JOUR.	7e JOUR.	8e JOUR.	MOYENNE par DÉMI-HEURE.
	cc.	cc.	cc.	cc.	cc.	cc.	cc.	cc.	cc.
2	11	18	13	18	13	10	12	17	14
2,30	11	15	13	18	13	10	12	17	13
3	11	15	13	18	13	10	16	7	13
3,30	11	15	13	14	13	10	16	7	13
4	11	15	13	14	13	10	16	7	13
4,30	16	15	13	14	13	10	16	7	14
5	16	15	17	14	13	13	16	7	14
5,30	16	15	17	14	13	13	16	7	14
6	16	11	17	14	13	13	8	7	13
6,30	16	11	17	28	13	13	8	7	14
7	16	11	17	28	13	17	8	31	18
7,30	16	11	17	28	13	17	8	31	18
8	16	11	13	28	13	17	8	31	18
8,30	18	42	13	28	13	17	8	31	21
9	18	42	13	28	13	17	37	31	22
9,30	142	42	13	28	13	17	37	31	41
10	32	42	13	11	17	17	37	17	23
10,30	32	42	13	11	51	17	10	17	24
11	13	8	12	11	7	9	10	7	9,5
11,30	13	8	12	11	7	9	10	7	9,5
minuit	13	8	12	11	7	9	10	7	9,5
12,30	13	8	12	11	7	9	10	7	9,5
1	13	8	12	11	7	9	10	7	9,5
1,30	13	8	12	11	7	9	10	7	9,5
2	13	8	12	11	7	9	10	7	9,5
2,30	13	8	12	9	7	9	10	7	9,5
3	13	8	12	9	7	9	10	7	9,5
3,30	5	8	12	9	7	9	9	7	8,5
4	5	8	12	9	7	9	9	7	8,5
4,30	5	8	12	9	7	9	9	7	8,5
5	5	8	12	9	7	9	9	7	8,5
5,30	5	8	12	9	7	9	9	7	8,5
6	5	8	12	9	7	9	9	7	8,5
6,30	5	8	12	9	7	9	9	7	8,5
7	5	8	12	9	7	9	9	7	8,5
7,30	5	10	12	9	7	9	14	13	11
8	3	10	13	11	8	9	14	13	11
8,30	3	10	13	11	8	9	14	13	11
9	3	10	13	11	8	9	14	13	11
9,30	3	10	13	11	24	9	14	13	13
10	3	10	13	11	24	9	14	13	13
10,30	3	10	13	11	24	9	14	13	13
11	3	10	16	11	24	12	11	13	13
11,30	3	10	16	11	24	12	11	13	13
midi	3	10	16	11	24	12	11	13	13

L'élimination des boissons se fait très exactement à partir

de midi 30, c'est-à-dire une heure et quelques minutes après le début du repas; mais elle n'atteint son maximum qu'à 1 h. 5, pour décroître très vite à partir de 1 h. 15 et être absolument terminée à 1 h. 40. A partir de ce moment, la sécrétion reprend son taux normal, invariable, n'oscillant que dans d'étroites limites pendant le cours de la journée.

HEURES.	1er JOUR.	2e JOUR.	3e JOUR.	4e JOUR.	5e JOUR.	6e JOUR.	7e JOUR.	8e JOUR.	9e JOUR.	MOYENNE.	MOYENNE par 1/2 heure.
	cc.	cc.	cc.	cc.	cc.	cc.	cc.	cc.	cc.	cc.	cc.
midi	»	70	10	16	10	24	12	11	13	13	
12,5	»	70	10	16	10	24	12	11	13	13	
12,10	»	70	10	16	10	24	12	11	13	13	
12,15	»	70	10	16	10	24	12	11	13	13	16
12,20	»	70	10	16	10	24	12	11	13	13	
12,25	»	70	10	16	10	24	12	11	13	13	
12,30	»	70	10	16	10	24	90	11	13	27	
12,35	100	70	10	16	10	24	90	11	13	38	
12,40	100	70	68	16	10	24	90	11	13	43	
12,45	100	70	68	16	10	24	90	11	130	57	68
12,50	100	148	68	16	10	24	90	135	130	80	
12,55	100	148	68	16	91	24	90	135	130	89	
1	100	148	68	136	91	24	90	135	130	102	
1,05	100	148	68	136	91	140	90	135	130	116	
1,10	100	148	68	136	91	140	90	135	130	116	
1,15	100	148	68	136	91	140	90	135	130	117	104
1,20	11	148	68	136	91	140	90	135	130	107	
1,25	11	148	68	136	91	140	90	17	130	92	
1,30	11	148	68	136	91	140	90	17	16	80	
1,35	11	148	68	136	91	140	12	17	16	70	
1,40	11	18	68	136	13	140	12	17	16	38	
1,45	11	18	13	18	13	140	12	17	16	14[1]	27
1,50	11	18	13	18	13	140	12	17	16	14	
1,55	11	18	13	18	13	10	12	17	16	14	
2	11	18	13	18	13	10	12	17	16	14	

1. Dans cette moyenne et dans la suivante ne sont pas compris les chiffres du 6e jour, qui s'écartent trop des autres.

Il faut donc admettre que l'absorption et l'élimination de la boisson sont absolument terminées une heure et demie après le repas. Cet espace de temps suffit pour que la boisson passe dans le système porte, soit versée dans le sang et éliminée par le rein.

Si l'on réfléchit que la durée du repas est de 50 minutes, de 11 h. 15 à midi 5, et que la période active de l'élimination est de midi 45 à 1 h. 35, il s'ensuit que c'est 40 minutes après l'ingestion que se fait l'élimination. Ce temps comprend à la fois le passage dans la circulation et l'élimination par le rein.

Ainsi, une heure et demie après la fin d'un repas liquide et solide, il n'y a plus dans l'estomac et l'intestin d'autres substances liquides que celles qui sont nécessaires pour maintenir dans un état semi-fluide la masse alimentaire en digestion.

On peut se demander pourquoi, après le dîner, il n'y a pas, comme après le déjeuner, une diurèse abondante. Cela tient en partie à la moindre quantité de liquides ingérés, alors que sont ingérés plus d'aliments solides. Peut-être y a-t-il une activité circulatoire moindre le soir que dans la journée. Peut-être l'activité du système nerveux, plus grande dans la journée que dans la nuit, détermine-t-elle cette différence ; peut-être y a-t-il des différences individuelles mal connues encore.

Quoi qu'il en soit, même après le dîner, il y a évidemment un accroissement notable dans l'élimination aqueuse, puisqu'elle monte de 13,5, moyenne de la journée, à 18, 21, 25, 41, 24. Comme pour le repas de onze heures, c'est de une à deux heures après l'ingestion des boissons que l'élimination plus abondante a lieu. Deux heures et demie après, la sécrétion a repris son taux normal nocturne.

Ce taux normal nocturne est différent du taux normal diurne, et l'on ne peut attribuer cette différence à une différence dans l'alimentation. Cela tient sans doute à une différence dans l'activité physiologique des tissus organiques, qui sont actifs dans la journée et qui sommeillent pendant la nuit.

XXXIV

DOSAGE DE L'AZOTE TOTAL DE L'URINE

PAR L'HYPOBROMITE DE SODIUM

Par MM. E. Gley et Ch. Richet

Nous renverrons d'abord au procédé analytique indiqué dans le mémoire précédent, qui permet de doser l'urée, non plus par la méthode des gaz, en dosant l'azote gazeux, mais en dosant par différence l'hypobromite décomposé dans la réaction et transformé en acide bromhydrique.

Nous avons cherché à employer ce même procédé pour le dosage de l'ammoniaque.

On sait que M. Kjeldahl[1] a imaginé un procédé ingénieux, qui a été perfectionné par M. Pflüger[2], et qui consiste à traiter l'urine par l'acide sulfurique bouillant, de manière à oxyder toutes les matières organiques et à les brûler, en même temps que les matières azotées sont transformées en ammoniaque à l'état de sulfate d'ammoniaque.

Rabuteau a depuis longtemps montré que l'hypochlo-

---

1. *Travaux du Labor.* de M. Hansen à Copenhague, mai 1883.
2. *Arch. für die gesammte Physiologie*, 1884, p. 654.

rite de soude et aussi l'hypobromite de soude peuvent servir à doser l'ammoniaque des urines[1], et M. Henninger avait aussi indiqué un procédé qui permet de doser l'ammoniaque par l'hypobromite, en employant la méthode des gaz[2].

C'est le dosage par l'hypobromite que nous avons entrepris, non plus par la méthode des gaz, mais en titrant l'hypobromite, et ce procédé nous a donné de bons résultats, d'autant plus intéressants, qu'il s'agit là d'une méthode générale, applicable probablement à toutes les substances organiques.

Le titrage de l'hypobromite se fait avec une solution de protochlorure d'étain dans l'acide chlorhydrique, d'après la réaction.

$$Sn\,Cl^2 + H\,Br\,O + 2\,H\,Cl = Sn\,Cl^4\,O^4 + H\,Br + H^2\,O$$

L'indice est l'iodure de potassium qui donne de l'iode libre, dont on apprécie facilement la coloration.

Tout ceci étant dit pour mémoire, car les détails sont indiqués dans le précédent travail.

Comme l'urée, l'ammoniaque est oxydée par l'hypobromite,

$$(Az\,H^3)^2 + (H\,Br\,O)^3 = (H^2\,O)^3 + (H\,Br)^2 + Az^3$$

Mais la quantité d'hypobromite mise dans la réaction, et surtout celle d'ammoniaque, interviennent pour déterminer une réaction plus ou moins marquée.

Voici, en effet, si l'on met la même quantité d'hypobromite, quelle est, exprimée en centimètres cubes de la solution stanneuse, la quantité d'ammoniaque décomposée :

Avec 0,27   d'Az H⁴. 1 cc. de Sn Cl⁴ vaut 0,00513 de Az H⁴.

—	0,1925	—	—	0,00506	—
—	0,135	—	—	0,00500	—
—	0,135	—	—	0,00496	—
—	0,0575	—	—	0,00482	—
—	0,0540	—	—	0,00477	—

1. *Éléments d'urologie*, 1875, p. 150.
2. *Bull. Soc. Biol.* 1884, p. 474.

Avec 0,0540 d'Az H⁴. 1 cc. de Sn Cl⁴ vant 0,00467 de Az H⁴.
  —   0,0405   —   —   0,00470   —
  —   0,0270   —   —   0,00450   —
  —   0,0270   —   —   0,00450   —
  —   0,0135   —   —   0,00422   —
  —   0,0575   —   —   0,00422   —

Il n'est donc pas indifférent de mettre plus ou moins d'Az H³; et il n'est possible de comparer deux dosages que si l'on met des quantités rigoureusement identiques d'Az H³.

D'autre part, la solution plus ou moins diluée n'exerce pas d'influence. Ainsi, avec des solutions contenant par litre 18^{gr},9; 4, 5; 2,25; et 1,125 d'Az H⁴, nous avons trouvé, en mettant le même poids d'Az H⁴.

```
En mettant 0,036 . . .   solution à 18 gr.     1cc de Sn = 0,00404
                . . .        —     à  9 gr.         —     = 0,00409
                . . .        —     à  4 gr. 5       —     = 0,00400
                . . .        —     à  2 gr. 25      —     = 0,00391
                . . .        —     à  1 gr. 125     —     = 0,00400
En mettant 0,018 . . .       —     à 18 gr.         —     = 0,00349
                . . .        —     à  9 gr.         —     = 0,00346
                . . .        —     à  4 gr. 5       —     = 0,00346
                . . .        —     à  2 gr. 25      —     = 0,00346
                . . .        —     à  2 gr. 25      —     = 0,00346
En mettant 0,054 . . .       —     à 18 gr.         —     = 0,00422
                . . .        —     à  9 gr.         —     = 0,00439
                . . .        —     à  4 gr. 5       —     = 0,00428
```

Ainsi, avec ce procédé, on évite les erreurs dues à la pesée de l'étain, il suffit d'avoir, ce qui est bien plus facile, une solution rigoureusement titrée d'un sel ammoniacal pur, et de déterminer quelle est, pour une quantité donnée d'ammoniaque, la valeur d'étain équivalente.

Alors un premier titrage détermine approximativement la quantité d'Az H⁴ qui est dans la liqueur qu'on dose.

Supposons, alors, qu'on ait déterminé au préalable la valeur de l'étain en ammoniaque. Si l'on met 0,045 d'Az H⁴ dans la liqueur examinée, on trouve un certain titre répondant, par exemple, à 18 grammes d'Az H^4 par litre : on fera alors un second titrage en mettant en contact avec l'hypobromite une quantité d'Az H^4, précisément égale à 0,035.

Les expériences réussissent alors bien, comme l'indiquent les chiffres suivants :

Titre réel	11,37		
Titre trouvé	11,36		
R.	6,825	R.	10,125
T.	6,843	T.	10,120
R.	2,257	R.	10,25
T.	2,250	T.	10,45
R.	11,25	R.	9,0
T.	11,31	T.	8,94

On peut donc par ce procédé doser très vite, très facilement et avec une exactitude suffisante, l'azote total, non seulement des urines, mais de la plupart des matières azotées.

Nous avons contrôlé l'expérience en transformant par l'acide sulfurique bouillant une solution d'urée en ammoniaque.

En mettant 25 cc. d'une solution d'urée à 20 grammes par litre, (soit 0,5 d'urée) dans 5 cc. d'acide sulfurique, nous avons trouvé en Az H^4 :

1re expérience. .	=	5,914	
2e — . .	=	6,010	
3e — . .	=	5,833 — 1er dosage
		5,833 — 2e dosage

La quantité théorique étant 6 grammes.

Nous avons alors appliqué cette méthode à quelques essais, faits sur nous-mêmes. Nous nous sommes en effet, pendant quatre jours consécutifs, soumis l'un et l'autre à un régime aussi identique que possible, et à partir du deuxième jour nous avons fait une série de nombreux dosages portant sur l'urée, les matières extractives et l'azote total.

Ce sont ces chiffres que nous venons donner ici succinctement.

Sur 28 dosages d'urée, le maximum de concentration a été de 33,3, et le minimum de 10,0. La moyenne a été de 23 grammes d'urée par litre[1].

La quantité d'urée rendue par vingt-quatre heures (et c'est, à vrai dire, le seul chiffre intéressant à donner) a été de 29,18 pour R... et de 28,90 pour G..., ce qui donne une moyenne par heure de 1,216 pour R... et de 1,204 pour G... Ces deux chiffres sont très analogues, et cela est assez intéressant, puisque le poids du corps est très différent chez G... et R..., G... pesant 58 kil. et R... 70 kil.

Ainsi, quand l'alimentation est identique, deux individus de poids différent excrètent à peu près la même quantité d'urée. En soixante-douze heures, G... a excrété 86,6 d'urée et R... 88,75. Ce fait n'a rien de surprenant. Il indique seulement que nous étions arrivés l'un et l'autre à un équilibre stable d'azote, et, d'autre part, il confirme l'exactitude de nos procédés analytiques.

La quantité d'eau éliminée par les reins, quoique les boissons fussent ingérées en proportion sensiblement identique, a été plus grande chez R... que chez G..., soit 4,148 chez R... et 3,752 chez G..., ce qui tient vraisemblablement à ce que chez G..., la transpiration cutanée paraît être plus active que chez R...

Nous avons donc pour une période de vingt-quatre heures :

G. . . .	Eau.	1 205
	Urée..	28,9
	Matières extractives[2].	0,638

R. . . .	Eau..	1 360
	Urée	29,2
	Matières extractives..	0,671

1. Les chiffres classiques sont à cet égard très variables. Voir Ledé, *Th. de doctorat*, Paris, 1879, p. 22.

2. Les matières extractives sont dosées par la quantité de brome (en solu-

          E. GLEY ET CH. RICHET.

En faisant la moyenne des quantités rendues par heure, nous avons les chiffres suivants, exprimés en grammes.

Heures.	Urée.	Eau.	Mat. extractives (oxydables par le brome).
Minuit.			
1 h. matin.	1,117	52	0,0245
2 —	1,117	52	0,0245
3 —	1,117	47	0,0237
4 —	1,117	47	0,0237
5 —	1,078	41	0,0237
6 —	1,078	41	0,0237
7 —	1,078	41	0,0237
8 —	1,078	41	0,0237
9 —	1,053	39	0,0253
10 —	1,053	39	0,0253
11 —	1,078	64	0,0263
Midi.	1,141	68	0,0263
1 h. soir.	1,148	70	0,0283
2 —	1,228	54	0,0293
3 —	1,268	54	0,0293
4 —	1,336	54	0,0293
5 —	1,350	54	0,0315
6 —	1,261	54	0,0297
7 —	1,368	71	0,0310
8 —	1,368	71	0,0310
9 —	1,368	71	0,0310
10 —	1,368	71	0,0310
11 —	1,262	52	0,0245
Minuit.	1,262	52	0,0245

Nous rapprocherons de ces faits ceux que l'un de nous a signalés [1] relativement aux quantités d'eau émises par l'urine à différentes heures. Dans ces observations, les quantités d'eau rendues par l'urine sont notablement plus fortes ; attendu qu'en été, si la transpiration cutanée augmente, l'ingestion des boissons, dans le cas particulier dont il s'agit, a augmenté plus que ne l'a fait la transpiration cutanée.

tion acide) transformée en acide bromhydrique. Les chiffres indiquent en poids la quantité d'oxygène fixée. (Voyez le mémoire ci-dessus, page 350.)

1. Voyez le mémoire ci-dessus, page 360.

Voici les chiffres donnés par cette expérience de M. Ch. Richet :

	cc
Minuit.	57
1 h. matin.	57
2 —	54
3 —	54
4 —	51
5 —	51
6 —	51
7 —	58
8 —	66
9 —	72
10 —	78
11 —	78
Midi.	86
1 h. soir.	516
2 —	82
3 —	78
4 —	78
5 —	84
6 —	82
7 —	108
8 —	116
9 —	188
10 —	121
11 —	57
Minuit.	57

Si nous étudions ces chiffres, et si nous les comparons aux chiffres de notre expérience, qui indiquent la quantité d'eau rendue par heure, nous retrouvons que, dans les deux cas, l'influence des boissons est évidente ; mais qu'elle est beaucoup plus marquée dans les expériences de R... en été, en ce sens qu'il y a un accroissement considérable dans la quantité des boissons rendues par l'urine après chaque repas ; d'autre part, on voit que, dans les deux cas, pour l'expérience de l'été comme pour celle de l'hiver, le taux normal, toute question d'élimination des boissons mise à part, est différent pendant la nuit et pendant le jour. Il y a un minimum d'activité organique qui commence vers 3 heures du matin pour durer jusqu'à 7 heures du matin. A cet égard, tous les chiffres qui mesurent l'activité chimique sont concordants ; qu'il s'agisse de la température, de la quantité d'azote éliminée, ou

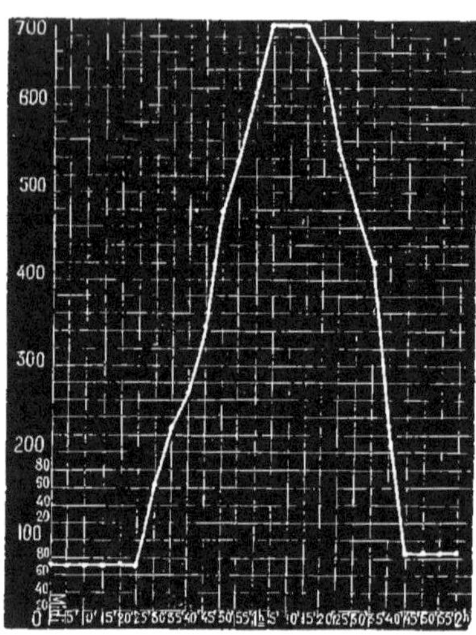

Fig. 125.

L'ordonnée inférieure marque les temps de cinq minutes en cinq minutes. L'ordonnée latérale indique des centimètres cubes. Les chiffres se rapportent aux quantités d'urine excrétées pendant une heure, C'est la moyenne d'expériences poursuivies pendant neuf jours. On voit que, le repas étant fini vers midi et ayant commencé à 11 heures et un quart, il faut une heure pour que l'excès des boissons ingérées passe dans l'urine. On remarquera combien cette élimination est rapide, puisqu'elle dure une heure un quart seulement. Avant comme après cet excès d'élimination, le taux est le même. On peut dire que c'est là un taux de jeûne.

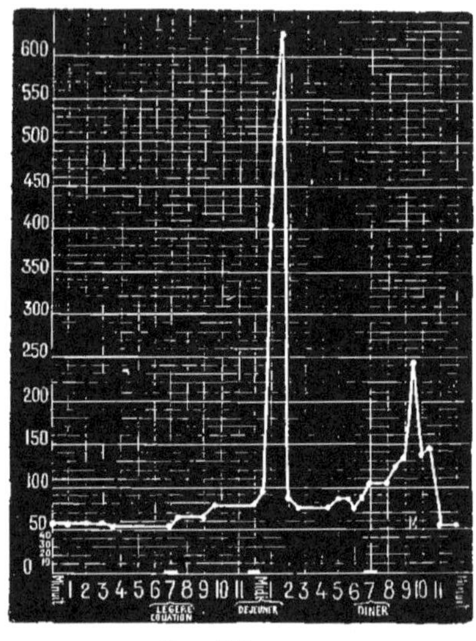

Fig. 126.

Courbes horaires de l'élimination de l'eau dans la même série d'observations. On voit l'influence des repas. C'est l'ensemble des vingt-quatre heures, alors que la figure 1 indique toutes les cinq minutes le même phénomène pendant seulement deux heures. L'ordonnée inférieure indique le temps en heures ; l'ordonnée latérale, les centimètres cubes d'urine excrétée par heure (moyenne de neuf jours).

de la quantité d'eau, ou de la quantité d'oxygène absorbée, il y a toujours une dépression survenant dans les dernières heures de la nuit et indiquant une moindre activité de tous les tissus organiques.

Outre ces dosages, nous avons encore dosé l'azote total de l'urine par le procédé KJELDAHL-HENNINGER-RABUTEAU modifié, de sorte que nous pouvons comparer la quantité d'azote total à la quantité d'azote contenu dans l'urée.

Dans les trois jours de l'expérience, G..., ayant excrété 86,6 d'urée, a excrété par conséquent 43^{gr},44 d'azote uréique,

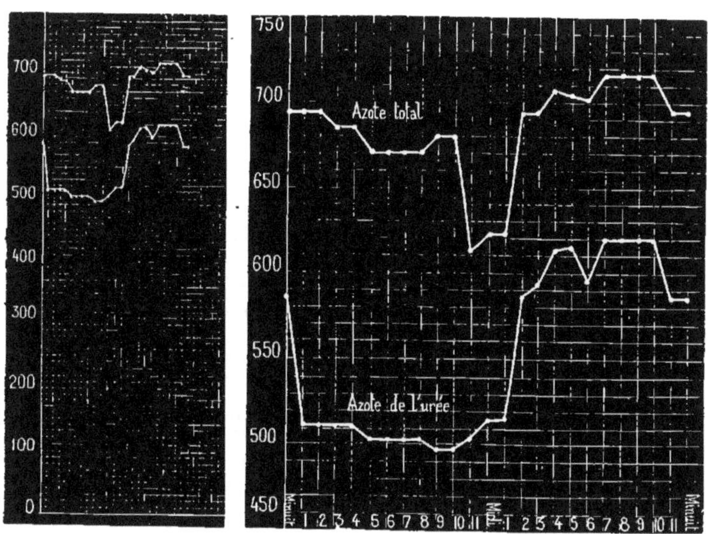

Fig. 127.

Courbes horaires d'élimination pour l'azote total et pour l'azote de l'urée. A côté de la figure principale on a représenté les mêmes courbes réduites, afin de pouvoir mieux juger les différences absolues et relatives de l'azote. Les chiffres donnent en milligrammes les quantités d'azote éliminées par heure. Pour l'azote total, il y a vers la dixième heure, le matin, une dépression qui tient probablement à une erreur de dosage. D'une manière générale on voit que les deux courbes sont très régulièrement parallèles, mais que cependant les oscillations sont plus marquées pour l'azote de l'urée que pour l'azote total. On voit aussi que la quantité d'azote non dosé par l'hypobromite est assez importante, puisqu'elle représente environ un sixième de la quantité totale.

et R..., ayant excrété 88,75 d'urée, a rendu par conséquent 41,45 d'azote uréique.

D'un autre côté, en dosant la quantité d'azote total éliminée, nous trouvons que R... a rendu 48,237 d'azote et G... 49,069 d'azote. Cela fait un excès de l'azote total, qui est pour G... de 8,627 et pour R... de 6,791, soit en moyenne pour vingt-quatre heures de 2^{gr},57.

Nous avons donc les chiffres suivants qui indiquent, pour vingt-quatre heures, les proportions relatives moyennes d'eau, d'urée, de matières extractives oxydables par le brome et d'azote total.

Eau.	1 320 »
Urée..	29,05
Matières extractives (exprimées en poids d'oxygène).	0,655
Azote de l'urée.	13,65
Azote total.	16,22

Le tableau suivant indique la courbe horaire de l'azote total éliminé par l'urine, et, en face de ce tableau, nous avons mis les quantités corrélatives de l'azote contenu dans l'urée; on voit que constamment il y a une différence notable en faveur de l'azote total.

Heures.	Azote de l'urée par heure.	Azote total par heure.	Différence.
1 h. matin.	0,522	0,687	0,165
2 —	0,522	0,687	0,165
3 —	0,522	0,671	0,149
4 —	0,522	0,671	0,149
5 —	0,503	0,641	0,138
6 —	0,503	0,641	0,138
7 —	0,503	0,641	0,138
8 —	0,503	0,641	0,138
9 —	0,492	0,661	0,169
10 —	0,492	0,661	0,169
11 —	0,503	0,625	0,122
Midi.	0,532	0,643	0,111
1 h. soir.	0,536	0,643	0,111
2 —	0,574	0,685	0,111
3 —	0,584	0,685	0,111
4 —	0,624	0,716	0,092
5 —	0,630	0,706	0,076
6 —	0,589	0,702	0,113
7 —	0,638	0,732	0,094
8 —	0,638	0,732	0,094
9 —	0,638	0,732	0,094
10 —	0,638	0,732	0,095
11 —	0,573	0,687	0,114
Minuit.	0,573	0,687	0,114

En faisant la courbe de l'azote total et de l'azote contenu dans l'urée, on voit que les deux courbes sont parallèles, sauf en un point, vers 10 et 11 heures du matin ; il y a peut-être là une erreur de dosage.

Mais ce qui se dégage très nettement, c'est que les oscilla-

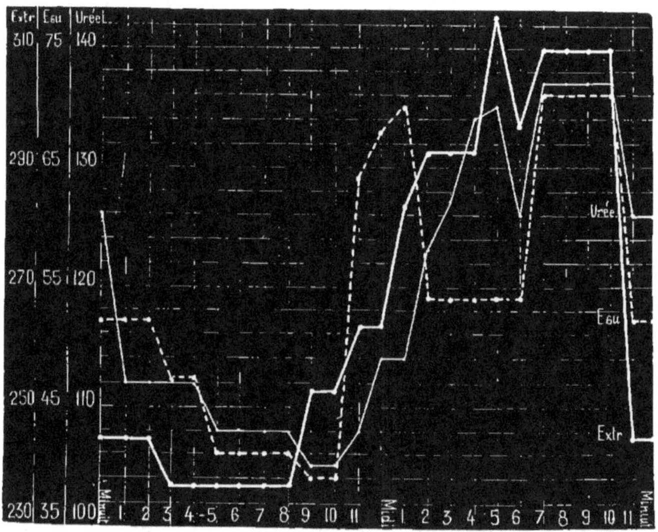

Fig. 128.

Variations horaires d'urée, de matières extractives et d'eau. Nous avons pris la moyenne des chiffres recueillis pendant quatre jours sur chacun de nous. En bas les temps sont marqués d'heure en heure. L'urée est le trait fin et plein. Les chiffres à l'abscisse marquent en centigrammes les quantités d'urée excrétée par heure. Les matières extractives sont représentées par le trait gros et plein. Les chiffres indiquent en dixièmes de milligramme les poids d'oxygène que consomment par heure les matières extractives facilement oxydables. Le trait en pointillé représente en centimètres cubes la quantité moyenne d'urine éliminée par heure. On voit bien que l'élimination des boissons se fait après les repas, beaucoup plus vite que l'élimination de l'urée. Deux heures après le repas, le taux normal est revenu. Au contraire, pour l'urée comme pour les matières extractives, il faut de cinq à sept heures pour le retour au taux normal du jeûne. Quant aux matières extractives, sauf de minimes différences, elles suivent les mêmes périodes que l'urée.

tions de l'azote total sont bien moins étendues que celles de l'azote uréique, autrement dit l'influence des repas se fait sentir plus sur l'urée que sur l'azote total.

Quant au tableau indiquant les quantités relatives d'eau et

d'urée, on voit que l'élimination de l'eau se fait une heure après le repas, tandis que l'élimination de l'azote se fait trois, quatre, cinq heures après le repas.

Faisons remarquer enfin que le chiffre de l'urée est un peu plus faible pour G... que pour R..., tandis que, pour l'azote total, G... a excrété un peu plus d'azote que R... Mais la différence est en somme très minime et elle est tout à fait dans les limites de l'erreur expérimentale.

Conclusions.

1° L'élimination de l'eau des boissons se fait très vite après le repas, c'est-à-dire une heure après. Au contraire, pour l'urée, l'élimination maximum se fait de trois à quatre heures après l'ingestion des aliments.

2° En laissant de côté l'influence des repas et de l'élimination exagérée qui suit, on trouve qu'il y a, pour l'eau comme pour l'azote, un taux d'excrétion *diurne* et un taux d'excrétion *nocturne*, ce dernier étant notablement plus faible que le taux diurne.

3° Pour des personnes de poids différent, mais soumises à une alimentation identique, la quantité absolue d'azote éliminé est à peu près la même, indépendamment du poids du corps. Cela signifie que deux individus, d'un poids différent, soumis à un même régime ne seront pas astreints à engraisser ou à maigrir, mais que l'excrétion sera chez eux égale à l'alimentation.

4° L'excrétion des matières extractives facilement oxydables suit une courbe sensiblement parallèle à la courbe de l'urée. Il en est de même pour l'azote total.

5° Le rapport de l'azote uréique à l'azote total est d'environ 4 à 5. Ainsi quand on excrète 13,6 d'azote uréique, en vingt-quatre heures, on excrète dans le même temps 16 d'azote total.

XXXV

POIDS DU CERVEAU, DE LA RATE ET DU FOIE

CHEZ LES CHIENS DE DIFFÉRENTES TAILLES

Par M. Charles Richet.

Ce travail a pour but de présenter les relations qui existent entre le poids du corps, le poids du cerveau, le poids du foie et le poids de la rate.

Les chiens se prêtent particulièrement bien à une étude de ce genre ; car pour peu d'espèces animales les variétés sont représentées par des poids aussi différents. Dans les 188 observations que je donne ici, se trouve un chien pesant $43^{kil},7$, et un chien pesant $1^{kil},25$, tous deux adultes. Cette énorme différence entre les poids permet des comparaisons bien instructives pour les dimensions respectives des différents organes.

Je donnerai d'abord la longue colonne des 188 observations recueillies tant par moi que par quelques autres observateurs : M. Colin[1] (34 observations) et M. Manouvrier[2] (9 observa-

1. *Traité de Physiologie*, 2e édition, t. I, p. 266.
2. *Mémoires de la Société d'Anthropologie*, 1885, t. II, p. 198.

tions). Les autres observations, inédites, sont prises par moi.

La pesée des chiens ne peut évidemment pas donner de poids absolu, car le poids d'un chien varie dans des proportions considérables, suivant qu'il a uriné ou non (et on sait que, lorsqu'on les sort du chenil, en général ils n'ont pas uriné, gardant dans leur vessie quelquefois *un litre* d'urine), suivant qu'ils sont à jeun ou non. De plus, un chien peut être gras ou maigre ; et, suivant qu'il est gras ou maigre, le poids de ses différents organes, par rapport à un corps chargé de graisse ou dépourvu de graisse, est évidemment variable. Aussi, sauf pour les chiens pesant moins de 6 kilogrammes, les poids ne sont-ils indiqués que de 500 grammes en 500 grammes. Une plus grande précision est inutile.

Il aurait été très intéressant de pouvoir déterminer les différentes races de chiens ; mais, pour les chiens de nos laboratoires, les individus sont de races tellement mélangées qu'une classification quelconque est probablement arbitraire. J'ai essayé, cependant, de mettre dans la troisième colonne la détermination de la variété : les lettres qu'on trouve indiquent ces variétés différentes, groupées à peu près de la manière suivante : les gros chiens à longs poils sont appelés chiens de montagne (M) ; les chiens à poils ras, au nez plus ou moins allongé, sont des braques (B), quoique souvent ils diffèrent notablement du type braque pur, étant en général très mâtinés. Les chiens à poils ras et à museau court, terriers ou bulls, sont marqués T ; les chiens à poils longs, frisés, chiens moutons ou chiens caniches, sont marqués C ou G, selon qu'ils se rapprochent du type griffon ou du type caniche. Enfin il y a quelques chiens danois, dont le type est bien connu, marqués D. Les épagneuls, dont le type est aussi bien déterminé, sont marqués E.

La pesée du cerveau portait sur l'ensemble de l'encéphale, dépouillé de la dure-mère, et pesé immédiatement après l'extraction de la cavité crânienne. Par conséquent, la mesure que nous donnons porte sur le cerveau, le cervelet, la protubérance, le bulbe, et environ un demi-centimètre de moelle au-dessous du bulbe.

Le foie était pesé avec la vésicule biliaire, sans être vidé de sang ; mais je dois faire remarquer qu'un assez grand nombre de ces chiens furent tués par hémorragie, de sorte que le foie contenait un peu moins de sang que le foie de chiens tués d'une autre manière.

Le sexe, dans mes observations, a été généralement indiqué, mais il est possible que, pour quelques chiennes, le sexe n'ait pas été noté. Le nombre de chiens est huit fois plus grand que le nombre des chiennes.

Les lettres M et C indiquent l'origine de l'observation. M, M. Manouvrier ; C, M. Colin.

OBSERVATEURS.	SEXE.	VARIÉTÉS.	POIDS ABSOLU du chien.	CERVEAU.		FOIE.	
				POIDS absolu.	POIDS p. 1000.	POIDS absolu.	POIDS p. 1000.
			kilog.	grammes.		grammes.	
		M.	43,5	108	2,45	1 030	23,5
		M.	43,5	103	2,40	900	20,5
		M.	40,5	115	2,80	1 090	27
		M.	40	98	2,45	»	»
M.		»	40	116	2,90	»	»
C.		»	39,5	112	2,60	»	»
C.		M.	39	109	2,80	»	»
		M.	38	94	2,45	557	14,6
		M.	37	106	2,85	900	24,2
	F.	M.	36,5	110	3	»	»
C.		M.	36	105	2,90	»	»
C.		M.	36	122	3,40	»	»
C.			35,5	125	3,50	»	»
	F.	M.	35	95	2,70	»	»
		M.	35	103	2,95	690	19,8
C.	F.	D.	34,5	100	2,90	»	»
	F.	M.	33,5	95	2,85	»	»
		M.	32,5	93	2,85	»	»
C.		M.	32	107	3,35	»	»
C.		B.	32	101	3,15	»	»
		M.	31,5	104	3,30	550	17,5

OBSERVATEURS	SEXE.	VARIÉTÉS.	POIDS ABSOLU du chien.	CERVEAU.		FOIE.	
				POIDS absolu.	POIDS p. 1000.	POIDS absolu.	POIDS p. 1000.
			kilog.	grammes.		grammes.	
	F.	M.	31,5	86	2,70	656	20,8
	F.	B.	31,5	88	2,80	610	»
		M.	30	105	3,50	»	19,4
		M.	30	97	3,25	680	22,7
		M.	30	92	3,07	570	19
C.		M.	30	88	2,95	»	»
	F.	G.	29	105	3,60	670	22,7
		E.	28	104	3,72	654	23,5
		E.	28	80	2,85	640	22,8
		M.	27	88	3,30	462	17,2
		D.	27	102	3,77	»	»
		B.	27	87	3,22	492	18,2
	F.	M.	27	92	3,41	590	21,8
		M.	27	90	3,34	585	21,6
		D.	26	110	4,25	»	»
		E.	26	95	3,65	570	22
	F.	M.	26	94	3,60	510	19,6
C.		B.	25	113	4,50	»	»
			25	103	4,12	»	»
M.			25	93	3,70	»	»
		M.	25	90	3,60	»	»
			25	89	3,65		
	F.	B.	25	86	3,44	432	17,4
		B.	25	86	3,44	610	24,4
	F.	E.	24,5	101	4,12	450	18,4
			24,5	103	4,20	650	26,5
		E.	24	88	3,70	542	22,5
		M.	23,5	100	4,25	»	»
		M.	23,5	98	4,20	»	»
		B.	23,5	95	4,05	»	»
		M.	23	82	3,55	360	15,7
		M.	23	97	4,20	»	»
			23	93	4,05	»	»
			23	89	3,82	»	»
		C.	23	88	3,80	»	»
			23	87	3,80	»	»
		E.	23	84	3,70	»	»
C.			22,5	109	4,80	»	»
		B.	22,5	82	3,65	»	»
		C.	22	105	4,80	585	26,5
	F.	B.	22	100	4,50	»	»
	F.	B.	22	98	4,50	760	34,5

OBSERVATEURS.	SEXE.	VARIÉTÉ.	POIDS ABSOLU du chien.	CERVEAU		FOIE	
				POIDS absolu.	POIDS p. 1000.	POIDS absolu.	POIDS p. 1000.
			kilog.	grammes.		grammes.	
		B.	22	77	3,50	550	25,2
		E.	21,5	105	4,90	»	»
		B.	21,5	95	4,40	»	»
		B.	21,5	84	3,90	»	»
		G.	21	110	5,20	»	»
		G.	21	108	5,20	«	»
		B.	21	94	4,45	»	»
C.			21	92	4,35	»	»
	F.		21	83	3,90	530	25,5
C.		G.	20,5	89	4,30	»	»
		M.	20,5	102	4,90	»	»
		B.	20,5	95	4,62	»	»
			20	103	5,15	»	»
		T.	20	83	4,30	480	24
		B.	20	75	3,80	490	24,5
		E.	19,5	87	4,50	575	29,5
		C.	19,5	84	4,40	528	27,5
		T.	19,5	82	4,20		
		C.	19,0	76	4,00	310	16,3
	F.	M.	19,0	86	4,50	420	22,2
			19	101	5,30	360	19,1
C.	F.		18,5	85	4,60	»	»
		B.	18	97	5,40	»	»
		C.	18	93	5,20	382	21,2
C.		M.	18	89	4,95	»	»
		B.	18	82	4,50	550	30,5
		B.	18	80	4,40	»	»
		B.	17,5	85	4,85	»	»
		B.	17,5	85	4,85	645	35,5
		G.	17,5	82	4,70		
		B.	17	97	5,70	445	26
		M.	17	79	4,65	410	24,2
		T.	17	89	5,25	375	22
	F.	B.	17	90	5,30	»	»
		C.	17	78	4,60	440	26
		C.	17	74	4,10	»	»
		B.	17	68	4	460	27
	F.	C.	17	68	4	402	24
		B.	16,5	94	5,60	425	25,5
		T.	16,5	91	5,50	555	33,5
C.	F.	B.	16,5	94	5,10	»	»
		T.	16,5	81	4,90	460	28

OBSERVATEURS.	SEXE.	VARIÉTÉ.	POIDS ABSOLU du chien.	CERVEAU.		FOIE.	
				POIDS absolu.	POIDS p. 1000.	POIDS absolu.	POIDS p. 1000.
			kilog.	grammes.		grammes.	
		G.	16,5	65	4	535	32
		B.	16	99	6,10	»	»
C.		B.	16	94	5,90	»	»
	F.	C.	15,5	93	6,10	640	47,5
		B.	15	85	5,70	395	26,5
		T.	15	82	5,50	»	»
C.		B.	14,5	88	6,05	»	»
		B.	14,5	83	5,80	398	27,5
		E.	14	85	6,05	400	29
		T.	13,5	86	6,35	710	53
M.			13	93	7,15	»	»
		T.	13	84	6,40	475	36,5
		E.	13	83	6,40	562	43,5
		G.	13	89	6,85	»	»
	F.	T.	13	77	5,80	385	29,5
C.		B.	12,5	82	6,55	»	»
		B.	12,5	81	6,45	430	»
		B.	12	85	7,20	»	18
		C.	12	75	6,20	215	28,5
	F.	T.	12	68	5,70	340	»
C.		B.	11,5	84	7,60	»	34,5
C.		C.	11,5	75	6,50	»	»
		T.	11,5	73	6,30	»	»
		C.	11,5	68	5,90	250	22
C.			11	96	8,70	»	»
		T.	10,5	80	7,60	282	26
		G.	10,5	75	7,05	415	55
		C.	10,5	72	6,80	295	28
	F.	G.	10,5	72	6,75	170	16,5
	F.	T.	10,0	65	6,50	250	25,0
		T.	10,0	72	7,20	255	25,5
		B.	10	85	8,50	342	34
C.		C.	10	72	7,20	»	»
C.			9,5	78	8,20	»	»
		T.	9	72	8	315	35
		E.	9	68	7,60	320	35
C.		G.	8,5	81	9,50	»	»
			8,5	81	9,50	422	49
		E.	8,5	72	8,50	»	»
C.		B.	8,5	65	7,65	»	»
C.		E.	8,5	60	7,10	»	»
		T.	8,5	60	7,10	»	»

OBSERVATEURS.	SEXE.	VARIÉTÉ.	POIDS ABSOLU du chien.	CERVEAU.		FOIE.	
				POIDS absolu.	POIDS p. 1000.	POIDS absolu.	POIDS p. 1000.
			kilog.	grammes.		grammes.	
		B.	8	93	10,80	»	»
		D.	8	85	10,60	»	»
C.		E.	8	83	10,50	»	»
			8	78	9,30	»	»
		C.	8	65	8,10	»	»
			7,5	83	11	»	»
			7,5	81	10,90	450	60
		B.	7,5	75	10	230	30,5
		T.	7,5	75	10	»	»
C.		E.	7,5	60	8,20	»	»
	F.	B.	7	77	11	»	»
		T.	7	77	11	168	24
C.		G.	7	76	10,90	»	»
			7	71	10,50	502	74
		C.	7	64	9,10	208	29,7
		T.	6,5	62	9,60	»	»
			6,5	53	7,90	»	»
		T.	6,5	62	9,60	195	32,1
		G.	6,0	55	9,20	172	28,5
	F.	G.	6	68	11,30	»	»
	F.	T.	5,8	75	12,60	306	52
	F.	T.	5,5	61	11,20	»	»
		T.	5,5	60	10,90	190	34,5
C.	F.		5,5	55	10	»	»
		T.	5,4	70	12,90	283	52
		T.	5	72	14,40	»	»
		G.	5	57	11,40	»	»
			4,7	72	15,10	»	»
		T.	4,7	67	14,20	»	»
C.		E.	4,6	57	12,70	»	»
		T.	4,3	61	14,20	»	»
C.			3,8	54	14,20	»	»
M.			3,6	62	17,20	»	»
		T.	3,6	60	16,70	»	»
M.			3,5	72	20,50	»	»
		G.	3	58	19,40	100	33
C.		E.	2,1	57	27,10	»	»
	F.	G.	1,9	56	24,5	99	34
M.			1,7	45	26,50	»	»
M.			1,6	58	46,20	»	»
M.			1,25	47	37,50	»	»

Si nous groupons ces chiens par rapport au poids du corps, nous trouvons, sur ces 188 observations, dont 142 nous sont personnelles, les moyennes suivantes :

Pour le cerveau :

NOMBRE DE CHIENS.	POIDS MAXIMUM ET MINIMUM.	POIDS MOYEN.	POUR 1 KIL., QUEL POIDS de cerveau?
	kilog.	kilog.	grammes.
VII.	de 39 à 44	41,0	2,63
XIII	de 32 à 37	35	3,00
X.	de 28 à 31,5	30	3,17
XV.	de 25 à 27	26	3,70
XIX	de 22 à 24,5	23	4,00
XX.	de 19 à 21,5	20,5	4,50
XXIV.	de 16 à 18,5	17	4,93
XII.	de 13 à 15	14	6,11
XVIII.	de 10 à 12,5	11	6,82
XIV	de 8 à 9,5	8,4	8,70
XV.	de 6 à 7,5	7	10
VII.	de 5 à 5,8	5,4	11,80
IX.	de 3 à 4,7	4	16,60
V.	de 1,25 à 2,1	1,7	32

Pour le foie :

NOMBRE DE CHIENS.	POIDS MAXIMUM ET MINIMUM.	POIDS MOYEN.	POUR 1 KIL., QUEL POIDS de foie?
	kilog.	kilog.	grammes.
XI.	de 30 à 44	36	21
XV.	de 23,5 à 29	26,5	21,9
XV.	de 17,5 à 23	20,5	25,6
XII.	de 15 à 17	16,5	28,6
X.	de 11,5 à 14,5	13	32,3
XII.	de 7,5 à 10,5	9,5	33.6
IX.	de 3 à 7	6,0	40,0

Ainsi, pour le foie comme pour le cerveau, le poids de l'organe va en diminuant par rapport au poids du corps à mesure que le poids du corps augmente.

Mais ce qu'il y a de remarquable, c'est que le cerveau et le foie ne se comportent pas de la même manière ; le cerveau augmentant très vite, en valeur relative, quand le poids du corps diminue, le foie augmentant aussi, mais plus lentement.

Prenant le rapport du foie au cerveau, en faisant le poids du cerveau égal à 1 gramme, nous aurons les chiffres suivants :

NOMBRE DE CHIENS.	POIDS MAXIMUM ET MINIMUM.	POIDS MOYEN.	POUR 1 GRAMME DE CERVEAU, quel poids de foie?
	kilog.	kilog.	grammes.
IX.	de 30 à 44	36	7,5
XV.	de 23,5 à 29	26,5	6,6
XV.	de 17,5 à 23	20,5	5,8
XII.	de 15 à 17	16,5	5,7
X.	de 11,5 à 14,5	13,0	5,3
XII.	de 7,5 à 10,5	9,5	4,2
IX.	de 3 à 7,0	6,0	3,4

Si l'on met ces chiffres en courbes graphiques, on voit que les courbes du cerveau et du foie ne sont pas parallèles, qu'elles s'entre-croisent ; car la quantité de cerveau par kilogramme croît plus vite que la quantité de foie, à mesure que le poids absolu de l'animal diminue.

Si nous faisons la mesure de la surface d'après la formule connue : $P^{\frac{2}{3}} \times K$, et si nous cherchons la quantité de surface répondant à 1 kilogramme de poids pour des chiens de poids divers, nous avons une courbe qui est exactement la même que la courbe du poids du foie ; et, ainsi que je l'ai démontré dans d'autres expériences, c'est aussi la courbe de la production d'acide carbonique par kilogramme pour des chiens de poids différents.

La conclusion, c'est que, pour des chiens de poids différents, le rapport entre le foie et la surface est constant, tandis que le rapport du cerveau à la surface varie, et, à mesure que l'animal est plus petit, la quantité de cerveau par unité de surface va en augmentant.

Donc, en allant toujours de l'animal plus grand à l'animal plus petit, pour l'unité de poids :

1° La surface cutanée va en augmentant;

2° Le poids du foie va en augmentant exactement comme la surface;

3° Le poids du cerveau va en augmentant plus vite que le foie et la surface.

Le tableau suivant construit d'après la courbe graphique que donnent les moyennes ci-dessus, indique ces rapports :

POIDS des CHIENS.	SURFACE en DÉCIMÈTRES carrés.	POIDS ABSOLU		PAR DÉCIMÈTRE CARRÉ	
		du FOIE.	du CERVEAU.	QUEL POIDS de foie ?	QUEL POIDS de cerveau ?
kilogr.		grammes.	grammes.	grammes.	grammes.
40	131	836	108,5	6,4	0,82
38	127	812	107,5	6,3	0,84
36	122	756	106,5	6,3	0,87
32	113	688	104	6,1	0,92
28	103	607	100	6,0	0,97
24	93	562	96	6,1	1
20	82	512	92	6,3	1,12
16	71	451	86	6,4	1,21
14	65	427	84	6,6	1,28
12	58,5	390	80	6,6	1,36
10	51,5	336	76	6,5	1,48
8	44,5	290	72	6,5	1,62
7	41	266	70	6,5	1,71
6	37	240	67,5	6,5	1,83
5	32	211	65	8,3	2
4	28,5	211	62,5	9,1	2

Nous pouvons donc en conclure ces deux lois bien importantes :

1° Le foie est proportionnel à la surface, comme sont les combustions chimiques et la radiation calorique; ce qui nous permet de généraliser et de conclure que, chez les animaux, les appareils de nutrition sont proportionnels à la surface du corps ;

2° Le cerveau ne suit pas la même loi, car il comprend une quantité variable et une quantité constante, qui ne doit pas se modifier avec la taille ou le poids : c'est la quantité de cerveau qui sert à l'intelligence.

En effet, qu'il s'agisse d'un grand ou d'un petit chien, toujours l'intelligence est égale, ou peu s'en faut ; et il est bien permis de faire cette hypothèse que la quantité de substance nécessaire pour les phénomènes intellectuels de l'un et de l'autre est la même. C'est une quantité K, que les courbes ci-dessus permettent de calculer.

Pour cela, nous allons supposer (et c'est encore une hypothèse bien légitime) que, dans la masse qui mesure le poids du cerveau, il y a deux éléments :

1° L'élément invariable, K, qui représente l'intelligence [1] ;

2° Un élément variable, V, qui, semblable aux autres organes de nutrition, est plus ou moins grand suivant la taille de l'animal, et, en tous cas, est dans un rapport constant avec le foie, la surface et les autres appareils de nutrition.

Cela posé, nous pouvons calculer K ; il nous suffira de faire l'équation suivante : V et V^1 étant les variables cérébrales de deux chiens dont les foies sont respectivement F et F^1 :

$$\frac{V}{V^1} = \frac{F}{F^1}.$$

Mais V n'est pas autre chose que le poids du cerveau C moins la constante K, et nous pourrons poser :

$$\frac{C - K}{C^1 - K} = \frac{F}{F^1},$$ ce qui donne facilement K.

---

1. M. Manouvrier, dans l'excellent article que nous avons cité, a essayé, par d'autres mesures, d'indiquer cette quantité invariable de cerveau intelligent.

Nous allons donc prendre les valeurs successives de K suivant la taille des chiens, en adoptant, soit le poids du foie, soit la surface cutanée comme base.

	POIDS DES CHIENS.	VALEUR DE K	
		d'après LE FOIE.	d'après LA SURFACE.
	kilog.	grammes.	grammes.
	de 24 à 40	65	65
	de 12 à 24	54	51
	de 4 à 12	41	45
Ensemble.	de 4 à 40	41	49

Ce qui, prenant la moyenne des deux moyennes, nous donnera un chiffre de 45 grammes, qui représente approximativement la quantité invariable de cerveau servant à l'intelligence d'un chien, qu'il soit grand ou petit.

Autrement dit, à supposer un chien adulte, réduit au minimum de poids imaginable, il aura encore 45 grammes de cerveau.

Si nous calculons maintenant l'écart moyen de la moyenne, chiffre qu'il est toujours indispensable de connaître, afin de savoir dans quelle limite on peut commettre des erreurs, nous trouvons un écart moyen de 10 grammes en chiffres ronds, avec un écart maximum de 20; et encore cet écart maximum de 20 ne s'est-il rencontré que deux fois dans la longue série de nos chiffres. De sorte que nous pouvons, avec une erreur maximum de 20 grammes, savoir d'avance le poids du cerveau d'un chien quelconque dont nous connaîtrons le poids total.

Pour la différence entre les mâles et les femelles, quoiqu'il y ait peu de femelles, on voit que, d'une manière générale, elles sont plutôt au-dessous qu'au-dessus de la moyenne, sans que cependant on en puisse sérieusement conclure que les chiennes ont un poids de cerveau inférieur au poids du cerveau des mâles.

Pour la race des chiens, nulle conclusion n'est possible ; car il faudrait comparer entre eux des chiens de même taille et de variétés différentes. Or, jusqu'ici cette comparaison ne nous paraît guère praticable ; il est possible qu'à l'avenir, si je continue ces longues observations, je puisse réunir les éléments d'une différenciation par espèces.

Nous avons essayé de dresser un tableau où est indiqué le poids de la rate ; il ne semble pas que cette même proportionnalité à la surface s'observe pour la rate. Quel que soit le poids de l'animal, il a à peu près toujours le même poids (relatif) de rate ; et la quantité de rate est sensiblement proportionnelle au poids total de l'animal. Si nous prenons les gros chiens, les chiens moyens et les petits chiens, nous trouvons à peu près le même poids proportionnel de rate.

POIDS DE LA RATE.

Poids du chien.	Poids absolu.	Poids par kil. de chien.
kil.	gr.	gr.
44	170	3,85
44	110	2,50
38	97	2,55
37	95	2,55
35	75	2,15
31	100	3,15
31	67	2,15
28	55	1,95
27	82	3,05
27	80	2,95
27	65	2,40
27	46	1,70
26	85	3,25
26	55	2,10
25	62	2,50
25	62	2,50
25	62	2,50
24	65	2,70
23	80	3,40

POIDS DE LA RATE.

Poids du chien.	Poids absolu.	Poids par kil. de chien.
kil.	gr.	gr.
23	49	2,15
23	60	2,60
22	75	3,40
22	37	1,70
22	69	3,20
21	36	1,75
21	65	3,10
21	55	2,60
20	47	2,40
20	68	3,40
20	50	2,50
19	70	3,70
19	47	2,50
18	60	3,25
17,5	50	2,85
17,0	85	5,00
17	57	3,35
17	55	3,15
17	55	3,15
17	42	2,45
17	33	1,95
16,5	55	3,30
16,5	45	2,75
16,5	35	2,10
16,0	47	2,95
15,5	66	4,20
15	56	3,70
15	42	2,80
14	55	3,90
14	28	2,00
13	35	2,70
12,5	36	2,85
12,5	33	2,65
12,0	27	2,25
12,0	25	2,10
12,0	35	2,90
12	22	1,85
11,5	15	1,30
11,0	23	2,10
10,5	20	1,95
10,5	35	3,30

POIDS DE LA RATE.

Poids du chien.	Poids absolu.	Poids par kil. de chien.
kil.	gr.	gr.
10,5	28	2,65
10	22	2,20
10	17	1,70
9	23	2,55
9,6	18	1,90
9	30	3,30
8,5	21	2,45
8,5	17	2,00
8,0	36	4,50
7	17	2,45
6,5	13	2,10
6,5	14	2,15
6,0	23	3,85
4,0	6	1,50
1,9	9	4,50

Ce qui donne les moyennes suivantes :

		Moyenne.
XXIV	de 22 à 44	= 2,62
XXXIII	de 11 à 21	= 2,80
XVII	de 2 à 10,5	= 2,64

Le poids maximum de rate, en chiffres relatifs, nous a été présenté par un chien de 17 kil. (5^{gr} par kil.) et le poids minimum par un chien de 11,5 (1^{gr},30 par kil.).

Ainsi la rate se comporte tout à fait autrement que le foie, glande chimique qui sert probablement, en majeure partie, à faire de la chaleur. Elle ne jouit sans doute pas de fonctions calorifiques énergiques; et il est possible que son rôle soit indépendant, dans une large proportion, de son volume, de même que le corps thyroïde et les glandes surrénales qui, malgré leur minuscule volume, sont si importantes dans la nutrition générale.

Nous pouvons donc dire que chez le chien le poids moyen de la rate est, en chiffres ronds, de 2^{gr},75 et 2^{gr},80 par kilogramme d'animal, indépendamment de la taille.

On peut en conclure que les fonctions de la rate, du foie
et du cerveau sont très différentes essentiellement, le foie
ayant un rôle dans la nutrition et la calorification que la rate
ne peut pas avoir :

Appendice.

Pour terminer, je donnerai ici les poids du foie et de la
rate chez des animaux morts tuberculeux et ayant perdu de
leur poids total, tel qu'il était le jour de l'infection tubercu-
leuse, de 20 à 25 p. 100.

Poids final du chien.	Poids du foie (absolu.)	Poids de la rate (absolu.)	Poids du foie p. 100.	Poids de la rate p. 1000.
kil.	gr.	gr.	gr.	gr.
12	920	72	7,7	6,0
12	599	20	5,0	1,8
11	1 114	22	10,1	2,0
10,5	860	70	8,5	6,9
10,5	560	20	5,5	2,0
9,5	295	13	3,0	1,4
9,5	510	35	5,4	3,7
9	267	17	3,0	1,9
9	378	17	4,2	2,2
9	300	20	3,3	2,2
8,5	425	18	4,9	2,2
8	220	15	2,8	1,9
7,5	540	30	7,2	4,0
6,5	330	20	5,2	3,1
6	272	10	4,6	1,7
6	407	8	6,8	1,4
5,5	158	10	3,0	1,9
5	300	20	6,0	4,0
4,5	255	10	5,8	2,3
4,5	265	12	6,2	2,8

La moyenne de ces dix observations nous donne pour la
rate 2,77, chiffre qui concorde absolument avec la moyenne
des rates normales 2,74[1].

---

1. Dans un cas que je n'introduis pas dans la moyenne, un chien mort rapidement de tuberculose infectieuse et pesant 8ᵏ,500 avait une rate de 86 grammes,
soit plus de 10 p. 100.

Ainsi, chez les chiens tuberculeux, le poids de la rate par rapport au corps ne diffère pas de ce qu'il est chez les chiens sains.

Quant au foie, généralement malade chez les animaux tuberculeux, nous trouvons une différence sensible : chez 12 chiens normaux, de $9^k,5$ en moyenne, le poids moyen du foie a été de 33,6 par kil., tandis que, chez 12 chiens tuberculeux de même poids, à peu de chose près, le poids du foie a été de 55,3.

Chez 9 chiens de 6 kil., normaux, le poids du foie a été de 40 gr. par kil., tandis que, chez 8 chiens tuberculeux de même poids, le poids du foie a été de 56,0.

Le maximum absolu du poids de foie que j'aie constaté a été de 1 114 gr. chez un chien tuberculeux de 11 kil., soit un dixième du poids du corps[1].

1. Voyez la planche placée à la fin du volume (page 565).

XXXVI

ACTION PHYSIOLOGIQUE COMPARÉE

DES MÉTAUX ALCALINS

Par M. Charles Richet

§ 1. — Considérations générales

I

En 1867 [1], RABUTEAU formula une ingénieuse proposition sur le poids atomique des métaux comparé à leur toxicité. Les métaux, dit-il, sont d'autant plus actifs physiologiquement que leur poids atomique est plus élevé. Ainsi le potassium est plus actif que le sodium, le baryum plus actif que le calcium, etc.

A plusieurs reprises, RABUTEAU est revenu sur cette proposition, qu'il a modifiée et complétée par un certain nombre d'expériences instructives [2].

RABUTEAU a été ainsi amené à conclure que la relation

1. « Étude expérimentale sur les effets physiologiques des fluorures et des composés métalliques en général. » *Thèse pour le doctorat en médecine.* Paris, 1867, n° 95, p. 53.

2. *Bull. de la Soc. de Biol.*, 1865, p. 113, p. 238; 1874, p. 183; 1882, p. 376, et *Éléments de toxicologie. Éléments de thérapeutique, passim,* etc.

entre le poids atomique et la toxicité ne s'observe que si l'on prend pour type une même famille chimique, par exemple la série des métaux alcalins ou la série des métaux alcalino-terreux, etc. En effet, comme il le dit avec raison, il n'y a de comparaisons possibles que pour les corps dont les propriétés chimiques sont plus ou moins analogues.

Même en prenant des métaux de la même série, Rabuteau a reconnu qu'il existe des exceptions, par exemple le rubidium et le cuivre. Mais, d'après lui, ces exceptions n'infirment pas la règle générale.

La loi posée par Rabuteau trouva un défenseur dans M. Blake[1]. Ce savant, qui, en 1839 et en 1840, avait établi que les réactions physiologiques produites par les sels métalliques sont déterminées par leurs relations d'isomorphisme, se rallia à l'opinion de Rabuteau, et fit sur des métaux de différentes séries des expériences qui lui parurent confirmer la proportionnalité du poids atomique à la toxicité.

Malgré l'intérêt que devrait, ce semble, provoquer ce genre de recherches, peu de travaux ont été faits, soit pour confirmer, soit pour infirmer la loi de Rabuteau. Je ne puis guère citer à ce sujet qu'un travail de M. Husemann[2].

M. Husemann, expérimentant avec le lithium, a montré que ce corps est beaucoup plus toxique que le sodium, quoique son poids atomique soit plus faible.

Par des méthodes un peu différentes de celles qu'ont employées les divers physiologistes cités plus haut, j'ai montré que la loi de Rabuteau souffre de telles exceptions, et si nombreuses, qu'on ne peut lui donner le nom de loi[3].

---

1. « Sur le rapport entre l'isomorphisme, les poids atomiques et la toxicité comparée des sels métalliques. » *Comptes rendus de l'Acad. des sciences*, 1882, 1er semestre, p. 1055.

2. Analysé dans la *Revue des sciences méd.*, t. VII, p. 543, d'après un travail qui a paru dans les *Göttinger Nachrichten*.

3. *Comptes rendus de l'Académie des sciences*, 24 octobre 1881, p. 649, et 13 mars 1882, p. 742.

Il m'a paru utile de reprendre ces études dans leur ensemble, et c'est le résultat de mes expériences que je viens exposer ici.

II

Ce qui constitue l'intérêt de cette question, c'est qu'on peut espérer se faire, par l'analyse minutieuse des propriétés toxiques des métaux, une idée exacte de la nature même de la mort des tissus, de sorte que l'examen de la loi posée par Rabuteau peut servir d'introduction à la toxicologie générale, et par conséquent à la physiologie générale. Quoi de plus important que de relier la fonction toxique d'un corps à sa fonction chimique? La chimie a atteint un bien plus haut degré de perfection que la toxicologie; partant, il y aurait tout avantage à faire rentrer les lois de la toxicologie dans les lois de la chimie.

On comprend que, par suite du très grand nombre de substances qui sont à étudier, et cela d'une manière approfondie, si l'on veut faire des expériences suffisamment concluantes, il est impossible d'examiner tous les métaux. Il est donc nécessaire de se limiter, et de ne prendre qu'une seule famille chimique, de manière à déterminer exactement l'activité toxique des métaux de cette famille.

J'ai pris pour type la famille des métaux alcalins, qui est très bien caractérisée, et dans laquelle les métaux ont un poids atomique très variable.

Tous les métaux de cette famille ont des propriétés chimiques fort semblables :

1° Ils décomposent l'eau à froid;

2° Leurs oxydes et leurs chlorures sont très stables et indécomposables par la chaleur;

3° Leurs chlorures, leurs oxydes et leurs sulfures sont solubles;

4° Ils sont mono-atomiques.

Ces métaux sont les suivants :

	Poids atomique.
Lithium (Li). . .	7
Sodium (Na). . .	23
Potassium (K). . .	39
Rubidium (Rb). .	85
Césium (Cs). . . .	133

En représentant par 1 le poids atomique du lithium, on a la série suivante :

	Poids atomique.
Lithium. . . .	1
Sodium. . . .	3
Potassium. . .	6
Rubidium. . .	12
Césium	19

Par conséquent, si la loi de proportionnalité était exacte, le césium devrait être 19 fois plus toxique, le rubidium 12 fois plus toxique que le lithium, etc. Tout au moins, pour ne pas exiger trop de rigueur d'une loi qui ne peut être qu'assez approximative, devrait-on, dans cette série chimique parfaitement homogène, constater une toxicité de plus en plus grande, à mesure que l'on passe du lithium au sodium, au potassium, au rubidium, etc.

A cette série chimique si bien caractérisée il faut joindre l'ammonium (AzH⁴), qui joue le rôle d'un radical métallique, et qui se comporte comme un véritable métal dans ses combinaisons avec les acides. Son poids atomique serait de 18 : il faut donc le placer entre le lithium et le sodium. On aura ainsi la série suivante :

Lithium. . . .	7. .	1
Ammonium. .	18. .	3
Sodium. . . .	23. .	3
Potassium. .	39. .	6
Rubidium. . .	85. .	12
Césium. . . .	133. .	19

C'est sur cette série de métaux qu'ont porté mes expériences [1].

III

J'aurai peu de choses à dire des recherches qui ont été faites précédemment sur ces mêmes substances.

D'abord, pour les sels de potassium et de sodium, un nombre considérable de travaux a été fait. Je ne saurais les analyser ici, car ils n'ont point été entrepris au point de vue qui nous occupe en ce moment. Depuis le beau travail de Bouchardat (1846), on sait très bien que le potassium est beaucoup plus toxique que le sodium. C'est un point qui est hors de contestation. et sur lequel il est inutile d'insister, car tous les expérimentateurs ont vérifié le fait. Mais dans les expériences qui ont été pratiquées jusqu'ici, on a négligé d'établir quelle est, par rapport au poids de l'animal, la dose toxique *limite* de métal injecté. De plus, on n'a pas toujours expérimenté avec des sels ayant un même radical acide, de sorte que les résultats ne sont pas exactement comparables. C'est ce qui nous a mis dans la nécessité de faire quelques recherches rigoureusement comparatives sur les sels de potassium et de sodium [2].

Pour les sels d'ammonium, il en est de même. On connaît bien leur action physiologique; on sait qu'ils sont toxiques et

---

1. Rabuteau, dans un autre travail, a rangé le lithium dans la série magnésienne. Mais la plupart des chimistes, sinon tous, sont d'accord pour mettre le lithium dans la série alcaline. D'ailleurs, dans quelque série qu'on place le lithium, il n'en faudra pas moins admettre, ainsi qu'on le verra par la suite, d'une part qu'il est toxique, à faible dose; d'autre part qu'il a un poids atomique très petit; le plus petit de tous les corps simples connus. Notons tout de suite que le bismuth, dont le poids atomique est le plus élevé de tous les corps, paraît peu offensif, tandis que le lithium, dont le poids atomique est le plus petit de tous, est très toxique. Cette seule considération devrait faire douter de la loi susdite.

2. Il en est ainsi bien souvent en physiologie. Quelque précises que soient les expériences des devanciers, on est souvent forcé de les répéter, car elles n'ont presque jamais été faites exactement au point de vue qu'on étudie, de sorte que beaucoup de détails nécessaires échappent.

convulsivants, beaucoup moins toxiques que le sodium, et à peu près aussi toxiques que le potassium, sinon plus toxiques. Mais la relation précise n'a pas été établie.

Si les travaux entrepris sur l'action toxique du potassium, du sodium et de l'ammonium sont considérables, en revanche un tout petit nombre de recherches ont été faites sur les autres métaux alcalins.

Pour le lithium, ses oxydes et ses sels, le travail principal est le travail de M. Husemann, cité plus haut. Ce physiologiste pense que le lithium est à peu près trois fois plus toxique que le potassium, à poids égal; et cela chez les animaux à sang chaud, comme chez les animaux à sang froid. En outre, le lithium aurait une action physiologique analogue à celle du potassium. C'est un poison qui, selon M. Husemann, paralyse le cœur. Il diminue le nombre des pulsations cardiaques, et arrête le cœur en diastole, alors que l'excitabilité des nerfs, des centres nerveux et des muscles est conservée. Cet arrêt du cœur paraît dû à l'excitation bulbaire transmise par le pneumogastrique.

Rabuteau [1] a vu survenir la mort d'un chien après des injections de 3 à 4 grammes de sulfate de lithium. Il a observé un flux intestinal, des vomissements et des convulsions tétaniques soudaines. Ces symptômes diffèrent donc notablement de ceux qu'a observés M. Husemann.

M. Valentin [2], plaçant des grenouilles dans les solutions de divers sels métalliques, a vu que les grenouilles meurent aussi vite dans les solutions contenant 100 grammes par litre de chlorure de lithium que dans des solutions contenant les mêmes proportions de chlorure de potassium. Le chlorure d'ammonium paraît être plus toxique, tandis que les chlorures des métaux alcalino-terreux amènent la mort beaucoup plus tard.

---

1. *Traité élémentaire de chimie médicale*, p. 412, 1re partie.
2. *Zeitschrift für Biologie*, t. XIV, p. 320, d'après la *Revue des sciences méd.*, t. XIII, p. 129.

Souvent les médecins ont employé le bromure de lithium,
lui attribuant des effets hypnotiques supérieurs à ceux du
bromure de potassium; mais je ne connais pas d'expérience
physiologique faite sur ce sujet, et en général on a prescrit
les divers sels de lithium sans connaître l'action physiologique de ces substances.

MM. Romier et Corvisart [1] ont injecté une solution de carbonate de lithine dans le rectum, et ils en ont conclu que la
lithine est absorbable. M. Bordier dit à ce propos que la lithine est diurétique, et que son emploi intempestif est loin
d'être inoffensif.

M. Charcot [2] dit aussi que le carbonate de lithine ne doit
pas être donné à des doses supérieures à 4 ou 5 grammes,
sous peine de provoquer des accidents sérieux de dyspepsie.

Enfin, M. Runge, dans un travail fait à un tout autre point
de vue, rapporte qu'il a fait ingérer à des lapins, par l'estomac, 1 gramme de carbonate de lithine, et que cette dose a
entraîné la mort [3].

Pour le rubidium, il n'y a, ce me semble, que quatre
expériences qui aient été faites. Deux sont dues à M. Grandeau [4], qui constata que 0.66 de chlorure de rubidium n'ont
pas empoisonné un lapin, et qu'un gramme du même sel n'a
pas empoisonné un chien. Rabuteau [5] a ingéré 25 centigrammes d'iodate de rubidium sans éprouver aucun trouble
physiologique. En outre, il a fait ingérer 50 centigrammes de
ce sel à un chien sans observer aucun effet.

Quant au césium, il n'y a à ma connaissance aucune expérience qui ait été faite sur l'action physiologique de ce métal
rare.

<hr>

1. Cités par M. Bordier, *Journal de thérapeutique,* 1878, t. V, p. 100.
2. Cité dans l'article « Lithium, » du *Dict. encyclop. des Sc. méd.*
3. *Archiv für experimentelle Pathologie,* t. X, p. 341.
4. « Expériences sur l'action physiologique des sels de potassium, de sodium
et de rubidium. » *Journal de l'anat. et de la physiol.,* 1867, p. 378.
5. *Éléments de chimie minérale,* p. 409.

IV

Avant d'entrer dans l'exposé de mes propres recherches, je voudrais indiquer autant que possible quelle est, d'après les expériences antérieures, la toxicité relative des métaux alcalins.

Mais, pour que la comparaison soit irréprochable entre l'action physiologique de deux métaux, il faut n'envisager que les sels d'un même acide. Car, dans un sel qui contient un radical électro-négatif et un radical électro-positif, il peut exister des différences tenant à l'un ou à l'autre. Il est certain, par exemple, qu'un oxalate sera plus toxique qu'un acétate, et que les effets de l'iodure de sodium ne sont pas identiques à ceux du chlorure de sodium.

Comme on ne peut employer ni des sels insolubles, ni des sels où l'acide est plus ou moins toxique, comme les azotates, les bromures, etc., il n'existe guère, en définitive, que trois sortes de sels commodes pour l'étude physiologique; les acétates, les chlorures, les sulfates. Mais le sulfate de potasse est peu soluble, et, si l'on veut poursuivre ces recherches pour la série des métaux alcalino-terreux, on se heurte à de nombreuses difficultés, car les sulfates de baryum, de strontium, etc., sont insolubles.

Pour cette cause, le choix ne peut être fait qu'entre les acétates et les chlorures. J'ai préféré ces derniers sels, car ils se prêtent plus facilement à la purification et à l'analyse; en outre, ils sont bien plus stables que les acétates, et ils ne se décomposent pas dans l'économie.

J'ai pensé qu'il était utile de rapporter le poids du métal au poids de l'animal mis en expérience. En outre, comme les animaux à sang chaud et les animaux à sang froid ont des propriétés physiologiques tout à fait différentes, il sera bon de séparer complètement les expériences faites sur les grenouilles et animaux à sang froid, et les expériences faites sur des animaux à sang chaud.

Relativement au chlorure de potassium, les expériences de MM. Ringer et Murrell[1] nous montrent que le chlorure de potassium[2], à la dose de 1 gramme pour 1698^{gr}, a paralysé complètement une grenouille en 25 minutes, soit à la dose de 0,308 de métal par kilogramme du poids de l'animal. Ce chiffre ne représente probablement pas le minimum de la dose toxique, car les auteurs se sont préoccupés seulement, dans ce travail que nous citons, de la persistance plus ou moins longue de l'irritabilité musculaire après l'empoisonnement par le potassium.

MM. Aubert et Dehn ont fait un travail important pour déterminer la dose toxique du chlorure de potassium et de quelques autres sels du même métal. Leurs nombreuses expériences, faites sur des chiens, les ont conduits aux résultats suivants que nous reproduisons intégralement.

SELS DE POTASSIUM.	DOSE TOXIQUE DU SEL par kilogramme du poids de l'animal [1].	DOSE TOXIQUE DU MÉTAL. par kilogramme du poids de l'animal.
Chlorure.	De 1,36 à 1,06	De 0,715 à 0,560
Sulfate.	— 1,30 à 1,09	— 0,600 à 0,410
Azotate.	— 2,18 à 1,58	— 0,829 à 0,640
Phosphate.	— 2,70 à 2,45	— 0,780 à 0,702
Acétate.	— 1,60 à 1,37	— 0,640 à 0,550

1. Les chiffres indiquent des centigrammes.

1. « Action of potash salts. » *Journal of physiology*, t. I, n° 1, p. 84.

2. Dans mes expériences, comme on le verra par la suite, je n'indiquerai pas la dose de sel, mais seulement la dose de métal employé. Par suite des proportions différentes de métal dans chaque sel :

1 gramme de chlorure de potassium contient. . 0,523 de métal.
1 — — sodium — . . 0,393 —
1 — — lithium (anhydre) . . 0,164 —
1 — — rubidium. . . . . . . 0,708 —

3. « Uber die Wirkungen des Kaffees » (*Archives de Pflüger*, t. IX, p. 118).

Ainsi, pour le chlorure de potassium, la dose mortelle est entre $0^{gr},007$ et $0^{gr},006$ de métal par kilogramme du poids de l'animal. Ce chiffre paraît être assez constant, quel que soit le radical acide du sel potassique employé.

Quant au chlorure de sodium, MM. AUBERT et DEHN n'ont fait qu'une expérience avec cette substance, et elle ne peut servir à déterminer la dose toxique.

M. FALCK[1], en injectant dans le sang ou en faisant absorber par l'estomac des doses considérables de sodium, a été amené à penser que ce sel est beaucoup plus toxique qu'on le suppose en général. Un chien, pesant 4 370 grammes, reçut 21 grammes de chlorure de sodium, et mourut. Un autre chien, pesant 10 170 grammes, mourut après injection de 30 grammes du même sel. La dose toxique a donc été, pour le second, de 1,16 de métal pour 1 kilogramme du poids du corps, et pour le premier, de 1,8. M. FALCK a remarqué que les chiens ainsi intoxiqués émettent des spumosités bronchiques sanguinolentes, et que le cœur a continué à battre, après que la respiration et les mouvements réflexes ou volontaires ont cessé.

Sur le chlorure de lithium, nous possédons des résultats moins précis encore. M. HUSEMANN, autant que j'en puis juger par l'analyse de son ouvrage, a constaté que le chlorure de lithium agit, à poids égal, aussi énergiquement que le chlorure de potassium; de sorte que, comme le premier contient dans une molécule un poids moindre de métal, relativement au chlore, il s'ensuit qu'à poids égal, le lithium serait à peu près quatre fois plus toxique que le potassium, et cela aussi bien chez les animaux à sang chaud (lapin) que chez les animaux à sang froid. M. HUSEMANN pense que le chlorure de lithium agit comme un poison paralysant le cœur.

---

1. « EinBeitrag zur Physiologie des Chlornatriums. » (*Archives de Virchow*, t. LVI, p. 313.)

Rabuteau a fait une expérience avec le chlorure de lithium[1] sur un chien de taille au-dessous de la moyenne[2].

M. Grandeau (*loc. cit.*, p. 380), chez un chien de 10 kilogrammes environ, a provoqué la mort par 1 gramme de chlorure de potassium, soit par une dose de 0,0522 de métal par kilogramme; mais il est probable, quand on lit le récit de son expérience, qu'il y a eu un arrêt du cœur de l'animal par la substance saline injectée. Chez un lapin, une dose de 0,23 de chlorure de potassium a amené la mort, tandis que, chez un chien, l'injection de 1 gramme de chlorure de sodium n'a produit aucun effet physiologique.

Pour ce qui est du chlorhydrate d'ammoniaque, on sait que cette substance, comme la plupart des sels ammoniacaux, est toxique. Injecté à la dose de 5 grammes, dans le sang d'un chien, le chlorhydrate d'ammoniaque paralyse le cœur[3].

En tout cas, la relation qu'on peut établir entre le chlorhydrate d'ammoniaque et les autres chlorures des métaux alcalins n'a pas encore été nettement précisée.

En résumé, il y a dans la science un certain nombre de faits qui permettent d'affirmer que le chlorure de sodium est moins toxique que le chlorure de potassium. Mais quant à déterminer quelle est la relation exacte de la toxicité de ces deux métaux, il semble qu'on ne saurait le faire encore.

Pour ce qui est des chlorures de lithium, de rubidium et de césium, nous ne possédons jusqu'ici que des notions tout à fait insuffisantes.

---

1. *Mém. de la Soc. de Biol.*, 1868, p. 24.

2. Malheureusement le poids n'est pas indiqué. On peut supposer qu'il pesait environ 6 kilogrammes. M. Rabuteau a injecté 3 grammes de chlorure de lithium fondu, c'est-à-dire 0,49 de lithium métallique; il n'a obtenu que des vomissements et de la diarrhée, et l'animal a survécu. Cette dose répond à environ 0,03 par kilogramme, si le chien pesait 6 kilogrammes.

3. Rabuteau, *Éléments de toxicologie*, p. 293.

§ II. — Vie des poissons dans les milieux toxiques.

Je voudrais exposer d'abord les résultats des expériences que j'ai faites sur les poissons. Quoiqu'elles puissent, au point de vue de l'interprétation, donner lieu à quelques critiques, elles me paraissent cependant assez démonstratives.

Pendant l'automne de 1881, j'ai profité de mon séjour au bord de la Méditerranée pour faire sur les petits poissons qui abondent dans ces.parages des expériences très simples. Elles consistent à placer un poisson dans une quantité d'eau de mer suffisante pour fournir l'oxygène nécessaire à la respiration de l'animal, et à mettre dans cette eau une quantité connue de telle ou telle matière saline. On a ainsi des solutions contenant 1, 2, 10 ou 100 grammes, etc., de telle ou telle subtance, et on peut apprécier les effets de ce milieu toxique sur la vie du poisson.

Quelques expériences préparatoires ont été nécessaires. Il s'agissait, en effet, de savoir si le milieu confiné dans lequel vit le poisson devient toxique par suite de l'absence de l'oxygène et de la présence de l'acide carbonique.

La solution de ce premier problème est facile.

Si l'on met un poisson, dont le poids dépasse 100 grammes, dans un cristallisoir plein d'eau de mer, et dont la contenance est d'environ 3 litres d'eau, le poisson meurt en quelques heures.

Mais si le poisson est de plus petite taille, — et les animaux sur lesquels j'expérimentais ne dépassaient jamais le poids de 40 grammes, — la survie est indéfinie. Par exemple, j'ai conservé vivante pendant quinze jours une girelle (*Iulis vulgaris*), pesant 24 grammes, dans 2 litres d'eau de mer.

La forme du vase exerce assurément une influence notable. Ainsi dans une éprouvette un poisson meurt très vite, tandis qu'il vit indéfiniment dans un cristallisoir contenant la même quantité d'eau. C'est que l'oxygène de l'air, au fur et à mesure que l'oxygène dissous dans l'eau est consommé par le poisson, se redissout dans l'eau quand la surface du vase est large et suffit ainsi à la respiration du poisson.

On peut donc garder en vie, pendant un temps indéfini, c'est-à-dire plus de quinze jours, des girelles et des serrans (*Serranus cabrilla*), ne pesant pas plus de 50 grammes, dans un cristallisoir contenant deux, trois ou quatre litres d'eau de mer.

Une seule précaution est nécessaire si l'on veut obtenir des résultats quelque peu précis. Quoiqu'il n'y ait pas, aux régions où je faisais mes expériences (Carqueiranne, près de Toulon), une très grande profondeur dans les parties de la mer voisines du rivage, cependant, en général, les poissons sont pêchés à une profondeur de 20 à 50 mètres environ. Ils sont donc soumis à une pression atmosphérique de 2 à 5 atmosphères. Aussi leur vessie natatoire fait-elle, au moment où on les sort de l'eau, hernie à travers l'anus (pour les girelles) ou la gueule (pour les serrans). Cette dilatation extrême de la vessie natatoire, probablement aussi d'autres causes diverses, comme la moindre tension de l'oxygène dissous, modifie profondément la fonction respiratoire, de sorte que tous les poissons qui ont été pêchés, et qu'on a ensuite placés dans l'aquarium, ne survivent pas. Il n'y en a guère que la moitié tout au plus qui puissent résister au changement considérable de pression.

Aussi, après chaque pêche, une fois que les poissons ont été mis dans l'aquarium, observe-t-on dès le premier jour une mortalité de 30 p. 100. Le second jour la mortalité est de 15 p. 100 environ, le troisième jour de 5 p. 100 environ, tandis qu'après le quatrième et le cinquième jour, les survivants survivent définitivement et indéfiniment.

Il s'ensuit que, pour faire des expériences sur la respiration des poissons de mer dans les milieux toxiques, il faut prendre les sujets qui ont séjourné déjà cinq ou six jours dans l'aquarium. Ceux-là se sont habitués à une respiration différente de la respiration à de grandes profondeurs ; ils se sont accoutumés à respirer de l'oxygène dont la pression n'est que d'une atmosphère.

Si alors on place un de ces petits poissons dans un cristallisoir à large surface, contenant deux litres d'eau, l'animal vit indéfiniment. Si, au contraire, l'animal est placé dans une eau intoxiquée, il meurt au bout d'un temps variable.

Il était vraisemblable que la mort serait d'autant plus rapide que la solution saline toxique serait plus concentrée. L'expérience a démontré qu'il en est ainsi, comme on le verra par la suite.

J'ai pu par cette méthode expérimenter l'influence des milieux toxiques. J'ai étudié à ce point de vue non seulement les chlorures des métaux alcalins, mais les chlorures de beaucoup d'autres métaux ; toutefois je ne donnerai ici que les expériences faites avec les chlorures alcalins [1].

A. — *Chlorure de potassium.*

1. Girelle placée à 2 h. 15 m. dans une solution contenant 1,31 de K (par litre).
>A 2 h. 25 m., sur le flanc.
>A 2 h. 30 m., mort apparente. Conservation des réflexes.
>A 2 h. 40 m., mort.

2. Girelle placée à 2 h. 45 m. dans une solution contenant 0,66 de K.
>A 3 heures, sur le flanc.
>A 4 heures, mort.

3. Girelle placée à 9 heures dans une solution contenant 0,39 de K.
>A 1 heure, sur le flanc.
>A 5 heures, agitation asphyxique.
>A 5 h. 50 m., mort.

1. *Comptes rendus de l'Académie des sciences*, 21 octobre 1881, p. 649.

4. Serran placé à 1 h. 55 m. dans une solution contenant 0,66 de K.
A 2 h. 35 m., mort.

5. Girelle placée à 9 h. 30 m. (matin) dans une solution contenant 0,26 de K.
A 3 h. 30 m., vivante.
Trouvée morte le lendemain matin à 8 heures.

6. Girelle placée à 5 heures (soir) dans une solution contenant 0,131 de K.
Morte le lendemain à 3 heures.

7. Girelle placée à 5 heures (soir) dans une solution contenant 0,094 de K.
Vivante le lendemain.
Vivante le surlendemain à 6 heures du soir.

8. Girelle placée à 4 heures dans une solution contenant 0,105 de K.
Morte le lendemain à 3 heures.

On peut résumer dans le tableau suivant ces huit expériences :

Dose de K. (par litre).	Durée de la vie.
	h. m.
1,31..	0,25
0,66..	0,40
0,66..	1,15
0,39..	8,50
0,26.. environ	15
0,131.	22
0,105.	23
0,094 .. { indéfinie, c'est-à-dire plus de	48 }

On voit combien est régulière la progression de la durée de la vie, à mesure que la dose toxique diminue.

Il fallait évidemment choisir un critérium arbitraire pour déterminer la limite d'action de la substance employée. Il me paraît que, quand le poisson a vécu 48 heures dans une solution, celle-ci n'est que peu toxique. J'ai admis qu'elle n'est alors pas du tout toxique ; détermination quelque peu arbitraire, mais donnant un élément d'appréciation invariable. Nous dirons donc qu'une solution dans laquelle un poisson peut vivre plus de quarante-huit heures n'est pas toxique. Inversement une solution dans laquelle un poisson ne peut pas vivre quarante-huit heures, nous la considérerons comme toxique.

Il suit de là, si l'on applique ces déterminations arbitraires aux expériences qui précèdent, qu'une solution contenant 0,105 de K par litre est toxique, tandis qu'une solution contenant 0,094 n'est pas toxique. La limite de toxicité sera donc très proche de la moyenne arithmétique de ces deux nombres, c'est-à-dire 0,0995, soit 0,1, en chiffres ronds. En pareille matière les dernières décimales ne donnent que l'illusion de l'exactitude.

Ainsi, quand la proportion de potassium à l'état de chlorure dépasse 0,1 par litre, il devient toxique pour les poissons. Cette extrême activité d'un sel si commun chez tous les êtres vivants ne laisse pas que d'être assez surprenante.

Il faut toutefois faire une réserve sur la valeur du chiffre que nous venons de donner. En effet l'eau de mer contient à l'état normal une certaine quantité de potassium (probablement à l'état de chlorure). Cette quantité pour la mer Méditerranée aux environs de Marseille serait de 0,0041 (par litre), d'après une analyse de LAURENT [1]. Ce chiffre paraît être trop faible, car la quantité de K par litre est à Cette de 0,2643, et à Venise de 0,1356, tandis que dans la mer du Nord, la Manche et l'Océan la proportion du potassium peut s'élever à 0,7 par litre. Nous devons donc, je crois, élever notablement le chiffre donné par LAURENT, et porter à 0,1 par litre la quantité de potassium contenue dans un litre d'eau de mer, aux environs de Toulon.

Par conséquent la dose toxique ne sera plus 0,1, comme nous l'admettions tout à l'heure, mais bien plutôt 0,2, par

---

1. Art. Eaux du *Dict. de chimie* de M. WURTZ, p. 1210.

suite de la présence dans l'eau de mer naturelle d'une quantité déjà considérable de chlorure de potassium.

B. — *Chlorure de sodium.*

Les premières expériences faites avec le chlorure de sodium m'ont donné des résultats inexacts ; car le chlorure de sodium ordinaire (sel de cuisine) contient assez de chlorure de potassium pour vicier l'expérience et amener la mort trop prompte du poisson. Les expériences que je vais rapporter ici ont donc été faites seulement avec du chlorure de sodium pur.

1. Girelle placée à 5 h. 25 m. dans une solution contenant 15,72 de Na.
   Vivante le lendemain.
   Morte le surlendemain, à 8 heures du soir.

2. Girelle placée à 8 h. 30 m. dans une solution contenant 23,0 de Na.
A 11 heures sur le flanc.
A 1 heure, morte.

3. Girelle placée à 8 h. 30 m. dans une solution contenant 39,3 de Na.
A 9 h. 20 m., sur le flanc.
A 9 h. 40 m., morte.

4. Girelle placée à 9 heures du matin dans une solution contenant 18,00 de Na.
   Vivante à 5 heures du soir.
   Trouvée morte le lendemain matin.

Ces expériences nous donnent le tableau suivant, qu'il faut comparer au tableau donné plus haut pour le potassium.

Dose de Na. par litre.	Durée de la vie.
	h. m.
39,3 . .	1,10
23,6 . .	4,30
18,0 . . environ	15 »
15,7 . . plus de	48 »

Par conséquent la limite de toxicité est entre 15,7 et 18, mais plus voisine de 15,7 par suite de la survie peu prolongée du poisson placé dans la solution à 15,7 de Na par litre. On peut donc adopter le nombre 16 comme indiquant la limite de toxicité du sodium [1].

Toutefois ce chiffre n'exprimerait pas la proportion exacte de sodium contenue dans le milieu où vit le poisson ; car la quantité de sodium dissous dans l'eau de la Méditerranée est considérable (10,688 à Marseille ; 11,706 à Cette ; 8,779 à Venise). On peut donc admettre le chiffre rond de 10 grammes comme représentant la quantité de sodium contenue dans l'eau de mer des environs de Toulon.

Ainsi se trouve élevé de 16 à 26 le chiffre de la toxicité du chlorure de sodium.

Par conséquent la limite de toxicité du sodium est 26, alors que la limite de toxicité du potassium est 0,2.

C. — *Chlorure de lithium.*

1. Girelle placée dans une solution contenant 7,4 de lithium.
Morte en 3 minutes.

2. Girelle placée dans une même solution.
Morte en 3 minutes.

3. Girelle placée à 10 h. 30 m. dans une solution contenant 3,7 de lithium.
A 10 h. 50 m., sur le flanc.
Trouvée morte à 2 heures.

4. Girelle placée à 10 h. 30 m. dans une solution contenant 1,85 de lithium.
Trouvée morte à 2 heures.

5. Girelle placée à 3 heures dans une solution contenant 0,92 de lithium.
Vivante à 6 heures.
Trouvée morte le lendemain matin.

---

[1]. Ce nombre est un peu différent de celui qui se trouve indiqué dans la note communiquée à l'Académie des sciences et citée plus haut. Mais il y a eu une petite erreur de calcul que je rectifie ici.

6. Girelle placée à 3 heures dans une solution contenant 0,45 de lithium.

Vivante à 6 heures.

Trouvée morte le lendemain matin.

7. *Crenilabrus ocellatus* placé à 3 heures dans une solution contenant 0,45 de lithium.

Vivant à 6 heures.

Trouvé mort le lendemain matin.

8. *Crenilabrus ocellatus* placé à 3 heures dans une solution contenant 0,27 de lithium,

Vivant le lendemain à 6 heures du soir.

9. Girelle placée à 10 heures dans une solution contenant 0,234 de lithium.

Morte à 2 h. 30 m.

10. Girelle placée à 10 heures dans une solution contenant 0,234 de lithium.

Vivante le surlendemain.

11. Serran placé à 6 heures dans une solution contenant 0,16 de lithium.

Vivant le surlendemain.

Ces expériences nous donnent le tableau suivant, qu'il faut comparer aux deux tableaux précédents.

Dose de Li. par litre.		Durée de la vie.
		h. m.
7,4		0,3
7,4		0,3
3,7	moins de	3
1,85 . . .	moins de	3
0,92 . . .	environ	9
0,45 . . .	environ	9
0,45 . . .	environ	9
0,3		4.30
0,27 . . .	indéfinie	2
0,234 . . .		5
0,234 . . .	indéfinie	
0,162 . . .	indéfinie	

Par conséquent, la limite de toxicité du lithium est placée entre 0,27 et 0,234, c'est-à-dire, en chiffres ronds, de 0,25 environ.

D. — *Chlorhydrate d'ammoniaque.*

1. Serran placé à 2 heures dans une solution contenant 0,18 d'ammonium (AzH^4).

Mort à 2 h. 25 m., avec des convulsions tétaniques [1].

2. Serran placé à 2 heures dans une solution contenant 0,18 d'ammonium.

Mort à 2 h. 15 m., avec des convulsions tétaniques violentes.

3. Girelle placée à 2 heures dans une solution contenant 0,09 d'ammonium.

Mort assez rapide.

4. Girelle placée à 4 heures dans une solution contenant 0,0336 d'ammonium.

Vivante le surlendemain.

Vivante deux jours après.

5. Girelle placée à 9 heures dans une solution contenant 0,03 d'ammonium.

Vivante le surlendemain à 9 heures.

6. Girelle placée à 9 heures dans une solution contenant 0,067 d'ammonium.

Morte à 6 heures.

7. Girelle placée à 9 heures dans une solution contenant 0,06 d'ammonium.

Vivante le surlendemain.

Le tableau suivant résume ces faits.

Dose d'AzH^4 par litre.	Durée de la vie.
	h. m.
0,67 . . .	0,25
0,18 . . .	0,15
0,09 . . .	?
0,067 . .	9
0,06 . . .	indéfinie
0,03 . . .	—
0,034 . .	—

1. Il est à remarquer que les sels ammoniacaux placés dans les milieux où

La limite de toxicité est donc entre 0,067 et 0,06, c'est-à-dire de 0,064.

Ainsi, en prenant la limite de toxicité des quatre métaux alcalins : lithium, ammonium, sodium, potassium, nous pouvons établir la progression suivante :

POIDS ATOMIQUE	MÉTAL	LIMITE DE TOXICITÉ
23	Sodium.	26,0
7	Lithium.	0,25
39	Potassium.	0,20
18	Ammonium.	0,064

Il est vrai que l'on ne peut guère que par une hypothèse comparer l'ammonium à un corps simple. Mais les analogies dans la constitution des sels ammoniacaux et des sels alcalins sont telles qu'elles permettent d'établir cette assimilation.

D'ailleurs, même en faisant abstraction du chlorhydrate d'ammoniaque, il n'en reste pas moins ceci, c'est que le sodium, dont le poids atomique est trois fois plus fort que le lithium, est cent fois plus toxique, et que le potassium, dont le poids atomique est cinq fois plus fort que celui du lithium, n'est guère plus toxique que ce métal $\left(\text{de } \frac{1}{4} \text{ seulement}\right)$. Si l'on représente par 1000 la quantité de sodium nécessaire pour être toxique, celle du lithium sera représentée par 10, celle du potassium par 8, celle de l'ammonium par 2.

Il n'y a donc pas de relation absolue entre la toxicité de ces métaux et leur poids atomique.

Toutefois, on peut faire à ces expériences une objection

respirent les poissons déterminent de violentes convulsions. Aucun autre sel métallique ne provoque de pareils phénomènes. Chez les mammifères les sels ammoniacaux sont aussi tétanisants.

fondamentale, qui porte, non sur les faits eux-mêmes, incontestables comme le sont toujours les faits, mais sur l'interprétation qu'on en doit donner.

Cette objection peut se formuler ainsi (et VULPIAN me l'avait très nettement indiquée en présentant ma communication à l'Académie des sciences). « Rien ne nous affirme que les sels métalliques différents sont également absorbés et qu'ils n'agissent pas différemment sur l'épithélium des branchies. »

Ainsi, la cyclamine, d'après les expériences de VULPIAN, fait rapidement périr des poissons qu'on place dans une solution de cette substance, et néanmoins elle est par elle-même peu toxique. Elle gonfle l'épithélium des branchies, et le poisson meurt asphyxié mécaniquement, mais non empoisonné par une substance toxique.

Il est certain que je ne puis pas donner la preuve formelle que le chlorure de potassium, le chlorure de sodium, le chlorure de lithium, etc., sont également absorbés par les branchies. Toutefois, il s'agit là de substances qui ont, au point de vue chimique, comme au point de vue physique, de très grandes analogies, qui sont à la fois très stables et très solubles, et que ces conditions permettent de supposer (c'est une vraisemblance, mais une très grande vraisemblance) que leur pouvoir endosmotique à travers l'épithélium branchial est assez analogue, ou du moins que la différence est moindre que le rapport de 1000 à 10, à 8, à 2.

En outre, — et c'est là une observation qui me paraît fondamentale dans la discussion de ces expériences, — même si l'on admet une action directe sur l'épithélium branchial, cette action directe peut être tout à fait assimilée à une action toxique. Les poisons, quand ils sont introduits dans le sang, vont porter leur action sur tel ou tel tissu ; les uns, comme le chloroforme ou le chloral, sur les centres nerveux ; les autres, comme l'atropine, sur les plaques terminales du cœur ; d'autres, comme le curare, sur les plaques terminales des muscles ; d'autres encore, comme l'oxyde de carbone, sur les globules rouges du sang. Ce sont là actions chimiques exercées par le poison, selon son affinité, sur telle ou telle partie de l'organisme. Le chlorure de potassium, s'il altère l'épithélium de la branchie, est un poison de la branchie, de même que l'oxyde de carbone est un poison du globule sanguin. Il s'ensuit que, si l'on ne veut pas admettre que ces substances salines diffusent également dans le sang, mais bien qu'elles agissent localement sur les branchies des poissons, on n'en observe pas moins une hiérarchie toxique véritable. Dans ce cas la toxicité s'exerce non sur l'organisme tout entier, mais sur une partie de cet organisme, c'est-à-dire sur les branchies.

On peut donc, et j'y souscris très volontiers, dire que ce que j'ai appelé une différence de toxicité n'est peut-être qu'une différence d'action sur les branchies. Mais la branchie n'est-elle pas un tissu vivant? et l'action chimique d'un corps saturé, non décomposé et non décomposable, n'est-elle pas tout à fait identique à une action toxique?

M. Blake, rappelant une expérience de Cl. Bernard, a fait remarquer que le tannin, quoiqu'il soit en lui-même peu toxique, quand il est placé dans de l'eau où l'on a mis des poissons, détermine en peu de temps la mort de ces animaux, que, par conséquent, des substances peu toxiques comme le tannin peuvent entraîner rapidement la mort des poissons. Mais cette objection ne me paraît pas très fondée. En effet, le tannin est un acide, et sans doute il agit alors, non pas comme tannin, mais comme acide. L'acide sulfurique, après qu'il a été combiné à la soude, forme du sulfate de soude, qui, en injection intra-veineuse, est tout à fait inoffensif. Mais, si l'on a injecté dans le sang de l'acide sulfurique libre, on provoque même avec de faibles doses des accidents très graves. De même, le chlore, le brome, etc., quand ils sont saturés par un métal (comme le sodium) sont inoffensifs, tandis qu'ils sont mortels même à petite dose quand ils sont à l'état libre, car leurs affinités chimiques énergiques font qu'ils se combinent avec les substances chimiques constituantes de nos tissus.

Or, les quatre chlorures avec lesquels j'ai expérimenté sont absolument neutres : ils sont de plus extrêmement stables. On peut affirmer qu'ils ne se décomposent pas dans l'organisme[1], et que, s'ils forment des combinaisons avec les éléments qui constituent nos tissus, ces combinaisons sont passagères, dissociables, et tout à fait analogues par leur facile dissociation à celles que peuvent former dans l'organisme les poisons comme les alcaloïdes, par exemple, ou l'oxyde de carbone, ou le chloroforme.

Cette distinction entre les substances chimiques non saturées (comme le chlore libre) ou saturées (comme le chlorure de sodium) est quelque peu arbitraire. Car il est vraisemblable que le chlorure de sodium peut entrer dans des combinaisons avec les substances organiques. Mais ces combinaisons sont passagères, et non définitives. Aussi la différence est-elle considérable entre les substances corrosives, caustiques, qui se fixent sur les éléments chimiques des tissus, et les substances non corrosives ni caustiques, qui traversent l'économie en s'unissant par des combinaisons instables avec les éléments des tissus.

Quoi qu'il en soit, que l'on admette une action locale sur les branchies, ou une action générale sur l'organisme, il n'en reste pas moins établi que le sodium, le lithium, le potassium, et l'ammonium agissent suivant une hiérarchie différente de leur hiérarchie atomique. Les expériences qui établissent ce fait sont confirmées par trois autres séries de recherches que je vais maintenant exposer.

---

1. Peut-être faut-il en excepter le chlorhydrate d'ammoniaque.

§ III. — **Expériences sur le cœur de la grenouille.**

Puisque l'on peut dans une certaine mesure identifier l'action locale d'une substance à une action toxique générale, il m'a paru utile d'étudier l'action locale des divers sels métalliques sur le cœur de la grenouille.

Cet organe, par sa spontanéité dans le mouvement, offre en effet un objet d'étude extrêmement commode. La cessation du mouvement indique qu'il a été intoxiqué : la continuation du mouvement indique que sa vitalité n'a pas été atteinte.

Il est certain qu'on ne peut assimiler absolument ces deux phénomènes : d'une part l'arrêt du cœur survenant à la suite d'un contact direct avec la substance toxique, et, d'autre part, l'arrêt du cœur consécutif à l'injection sous-cutanée de la même substance, quand l'injection est faite loin du cœur. Cependant, si les expériences avec des solutions salines mises au contact du cœur sont toujours instituées d'après une méthode identique, il s'ensuit qu'on en peut déduire des conclusions très précises, et qu'on a toute une série d'expériences comparables.

Voici comment j'ai procédé. Le cœur d'une grenouille étant mis à nu, je fais tomber sur le ventricule quatre gouttes d'une solution d'un chlorure métallique. Si le cœur, au bout d'un quart d'heure, a continué à se contracter, je recommence la même opération. Si, au bout d'un quart d'heure encore, à 12 h. 30 m., je suppose, le cœur continue à battre, je remets de nouveau 4 gouttes de la même solution ; et, à 12 h. 45 m.. encore 4 gouttes.

A 1 heure, c'est-à-dire une heure après le début de l'expérience, je lave le cœur avec quelques gouttes d'eau froide, de manière à enlever complètement toutes traces de substance toxique : et j'attends encore une heure pour conclure relativement à l'action du sel métallique.

C'est là le *criterium* arbitraire que j'ai adopté. Si, dans les conditions que je viens d'indiquer, c'est-à-dire deux heures après le début de l'expérience, le cœur ne donne plus de battements spontanés, j'en conclus que la solution métallique n'est pas toxique.

On peut ainsi arriver à comparer la toxicité des divers chlorures métalliques. Je suppose qu'une solution contenant un poids A de métal arrête le cœur. L'expérience est tentée une seconde fois avec un poids $\frac{A}{10}$ de métal. Si le cœur ne s'arrête pas, je refais une troisième expérience avec un poids $\frac{A}{5}$. Si le cœur s'arrête, une autre expérience est faite avec un poids $\frac{A}{8}$ par exemple, qui, je suppose, arrête le cœur. Le poids toxique du métal sera donc intermédiaire entre $\frac{A}{8}$ et $\frac{A}{10}$, soit $\frac{A}{9}$, A représentant la quantité de métal contenu à l'état de chlorure dans un litre d'eau.

Assurément ces expériences n'indiquent rien d'absolu sur l'action des sels. Si l'on changeait les conditions expérimentales (dix gouttes au lieu de quatre, par exemple, ou bien injections toutes les cinq minutes, etc.), on obtiendrait des résultats tout différents. Mais ce qui ne donne rien d'absolu peut cependant permettre des comparaisons utiles, et c'est ainsi que je puis comparer l'action des chlorures des principaux métaux alcalins sur la fibre musculaire cardiaque.

A. — *Expériences avec le chlorure de sodium.*

1° 1 heure, 4 gouttes d'une solution contenant 39,3 de sodium.
A 1 h. 15 m., 4 gouttes.
Le cœur bat très bien.
A 1 h. 30 m., 4 gouttes.
A 1 h. 45 m., 4 gouttes.
Le cœur continue à battre très bien.
A 2 heures, le cœur est lavé dans de l'eau froide, il bat très bien.
A 3 heures, le cœur bat très régulièrement.

2° Même expérience avec une solution contenant 78,6 de sodium.
Le cœur bat très bien à 3 heures.

3° Même expérience avec une solution contenant 78,6 de sodium.
Le cœur bat très bien à 3 heures.

4° Même expérience avec une solution contenant 78,6 de sodium.
Le cœur bat très bien à 3 heures.

5° Même expérience avec une solution saturée de chlorure de sodium (c'est-à-dire contenant 104 grammes de métal).

A 1 h. 45 m., le cœur s'arrête, mais, après qu'il a été lavé à l'eau froide, il reprend ses battements.

Par conséquent, une solution saturée de chlorure de sodium n'arrête pas définitivement la contractilité spontanée du cœur.

B. — *Expériences avec le chlorure de lithium.*

1° A 1 heure, 4 gouttes d'une solution contenant 13,35 de lithium par litre.

A 1 h. 15 m., 4 gouttes de la même solution.
A 1 h. 30 m., 4 gouttes de la même solution.
Le cœur bat faiblement.
A 2 heures, le cœur bat encore : il est lavé dans de l'eau froide.
A 3 heures, le cœur bat bien.

2° A 1 heure, 4 gouttes d'une solution contenant 26,7 de lithium par litre.

Le cœur s'arrête immédiatement. Quelques instants après, il reprend ses battements.
A 1 h. 15 m., 4 gouttes.
Le cœur est irrégulier.
A 1 h. 30 m., 4 gouttes.
A 1 h. 45 m., 4 gouttes.
A 2 heures. Le cœur est lavé dans de l'eau froide. Les battements sont très lents. Le cœur est tout à fait diastolique, et son extrême dilatation n'est interrompue que par de rares contractions.
A 3 heures, le cœur bat, quoique toujours avec lenteur.

3° Même expérience avec la même solution.
Le cœur bat encore à 3 heures.

4° Même expérience avec la solution.
Le cœur ne bat plus à 3 heures.

5° Même expérience avec une solution contenant 20 grammes de lithium par litre.

À 1 heure, à 1 h. 15 m., à 1 h. 30 m., à 1 h. 40 m., chaque fois 4 gouttes.

À 1 h. 55 m., le cœur bat très lentement, alors qu'au début de l'expérience, les battements étaient très rapides.

À 2 heures, le cœur est lavé dans de l'eau froide.

À 3 heures il bat, quoique avec lenteur.

6° Même expérience avec une solution contenant 13,35 de lithium.

À 1 h. 15 m., le cœur bat rapidement.

À 3 heures il bat bien, quoique avec lenteur.

7° Même expérience avec une solution contenant 26,7 de lithium.

À 3 heures, le cœur bat, mais lentement.

8° Même expérience avec une solution contenant 26,7 de lithium.

À 2 heures, le cœur est arrêté. Remis dans de l'eau froide, il ne bat plus à 3 heures.

Il résulte de ces expériences que, quand la quantité de lithium a atteint 27 grammes par litre, tantôt le cœur s'arrête, tantôt il continue à battre. Cette différence tient sans doute à ce que, dans des expériences de cette nature, une précision rigoureuse ne peut guère être obtenue. Quand donc on arrive à la limite de la toxicité, les résultats portent, tantôt dans un sens, tantôt dans l'autre. Toutes les fois qu'il en est ainsi, c'est qu'on est arrivé au chiffre limite. Cette limite qui était de 104 pour le sodium, peut donc être évaluée à 27 pour le lithium.

C. — *Expériences avec le chlorure de potassium.*

1° À 1 heure, 4 gouttes d'une solution contenant 52 grammes par litre de potassium.

Le cœur s'arrête immédiatement et définitivement.

2° À 1 heure, 4 gouttes d'une solution contenant 104 grammes de potassium.

Même effet.

3° A 1 heure, 4 gouttes d'une solution contenant 26 grammes de potassium.

Immédiatement arrêt du cœur, puis les battements reparaissent.

A 1 h. 15 m., 4 gouttes.

A 1 h. 30 m., 4 gouttes.

A 1 h. 45 m., 4 gouttes. Il n'y a plus que de très faibles contractions fibrillaires.

L'arrêt est en complète diastole. Le cœur est très noir. (Au contraire avec le chlorure de sodium et le chlorure de lithium, le cœur est rouge vermeil.)

A 3 heures, le cœur ne bat plus.

4° A 1 heure, 4 gouttes d'une solution contenant 15,6 de potassium.

A 2 heures, le cœur bat irrégulièrement, mais avec force ; il est noir et diastolique.

A 3 heures, le cœur bat bien, quoique avec lenteur.

5° A 1 heure, 4 gouttes d'une solution contenant 20,8 de potassium.

A 1 h. 15 m., 1 h. 30 m., 1 h. 45 m., 4 gouttes chaque fois.

A 2 heures le cœur est remis à l'eau : à 3 heures il bat, mais faiblement et irrégulièrement.

6° A 1 heure, 4 gouttes d'une solution contenant 23,4 de potassium.

A 1 h. 15 m., 4 gouttes.

A 1 h. 30 m., 4 gouttes.

Le cœur est très irrégulier et très lent.

A 1 h. 45 m., 4 gouttes.

Le cœur ne donne plus que de rares et faibles contractions.

A 2 heures, le cœur est lavé dans de l'eau froide, il bat assez bien quand on l'excite, mais spontanément ne se contracte plus.

A 3 heures, la contractilité spontanée est revenue, mais elle est faible.

Il résulte de ces six expériences qu'à la dose de 23,4, il n'y a pas arrêt du cœur, tandis qu'à la dose de 26 il y a arrêt. La limite paraît donc pour le potassium être d'environ 25 grammes par litre.

D. — *Expériences avec le chlorure de rubidium.*

1° A 1 heure, 4 gouttes d'une solution contenant 105 grammes de rubidium.

Le cœur s'arrête, puis ses battements reprennent. Quelques instants après il se contracte bien, mais il a la même apparence noire que lorsqu'on a expérimenté avec le chlorure de potassium.

A 1 h. 10 m., les contractions sont devenues très faibles.

A 1 h. 15 m., 4 gouttes de la même solution.

A 1 h. 20 m., le cœur est complètement arrêté en diastole.

L'arrêt est définitif.

2° A 1 heure, 4 gouttes d'une solution contenant 70 grammes de rubidium.

Le cœur s'arrête, puis reprend.

A 1 h. 10 m., les battements sont faibles; le cœur est noir et diastolique.

A 1 h. 15 m., à 1 h. 30 m., quatre gouttes.

Le cœur s'arrête définitivement.

3° A 1 heure, 4 gouttes d'une solution contenant 56 grammes de rubidium.

A 1 h. 10 m., le cœur est noir et bat faiblement.

A 1 h. 15 m., à 1 h. 30 m., 4 gouttes.

Le cœur s'arrête définitivement en diastole à 1 h. 55 m.

4° A 1 heure, 4 gouttes d'une solution contenant 56 grammes de rubidium.

A 1 h. 5 m., arythmie. Le cœur est noir, et il se vide mal.

A 1 h. 15 m., 4 gouttes.

A 1 h. 30 m., 4 gouttes.

Le cœur est faible et très diastolique. Ses battements sont rares et irréguliers.

A 1 h. 40 m., arrêt définitif.

5° A 1 heure, 4 gouttes d'une solution contenant 43 grammes de rubidium.

Le cœur est noir et bat avec rapidité.

A 1 h. 15 m., à 1 h. 30 m., à 1 h. 45 m., 4 gouttes.

A 1 h. 45 m., cesse de battre.

Ne revit plus.

6° A 1 heure, 4 gouttes d'une solution contenant 43 grammes de rubidium.

A 1 h. 15 m., à 1 h. 30 m., à 1 h. 45 m., 4 gouttes.

A 2 heures, le cœur bat faiblement. Lavé dans de l'eau froide, il reprend de la force, et il bat assez bien à 3 heures.

Ainsi la limite paraît être pour le rubidium de 43 grammes, puisque à cette dose tantôt le cœur a cessé de battre, tantôt il a continué ses battements.

E. — *Expériences avec le chlorure de césium.*

1° A 1 heure, 4 gouttes d'une solution contenant 80 grammes de césium.
A 1 h. 5 m., le cœur bat bien, mais avec une grande rapidité.
A 1 h. 15 m., à 1 h. 30 m., à 1 h. 45 m., chaque fois quatre gouttes.
Le cœur est faible, mais bat bien, avec une systole très prolongée
et très lente.
A 2 heures, le cœur bat faiblement : il est lavé dans de l'eau froide.
A 3 heures, il bat avec plus de force, mais il est noir et diastolique.

2° A 1 heure, 4 gouttes d'une solution contenant 160 grammes de césium.
A 1 h. 10 m . le cœur bat bien.
A 1 h. 15 m., à 1 h. 30 m., 4 gouttes.
A 1 h. 35 m., le cœur s'arrête définitivement.

3° A 1 heure, 4 gouttes d'une solution contenant 120 grammes de césium.
A 1 h. 15 m., 4 gouttes.
A 1 h. 20 m., le cœur s'arrête définitivement.

Ces trois expériences suffisent peut-être à faire admettre
pour le chlorure de césium une limite de toxicité voisine de
100 grammes de métal par litre, puisque à la dose de 80 le cœur
n'est pas arrêté et qu'il est arrêté à la dose de 100 grammes.

F. — *Expériences avec le chlorhydrate d'ammoniaque.*

1° A 1 heure, 4 gouttes d'une solution contenant 40 grammes d'ammo-
nium (AzH⁴).
Le cœur s'arrête, puis ses battements reprennent.
A 1 h. 15 m., il bat assez bien, 4 gouttes.
A 1 h. 25 m., arrêt définitif en diastole.

2° A 1 heure, 4 gouttes d'une solution contenant 16 grammes d'am-
monium.
A 1 h. 15 m., à 1 h. 30 m., à 1 h. 45 m., chaque fois 4 gouttes.
A 1 h. 25 m., le cœur est très arythmique et bat avec force.
A 2 heures, le cœur bat encore.
A 3 heures, *id.*
A ce moment l'animal est en complète résolution ; mais le cœur con-
tinue ses battements[1].

---

1. Avec le chlorure de magnésium on obtient des effets identiques. Le cœur
n'est pas empoisonné, et cependant la substance toxique absorbée par le cœur
a passé dans la circulation et produit une intoxication générale.

3° A 1 heure, 4 gouttes d'une solution contenant 27 grammes d'ammonium.

A 1 h. 15 m., à 1 h. 30 m., à 1 h. 45 m., chaque fois 4 gouttes.

A 1 h. 35 m., le cœur est très diastolique. Arrêt définitif.

4° A 1 heure, 4 gouttes d'une solution contenant 19 grammes d'ammonium.

A 1 h. 15 m., à 1 h. 30 m., à 1 h. 45 m., chaque fois 4 gouttes.

Les battements du cœur sont assez forts, mais très irréguliers.

A 3 heures, le cœur bat encore.

5° A 1 heure, 4 gouttes d'une solution contenant 23 grammes d'ammonium.

A 1 h. 15 m., à 1 h. 30 m., à 1 h. 45 m., chaque fois 4 gouttes.

L'animal est pris de convulsions tétaniques générales. Le cœur bat, quoique faiblement. État très diastolique.

Remis dans de l'eau froide, il bat un peu à 3 heures.

6° A 1 heure, 4 gouttes d'une solution contenant 40 grammes d'ammonium.

Le cœur cesse de battre à 1 h. 30 m. Diastole.

Ainsi pour l'ammonium la limite toxique paraît être entre 23 grammes et 27 grammes, soit de 25 grammes.

Réunissons dans un tableau d'ensemble ces résultats : on pourra ainsi juger que la précision est plus grande qu'on ne l'aurait d'abord supposé.

MÉTAUX	MORT AVEC DES DOSES DE					LIMITE	SURVIE AVEC DES DOSES DE					
Sodium. . . .	»	»	»	»	»	**104**	104	78	78	78	39	»
Césium. . . .	»	»	»	160	120	**109**	80	»	»	»	»	»
Rubidium. . .	105	70	56	56	43	**43**	43	»	»	20	»	»
Lithium. . . .	»	»	•	27	27	**27**	27	27	27	20	13	13
Potassium. . .	»	»	104	52	26	**26**	26	23	21	16	»	»
Ammonium.. .	»	»	40	40	27	**25**	23	19	16	»	»	»

Si nous comparons ces doses toxiques limites au poids atomique de ces divers métaux, nous pouvons constater que la loi de Rabuteau n'est pas applicable. En effet, si nous classons les métaux d'après leur poids atomique, nous aurons :

Lithium . . .	7
Ammonium . .	18
Sodium	23
Potassium . . .	39
Rubidium . . .	85
Césium	133

Ainsi le césium, dont le poids atomique est près de vingt fois celui du lithium, est quatre fois moins toxique. Le lithium est plus toxique que le sodium et que le rubidium, etc.

On nous permettra de faire remarquer que l'ordre de toxicité pour le cœur de la grenouille est le même que dans les expériences précédentes sur les poissons. Dans l'une et l'autre série, on voit que le sodium est presque inoffensif, que le lithium et le potassium ont une toxicité à peu près identique, et enfin que l'ammonium est le plus dangereux des métaux alcalins.

§ IV. — Action des métaux alcalins sur la fermentation lactique.

Pour donner à l'étude toxicologique de ces sels la plus grande généralité possible, j'ai voulu expérimenter, non plus sur des êtres supérieurs très complexes, mais sur des organismes inférieurs, à savoir sur les végétaux microscopiques qui constituent les ferments figurés.

J'ai choisi à cet effet le ferment lactique. Pour faire ces expériences il suffit de faire fermenter du lait, en ajoutant au lait des quantités variables de l'un ou l'autre des chlorures alcalins.

Si j'ai été amené à prendre comme sujet d'étude la fermentation lactique, c'est que cette action chimique offre à l'examen du physiologiste deux grands avantages :

1° Elle se fait régulièrement, sans qu'il soit absolument nécessaire de purifier par des cultures successives ou d'ensemencer le liquide qu'on examine ;

2° Le dosage de l'activité du ferment est très simple ; puisqu'il consiste en un simple titrage acidimétrique.

On peut supposer que, plus l'acide lactique a été formé en grande quantité, plus l'activité du ferment a été grande[1].

Nous avons donc un moyen simple pour apprécier l'action de tel ou tel milieu, de tel ou tel agent, sur la vitalité du ferment lactique : c'est de doser la quantité d'acide qui a été formée, comparativement à une certaine quantité de lait non altéré pris comme témoin.

A la vérité, en agissant ainsi, nous supposons résolues ces deux hypothèses : 1° que la transformation du sucre de lait en acide lactique est due à un ferment organisé ; 2° que cette tranformation chimique est d'autant plus active que l'activité physiologique du ferment a été plus grande.

Mais ces deux hypothèses sont tellement vraisemblables que nous croyons pouvoir les accepter comme point de départ de nos recherches.

Cela posé, voici comment j'ai procédé. Il s'agissait de prendre une méthode de dosage applicable à un liquide organique à acides faibles. La teinture de tournesol ne donne que des résultats médiocres. Aussi ai-je voulu employer une méthode différente. La phtaléine du phénol en dissolution dans l'alcool fournit d'excellentes indications. Elle se colore en rouge vif dès que la liqueur est alcaline, et on peut facilement saisir le passage de la neutralité (ou de l'acidité) à l'alcalinité

1. J'avais déjà antérieurement fait d'autres recherches sur la fermentation lactique. « De la fermentation lactique du sucre de lait. » *Comptes rendus de l'Acad. des sciences*, 25 février 1878, t. LXXXV, p. 550. — « De quelques conditions de la fermentation lactique. » *Ibid*, 7 avril 1879, t. LXXXVIII, p. 750. — « De l'électrisation des ferments. » *Revue scientifique*, 1er semestre, 1881, p. 603.

par le fait de la coloration rose que prend alors immédiatement le lait mélangé à la phtaléine du phénol.

Pour indiquer à quel point ce procédé est sensible, il me suffira de dire que, si l'on dose l'acidité de 50^{cc} de lait froid, on trouve un chiffre un peu plus fort que si l'on dose l'acidité de 50^{cc} du même lait, porté pendant dix minutes à 60°, ce qui tient au départ d'une certaine quantité d'acide carbonique par le fait de l'élévation de la température.

Si l'on prend du lait, et qu'on l'expose pendant vingt-quatre heures à la température de 35° dans un matras scellé, il fermente et acquiert une acidité que l'on peut facilement apprécier par un simple dosage. Dans le cas où l'on a préparé plusieurs matras scellés contenant des quantités égales de lait de la même provenance, on trouve des nombres rigoureusement égaux pour exprimer l'acidité des différentes liqueurs[1].

Cependant les expériences ne seront tout à fait comparables que dans les conditions suivantes :

1° Le lait doit être de la même provenance ;

2° Les matras doivent avoir une forme analogue ;

3° Ils doivent être placés dans la même étuve, et pendant le même temps.

Les expériences dont je vais donner le résumé ont été faites dans des conditions diverses de durée, de température, etc. Aussi ne peut-on pas les identifier les unes aux

1. Les dosages ont été faits avec une liqueur alcaline contenant 8 grammes d'AzH⁴ par litre. Dans deux expériences de contrôle, j'ai trouvé, après vingt-quatre heures de fermentation (pour 40^{cc} de lait) :

1re Expérience : matras A — $6^{cc},7$ de la liqueur ammoniacale.
          —   matras B — $6^{cc},9$ —
          —   matras C — $6^{cc},7$ —
2e Expérience : matras A — $9^{cc},8$
          —   matras B — $9^{cc},6$ —
          —   matras C — $9^{cc},7$ —

On voit que la précision de ces expériences est aussi satisfaisante que l'on peut le désirer. Dans des laits de même provenance, soumis aux mêmes conditions extérieures, la fermentation se fait absolument de la même manière.

Mais, comme on le verra dans un autre mémoire, j'ai pu éliminer certaines causes d'erreur en employant le même ferment avec lequel j'ensemençais le même lait préalablement stérilisé.

autres. Mais, dans les séries que je présente réunies sous les rubriques *Expériences I, Exp. II*, etc., la comparaison peut être rigoureusement établie, car les conditions d'expérience sont toujours restées les mêmes : le lait était de la même provenance, et les différentes liqueurs ont été soumises à la fermentation, simultanément, et dans des conditions identiques de durée et de température.

Dans les huit premières expériences la durée de la fermentation n'a pas excédé quarante-huit heures. Dans la dernière série, la fermentation du lait a été prolongée huit jours. On verra que les résultats en sont quelque peu différents.

J'aurais désiré faire avec les chlorures de rubidium et d'ammonium les mêmes expériences. Mais le chlorure de rubidium est trop rare pour qu'on puisse en employer les grandes quantités nécessaires, et le chlorhydrate d'ammoniaque agit, en la décolorant, sur la phtaléine du phénol. J'ai donc dû me restreindre aux trois chlorures de lithium, de sodium et de potassium.

Soit la quantité d'acide formée dans les tubes témoins $=$ 100 [1] : les quantités d'acide formées dans les tubes en expérience ont été les suivantes : (Les sels de potassium, de sodium, et de lithium, ajoutés au lait qui fermente, étaient des chlorures parfaitement neutres. La quantité indiquée se rapporte, non au poids de chlorure, mais au poids de métal combiné.)

---

1. Il faut, avant de le mettre dans les matras, doser l'acidité du lait qu'on va faire fermenter. Le lait qu'on peut se procurer à Paris est toujours *très acide*. Cette acidité répond à environ à 1gr,5 ou 2 gr. d'acide lactique par litre. On doit soustraire cette quantité d'acide préalable de la quantité d'acide qu'on trouve après la fermentation.

On ne peut vérifier la réaction du lait ni par la teinture de tournesol, ni par le papier de tournesol. Si l'on n'a pas la phtaléine à sa disposition, il faut opérer de la manière suivante. On ajoute au lait de l'alcool pur; on précipite ainsi la caséine : on filtre ; le liquide filtré et évaporé, de manière que la totalité de l'alcool ait disparu, peut alors être examiné au tournesol.

Cette acidité du lait n'a d'ailleurs rien qui doive surprendre, puisque la fermentation lactique commence même à assez basse température, dès que le lait est sorti de la glande mammaire; il y a, en effet, dans les laiteries, dans les étables, dans les vases où se recueille le lait, dans toute l'atmosphère ambiante, une telle diffusion des germes, que le lait est toujours ensemencé de ferment lactique. Je n'ai jamais constaté une seule exception à cette règle.

Na MÉTAL par litre[1].	ACIDE lactique formé[2].	K. MÉTAL par litre[1].	ACIDE lactique formé[2].	Li MÉTAL par litre[1].	ACIDE lactique formé[2].

1re Expérience.

Na MÉTAL par litre[1].	ACIDE lactique formé[2].	K. MÉTAL par litre[1].	ACIDE lactique formé[2].	Li MÉTAL par litre[1].	ACIDE lactique formé[2].
9	95	11	112	1,6	95
16	80	34	57	3,2	86
21	44	40	55	4,3	35
23	41	44	34	5,2	11
25	26	49	26	»	»

2e Expérience.

Na MÉTAL	ACIDE	K. MÉTAL	ACIDE	Li MÉTAL	ACIDE
»	»	»	»	0,8	84
9	125	11	127	1,6	95
12	107	20	113	1,9	110
14	104	30	107	2,4	110
16	99	32	106	2,5	107
18	76	34	100	2,7	110
20	63	45	80	3	98
26	30	»	»	4	36

3e Expérience.

Na MÉTAL	ACIDE	K. MÉTAL	ACIDE	Li MÉTAL	ACIDE
2	87	1	115	0,5	80
4	119	2	112	1	100
12	99	3	102	2	88
19	29	»	»	3,2	20
26	19	6	94	3,8	15
»	»	9	101	»	»
»	»	14	124	»	»
»	»	17	110	»	»
»	»	26	80	»	»
»	»	35	20	»	»

4e Expérience.

Na MÉTAL	ACIDE	K. MÉTAL	ACIDE	Li MÉTAL	ACIDE
0,4	81	6	104	»	»
1,6	101	14	98	»	»
2,1	112	26	55	»	»
2,5	113	»	»	»	»
6	98	»	»	»	»
8	97	»	»	»	»
10	69	»	»	»	»
16	44	»	»	»	»
21	22	»	»	»	»
26	3	»	»	»	»

5e Expérience.

Na MÉTAL	ACIDE	K. MÉTAL	ACIDE	Li MÉTAL	ACIDE
3	107	4	129	»	»
6	151	8	148	»	»
11	100	16	99	»	»

1. Les poids sont indiqués en grammes par litre de liquide.
2. Les chiffres ne représentent qu'un rapport.

Na MÉTAL par litre.	ACIDE lactique formé.	K. MÉTAL par litre.	ACIDE lactique formé.	Li MÉTAL par litre.	ACIDE lactique formé.
6ᵉ Expérience.					
6	95	8	94	»	»
28	22	40	54	»	»
56	»	80	13	»	»
»	»	150	»	»	»
7ᵉ Expérience.					
9	91	11	111	1,6	83
16	73	34	50	3,2	68
21	40	47	35	5,2	13
23	40	»	»	»	»
8ᵉ Expérience.					
0,8	131	»	»	0,8	114
1,6	117	»	»	»	»
2,4	105	2	138	»	»
3	112	»	»	»	»
5	117	»	»	4,8	65
6	115	6	119	»	»
8	107	»	»	8	9
10	131	»	»	»	»
12	117	»	»	»	»
14	128	»	»	»	»
17	112	»	»	»	»
18	70	»	»	»	»
22	87	20	123	»	»
25	70	»	»	»	»
28	79	»	»	»	»
32	40	»	»	»	»
38	19	»	»	»	»
45	15	»	»	»	»
48	12	52	65	»	»
64	8	62	26	»	»
»	»	84	15	»	»
»	»	104	9	»	»
9ᵉ Expérience [1].					
3	91	4	81	1,4	83
8	84	10	82	2,1	50
13	69	»	»	2,7	6
16	39	»	»	4,2	4
19	43	»	»	5,2	1
23	12	21	32	7,2	3
29	6	»	»	9	3
32	6	42	45	11	1
78	4	52	16	»	»
»	»	62	4	»	»
»	»	72	6	»	»
»	»	108	4	»	»

1. Après une fermentation de 8 jours.

Pour bien faire comprendre la signification de ces longues colonnes de chiffres, il serait nécessaire de construire la courbe graphique que peuvent fournir ces différentes séries d'expériences.

Cette courbe serait ainsi construite :

L'ordonnée horizontale servira à exposer la quantité de métal contenu. L'ordonnée verticale servira à indiquer l'acidité. Ainsi je suppose que l'on ait constaté avec un lait mélangé à du sel contenant 4^{gr} de sodium une acidité de 95. On fera un petit trait sur la colonne horizontale répondant au chiffre 95 et sur la colonne verticale répondant au chiffre 4. En réunissant les divers traits obtenus ainsi pour des acidités diverses, on aura la courbe totale de l'influence des sels métalliques sur la fermentation du lait.

Si l'on a ainsi dressé ces tableaux graphiques, on trouve pour les trois chlorures métalliques trois courbes qui ont à peu près la même forme, mais dont la chute est inégalement rapide. Avec le lithium la courbe descend très vite ; elle descend avec une très grande lenteur pour le potassium.

Si l'on prend une mesure arbitraire, comme, par exemple, le moment où la quantité d'acide lactique formé dans les tubes salés est égale à la moitié de l'acide lactique formé dans les tubes témoins, on aura ainsi un critérium simple pour apprécier l'influence de la quantité de sel sur l'activité physiologique du ferment.

Ainsi, dans les expériences dont il s'agit, l'intersection de la ligne 50 et des courbes donnera précisément, en quantité de métal, la valeur répondant à une quantité d'acide lactique égale à 50, c'est-à-dire à la moitié de la quantité normale.

POIDS DE MÉTAL QUI DIMINUENT DE MOITIÉ
L'ACTIVITÉ DE LA FERMENTATION

EXPÉRIENCES.	Na.	K.	Li.
I.	20	41	4
II.	22	plus de 45	3,8
III.	17,4	30.5	2,6
IV.	15	27	»
V.	20	42	»
VI.	20	34	4

Dans toutes ces expériences, il s'est trouvé que le métal
le plus actif, celui qui entrave la fermentation lactique à plus
petite dose, c'est le lithium, puisque, à la dose de 4 grammes,
de $3^{gr},8$, de $2^{gr},6$ par litre, il a diminué de moitié l'activité de
cette fermentation.

Dans toutes ces expériences, le sodium a été plus actif que
le potassium, puisque, pour diminuer de moitié l'activité de
la fermentation, il a fallu presque toujours un poids de potassium à peu près double du poids de sodium.

Nous avons ainsi une hiérarchie précisément inverse de
la hiérarchie atomique. Le lithium est plus toxique que le
sodium. Le sodium est plus toxique que le potassium.

Si le poids de lithium nécessaire pour diminuer de moitié
l'activité de la fermentation lactique est de 4 grammes, le
poids de sodium nécessaire sera de 20 grammes; le poids de
potassium nécessaire sera de 40 grammes. Ainsi, le sodium
est deux fois plus actif que le potassium, et cinq fois moins
actif que le lithium. C'est absolument le contraire de ce que
l'on aurait constaté, si la loi indiquée par RABUTEAU pouvait
se vérifier.

Afin de simplifier encore, s'il est possible, le résultat de
ces nombreuses expériences, prenons la moyenne des différentes indications qu'elles nous donnent.

Voici les chiffres qu'on obtient alors : ils sont assez signi-
ficatifs.

QUANTITÉ DE MÉTAL CONTENU.	QUANTITÉ D'ACIDE LACTIQUE FORMÉ.		
	Na.	K.	Li.
De 1 à 2 grammes par litre.			95
De 2 à 3 — —			102
De 3 à 4 — —	116	114	53
De 4 à 5 — —			30
De 5 à 10 — —	109		11
De 10 à 15 — —	106	114	0
De 15 à 20 — —	70		0
De 20 à 25 — —	45	114	0
De 25 à 30 — —	29	80	0
De 30 à 35 — —		73	0
De 35 à 40 — —	19	42	0
De 40 à 50 — —	15	44	0

En résumé, il ressort de ces faits que la dose toxique de
métal, c'est-à-dire la quantité nécessaire pour diminuer de
moitié l'activité de la fermentation, est, en chiffres ronds, de
2 grammes pour le lithium, 20 grammes pour le sodium, et
40 grammes pour le potassium.

Il est un autre point sur lequel je voudrais appeler
l'attention : c'est l'influence que de petites quantités de sel
exercent sur l'activité de la fermentation. Il est remarquable
que des doses de 10 grammes, de 15 grammes de sel par
litre, au lieu de ralentir la formation d'acide lactique, l'accé-
lèrent dans des proportions assez notables. — Le chlorure de
lithium lui-même, qui est cependant doué de propriétés toxiques si puissantes vis-à-vis du ferment lactique, est capable, à
très petite dose, de stimuler la fermentation.

Toutefois cette influence favorable du sel ne se prolonge
pas au delà des premiers jours de la fermentation. Si l'on
laisse (dans une étuve à 40°) le lait fermenter plus de 48

heures, la quantité d'acide lactique continue à augmenter dans le lait qui ne contient pas de sels. Au contraire, dans les liqueurs lactées, additionnées de chlorures de sodium ou de potassium, la quantité d'acide lactique n'augmente pas. Peut-être l'excès d'acide lactique forme-t-il de minimes traces d'acide chlorhydrique, par la décomposition du chlorure en excès. Or, ainsi que je l'ai démontré dans un travail antérieur[1], l'acide chlorhydrique, même à faible dose, entrave l'activité des organismes inférieurs.

Comment expliquer que le sel accélère la fermentation? On peut faire à cet égard deux hypothèses : ou bien supposer qu'un milieu imprégné de sel est propice à l'évolution vitale du ferment lactique; ou bien admettre que les chlorures de sodium ou de potassium, qui dissolvent la caséine, permettent une assimilation plus rapide de la matière albuminoïde contenue dans le lait. En effet, la caséine du lait de vache est complètement dissoute dans les laits fermentés, très acides, et additionnés de 20 à 30 grammes de sel par litre. Il suffit alors de neutraliser la liqueur non coagulée encore pour déterminer la coagulation de la caséine qui se précipite en très fins grumeaux. Mais je n'insiste pas sur ces phénomènes, car je reviendrai plus tard sur cette dissolution de la caséine, et sur les avantages qui en peuvent résulter, d'une part pour le dosage et l'analyse, d'autre part pour l'assimilation digestive du lait.

Si l'on se reporte maintenant aux expériences indiquées dans mon premier article, on trouvera que la puissance physiologique des trois principaux métaux alcalins varie selon qu'on étudie leur action sur les tissus animaux ou sur les organismes inférieurs.

Sur les tissus animaux nous trouvons le lithium aussi

1. *Du suc gastrique chez l'homme et les animaux*, p. 112.

toxique que le potassium ; le potassium plus toxique que le
sodium.

Sur les organismes inférieurs, le lithium est plus toxique
que le sodium ; mais le sodium est plus toxique que le potassium.

Ainsi les organismes inférieurs, qui sont les agents de
toute fermentation, sont entravés dans leur évolution par des
doses faibles de sodium, alors que des doses égales de potassium ne leur portent aucun dommage. On avait d'ailleurs
constaté depuis longtemps que pour la plupart des végétaux
le potassium est moins toxique que le sodium ; et ces deux
faits, rapprochés l'un de l'autre, semblent établir cette opinion, confirmée par beaucoup de recherches diverses [1], que
les organismes inférieurs des fermentations appartiennent
plutôt au règne végétal qu'au règne animal.

Que devient alors la loi de hiérarchie toxique des métaux,
si les végétaux d'une part, et d'autre part les animaux, ont
besoin les uns et les autres d'une hiérarchie toxique différente?

Nous trouvons pour les végétaux la série suivante :

Lithium. — Sodium. — Potassium.

N'est-ce pas précisément l'inverse de la loi que Rabuteau
s'est efforcé à établir ; et pour les animaux n'avons-nous pas
une autre série?

Il est à remarquer que, pour les animaux comme pour les
végétaux, le lithium, dont le poids atomique est si petit, se
montre cependant le plus toxique.

Cette diversité ne doit pas surprendre, si l'on réfléchit à la
nature même d'une action toxique. En dernière analyse, toute

---

1. J'ai montré que l'électricité d'induction, assez forte pour tuer des animaux
de petites dimensions, comme des têtards, ou même des grenouilles, n'apporte
aucun trouble à la fermentation lactique, et par conséquent ne modifie en rien
l'évolution du végétal qui est l'agent de cette action chimique. (Voy. *Revue
scientifique*, 1er sem. 1881, p. 603.)

action toxique est action chimique. Le protoplasma vivant est pénétré par une substance soluble qui s'unit à lui pour former une combinaison, laquelle empêche alors plus ou moins la fonction physiologique ultérieure du protoplasma. Or, le protoplasma n'est lui-même qu'une substance chimique, laquelle est différente selon les cellules qu'on envisage. La matière albuminoïde du protoplasma de la cellule nerveuse n'est certainement pas identique à la matière albuminoïde du protoplasma d'une cellule végétale. Quoi d'étonnant que telle substance qui se combine au protoplasma nerveux, et par conséquent paralyse l'activité de la cellule nerveuse, ne puisse se combiner au protoplasma végétal, et soit alors incapable d'effectuer la même action toxique ?

Il résulte de ces considérations,—dont les expériences ci-dessus sont la preuve *a posteriori*, — que les différences chimiques des divers protoplasmas expliquent la diversité des actions toxiques. On peut cependant établir comme règle générale que certaines substances sont plus toxiques que d'autres. Ce sont, en général, celles qui agissent sur l'albumine et qui la coagulent. Mais quant à pénétrer plus profondément dans l'histoire physiologique des poisons, cela est actuellement impossible, et il faut nous résigner à attendre que la chimie physiologique ait fait des progrès suffisants pour caractériser les propriétés chimiques des divers albuminoïdes des cellules vivantes.

§ V. — Action toxique des sels alcalins.

Dans la série des recherches qui vont suivre, il ne sera question que de trois métaux seulement, étudiés par leurs chlorures, leurs bromures et leurs iodures, tous sels très solubles et diffusibles. Tous les chiffres qui seront donnés se rapportent, non au poids du sel, mais au poids du métal.

A. — *Précautions expérimentales nécessaires.*

Tout d'abord, deux difficultés se présentent [1].

La première, c'est la connaissance exacte du poids de l'animal ; la seconde, plus sérieuse encore, c'est l'absorption plus ou moins rapide de la substance injectée.

Il est, en effet, à remarquer que l'on ne peut pour ainsi dire jamais apprécier avec rigueur le poids réel d'un animal. Ce poids est essentiellement changeant, suivant que l'animal a mangé ou non, a uriné ou non, et ces oscillations sont parfois considérables [2].

Par exemple, un lapin de $2^{kg},500$ peut rendre environ 100 grammes d'urine et peut manger pour 100 grammes d'aliments. Son poids sera donc, à différents moments de la journée, compris entre $2^{kg},400$ et $2^{kg},600$. Je suppose qu'on le pèse, alors que son poids est de $2^{kg},400$, la dose toxique étant de 1, je suppose. Elle eût été seulement de $0^{gr},923$, si on l'avait pesé alors que son poids était de $2^{kg},600$.

Pour des animaux de taille plus petite, qui pèsent, comme limaçons, écrevisses et grenouilles, de 20 à 50 grammes, les différences sont plus grandes encore. En effet, ils absorbent de l'eau et perdent de l'eau avec une très grande facilité, de sorte que leur poids est changeant, bien plus encore que celui des lapins, des pigeons et des cobayes. Cela fait donc une cause d'erreur qu'on peut certainement évaluer à un dixième. Avec cette évaluation d'un dixième, on sera encore au-dessous de la vérité [3].

Sur les petits animaux, les moindres différences dans la

---

1. Je laisse de côté les difficultés inhérentes au titrage rigoureusement exact des solutions qu'on emploie, à la pureté des produits, et surtout à la calibration des seringues qui servent aux injections. Cette calibration doit être faite par l'opérateur lui-même ; car les instruments qu'on trouve dans le commerce ne sont pas calibrés avec une précision suffisante.

2. Voir le travail sur la calorimétrie, publié précédemment (*Trav. du Lab.*, t. 1, p. 147).

3. William Edwards, *Influence des agents physiques sur la vie*, 1823, *passim*.

quantité de liquide injecté ont une importance extrême, comme l'exemple suivant va le prouver.

Soit, je suppose, une grenouille de 20 grammes, dont le poids variera au moins entre 19 et 21 grammes. Admettons que la solution toxique employée contienne par litre 50 grammes de potassium ; la quantité de cette solution à injecter pour déterminer la mort est à peu près d'un cinquième de centimètre cube, autrement dit de $0^{cc},20$. Il est presque impossible de s'assurer que l'on n'injecte pas, en plus ou en moins, un cinquantième de centimètre cube ; soit $0^{cc},02$ en plus ou en moins. On injectera donc tantôt $0^{cc},22$, tantôt $0^{cc},18$. Alors la dose toxique pourra être de 0,18 pour une grenouille de 21 grammes, ou bien de 0,22 pour une grenouille de 19 grammes ; soit, dans un cas, de 0,428, et, dans l'autre cas, de 0,610 par kilogramme du poids de l'animal. Ainsi, suivant ces causes d'erreurs presque impossibles à éviter, on aura des différences aussi grandes que celles qui sont entre ces deux chiffres de 0,428 et de 0,610.

Ces exemples nous donnent la mesure de la précision qu'on peut espérer, et cependant on verra qu'en répétant les expériences nous avons pu arriver à déterminer avec une certaine rigueur la dose mortelle, même pour de petits animaux.

Il faut tenir compte enfin de certaines conditions particulières qui sont parfois fort embarrassantes.

Chez les limaçons, l'observation de la dose précisément toxique est toujours difficile ; car, au moment où se fait l'injection, ils rejettent par leur système aquifère une notable partie du liquide introduit. De plus, on ne sait pas au juste où va pénétrer l'injection, et le point de la pénétration n'est pas indifférent. Supposons, par exemple, que la solution de sel pénètre tout de suite autour du collier œsophagien, il y aura là une action caustique immédiate sur le système nerveux central ; ce ne sera plus seulement une action toxique simple, mais encore une action caustique, traumatique, comme si l'on voulait, par exemple, juger de la toxicité d'une substance chez le chien en injectant le poison dans le cerveau ou dans le bulbe.

Enfin, par suite de la vitalité extrême des tissus, la mort, chez les limaçons, survient toujours très tardivement, et il faut souvent attendre deux, ou trois, ou même quatre jours avant d'être assuré qu'ils sont morts.

Chez les écrevisses, il y a encore une autre difficulté : c'est que, malgré toutes les précautions, les écrevisses normales, qui vivent dans l'aquarium du laboratoire, sont soumises à une assez grave mortalité. Il faut toujours attendre plusieurs jours avant d'expérimenter sur les écrevisses; car elles ne s'acclimatent pas toutes à la vie nouvelle qui leur est faite dans nos aquariums, et, si l'on n'avait pas attendu leur acclimatement, on risquerait de considérer comme morts par le poison des individus morts en réalité de maladie.

Les poissons sont soumis aussi à une certaine mortalité, bien moindre cependant que celle des écrevisses.

B. — *Absorption du poison.*

Mais ce n'est pas là encore la principale difficulté des problèmes de toxicologie que nous débattons ici. Ce qui rend les conclusions générales bien incertaines, c'est la rapidité essentiellement variable de la pénétration du poison dans l'organisme.

Je suppose que l'injection soit faite dans le tissu cellulaire sous-cutané. Si l'on a rencontré une grosse veine, la pénétration de l'injection sera très rapide, et les effets toxiques presque immédiats. Au contraire, dans certains cas, la pénétration se fera avec lenteur, et, au fur et à mesure que le poison sera absorbé, il sera éliminé par les reins.

Chez les animaux à sang froid, l'absorption se fait bien plus rapidement que chez les mammifères et les oiseaux, dont le tissu cellulaire dense est moins apte à une rapide absorption.

Chez les invertébrés, l'absorption se fait plus vite encore, par suite de la disposition du système circulatoire, qui n'est pas endigué dans des canaux limités. Si l'on pousse une injection colorée dans une partie quelconque du corps d'une écrevisse ou d'un limaçon, on voit la matière colorante se répandre presque aussitôt dans toutes les parties de l'organisme. Aussi toutes les injections qu'on fait chez les invertébrés sont-elles assimilables à des injections intra-veineuses.

Il y a donc, au point de vue de la rapidité de l'absorption, une sorte d'échelle entre les différents animaux. Les mammifères absorbent moins vite que les reptiles, les poissons et les batraciens ; les invertébrés absorbent plus vite encore.

Or la rapidité de l'absorption joue un rôle considérable dans la détermination de la dose mortelle. En effet, l'élimination des sels métalliques est très rapide, et, si l'absorption et l'élimination marchent de pair, il n'y aura pas d'empoisonnement.

Pour prendre un exemple, je suppose que la dose toxique soit de $0^{gr},5$; cette quantité de métal pourra être éliminée en 10 heures, je suppose ; si donc l'absorption se fait aussi en 10 heures, comme cela est le cas quand on injecte du chlorure de potassium sous la peau d'un lapin ou d'un chien, à aucun moment de l'expérience la dose toxique ne sera atteinte. Au contraire, si l'on a fait cette injection à une écrevisse, en quelques minutes tout le corps de l'animal sera saturé du poison, et, la dose toxique étant atteinte, il mourra très rapidement.

Aussi ne peut-on comparer d'une manière absolue les injections sous-cutanées faites chez les mammifères, les animaux à sang froid et les invertébrés.

Il est clair que ces différences n'ont d'intérêt que pour les poisons qui s'éliminent, et qui s'éliminent vite. Beaucoup d'alcaloïdes ne disparaissent de l'organisme qu'avec une grande lenteur. Une fois qu'ils ont pénétré dans la circulation, ils imbibent les tissus, et cette imbibition est permanente ou du moins difficilement dissociable. De même qu'un écheveau de soie, trempé dans un liquide coloré par de la fuchsine, conservera presque indéfiniment sa couleur, de même le système nerveux, irrigué par du sang empoisonné, fixera le poison et le conservera très longtemps. Alors, que l'absorption se fasse en une minute ou en une heure, les résultats seront identiques, puisqu'en une heure l'élimination a été à peu près nulle.

Mais, pour les sels métalliques que j'ai étudiés, l'imprégnation est loin d'être permanente : ils semblent en effet former des combinaisons dissociables qui s'éliminent facilement : le chlorure de rubidium et le chlorure de potassium, si, au bout de cinq ou six heures, ils n'ont pas déterminé la mort, restent décidément inactifs. Au contraire, le chlorure de lithium tue à la longue seulement, comme s'il ne pouvait pas être éliminé par les reins, et comme s'il imprégnait les tissus d'une manière permanente, comme font les métaux lourds et les alcaloïdes. Il s'ensuit qu'il est indifférent pour les sels de lithium que l'absorption se fasse avec lenteur ou rapidité, tandis que, pour l'empoisonnement par les sels de rubidium et de potassium, c'est un élément essentiel que cette rapide absorption.

Je puis en donner quelques exemples [1] :

Sur un chien, l'injection sous-cutanée de $0^{gr},40$ de potassium n'a pas déterminé la mort, alors qu'une dose de $0^{gr},046$ en injection intra-veineuse a déterminé immédiatement la mort par l'arrêt du cœur.

Dans une autre expérience, un chien reçoit 1 gramme de chlorure de potassium en injection intra-stomacale ; la ligature de l'œsophage est faite pour empêcher les vomissements. Le lendemain et les jours suivants il survit, sans présenter d'autres phénomènes que de la diarrhée et de l'hébétude.

A un autre chien, j'introduis $0^{gr},55$ de KCl dans l'estomac, et je fais ensuite la ligature de l'œsophage. La ligature de

---

1. *Tous* les chiffres sont *toujours* rapportés au poids du métal contenu dans le sel et à 1 kilogramme du poids de l'animal.

l'œsophage a été déliée cinq heures après l'expérience, et, quatre jours après, l'animal est guéri. Cette dose de $0^{gr},55$ n'a pas déterminé la mort.

Quatre jours après, l'animal étant guéri, on introduit dans la cavité péritonéale $0^{gr},21$ de KCl, mélangé avec $0^{gr}01$ de chlorhydrate de morphine. Au bout de dix minutes environ, les effets de la morphine se manifestent par un énorme ralentissement respiratoire, et cependant, une heure après, on n'aperçoit aucun des effets de l'empoisonnement par le potassium. Alors on introduit par la veine saphène, avec de grandes précautions, une dose de $0^{gr},03$ de KCl, qui détermine rapidement la mort par arrêt du cœur.

A un autre chien, enfin, on introduit dans l'estomac $0^{gr},7$ de KCl, et on fait la ligature de l'œsophage. L'animal survit, et, quatre jours après, sert à une autre expérience.

Ces expériences prouvent donc que le chlorure de potassium tue à dose beaucoup plus faible quand il est injecté dans les veines que quand il est introduit dans l'estomac.

Pour expliquer cette différence, on peut faire l'hypothèse d'une absorption lente et d'une élimination simultanée. Cette hypothèse est certainement vraie, car j'ai constaté que des solutions de ce sel, administrées dans l'estomac, sont difficilement absorbées. Par suite de leur concentration, elles absorbent plutôt l'eau du sang qu'elles ne passent dans le sang. Au bout de quelques heures, l'estomac est encore rempli de liquide, et c'est toujours trop tôt que j'ai enlevé la ligature de l'œsophage : car, même au bout de cinq heures, l'animal vomit encore, et le liquide qu'il a rejeté contient une bonne partie du chlorure de potassium qu'il a ingéré.

Peut-être aussi y a-t-il un autre élément dont on doive tenir compte. Voici l'expérience qui permet de faire une hypothèse à cet égard :

Si l'on mélange une solution de chlorhydrate de strychnine avec une solution saturée de chlorure de potassium, on observe rapidement, en une demi-minute environ, la formation d'un précipité cristallin, constitué, selon toute vraisemblance, par une combinaison de chlorure de potassium et de chlorhydrate de strychnine, moins soluble que l'une ou l'autre de ces substances prises isolément. Il y a d'ailleurs nombre d'exemples de ces combinaisons des sels minéraux avec les sels d'alcaloïdes (par exemple, les chloro-platinates, etc.).

Mais, si au chlorure de potassium on a ajouté au préalable une solution d'albumine, le précipité n'a plus lieu ; ce qui manifestement indique qu'il s'est fait un changement de constitution dans le chlorure de potassium, changement qui consiste en une combinaison de sel avec la matière albuminoïde. Il s'est formé alors un albuminate de chlorure de potassium qui entrave la formation du corps composé : chlorhydrate de strychnine de chlorure de potassium.

Par conséquent, sans vouloir tirer de cette petite expérience trop de conséquences, il n'en reste pas moins établi que le chlorure de potassium se combine à l'albumine, et c'est, selon toute vraisemblance, cette combinaison qui est toxique.

Si alors on injecte du chlorure de potassium sous la peau ou dans l'estomac, ce sel trouvera des matières albuminoïdes auxquelles il se combine, et alors son action toxique sera pour ainsi dire épuisée. Au contraire, étant injecté directement dans le système circulatoire, il épuisera son action sur le cœur, et la mort du muscle cardiaque sera la conséquence de ce contact direct avec le poison.

Ce qui résulte en tout cas de ces expériences, c'est que l'injection sous-cutanée, l'injection intra-veineuse et l'injection stomacale de chlorure de potassium ont des effets bien différents, la différence allant presque jusqu'au paradoxe. On ne peut pas tuer un chien (même en lui liant l'œsophage, pour empêcher le vomissement, qui est constant) en lui introduisant du chlorure de potassium dans l'estomac, tandis qu'une dose extrêmement faible, directement injectée dans une veine, le tue promptement.

MM. Aubert et Dehn [1] admettent que la dose toxique de K est d'environ 0gr,007 pour un chien d'un kilogramme en injection intra-veineuse. En injectant cette substance avec de grandes précautions (lenteur dans l'injection et solution très diluée), j'ai pu même porter la quantité de K injecté à 0gr,025, sans amener la mort; mais il y a, en tout cas, bien loin de cette minime quantité à l'énorme dose qu'on peut faire ingérer par l'estomac ou introduire sous la peau, sans que l'animal meure [2].

Il en est vraisemblablement de même avec les sels de rubidium. Le chlorure, injecté sous la peau, fait périr les lapins et les cobayes à la dose de 1gr,1 environ. Mais, si on l'injecte directement dans le sang, par exemple chez le chien, la dose toxique est bien plus faible. — Dans quatre expériences, très concordantes, j'ai trouvé que la dose toxique était de :

		gr.
1re expérience. .		0,611
2e	— ..	0,512
3e	— ..	0,490
4e	— ..	0,613
EN MOYENNE. .		0,556

chiffre moitié moindre que celui de la dose toxique des injections sous-cutanées [3]. Tout récemment, M. Botkine a présenté quelques expériences [4], où la dose toxique de chlorure de rubidium a été déterminée par lui à 0gr,04. Ce chiffre me paraît beaucoup trop faible, dû, selon toute vraisemblance, d'après moi, à ce que la solution a été injectée trop concentrée et trop rapidement. C'est ainsi seulement que je puis expliquer l'énorme désaccord entre mes expériences, où j'ai trouvé 0gr,55, et celles de M. S. Botkine qui a trouvé 0gr,04.

---

1. *Archives de Pflüger*, t. IX. p. 120.
2. M. James Blake a donné des chiffres tout à fait fantaisistes, qu'il me paraît inutile de discuter.
3. Ch. Richet, *Comptes rendus de l'Ac. des sciences*, 5 octobre 1885.
4. *Centralblatt für d. med. Wiss.*, 28 novembre 1885, p. 849.

Ce qui prouve bien la différence, au point de vue de l'absorption, entre ce qui passe sur les vertébrés à sang chaud, les vertébrés à sang froid et les invertébrés, c'est l'effet immédiat de l'injection d'une dose toxique minimum de chlorure de potassium.

Cette dose est, d'après les nombreuses expériences que je rapporterai plus loin, voisine de $0^{gr},45$. Or, cette même dose, injectée sous la peau à un cobaye, à un poisson, à une écrevisse, produira des effets bien différents. Sur le cobaye, elle ne sera absorbée qu'avec lenteur, et l'animal, s'il meurt, ne mourra qu'une heure après environ. Mais, chez ce même cobaye, si l'injection a été faite dans une veine ou dans une cavité à absorption rapide, comme le péritoine, la mort sera presque instantanée.

Sur l'*écrevisse*, *la mort est toujours instantanée.*

Sur le poisson, il suffit d'une ou deux minutes pour que les effets toxiques se déclarent. Deux minutes après l'injection, l'animal est très malade, en état de mort apparente, n'ayant pas de réflexes, pour ainsi dire, et faisant de rares inspirations. S'il doit se rétablir, graduellement il reviendra à l'état normal, et, s'il doit mourir, c'est en un quart d'heure, au plus, que la mort se déclare.

Autrement dit, le maximum des effets du poison s'observe chez le cobaye, une demi-heure après l'injection sous-cutanée ;

Chez le chien, après injection veineuse, immédiatement ;

Chez l'écrevisse, après injection sous-cutanée, immédiament ;

Chez le poisson, après injection sous-cutanée, deux ou trois minutes après.

Or, ces différences dans le moment où apparaissent les effets maxima du poison tiennent en grande partie à la rapidité de l'absorption.

C. — *Effets des sels de lithium.*

Les sels de lithium diffèrent des autres sels de potassium et de rubidium, par la rapidité moins grande de leur action ; la comparaison est donc délicate à faire [1].

En effet, si l'on injecte à un lapin 0^{gr},1 de lithium, l'animal meurt au bout de deux ou trois jours, fatalement. Par suite des progrès de l'intoxication, sa température s'abaisse graduellement, les battements du cœur s'affaiblissent, l'alimentation ne se fait plus, et le poids du corps diminue beaucoup. Il est donc certain que la dose toxique a été atteinte ; tandis qu'avec les chlorures de potassium ou de rubidium, si la mort n'est pas survenue en vingt-quatre heures, l'animal se rétablira.

A vrai dire, il n'y aurait aucune difficulté à juger de la toxicité ou de l'innocuité de ces sels si ce rétablissement était définitif. Mais il n'en est pas ainsi ; car l'injection, dans le tissu cellulaire sous-cutané, d'une quantité considérable de substance caustique provoque une suppuration, une escarre, qui parfois guérit, mais qui, souvent aussi, fait périr l'animal en quelques jours. Il est donc impossible d'attribuer au poison cette mort tardive, et l'on est forcé de distinguer, dans

---

1. Il faut tenir compte aussi d'une complication sur laquelle j'ai insisté ailleurs [Expériences d'inhibition sur la grenouille (*Bulletin de la Société de Biologie*, 1883, p. 456)]. L'injection de solutions salines concentrées produit une douleur extrêmement vive, de l'agitation et des cris, chez les chiens, les lapins et les cobayes ; mais, chez les animaux à sang froid, ces symptômes sont remplacés par des phénomènes d'inhibition, c'est-à-dire cessation des mouvements spontanés ou réflexes, abolition de la respiration, inertie complète, etc., tous phénomènes qui disparaissent rapidement.

Il est assez difficile de démêler ce qui appartient soit à l'action toxique de la substance rapidement absorbée, soit à l'influence d'une excitation périphérique agissant sur les nerfs sensitifs, et, de là, sur le système nerveux central.

M. Naurocki a donné, dans le *Jahresberichte d'Hofmann*, pour 1882, t. XI, *Phys.*, p. 220, l'analyse d'un travail étendu de M. Nikanoroff, sur l'action des sels de lithium. M. Nikanoroff a constaté que le chlorure de lithium est diurétique. Mais il a surtout étudié l'action de ce sel sur le cœur et la circulation, étude que je n'ai pas entreprise.

les effets tardifs, ceux qui sont dus à l'action toxique même, et ceux qui sont dus à une suppuration prolongée.

Les sels de lithium produisent chez le chien, outre un affaiblissement extrême de toutes les fonctions du système nerveux, une diarrhée intense. C'est le premier phénomène qui apparaît, tandis que les troubles nerveux se montrent un peu plus tard.

Si la dose est forte, la mort est rapide, même quand l'injection a été faite sous la peau. Ainsi l'injection sous-cutanée de 0^{gr},23 de lithium a fait mourir un chien en une heure et demie.

La respiration artificielle n'empêche pas la mort, qui semble survenir, non par arrêt respiratoire, mais par arrêt du cœur, arrêt progressif, et non immédiat, comme dans la mort par les chlorures de rubidium ou de potassium, et par épuisement général du système nerveux.

L'expérience suivante montre bien les effets du lithium à longue distance :

A un chien du poids de 9 kilogrammes, je fais l'injection sous-cutanée de 1^{gr},2 de lithium, à l'état de chlorure, soit, par kilogramme, environ 0^{gr},130.

Vingt-quatre heures après, l'animal est mourant. Il a des tremblements convulsifs et des contractures cloniques lentes, avec extension générale de tout le corps, qui se répètent à intervalles réguliers, toutes les trois ou quatre minutes. Sa température est de 24°,75, quoique la température extérieure soit très élevée, étant de 21°,2.

Les lapins, les pigeons, les cobayes, à qui l'on injecte les sels de lithium, succombent en deux, trois ou même quatre jours, en présentant toujours ces mêmes symptômes : affaiblissement général, titubation, impuissance de la motilité. refroidissement général. Tout se passe comme si l'élément atteint était l'élément nerveux. qui préside aussi bien à l'innervation motrice qu'à la fonction chimique des tissus.

Chez les poissons, les grenouilles, les écrevisses. c'est

encore cette impuissance de l'innervation qui domine, quoique les caractères en soient moins nets. Un symptôme constant, c'est la décoloration des tissus. Les tanches et les grenouilles, avant de mourir, deviennent tout à fait pâles, et même cette décoloration est souvent limitée au côté où a été faite l'injection.

D. — *Effets des sels de potassium et de rubidium.*

Les effets des sels de potassium et de rubidium se ressemblent beaucoup entre eux, à ce point qu'on peut les comprendre dans une commune description. Un sel de potassium injecté dans le système circulatoire est toxique par l'arrêt du cœur. De même, quoique à une dose beaucoup plus forte, est toxique le chlorure de rubidium; de sorte que la respiration artificielle ne change pas la limite de la dose toxique. Le cœur d'abord augmente de force, pour diminuer ensuite graduellement jusqu'au moment de la mort, qui survient par arrêt brusque de la fonction cardiaque.

Même par des injections sous-cutanées, on peut encore produire la mort par arrêt du cœur, notamment chez les pigeons; et le sel de potassium le plus favorable à cet effet est l'iodure. Une dose relativement faible d'iodure de potassium, soit $0^{gr},3$ de métal par kilogramme, détermine souvent la mort immédiate chez les pigeons, même lorsque l'injection est faite ailleurs que dans les veines, soit dans l'épaisseur du muscle grand pectoral, région qui dans toutes mes expériences a été celle que j'ai prise pour lieu d'élection. La respiration continue à se faire pendant une demi-minute environ avec de grands bâillements; mais le cœur s'est arrêté, et l'animal meurt ainsi subitement.

Avec les sels de rubidium on obtient parfois les mêmes effets, mais moins souvent qu'avec le potassium.

Il y a donc, avec les sels de potassium et de rubidium, deux manières de mourir : la mort lente par affaiblissement

graduel du système nerveux, et la mort prompte par paralysie de la fonction cardiaque.

Mais mon but ici est bien moins d'étudier les effets toxiques
de ces substances que de déterminer la dose mortelle. Aussi
ces courtes indications suffisent-elles.

E. — De la dose mortelle minimum.

J'ai insisté précédemment sur les erreurs inévitables relatives soit au poids de l'animal, soit à la quantité de substance
injectée; deux causes d'erreur qui suffisent pour expliquer
les divergences, relativement minimes, qu'on trouvera dans
les chiffres qui vont suivre.

Je dois cependant donner encore quelques détails sur le
moyen d'appréciation de la dose mortelle.

Pour cela je prendrai l'exemple suivant :

Doses mortelles de chlorure de potassium chez les poissons.

gr.		gr.	
0,12	Survie.	0,45	Mort.
0,12	—	0,46	Survie.
0,30	—	0,47	Mort.
0,35	—	0,50	Survie.
0,38	—	0,50	—
0,41	—	0,50	Mort.
0,42	Mort.	0,55	—
0,44	Survie.	0,56	—
0,44	—	0,72	—
0,44	—	0,85	—

Il y a évidemment une certaine contradiction dans ces expériences, puisqu'un animal est mort avec une dose de $0^{gr},42$
et deux autres ont survécu avec une dose de $0^{gr},50$. Mais, dans
ce cas, il faut examiner avec attention la série des expériences.
On voit alors que la mort à la dose de $0^{gr},42$ est isolée, pour
ainsi dire, due soit à un accident — j'appelle accident l'intoxication aiguë, par pénétration trop rapide du poison dans le
cœur — soit à une erreur dans le poids de l'animal ou la

quantité de substance injectée. Au contraire, à partir de 0ᵍʳ,45,
la mort semble être la règle. On peut donc admettre le chiffre
de 0ᵍʳ,45 comme étant la dose mortelle minimum ; ou même,
en tenant compte de la moyenne entre 45 et 50, prendre le
chiffre de 0,47.

En tout cas, l'erreur maximum sera comprise entre les
chiffres de 0,41 et de 0,55, puisque, jusques et y compris la
dose de 0,41, les animaux ont survécu, tandis qu'à partir de
0,55 les animaux ont toujours succombé. Or, si l'on prend la
moyenne arithmétique de 0,41 et de 0,55, on trouve 0,48, qui
concorde très bien avec les chiffres précédents.

Une précision plus grande est impossible à atteindre dans
ce genre d'expériences, et il nous semble que c'est déjà un
résultat satisfaisant que d'arriver à hésiter entre des chiffres
aussi voisins que 0,45, 0,47 et 0,50.

Nous pourrions ainsi discuter les autres séries d'expériences. Mais cette discussion paraîtrait pénible et inutile, et
nous nous contenterons de donner sous la forme de tableaux
les résultats obtenus.

TABLEAU I

Chlorure de lithium (doses diverses) (*a*).

POISSONS.	TORTUES.	GRENOUILLES.	PIGEONS.	COBAYES	LAPINS.	CHIENS.	ÉCREVISSES.	LIMAÇONS.
0,045 V	0,028 V	0,080 V	0,040 V	0,023 V	0,058 V	0,040 V	0,031 V	0,053 V
0,050 V	0,043 V	0,080 V	0,046 V	0,052 V	0,064 V	0,054 V	0,038 V	0,078 V
0,056 V	0,107 V	0,091 M¹	0,056 V	0,074 V	0,082 V	0,063 M	0,040 V	0,090 V
0,056 V	0,108 V	0,095 V	0,060 V	0,076 V	0,085 V	0,117 M	0,050 V	0,093 V
0,064 V	0,119 V	0,100 V	0,072 V	0,082 V	0,088 M	0,130 M	0,051 V	0,094 V
0,068 V	0,131 V	0,100 V	0,077 V	0,084 V	0,091 M	0,143 M	0,051 V	0,114 M
0,070 M¹	0,140 M	0,102 V	0,082 V	0,090 V	0,095 M	0,230 M	0,052 V	0,120 M
0,072 V	0,160 M	0,110 V	0,087 M	0,111 M	0,099 M		0,052 V	0,128 M
0,080 V	0,800 M	0,111 V	0,092 M	0,112 M	0,105 M		0,057 M	0,130 M
0,083 V	0,900 M	0,114 V	0,098 M	0,125 M	0,111 M		0,068 M	0,132 M
0,090 M		0,114 V	0,110 M	0,130 M	0,120 M		0,075 V	0,150 M
0,090 V		0,129 M	0,139 M	0,137 M			0,076 V	0,160 M
0,100 M		0,140 V		0,144 M			0,078 M	0,172 M
0,108 M		0,142 V		0,159 M			0,086 M	0,190 M
0,122 M		0,150 M		0,192 M			0,093 M	0,240 M
0,160 M		0,200 M					0,130 M	0,520 M
		0,200 M					0,160 M	
		0,220 M					0,160 M	
		0,420 M					0,480 M	
							0,320 M	
							0,410 M	

1. Erreur vraisemblable.

(*a*) Les lettres V et M signifient : V, survie; M, mort de l'animal.

Chlorure de potassium (doses diverses).

POISSONS.	TORTUES.	GRENOUILLES.	PIGEONS.	COBAYES.	ÉCREVISSES.	LIMAÇONS.
0,12 V	0,30 V	0,19 V	0,30 V	0,22 V	0,18 V	0,39 V
0,12 V	0,35 V	0,33 V	0,35 V	0,39 V	0,21 V	0,50 V
0,30 V	0,40 V	0,36 V	0,35 V	0,43 V	0,22 V	0,52 V
0,35 V	0,42 V	0,43 M	0,35 V	0,43 V	0,27 V	0,56 V
0,38 V	0,43 V	0,43 V	0,40 V	0,45 V	0,29 M	0,60 V
0,41 V	0,44 M	0,43 M	0,45 V	0,45 M	0,34 M	0,60 V
0,42 M	0,47 M	0,50 V	0,45 V	0,50 V	0,35 M	0,60 V
0,44 V	0,50 V	0,50 M	0,45 M	0,53 V	0,40 V[1]	0,65 M
0,44 V	0,50 M	0,53 V	0,46 V	0,55 M	0,41 M	0,68 M
0,44 V	0,61 M	0,60 V	0,46 V	0,55 M	0,41 M	0,72 M
0,45 M		0,63 M	0,48 M	0,57 V	0,51 M	0,78 M
0,46 V		0,73 V[1]	0,50 V	0,60 M	0,64 M	0,80 M
0,47 M		0,90 M	0,54 V	0,63 M		0,82 V
0,50 V			0,55 M	0,66 M		0,93 V[1]
0,50 V			0,55 M	0,68 M		1,00 V[1]
0,50 M			0,56 M	0,70 V[1]		1,00 V[1]
0,55 M			0,60 M			1,05 M
0,56 M			0,67 M			1,15 M
0,72 M						1,30 V[1]
0,85 M						1,40 M

1. Erreur vraisemblable.

TABLEAU III

Chlorure de rubidium (doses diverses).

POISSONS.	TORTUES.	GRENOUILLES.	PIGEONS.	COBAYES.	LAPINS.	CHIENS [2].	ÉCREVISSES.	LIMAÇONS.
0,08 V	0,68 V	0,39 V	-0,46 V	0,28 V	0,58 V	0,297 M	0,12 V	0,24 V
0,35 V	0,79 V	0,45 V	0,78 V	0,32 V	0,65 V	0,490 M	0,23 V	0,32 V
0,36 V	0,80 V	0,60 V	0,80 V	0,51 V	0,80 V	0,512 M	0,24 V	0,52 V
0,43 V	1,00 V	0,64 V	0,83 V	0,54 V	0,82 V	0,611 M	0,36 V	0,54 V
0,56 V	1,05 M	0,66 V	0,87 V	0,54 V	1,00 V	0,613 M	0,36 V	0,82 V
0,70 V	1,11 M	0,74 M [1]	0,94 V	0,70 V	1,06 M		0,36 M	0,82 V
0,73 M	1,14 M	0,78 V	0,94 M	0,70 V	1,09 V		0,45 V	0,85 V
0,74 M	1,48 M	0,80 V	1,01 V	0,70 V	1,12 M		0,45 M	0,92 V
0,75 M		0,92 V	1,07 V	0,71 V	2,50 M		0,51 M	0,93 V
0,77 M		0,93 M	1,09 V	0,79 V			0,53 M	1,05 V
0,82 V		0,95 M	1,00 M	0,89 V			0,56 M	1,06 V
0,84 V [1]		0,97 V	1,16 M	0,94 V			0,60 V	1,14 V
0,85 M		1,00 M		0,95 V			0,61 M	1,14 V
0,91 V [1]		1,00 M		0,99 V			0,66 M	1,17 V
1,04 M		1,10 V		1,00 M			0,73 M	1,20 V
1,04 M		1,10 M		1,00 M			0,82 M	1,30 V
		1,18 M		1,09 V			0,82 M	1,36 V
		1,60 M		1,09 V			0,84 M	1,40 V
		1,80 M		1,10 M			1,08 M	1,40 V
		1,80 M		1,10 V			1,44 M	1,50 V
		2,00 M		1,13 M			2,28 M	1,60 M
		2,60 M		1,14 M			5,16 M	1,70 V
		3,80 M		1,20 M				1,77 V
				1,28 V [1]				1,83 M
				1,40 V [1]				2,00 M
				1,60 M				
				2,57 M				

1. Erreur vraisemblable. — 2. Injection intraveineuse.

BROMURE DE LITHIUM.			IODURE DE LITHIUM.			BROMURE DE POTASSIUM.		
POISSONS.	PIGEONS.	COBAYES.	POISSONS.	PIGEONS.	COBAYES.	POISSONS.	PIGEONS.	COBAYES.
0,088 V 0,100 M 0,106 V 0,110 V 0,120 V 0,125 M 0,130 M 0,139 M 0,150 M 0,161 M 0,165 M 0,183 M	0,033 V 0,054 V 0,057 V 0,060 V 0,061 M 0,065 M 0,085 M 0,103 M 0,123 M	0,079 V 0,101 V 0,110 V 0,115 M 0,122 M 8,130 M	0,047 V 0,092 V 0,115 M	0,042 V² 0,046 V 0,052 M 0,060 M 0,070 M 0,078 M 0,091 M	0,085 V 0,116 M 0,118 M	0,40 V 0,42 V 0,43 V 0,52 V 0,52 V 0,57 V 0,61 M 0,73 M	0,31 V 0,37 V 0,45 M 0,54 M	0,36 V 0,44 M 0,53 M

IODURE DE POTASSIUM.			BROMURE DE RUBIDIUM.			IODURE DE RUBIDIUM.		
POISSONS.	PIGEONS.	COBAYES.	POISSONS.	PIGEONS.	COBAYES.	POISSONS.	PIGEONS.	COBAYES.
0,22 V 0,25 V 0,25 V 0,34 V 0,39 M[1] 0,41 V 0,43 V 0,44 V 0,50 V 0,50 M 0,56 M	0,21 V 0,22 V 0,24 M 0,29 M 0,32 M 0,33 M 0,35 V[1] 0,36 M 0,37 M	0,39 M 0,39 V	0,48 V 0,58 V 0,73 V 0,85 V 1,00 M	0,48 V 0,57 M 0,60 M 0,61 V 0,70 M	0,60 V 0,65 M 0,65 M	0,52 V 0,68 V 0,68 M[1] 0,78 V 0,82 V 0,85 M	0,50 V 0,51 V 0,54 M 0,59 M 0,73 M	0,68 V 0,70 M

1. Erreur vraisemblable. — 2. Ces pigeons ont survécu huit jours; mais ils ont fini par mourir.

TABLEAU IV

Doses mortelles minima des chlorures[1].

NOMBRE D'EXPÉRIENCES.	ESPÈCES.	LITHIUM.	POTASSIUM.	RUBIDIUM.	MOYENNES.
LXI	Limaçons	0,104	0,620	1,800	0,811
LVI	Écrevisses.	0,035	0.280	0,400	0,215
LIII	Poissons (Tanches .	0,090	0,450	0,720	0,420
XXVIII	Tortues	0,135	0,480	1,030	0,548
LV	Grenouilles	0,145	0,500	0,990	0,545
XXXIV	Pigeons.	0,084	0.520	1,100	0,568
LVIII	Cobayes.	0,100	0,550	1,050	0,566
XX	Lapins	0.087	"	1,090	"
	Moyennes. . .	0,100	0,486	1,022	0,533

De la seconde série d'expériences, on peut déduire les doses mortelles minima suivantes :

TABLEAU VI

Doses mortelles minima des bromures et des iodures.

NOMBRE D'EXPÉRIENCES.	ESPÈCES.	LITHIUM.	POTASSIUM.	RUBIDIUM.	MOYENNES.
	1° *Bromures.*				
XXV	Poissons. . . .	0,120	0,590	0,930	0.547
XVIII	Pigeons	0,060	0,410	0,590	0,353
XII	Cobayes	0,112	0.400	0,620	0,376
	Moyennes. .	0,097	0.466	0.732	0.425
	2° *Iodures.*				
XX	Poissons. . . .	0,105	0.500	0,840	0,482
XXI	Pigeons	0.048	0,230	0,500	0,259
VII	Cobayes	0,100	0,380	0.690	0,390
	Moyennes. .	0,084	0,370	0.677	0,377

1. Nous avons déjà présenté ce même tableau, qui résume nos premières

Nous pouvons présenter ces tableaux sous une autre forme, de manière à comparer la toxicité des chlorures, des bromures et des iodures, et, d'autre part, à comparer dans son ensemble la toxicité des trois métaux susdits : lithium, potassium et rubidium ; mais seulement pour les poissons, les pigeons et les cobayes.

TABLEAU VII

Toxicité moyenne des trois métaux.

ESPÈCES.	CHLORURES.	BROMURES.	IODURES.	MOYENNES.
Poissons.	0,419	0,547	0,182	0,483
Pigeons	0,568	0,353	0,259	0,393
Cobayes	0.566	0.376	0,390	0.414
	0,518	0,425	0,337	0,440

TABLEAU VIII

Toxicité moyenne des bromures, chlorures et iodures.

ESPÈCES.	LITHIUM.	POTASSIUM.	RUBIDIUM.	MOYENNES.
Poissons.	0,105	0,510	0,830	0,483
Pigeons	0,065	0,390	0,730	0,393
Cobayes	0.102	0.440	0,790	0,444
	0,518	0,447	0,783	0,440

Tels sont les faits expérimentaux.

Nous allons maintenant interpréter les résultats de ces nombreuses expériences.

recherches, avec quelques différences insignifiantes (*Comptes rendus de l'Académie des sciences*, 26 octobre 1885).

F. — *Effets des chlorures alcalins sur des animaux divers.*

Peu d'expériences avaient été faites, antérieurement à ces recherches, sur la toxicité comparée d'une même substance chez les animaux différents[1].

Il était cependant intéressant de voir si les animaux à sang chaud, à sang froid, de grande ou de petite taille, allaient subir de la même manière les effets du poison.

Un premier fait se dégage en toute évidence, c'est l'extrême sensibilité des écrevisses aux actions toxiques. Ainsi, alors que pour le chlorure de lithium la dose toxique moyenne chez les animaux divers est de 0^{gr},100 de métal, la dose toxique est moitié moindre pour les écrevisses, soit 0^{gr},055. Pour les chlorures de potassium et de rubidium il en est de même, et la moyenne des doses toxiques de ces divers métaux est, et pour les écrevisses, de 0^{gr},238, alors que, pour les autres animaux, elle est de 0^{gr},534.

Cette différence considérable ne tient probablement pas à une sensibilité plus grande du centre nerveux de l'écrevisse aux actions toxiques ; mais il s'agit d'une pénétration instantanée du poison dans le système circulatoire, de manière que le système nerveux est aussitôt empoisonné.

En un mot, chez l'écrevisse, toutes les injections sont *injections intra-veineuses*, c'est-à-dire que l'absorption est instantanée, au lieu d'être graduelle, comme dans les autres expériences.

---

1. Je trouve à cet égard le document suivant :

M. Anderson Stuart (cité dans le *Jahresberichte de Hofmann et Schwalbe*, 1882, p. 24), étudiant la dose toxique de nickel pour 1 kilogramme d'animal, a trouvé les chiffres suivants :

	grammes.
Grenouilles. .	0,051
Pigeons . . .	0,038
Cobayes . . .	0,019
Rats..	0,016
Chats.	0,0064
Lapins. . . .	0,0057
Chiens	0,0045

A côté de cette sensibilité des écrevisses, il faut placer la grande résistance des limaçons, résistance qui ne porte pas sur le lithium, mais qui ne porte que sur le potassium et le rubidium, et spécialement sur le rubidium.

S'agit-il là d'une résistance plus grande du tissu nerveux ou de certaines conditions particulières d'absorption? Je ne saurais le dire. Toutefois, comme les limaçons sont empoisonnés par les mêmes quantités de lithium que les autres animaux, cela prouve que la résistance de leur système nerveux n'est guère plus considérable. La différence entre le lithium et les deux autres métaux alcalins consiste surtout en ce que le lithium s'élimine mal. Or, les limaçons mettent très longtemps à mourir, ce qui permet, dans le cas de l'empoisonnement par le potassium et le rubidium, une progressive élimination.

Aussi pencherais-je à croire que, si le potassium et le rubidium ont besoin d'être injectés à forte dose pour tuer des limaçons, c'est que chez ces mollusques la mort survient lentement, et que l'élimination graduelle a alors le temps de s'établir.

En laissant de côté les écrevisses et les limaçons, nous trouvons que les autres animaux se comportent tous à peu près de la même manière, la moyenne oscillant entre les chiffres de $0^{gr},419$ et de $0^{gr},568$.

Mais même ces variations peuvent être interprétées, et l'interprétation qui me semble la plus vraisemblable, c'est que les différences qu'on constate sont dues principalement à la pénétration plus ou moins rapide du poison, d'une part, et, d'autre part, à son élimination plus ou moins rapide.

Chez les poissons, l'injection pénètre très vite dans le sang ; l'absorption, sans être aussi prompte que chez les écrevisses, est très rapide. De sorte que le maximum d'effet s'observe presque immédiatement après l'injection, tandis que, chez les animaux à sang chaud, la pénétration de la substance est plus lente : sauf certains cas accidentels, c'est un quart d'heure, une demi-heure, une heure et même deux heures après l'injection que s'observe le maximum d'effet. Les sels de potassium surtout, et spécialement les chlorures, sont très difficilement absorbés, et, comme je l'ai dit plus haut, il est presque impossible de tuer un chien par injection sous-cutanée de chlorure de potassium.

Malgré ces nuances, c'est un fait remarquable que cette égale sensibilité d'animaux divers aux poisons alcalins. Il aurait pu exister des différences énormes, comme celles qu'on constate pour certains poisons végétaux — pour l'atropine, par exemple, qui tue un homme à la dose d'un centigramme, et qui, à la dose d'un gramme, ne tue pas un lapin. — Mais ce n'est pas cela qu'on observe, c'est l'identité de la sensibilité au poison pour des êtres vivants aussi divers que des poissons, des tortues et des pigeons.

L'intérêt de cette constatation est considérable. Comme nous le montrerons, ces poisons agissent chimiquement, et alors l'identité de la dose mortelle prouve l'identité de la constitution chimique des centres nerveux qui subissent l'action du poison. Chez les animaux d'ordres très différents, le système nerveux est donc constitué par les mêmes éléments chimiques, les mêmes éléments anatomiques, et il y a une toxicologie générale, comme il y a une physiologie générale.

Mais, si des animaux on passe aux végétaux, on constate ce fait remarquable que le potassium n'est pas un poison. Cela prouve que le potassium n'est pas un poison de toute cellule vivante, mais seulement de la cellule nerveuse [1]. L'ammonium est dans le même cas.

G. — *Effets de la température extérieure.*

Une condition qui, à ma connaissance, n'a pas encore été étudiée, et qui, cependant, doit être prise en sérieuse considération, c'est la température extérieure.

Mes expériences sur les chlorures ont été faites à la fin de

[1]. Voir plus haut, page 440.

l'été et au commencement de l'automne, par des températures moyennes de 15 à 23°, tandis que les expériences qui portent sur les iodures et les bromures ont été faites plus tard, en hiver, par des températures de 0 à 10°. Si alors on compare la sensibilité des poissons, pigeons et cobayes à ces diverses périodes, on voit un fait, qui paraît paradoxal et qui est en réalité fort simple : *en été les pigeons et cobayes sont plus résistants que les poissons, tandis qu'en hiver ils sont beaucoup moins résistants.*

Le tableau suivant va en donner la démonstration. Soit la dose nécessaire pour tuer les poissons égale à 100, nous avons :

TABLEAU IX

SAISONS.	POISSONS.	PIGEONS.	COBAYES.	NATURE DES SELS.
Été..	100	135	135	Chlorures.
Hiver..	100	63	76	Bromures.
Hiver..	100	62	80	Iodures.

Il me paraît impossible d'admettre que le chlorure de lithium soit plus toxique pour les tanches que pour les pigeons, alors que le bromure et l'iodure seraient plus toxiques pour les pigeons que pour les tanches. C'est, en effet, ce qui résulte des chiffres bruts donnés dans le tableau qui précède, et ce qui est plus évident encore, quand, au lieu de prendre la moyenne des sels des trois métaux, on ne prend que les sels de lithium.

TABLEAU X

SAISONS.	POISSONS.	PIGEONS.	SELS.
Été.	0.090	0.084	Chlorures.
Hiver.	0,120	0,060	Bromures.
Hiver..	0,105	0,048	Iodures.

Au contraire, ce phénomène paradoxal s'explique très bien, si l'on songe aux conditions physiologiques différentes que crée le froid aux animaux à sang chaud et aux animaux à sang froid.

S'il est vrai que l'action toxique soit une action chimique, comme toutes nos expériences semblent le prouver, il s'ensuit que, comme toutes les actions chimiques, elle doit être exaltée par la chaleur et ralentie par le froid. Or les tissus des animaux à sang froid, c'est-à-dire à température variable, sont froids en hiver, chauds en été, se conformant à la température du milieu qui les entoure. Il s'ensuit que pendant l'hiver les actions toxiques, se passant dans un tissu froid, sont lentes et peu énergiques, tandis qu'en été, ayant lieu dans un tissu chaud, elles sont plus actives et plus puissantes [1].

Il n'est alors rien de surprenant à voir des poissons résister longtemps en hiver à des doses qui, en été, seraient pour eux rapidement mortelles. C'est précisément l'inverse qui se voit pour les pigeons, et l'explication en est très simple.

Les sels de lithium, de potassium, de rubidium sont des poisons du système nerveux, et en particulier du système nerveux central, qui préside aux fonctions de nutrition et de résistance au froid. Le système nerveux d'un animal intact est sans cesse en lutte contre le froid extérieur, afin que la température interne ne varie pas; mais si, dans cette résistance au froid, le système nerveux est vaincu, l'animal se refroidit et meurt.

C'est ce qui se passe pour les pigeons empoisonnés en hiver. On affaiblit, par le poison, leur système nerveux, et,

---

1. J'ai montré (*Bullet. de la Soc. de Biol.*, 1885, p. 239) que les poissons sont empoisonnés plus facilement quand la température de l'eau est chaude que quand elle est froide; et j'ai montré aussi que, pour les microbes, cette influence de la chaleur sur l'activité du pouvoir toxique s'observe très nettement. Une dose de 0,05 de mercure, qui est sans action sur la vie des microbes à 15°, est pour eux toxique et empêche leur développement à 40°. (Voy. aussi SAINT-HILAIRE, *Trav. du Laborat.*, t. I, p. 422.)

dès que la résistance au froid ne peut plus se faire, l'animal meurt refroidi, épuisé.

La démonstration de ce fait est bien simple. Nous avons vu plus haut que la dose toxique du chlorure de lithium était en été pour les pigeons de $0^{gr},085$. J'ai donné à un pigeon, en hiver, une dose de $0^{gr},054$ du même sel, et la mort est survenue en moins de quarante-huit heures. Et, cependant, en été, des doses de $0^{gr},056$, $0^{gr},072$ et $0^{gr},082$ n'ont pas été mortelles.

J'ai pris deux pigeons en hiver; mais l'un d'eux est resté au froid extérieur, voisin de 6°, tandis que l'autre a été placé à l'étuve. Celui de l'étuve (qui à la partie inférieure est d'environ 21°) a reçu $0^{gr},83$ de LiCl (en poids de Li,) tandis que celui du froid a reçu $0^{gr},81$ du même sel. C'est celui qui a été exposé au froid qui est mort, tandis que l'autre est maintenant tout à fait rétabli et très bien portant.

La dose non toxique de chlorure de rubidium étant, d'après mes expériences de l'été, pour des pigeons, de $0^{gr},78$; $0^{gr},80$; $0^{gr},83$; $0^{gr},87$; j'ai, en hiver, à un pigeon que j'ai laissé au froid, injecté $0^{gr},73$ de ce même sel (en Rb), et il est mort en moins de quarante-huit heures.

Voici d'ailleurs toute une série d'expériences faites avec les chlorures de lithium et de rubidium, en hiver. On les comparera aux tableaux précédents

CHLORURE DE LITHIUM (*pigeons*).

Pigeons dans l'étuve.	Pigeons au froid.
0,103 Mort.	0,081 Mort.
0,083 Vie.	0,056 Mort.
0,082 Mort.	0,052 Vie.
0,072 Vie.	0,050 Mort.
0,066 Mort[1].	0,045 Mort.
0,063 Mort[1].	0,043 Mort.
0,058 Mort[1].	0,043 Vie.
	0,032 Vie.
	0,025 Vie.

1. Dans ces trois dernières expériences, par suite d'un accident, la température de l'étuve s'était abaissée.

CHLORURE DE RUBIDIUM (*pigeons*).

Pigeons dans l'étuve.	Pigeons au froid.
0,69 Vie.	0,73 Mort.
0,65 Vie.	0,55 Vie.
0,60 Vie.	0,44 Vie.
	0,40 Mort.
	0,39 Vie.

Ainsi, malgré quelques irrégularités, l'exposition au froid diminue énormément la dose toxique : alors qu'elle est en été de 0,084 pour le lithium, elle est en hiver, de 0,043, soit plus faible de moitié [1]. Au contraire, chez les poissons, on voit un phénomène à peu près inverse [2].

CHLORURE DE LITHIUM (*poissons en hiver, par une température moyenne de 4° à 6°*).

0,245	Mort en	8 jours.	0,124	Mort en	6 jours.
0,235	—	11 —	0,115	--	5 —
0,191	--	5 —	0,115	--	6 —
0,185	—	6	0,110		4 —
0,150	—	8 —	0,104	—	6 —
0,150	—	6 —	0,088	Vie.	
0,135	—	6 —	0,084	Mort en	6 —
0,126	--	11 —	0,084	Vie.	
0,125	—	8 —			

A vrai dire, ce n'est donc pas tant la dose mortelle qui varie chez les poissons avec la température extérieure que la durée de l'intoxication. En été, une dose de 0,15 de lithium tue un poisson sûrement et sans rémission en moins de vingt-quatre heures, tandis qu'il faut en hiver près d'une semaine pour que l'animal soit complètement mort.

La respiration se fait alors très lentement, d'une manière imparfaite. Le poisson est couché sur le flanc, ne faisant d'autres mouvements que de très rares et irrégulières contractions des ouïes ; mais il n'en vit pas moins, et cet état

1. Je me suis assuré, par un dosage direct de chlore, de la teneur de mes solutions en métal.

2. Comparer à ces chiffres le tableau 1 où les expériences ont été faites en été. (Voy. plus haut, p. 456.)

persiste près d'une semaine. La peau est complètement décolorée, et, dès le second jour, le contraste est très frappant entre les poissons intacts qui sont très foncés, et les poissons intoxiqués qui sont tout à fait blancs, quoique respirant et se mouvant.

Ainsi le froid chez les poissons, s'il ne rend pas la dose mortelle nécessaire plus élevée, au moins rend les intoxications beaucoup plus lentes. L'élimination du poison ne se fait pas, et l'intoxication, même après une dose massive, est chronique. Quelle que soit la dose, la durée de la vie ne change pas [1]. On verra plus loin que l'injection de doses successives confirme tout à fait ce fait de la lenteur dans l'intoxication et de l'impuissance dans l'élimination du poison.

En résumé, la dose toxique mortelle est variable selon la température extérieure. Chez les animaux à sang froid, la dose toxique diminue avec la température; chez les animaux à sang chaud (au moins s'il s'agit de substances qui intoxiquent le système nerveux), elle augmente avec la température [2].

Ces faits relatifs à l'influence de la température montrent une fois de plus combien il est difficile en physiologie d'établir des règles absolues. Les conditions sont si variables, si changeantes, et elles exercent sur le sens des actions physiologiques une si puissante influence, qu'il faut être toujours extrêmement réservé dans ses conclusions. Nous ne dirons donc pas que, pour tuer un kilogramme d'oiseau, il faut une dose plus forte que pour tuer un kilogramme de poisson, mais seulement que le poisson est plus résistant en hiver que l'oiseau, et inversement en été.

Enfin nous dirons — et c'est là une conclusion très géné-

1. De même, dans l'empoisonnement par le curare, le temps nécessaire à l'asphyxie varie à peine avec la dose de poison, du moment qu'on a atteint la dose nécessaire. Cela prouve bien que le poison agit sur un seul élément anatomique.

2. Je suis porté à croire qu'il en est chez les cobayes comme chez les pigeons. Mais ils sont, contre le froid, mieux défendus par leur fourrure que les pigeons par leurs plumes. Au demeurant mes expériences sont moins nombreuses. Il est aussi évident que cette loi doit être plus vraie pour les petits animaux, dont la surface est peu développée, que pour les gros animaux, à déperdition calorique relativement minime.

rale — que les doses toxiques sont en moyenne à peu près les mêmes, et que la sensibilité égale des animaux divers à l'action toxique d'un même poison (minéral) semble une vérité bien établie.

II. — *Rapports de la toxicité avec le poids atomique.*

Nous touchons maintenant à la partie la plus intéressante du problème : à savoir la relation qui existe entre la puissance toxique et le poids atomique.

En 1867, RABUTEAU avait formulé cette très importante proposition, que les métaux sont d'autant plus toxiques que leur poids atomique est plus élevé. Mais cette loi, qui paraît si simple, est, si on la prend dans les termes donnés par l'auteur, absolument fausse, comme le montrent les chiffres suivants, déduits des expériences citées plus haut[1].

TABLEAU XI

Doses mortelles[1].

	EN POIDS de MÉTAL.	EN POIDS de SEL.	POIDS MOYEN du métal.	POIDS MOYEN du sel.
Chlorure de rubidium . .	0,957	1,35		
Bromure de rubidium . .	0,713	1,35	0,782	1,46
Iodure de rubidium . . .	0,677	1,69		
Chlorure de potassium. .	0,507	0,96		
Bromure de potassium. .	0,466	1,41	0,447	1,32
Iodure de potassium. . .	0,370	1,53		
Bromure de lithium . . .	0,097	1,20		
Chlorure de lithium . . .	0,091	0,54	0,091	1,11
Iodure de lithium	0,084	1,59		

1. Il va sans dire qu'on ne doit pas l'appliquer, comme cependant RABUTEAU avait la malheureuse idée de le faire, à d'autres métaux que ceux qui forment des séries homogènes. On ne peut comparer le rubidium au cuivre, ou au platine, ou au magnésium. Toute analogie est impossible entre ces corps si profondément différents.

2. Ces chiffres, pour être comparables, ne se rapportent qu'aux pigeons, poissons et cobayes.

Par conséquent, le rubidium est moins toxique que le potassium, et le potassium moins toxique que le lithium, et cela, dans des proportions considérables, puisqu'il faut huit fois plus de rubidium que de lithium pour obtenir le même effet mortel.

Ainsi la loi de Rabuteau, telle qu'il l'a formulée, est manifestement erronée, au moins pour les chlorures alcalins [2].

Mais il est possible de pousser plus loin l'analyse de ces faits de toxicologie. En effet, on peut supposer *a priori* que les substances toxiques agissent chimiquement sur l'organisme, et alors leur action doit être proportionnelle, non à leur poids absolu, mais à leur poids moléculaire.

Pour prendre un exemple, les quantités de chlorures, de bromures ou d'iodures de lithium, de potassium ou de rubidium, qui décomposent par double décomposition une molécule d'acétate d'argent, sont proportionnelles aux poids moléculaires, c'est-à-dire qu'il faudra, pour une dose de 168 grammes d'acétate d'argent, les doses des :

	grammes.			
Chlorure de rubidium . .	120	soit	85	de Rb
Bromure — . .	165	—	85	—
Iodure — . .	212	—	85	—
Chlorure de potassium . .	74	—	39	de K
Bromure — . .	119	—	39	—
Iodure — . .	166	—	39	—
Chlorure de lithium . . .	42	—	7	de Li
Bromure — . . .	87	—	7	—
Iodure — . . .	134	—	7	—

Ainsi des doses également efficaces devront être proportionnelles aux poids moléculaires.

1. Rabuteau, qui était un excellent observateur, avait été, malgré le désir de voir sa théorie se justifier, forcé de reconnaître que sa loi ne peut pas s'appliquer au lithium, et il avait admis que le lithium ne rentre pas dans le groupe des métaux alcalins, proposition qui est évidemment inadmissible, la série des métaux alcalins étant tout à fait homogène. Nous verrons plus loin que, dans la fonction périodique de Mendeléeff, le lithium, le potassium et le rubidium forment un groupe primordial, tandis que le césium et le sodium forment un groupe intermédiaire.

Nous allons faire cette application aux doses mortelles minima, afin de chercher si, à ce point de vue, il n'y aurait pas identité d'action entre les divers sels métalliques.

TABLEAU XII

Doses mortelles moléculaires minima[1].

		LITHIUM.	POTASSIUM.	RUBIDIUM.	MOYENNES.
Chlorures.	Poissons . .	0,0126	0,0115	0,0085	0,0109
	Tortues. . .	0,0193	0,0123	0.0121	0.0146
	Grenouilles.	0,0207	0,0129	0,0109	0,0148
	Pigeons . .	0,0120	0,0133	0,0129	0,0127
	Cobayes . .	0,0117	0,0141	0,0123	0,0137
	Lapins . . .	0,0124	»	0,0128	0,0126
	Moyenne. . .	0,0152	0,0128	0,0116	0,0132
Bromures.	Poissons . .	0,0171	0,0151	0,0109	0,0144
	Pigeons. . .	0,0086	0,0104	0,0070	0,0087
	Cobayes . .	0,0160	0.0103	0.0073	0,0112
	Moyenne. . .	0,0139	0,0119	0,0084	0,0114
Iodures. .	Poissons . .	0,0150	0,0128	0,0098	0,125
	Pigeons. . .	0,0069	0,0059	0,0059	0,062
	Cobayes . .	0,0143	0,0100	0,0081	0,104
	Moyenne. . .	0,0121	0,0095	0,0079	0,0097
Moyennes générales. .		0,0143	0,0111	0,0093	0,0115

1. Nous éliminons de ce tableau les limaçons et les écrevisses. qui, pour les raisons données plus haut, s'éloignent notablement des autres animaux. Pour effectuer ce calcul, nous avons simplement divisé les poids indiqués précédemment par le poids atomique du métal en question. Ainsi la dose de 0,100, donnée comme limite pour le lithium, devient $\frac{0,100}{7}$, soit 0,0143, etc.

Si nous prenons les poids, non plus de métal. mais de sel, en comparant leur poids moléculaire à leur poids toxique, nous avons les chiffres suivants.

En étudiant ce tableau, on y trouve nombre de faits intéressants que nous allons essayer de mettre en lumière :

1° Par suite des raisons données plus haut, on ne peut
comparer les expériences faites en été et les expériences faites
en hiver. C'est ce qui explique les divergences notables
qu'on trouve, à ce point de vue, entre les doses moléculaires
toxiques de l'été et celles de l'hiver (principalement pour le
lithium).

2° On ne peut comparer rigoureusement les animaux à
sang chaud et les animaux à sang froid. Il faut donc établir
nos comparaisons seulement entre les mêmes animaux, et
pour des expériences faites à la même température.

3° En tenant compte de ces faits, on voit que l'identité est
vraiment remarquable entre ces divers sels métalliques toxiques, si l'on n'envisage que leurs poids moléculaires. Ainsi,
la dose mortelle de lithium et la dose mortelle de rubidium.

Ils nous prouvent bien que la dose toxique nécessaire est, en poids absolu,
d'autant plus considérable que le poids moléculaire est plus élevé.

	Dose toxique.	Poids moléculaire.
	grammes.	grammes.
Rb I. . .	169	212
KI. . . .	159	166
Li I.. . .	591	134
K Br. . .	141	119
Rb Br. .	135	165
Rb Cl.. .	135	120
Li Br.. .	120	87
K Cl. . .	99	74
Li Cl. . .	54	42

Ce qui nous donne les rapports suivants pour la dose toxique de la molécule
de ces sels.

	grammes.
Li Br. .	138
K Cl. . .	130
Li Br. .	126
K Br . .	119
Li I. . .	118
Rb Cl. .	112
KI. . . .	95
Rb Br. .	81
Rb I.. .	79

Ces chiffres sont assez proches les uns des autres pour que nous regardions
comme assez vraisemblable que c'est tel ou tel poids de la molécule qui est toxique, et non tel ou tel poids absolu du sel.

chez les lapins, sont exactement proportionnelles au poids moléculaire (0,0124 et 0,0128).

De même, chez les pigeons, nous avons les doses suivantes, très voisines :

TABLEAU XIII

SAISONS.	LITHIUM.	POTASSIUM.	RUBIDIUM.	NATURE DES SELS.
En été.	0,012	0,013	0,013	Chlorures.
En hiver.	0,009	0,010	0,007	Bromures.
En hiver.	0,007	0,006	0,006	Iodures.

4° En prenant les maxima des variations, malgré les causes d'erreurs expérimentales, malgré les divergences dues à des espèces variables et à des températures variables, nous trouvons que le maximum est de 0,0207 (chlorure de lithium pour les grenouilles) et le minimum de 0,0059 (iodure de rubidium pour les pigeons). C'est une différence de 1 à 3, différence qui est assurément très grande, mais qui est bien moindre cependant que la différence du poids atomique du lithium et du rubidium. Autrement dit : si le lithium et le rubidium étaient, à poids égal, également toxiques, on devrait trouver, non pas une différence de 1 à 3, mais une différence de 1 à 12 dans la quantité nécessaire pour amener la mort.

5° Par là se peut déduire cette loi qui paraît très importante : c'est que les substances chimiques similaires agissent sur l'organisme proportionnellement, non à leur poids absolu, mais à leur poids moléculaire. Il se passe quelque chose d'analogue à cette décomposition de l'acétate d'argent dont nous donnions plus haut l'exemple. De même que pour la décomposition de l'acétate d'argent on envisage les poids moléculaires et non les poids absolus; de même, pour empoisonner un même poids d'animal vivant, il faut un même poids moléculaire d'un de ces sels alcalins. De là cette conclusion qui est de la plus haute importance, c'est que les poisons agissent *chimiquement*, à la manière des substances chimiques.

6° Si nous prenons la moyenne générale, nous trouvons le chiffre : 0,0115. Nous pouvons donc calculer ainsi à peu près la quantité de métal qui sera toxique. Soit un animal pesant n kilogrammes, et un sel alcalin quelconque (dont l'acide n'aura pas de propriété toxique); soit P le poids atomique de ce métal, la quantité minimum de substance nécessaire pour tuer l'animal sera environ : $\dfrac{P \times 0{,}115}{n}$[1].

7° Mais, quelle que soit l'identité de ces divers sels métalliques, il n'en reste pas moins des différences notables dans la toxicité des métaux alcalins, même à molécule égale, comme le prouvent les chiffres suivants, déduits des moyennes des tableaux qui précèdent :

TABLEAU XIV

MÉTAUX.	LITHIUM.	POTASSIUM.	RUBIDIUM.	MOYENNES.
Chlorures..	0,0152	0,0135	0,0116	0,0134
Bromures..	0,0139	0,0119	0,0084	0,0114
Iodures..	0,0121	0,0095	0,0079	0,0097
Moyennes générales.	0,0143	0.0111	0,0093	0,0115

Par conséquent, dans ces trois séries d'expériences, toujours la molécule du sel de lithium a été moins toxique que la molécule du sel de potassium, toujours la molécule du sel de potassium a été moins toxique que la molécule du sel de rubi-

---

1. Pour prendre un exemple, et donner une application numérique immédiate, quelle sera la dose de sulfate de rubidium nécessaire pour tuer un lapin d'un kilogramme? Elle sera de P × 0,0115, c'est-à-dire de 0,98 environ, ce qui répond à environ 1,5 du sulfate anhydre. Il est donc permis ainsi de déterminer *a priori* la dose mortelle d'un sel alcalin quelconque.

dium. Ces faits sont de toute évidence, et ils ressortent avec une clarté indiscutable du tableau XIV[1].

8° Donc, nous pouvons formuler cette double loi :

A. *Pour des substances chimiques similaires, les doses toxiques sont à peu près proportionnelles au poids moléculaire, non au poids absolu.*

B. *Pour des poids moléculaires égaux, les métaux alcalins sont d'autant plus toxiques que leur poids atomique est plus élevé.*

Cette transformation de la loi posée par Rabuteau est indispensable, car, en la prenant telle qu'il l'avait formulée, on commet une erreur considérable. C'est à molécule égale et non à poids égal, que les métaux à poids atomique élevé sont plus toxiques que les métaux à poids atomique faible.

Même cette augmentation de toxicité est faible, puisque, la dose toxique étant de 100 pour le lithium, elle sera de 79 pour le potassium et de 63 pour le rubidium.

En outre, il faudrait bien se garder de généraliser en pareille matière. Les sels alcalins agissent selon toute vraisem-

TABLEAU XV

Doses toxiques moléculaires

	LITHIUM.	POTASSIUM.	RUBIDIUM.	MOYENNES.
Chlorures..	131	129	116	125
Bromures..	139	119	84	114
Iodures..	121	95	79	97
Moyennes	113	114	93	112

1. Nous pouvons présenter ce tableau sous une forme plus saisissante, en ne donnant que les moyennes. (Tabl. XV.)

Nous n'avons pas introduit les décimales : dans l'espèce cela est inutile, car il s'agit ici d'un rapport. Ce tableau diffère un peu du précédent; car nous y avons introduit seulement, dans les chiffres relatifs aux chlorures, les expériences portant sur pigeons, poissons et cobayes, tandis que le tableau XV contient les expériences faites sur tous les animaux, sauf écrevisses et limaçons.

blance d'une manière analogue, et ils portent leur action sur le même tissu ; on ne doit donc pas les comparer avec d'autres qui agissent différemment, avec les sels d'argent, par exemple, qui ne peuvent s'éliminer ; avec l'oxyde de carbone, qui se combine aux globules rouges ; avec le curare, qui est un poison des terminaisons nerveuses, etc. D'autre part, le poison agissant vraisemblablement sur le système nerveux, les plantes, qui n'ont pas de système nerveux, se comporteraient sans doute suivant des lois tout à fait différentes [1].

9° En comparant les chlorures, les bromures et les iodures, on trouve que les chlorures sont moins toxiques que les bromures, et les bromures moins que les iodures. Et cette loi offre une très grande régularité. Si la toxicité moyenne des

---

1. Dans la première partie de ce mémoire (voyez plus haut, page 430), en comparant le lithium, le sodium, le potassium, le rubidium et le césium, j'avais constaté la très faible toxicité du sodium, mais j'ai ici laissé le sodium de côté intentionnellement. Il est certain que le sodium, faisant partie intégrante de l'économie, ne peut être considéré comme une substance toxique au même titre que le lithium, le rubidium et le potassium, qui sont des éléments étrangers à nos tissus.

De plus, même au point de vue chimique, le sodium forme un groupe intermédiaire, au moins d'après la classification de M. MENDELÉEFF et de M. LOTHAR MEYER, ce qui lui donne peut-être des propriétés physiologiques quelque peu différentes. Il ne rentre pas dans la série périodique primaire Li, K, Rb, Cs.

Nous ne devons donc pas faire entrer le sodium en ligne de compte ; car le mot intoxication par un chlorure alcalin signifie, selon toute vraisemblance, déplacement du chlorure de sodium normal du système nerveux par un autre sel alcalin hétérogène.

Quant au césium, mes expériences ont été trop peu nombreuses pour en déduire quoi que ce soit de définitif. Je me propose de reprendre cette étude du césium.

Si donc nous faisons l'élimination du sodium et du césium, nous trouvons les données suivantes :

7 milligrammes de lithium	intoxiquent de l'animal vivant 70 grammes.
39 — de potassium	— — 67 —
85 — de rubidium	— — 53 —

Ces chiffres sont très concordants, et ils prouvent en outre que, à poids moléculaire égal, les métaux alcalins sont à peu près également toxiques, mais que ceux dont le poids atomique est élevé sont un peu plus toxiques, à *molécule égale*.

iodures est de 100, celle des bromures sera de 126, et celle des chlorures de 139 (en poids moléculaire).

Mais, si nous reprenons un des tableaux donnés plus haut, relativement aux doses toxiques absolues, nous pouvons en déduire, pour le chlore, le brome et l'iode, les chiffres suivants, qui expriment, en poids absolu, la dose toxique.

Dose toxique de chlore . . 0,47
Dose toxique de brome. . 0,97
Dose toxique d'iode. . . . 1,22

Ainsi, par rapport au poids absolu, l'iodure est moins toxique que le bromure, et le bromure moins toxique que le chlorure, tandis que, par rapport au poids moléculaire, c'est précisément l'inverse qui est vrai. Or c'est seulement cette quantité moléculaire qui est intéressante ; et alors, nous pouvons formuler cette troisième loi :

C. *A poids moléculaire égal, le chlore, le brome et l'iode (combinés aux métaux alcalins) sont à peu près également toxiques ; mais ils le sont d'autant plus que leur poids atomique est plus élevé.*

10° Les différences qu'on constate entre les divers animaux sont, selon toute vraisemblance, dues en majeure partie à l'absorption plus ou moins rapide, d'une part ; et, d'autre part, à l'élimination plus ou moins rapide. Comme avec le lithium l'élimination est très lente, et permet alors à l'absorption de se faire complètement, les causes d'erreur sont faibles. Aussi les chiffres obtenus avec le lithium sont-ils très réguliers [1]. Au contraire, avec le potassium, qui est mal absorbé, les erreurs sont fréquentes ; mais, en répétant les expériences, on a vu qu'on peut arriver à un chiffre voisin du chiffre vraisemblable.

---

1. Sauf le cas où il y a de grandes différences dans la température extérieure.

I. — *Effets des mélanges de sels.*

S'il est vrai que ces substances salines agissent sur l'organisme moléculairement, pour ainsi dire, en se substituant aux sels normaux de nos humeurs ou de nos tissus, il s'ensuit qu'en mélangeant des sels qui ont par hypothèse une action analogue, on devra obtenir le même effet que si l'on agissait avec un seul de ces sels.

Cette démonstration était intéressante à faire, car elle prouverait que l'action de ces divers sels est au fond identique, puisqu'on peut remplacer, je suppose, un tiers de molécule de chlorure de rubidium par un tiers de molécule de chlorure de lithium et un autre tiers de ce même chlorure de rubidium par un tiers de molécule de chlorure de potassium.

Autrement dit encore, étant donné un animal d'un kilogramme, la dose toxique sera une molécule de substance saline, et cela, quelle que soit cette molécule, qu'elle soit constituée par un mélange de sels divers (dont l'ensemble formera une molécule) ou bien par un sel unique.

C'est la démonstration *à posteriori* de ce fait fondamental que nous avons indiqué dans le cours de ce travail, à savoir que les substances toxiques agissent chimiquement.

A cet effet, j'ai préparé une solution des trois chlorures de rubidium, de potassium, et de lithium, dans des proportions telles, qu'il y eût 1^{gr} de lithium pour $5^{gr},57$ de potassium et $12^{gr},14$ de rubidium; c'est-à-dire en divisant ces doses par le poids atomique, de manière qu'il y eût, dans le même volume de la dissolution, un tiers de molécule de chacun de ces sels.

Cette solution mélangée a été injectée, comme si elle était une solution saline simple, à différents animaux.

Dans le tableau qui va suivre, nous indiquerons quelles ont été les doses toxiques de lithium, de potassium et de rubidium.

TABLEAU XVI

Doses toxiques des chlorures mélangés.

LITHIUM.	POTASSIUM.	RUBIDIUM.	LITHIUM.	POTASSIUM.	RUBIDIUM.
	Poissons.			Tortues.	
0.013 V	0.077 V	0,160 V	0.037 M	0.210 M	0,440 M
0.019 V	0.106 V	0.230 V		Pigeons.	
0,026 V	0.140 V	0.310 V	0.016 V	0,092 V	9.200 V
0,037 V	0.210 V	0.440 V	0.025 V	0.138 V	0.300 V
0,038 V	0,220 V	0,450 V	0,030 M	0.170 M	0.360 M
0.038 M	0.220 M	0.450 M	0.031 M	0.170 M	0.380 M
0.040 V	0.230 V	0.470 V	0.031 M	0,170 M	0.380 M
0,042 M	0.240 M	0.510 M	0,033 M	0.190 M	0,400 M
0,049 M	0.280 M	0.600 M	0,033 V	0,190 V	0.400 V
0,059 M	0.310 M	0.680 M		Cobayes.	
0,060 M	0,340 M	0.740 M	0.030 V	0,190 V	0.380 V
0.060 M	0.340 M	0,740 M	0.034 M	0.190 M	0.410 M
0.090 M	0.510 M	1.130 M	0.038 V	0,210 V	0.420 V

Il ressort des chiffres que la dose toxique des chlorures mélangés est la suivante :

TABLEAU XVII

ESPÈCES.	LITHIUM.	POTASSIUM.	RUBIDIUM.
Poissons	0,038	0,220	0,450
Pigeons.	0,027	0,150	0.340
Cobayes	0,035	0,200	0,420

Si l'on compare ces chiffres aux doses moyennes que nous avons indiquées plus haut pour les chlorures, nous trouvons pour le lithium :

Poissons. . 0,038 au lieu de 0.087
Pigeons. . 0,027 — 0,084
Cobayes. . 0,035 — 0,100

Pour le potassium et le rubidium le même fait s'observe[1].

Si les doses ainsi obtenues sont à ce point faibles, comparées aux doses de chlorures isolés, cela tient sans nul doute à ce que ces diverses substances, agissant synergiquement, surajoutent leur action. C'est une *somme* que l'on obtient. Il en serait tout différemment si ces poisons n'agissaient pas à la manière des substances chimiques.

D'ailleurs on se rendra mieux compte de ces effets en calculant non plus par le poids absolu, mais par le poids moléculaire.

Voici les calculs des poids moléculaires, c'est-à-dire du poids absolu de lithium divisé par son poids atomique, plus le poids absolu de potassium divisé par son poids atomique, plus le poids absolu de rubidium divisé par son poids atomique. Il est clair que, dans ce cas, nous aurons un tiers de molécule de chlorure de lithium, un tiers de molécule de chlorure de potassium, et un tiers de molécule de chlorure de rubidium.

TABLEAU XVIII

Doses toxiques moléculaires des chlorures mélangés.

ESPÈCES.	LITHIUM.	POTASSIUM.	RUBIDIUM.	TOTAL.
Poissons.	0,0054	0,0254	0,0094	0,0162
Pigeons	0,0039	0.0039	0,0039	0,0117
Cobayes	0,0050	0,0050	0,0050	0,0150

Or les doses toxiques moléculaires des chlorures isolés sont, d'après un des tableaux donnés plus haut (Tableau XII), en moyenne, de 0,0115. On voit que c'est à peu près le chiffre auquel nous arrivons pour la somme des trois chlorures mé-

1. Je noterai que ces expériences avec les chlorures mélangés ont été faites en hiver ; ce qui tend, comme nous l'avons dit, à augmenter la toxicité pour les pigeons et à la diminuer pour les poissons.

langés, injectés chez le pigeon ; et c'est, à peu de chose près,
ce que nous donne encore la somme de ces trois chlorures
pour les poissons et les cobayes.

Nous pouvons donc déduire de ces faits la loi suivante :

D. *Les sels alcalins agissent synergiquement ; et, en les
mélangeant les uns aux autres, l'effet produit est la somme de
leur action.*

J. — *Effets des injections successives.*

Par suite de la lenteur des éliminations, si l'on fait une
série d'injections successives, on observe parfois le phénomène de l'accumulation de la substance toxique dans l'organisme, quelque surprenant que paraisse ce fait avec des substances aussi diffusibles et aussi faciles à éliminer que les sels
des métaux alcalins. Voici quelques expériences à cet égard :
elles ont été faites sur les poissons[1].

Expérience I.

Le 1er jour. .	0,82	de Rb I	
Le 5e jour. .	0,105	de Li Cl	vie.
Le 14e jour. .	0,105	—	mort.

Expérience II.

Le 1er jour. .	0,39	de K Cl	
Le 7e jour. .	0,32	de K Cl	mort rapide.

Expérience III.

Le 1er jour. .	0,106	de Li Br	
Le 6e jour. .	0,074	—	mort.

Expérience IV.

Le 1er jour. .	0,25	de Kl	
Le 9e jour. .	0,25	—	vie.

---

1. Mais, chez les poissons, les effets du froid ont dû faire varier beaucoup
les résultats. En été les doses de Li Br et de Li Cl, par exemple, qui n'ont pas
tué les poissons en hiver, eussent été rapidement mortelles.

EXPÉRIENCE V.

Le 1er jour. .   0,42   de K Br
Le 5e jour. .   0,43   —   vie.

EXPÉRIENCE VI.

Le 1er jour. .   0,52   de K Br
Le 15e jour. .   0,52   — ·   mort.

EXPÉRIENCE VII.

Le 1er jour. .   0,40   de K Br
Le 15e jour. .   0.40   —   mort.

EXPÉRIENCE VIII.

Le 1er jour. .   0,110   de Li Br
Le 15e jour. .   0,082   — Li Cl   mort.

EXPÉRIENCE IX.

Le 1er jour. .   0,44   de KI
Le 9e jour. .   0,44   —   mort au 12e jour.

EXPÉRIENCE X.

Le 1er jour. .   0,50   de KI
Le 6e jour. .   0,50   —   mort au 8e jour.

EXPÉRIENCE XI.

Le 1er jour. .   0,163   de Li Br
Le 6e jour. .   0,163   —   mort au 8e jour.

EXPÉRIENCE XII.

Le 1er jour. .   0,150   de Li Br
Le 14e jour. .   0,150   —   mort au 17e jour.

EXPÉRIENCE XIII.

Le 1er jour. .   0,41   de KI
Le 14e jour. .   0,41   —   mort au 30e jour (?)

Encore que les faits ci-dessus exposés ne soient pas sans
exception, on voit cependant bien cette accumulation des
substances toxiques dans l'organisme des poissons. Ainsi, en

donnant, à 5, 6, 10 et même 15 jours d'intervalle, la même dose au même poisson, on arrive à le tuer.

Par exemple (Expér. I), un poisson qui a survécu à la dose de 0.105 de Li Cl meurt à la suite de l'injection de la même dose faite neuf jours après. De même, dans les expériences VII et X. Les expériences II, III et VIII sont surtout démonstratives. En effet, la dose injectée six jours et quinze jours après est moindre que la dose primitive qui n'avait pas entraîné la mort.

Je ne prétends pas ranger les sels alcalins parmi les poisons qui ne s'éliminent pas : je crois seulement que, chez les poissons, cette élimination est très lente, puisque, même quinze jours après la première injection, la même dose, et même une dose plus faible, nouvellement injectée, produit un effet mortel.

Chez les pigeons, il ne semble pas en être de même ; mais l'expérience est assez compliquée, car l'épuisement de l'animal et la suppuration qui suit l'injection sous-cutanée rendent une conclusion formelle assez incertaine. Cependant l'élimination paraît être assez rapide. Ainsi un pigeon qui avait reçu, le 13 novembre, une injection de 0.34 de KCL, reçut le lendemain, vingt-quatre heures après, une injection nouvelle de 0.32 de KCL, et il survécut.

Il y aurait évidemment, sur ce point, de nouvelles expériences à entreprendre, et elles seraient d'autant plus intéressantes qu'elles permettraient de résoudre, au moins dans un certain sens, la nature de l'action toxique. S'il est vrai que les poisons alcalins ne s'éliminent pas, cela prouve qu'ils formeraient dans l'organisme une sorte de combinaison par substitution au chlorure de sodium qui serait difficilement dissociable, et qui, une fois formée, resterait dans l'organisme, probablement dans la trame du système nerveux, à l'état de composé de sel alcalin avec l'albumine, composé qui remplace la combinaison normale du chlorure de sodium avec l'albumine. Je me propose de reprendre ces faits à l'aide de cette méthode, qui donnera assurément des résultats intéressants.

K. — *Effets généraux des poisons alcalins.*

Tous ces sels alcalins semblent agir de la même manière, et, comme nous l'avons dit, porter leur action sur le système nerveux. Ces effets sont : affaiblissement général de l'organisme, titubation, hébétude, refroidissement, affaiblissement de la motilité et de la sensibilité, affaiblissement de la nutrition et diminution rapide du poids.

Il est presque impossible de dire sur quelle partie du fonctionnement des centres nerveux cette action toxique porte principalement. A vrai dire, *toute l'innervation est atteinte*, tout le système nerveux est empoisonné.

Tandis que ces sels, injectés dans les veines, sont des poisons du cœur, injectés sous la peau, ils sont des poisons de l'innervation. Aussi le contraste est-il frappant entre les doses énormes nécessaires pour être mortelles quand l'injection est sous-cutanée, et les doses relativement faibles qui suffisent quand l'injection est faite directement dans le système circulatoire. Je donnerai quelques chiffres relativement à l'influence des sels alcalins sur le poids général du corps, et on verra quelles chutes rapides ils provoquent.

EXPÉRIENCE I. — Pigeon de 312 grammes. Injection de 0,30 de Rb I.

Poids [1].

	grammes.	
23 novembre. .	312.	100
24 — . .	280.	89
25 — . .	267.	85
26 — . .	255.	82
27 — . .	248.	80
28 — . .	240.	77
29 — . .	237.	76
30 — . .	222.	71
1ᵉʳ décembre. .	220.	71
2 — . .	216,71	

1. Dans les chiffres qui suivent, la première colonne indique le poids absolu du pigeon ; la seconde, le poids relatif, en supposant qu'avant l'expérience son poids était de 100 grammes.

EXPÉRIENCE II. — Pigeon de 348 grammes (mis au froid).
Injection de 0, 057 de Li Br.

Poids.

grammes.

23 novembre . .	348	100	
24 — . .	300	86	
25 — . .	277	79	
26 — . .	265	76	mort.

EXPÉRIENCE III. — Pigeon de 345 grammes (mis à l'étuve).
Injection de 0,060 de Li Br.

Poids.

grammes.

23 novembre . .	345	100
24 — . .	345	100
25 — . .	260	75
26 — . .	240	70
27 — . .	257	71
28 — . .	242	70
29 — . .	235	69
30 — . .	298	86
1er décembre . .	275	79
2 — . .	270	79
3 — . .	305	88
4 — . .	285	81

EXPÉRIENCE IV. — Pigeon de 325 grammes. Injection de 0,51 de Rb I.
(Au froid.)

Poids.

grammes.

23 novembre . .	325	100	
24 — . .	300	92	
25 — . .	279	86	
26 — . .	262	80	
27 — . .	248	76	
28 — . .	235	70	
29 — . .	225	65	
30 — . .	209	60	
1er décembre . .	191	55	mort.

Cette expérience est instructive; elle semble montrer que
l'animal meurt, non par les effets immédiats et directs du

poison, mais par suite de l'affaiblissement du système nerveux, qui n'a su résister ni au froid ni à la dénutrition graduelle, rapide, qu'accuse bien la décroissance quotidienne du poids.

EXPÉRIENCE V. — Pigeon de 305 grammes. Injection, le 26 novembre, de 0,064 de Li Br. (Au froid.)

Poids.

grammes.

26 novembre . .	305 .	. . . . .	100
27 — . .	265 .	. . . . .	87
28 — . .	241 .	. . . . .	80
29 — . .	230 .	. . . . .	76
30 — . .	212 .	. . . . .	70
1er décembre . .	198 .	. . . . .	65 mort.

Cette expérience, comparée aux expériences II et III, est aussi des plus intéressantes, puisque trois pigeons ont reçu la même dose de Li Br. Les deux qui étaient au froid sont morts en perdant, l'un 24 0/0, l'autre 35 0/0 de leur poids. Le troisième, mis à l'étuve, a survécu, après avoir perdu un moment 31 0/0 de son poids ; puis il s'est remis de cette atteinte profonde, car il n'avait pas besoin comme les autres de résister au froid. On pourrait donc dire, dans une certaine mesure, que les pigeons empoisonnés en hiver par les sels de lithium meurent de froid.

EXPÉRIENCE VI. — Pigeon de 275 grammes (mis à l'étuve). Injection de 0,072 de Li Cl.

Poids.

grammes.

8 décembre . .	275 .	. . . . .	100
9 — . .	220 .	. . . . .	80
10 — . .	190 .	. . . . .	69
11 — . .	180 .	. . . . .	65
12 — . .	172 .	. . . . .	60
13 — . .	198 .	. . . . .	72
14 — . .	190 .	. . . . .	69
15 — . .	180 .	. . . . .	65
16 — . .	178 .	. . . . .	64
22 — . .	182 .	. . . . .	66

EXPÉRIENCE VII. — Pigeon de 285 grammes (mis à l'étuve).
Injection de 0,054 de Li Br [1].

Poids.
—
grammes.

8 décembre	. .	285.	 100
9	— . .	252.	 88
10	— . .	230.	 80
11	— . .	270.	 94
12	— . .	250.	 88
13	— . .	247.	 87
14	— . .	251.	 88
15	— . .	258.	 90
16	— . .	255.	 89
22	— . .	280.	 98

EXPÉRIENCE VIII. — Pigeon de 294 grammes. Injection de 0,69 de Rb Cl.
(Mis à l'étuve.)

Poids.
—
grammes.

8 décembre	. .	294.	 100
9	— . .	260.	 88
10	— . .	245.	 83
11	— . .	248.	 84
12	— . .	242.	 82
13	— . .	250.	 85
14	— . .	252.	 86
15	— . .	259.	 88
16	— . .	253.	 86
22	— . .	260.	 88

EXPÉRIENCE IX. — Pigeon de 318 grammes. Injection de 0,032 de Li Cl.
(Au froid.)

Poids.
—
grammes.

8 décembre	. .	318.	 100
9	— . .	230.	 72
10	— . .	250.	 78
11	— . .	235.	 73
12	— . .	245.	 76
13	— . .	250.	 78
14	— . .	255.	 80

1. Comparer cette expérience à l'expérience II, où un pigeon est mort après
avoir été soumis au froid, ayant reçu 0,057 de Li Br.

Poids.
—
grammes.

15	—	248	77
16	—	246	76
22	—	240	74

EXPÉRIENCE X. — Pigeon de 320 grammes. Injection de 0,025 de Li Cl.
(Au froid.)

Poids.
—
grammes.

8 décembre		320	100
9	—	280	89
10	—	340	107
11	—	325	101
12	—	320	100
13	—	320	100
14	—	322	100
15	—	340	107
16	—	325	101
22	—	390	122

EXPÉRIENCE XI. — Pigeon de 254 grammes. Injection de 0,036 de Li I.
(Au froid.)

Poids.
—
grammes.

8 décembre		245	100
9	—	182	74
10	—	190	77
11	—	184	75
12	—	190	77
13	—	180	72
14	—	200	80
15	—	205	81
16	—	205	81
22	—	258	105

EXPÉRIENCE XII. — Pigeon de 300 grammes. Injection de 0,033 de Li Br.
(Au froid.)

Poids.
—
grammes.

8 décembre		300	100
9	—	250	83
10	—	230	77

Poids.
—
grammes,

11 décembre.	.	260.	87
12	—	240.	80
13	—	235.	78
14	—	240.	80
15	—	250.	83
16	—	252.	84
22	—	312.	104

Il semble résulter de ces expériences, d'une part, que la diminution de poids se fait dans les deux, ou trois, ou quatre jours qui suivent l'expérience. Au bout de ce temps, trois phénomènes peuvent se passer : ou bien l'animal continue à perdre de son poids, et alors il meurt (quand la perte de poids est d'environ 40 p. 100), ou bien son poids reste stationnaire, ou bien il reprend le dessus, et revient à son poids normal. Mais le détail de ces diverses influences exige évidemment une étude toute spéciale qui ne peut prendre place dans ce mémoire.

Chez les poissons et les tortues, on n'observe qu'une diminution minime dans le poids du corps, ce qui s'explique bien par la lenteur, chez ces animaux, des phénomènes chimiques de nutrition ou de dénutrition[1].

Les faits indiqués plus haut montrent que les éléments du système nerveux qui président à la nutrition et à l'assimilation sont lésés. La dénutrition se fait continuellement, presque sans effort ; elle a lieu également sur les animaux sains et sur les animaux malades. Mais ce qui exige un travail actif du système nerveux, c'est la nutrition. Or, un système nerveux intoxiqué, épuisé, ne saurait y suffire. Par conséquent, la dénutrition s'opère seule, sans qu'il y ait, pour y

---

1. Il me paraît que cette dénutrition rapide, sous l'influence des sels de potassium, de rubidium et de lithium, a une certaine importance. On n'a pas suffisamment essayé, en médecine, l'action des sels de lithium ou de rubidium comme succédanés des sels de potassium, dont on connaît bien l'action dénutritive souvent utile. Cela mériterait, je crois, d'être tenté par les médecins.

remédier, une nutrition correspondante; et alors l'animal perd chaque jour de son poids, sans pouvoir réparer les pertes quotidiennes nécessaires. Ingestion, digestion, absorption, se font, chez les animaux sains et malades, à peu près de la même manière; mais chez les animaux malades (empoisonnés), quoiqu'ils mangent, à ce qu'il me semble, un peu plus que les autres, la dénutrition est active, et chaque jour le poids va en diminuant.

On pourrait faire encore d'autres hypothèses. Mais je me contente d'appeler l'attention des physiologistes et des médecins sur ces phénomènes.

L. — *Action sur les nerfs du goût.*

Il m'a paru assez digne d'intérêt de chercher comment les divers chlorures se devaient comporter, non plus sur le système nerveux central, mais sur les terminaisons nerveuses. Pour cela, j'ai fait, avec mon ami E. GLEY, des expériences sur la gustation. Il est évident que la limite de la sensibilité gustative nous donnera (quoique d'une manière approximative) la limite de l'excitabilité des nerfs du goût aux sels alcalins.

Ces expériences nous ont donné les résultats suivants :

TABLEAU XIX

Doses limites [1].

MÉTAUX.	CHLORURES.	BROMURES.	IODURES.	MOYENNE.
Lithium	0,06	0,055	0,05	0,055
Sodium	0,17	0,13	0,10	0,130
Potassium	0,30	0,30	0,25	0,280
Rubidium	0,50	0,50	0,30	0,500
MOYENNE GÉNÉRALE. .	0,26	0,24	0,22	0,24

1. En poids de métal, par litre de liquide.

Si l'on prends le poids atomique de ces *doses sapides limites*, tout à fait comparables entre elles, comme l'ont été précédemment les doses toxiques limites, nous trouvons les chiffres suivants, qui indiquent la dose sapide moléculaire :

> Lithium. . . 0,0078
> Sodium. . . 0,0056
> Potassium. . 0,0072
> Rubidium. . 0,0059

C'est là une concordance très remarquable, étant donnée l'incertitude des notions objectives fournies par le sens du goût. Nous pouvons donc établir la même loi que plus haut, à savoir que les substances sapides (qui sont comparables entre elles) réagissent sur les nerfs périphériques de la gustation à la manière des agents chimiques, c'est-à-dire proportionnellement, non au poids absolu, mais au poids moléculaire.

De même, en associant entre eux les divers sels, nous les avons vus ajouter leur action gustative l'un à l'autre. L'effet observé est une *somme*, et les sels alcalins, mélangés les uns aux autres, surajoutent leurs effets. Ainsi, en mélangeant un quart de molécule de chlorure de rubidium avec un quart de molécule de chlorure de lithium, un quart de molécule de chlorure de sodium et un quart de molécule de chlorure de potassium, nous avons obtenu à peu près les mêmes effets que si nous avions mis une molécule entière d'un seul de ces sels. Cela prouve bien qu'ils agissent de la même manière, et sur les mêmes éléments chimiques du même tissu anatomique (terminaisons gustatives nerveuses).

Il y a là évidemment une confirmation intéressante des faits indiqués dans les chapitres précédents.

Conclusion.

La conclusion de ce long travail sera courte, et on peut la formuler à peu près ainsi :

Les actions toxiques sont des actions chimiques. Elles se font suivant les mêmes lois. Donc, pour des substances qui portent leur action sur les mêmes éléments anatomiques, les doses mortelles sont proportionnelles non aux poids absolus, mais aux poids moléculaires.

XXXVI

DE LA

SENSIBILITÉ GUSTATIVE AUX ALCALOIDES

Par MM. E. Gley et Ch. Richet.

Il nous a paru intéressant de rechercher quelle était la limite de sapidité pour les alcaloïdes dont l'amertume est, en général, très considérable; jusqu'à présent, aucune recherche méthodique d'ensemble n'a été faite sur ce point.

Comme dans nos recherches antérieures, nous avons constaté que la sensibilité gustative varie suivant les personnes qui expérimentent, et varie même quelquefois suivant l'état physiologique ou psychologique d'une personne donnée.

Quelques précautions sont à prendre : d'abord il ne faut pas employer d'eau distillée, comme cela était nécessaire quand il s'agissait de solutions métalliques (l'eau contenant des sels qui précipitent les métaux lourds). En second lieu, il ne faut goûter que la même quantité volumétrique du liquide, attendu que ce n'est pas seulement la dose relative, en dilution plus ou moins grande, mais encore la quantité absolue de substance qui joue un rôle. Enfin, il faut mettre un certain intervalle entre les essais gustatifs; car il y a des arrière-goûts, des post-sensations, qui persistent parfois fort long-temps.

Nous avons pris comme limite, non pas la plus ou moins grande amertume, car certains alcaloïdes provoquent des sensations tout autres que l'amertume, mais les saveurs, quelles qu'elles soient, et nous avons ainsi déterminé, par comparaison avec l'eau ordinaire, quelle est la quantité d'alcaloïde, dissoute à l'état de sel dans un litre d'eau, qui peut, lorsqu'on prend 5 centimètres cubes de la solution, se distinguer de l'eau ordinaire en égale quantité.

Il va sans dire que ces chiffres sont loin d'être absolus; mais, toutefois, les expériences étant faites dans les mêmes conditions, ils sont comparables entre eux.

Pour quelques substances l'amertume ou la saveur ne sont perçues qu'à la base de la langue; ainsi, pour la strychnine et surtout pour le sulfate de quinine, ce n'est qu'en goûtant tout à fait à la base qu'on peut reconnaître des solutions diluées.

Voici les chiffres que nous avons obtenus :

Alcaloïdes	Degré de la dilution par litre.	Quantité de substance nécessaire pour être perçue.
	grammes.	grammes.
Strychnine monochlorée..	0,0006	0,000002
Strychnine.	0,0008	0,000004
Nicotine[1]	0,003	0,000015
Éthyl-strychnine.	0,004	0,00002
Quinine.	0,004	0,00002
Colchicine.	0,0045	0,0000225
Cinchonine..	0,0016	0,00008
Vératrine.	0.02	0.0001
Pilocarpine	0,025	0,000125
Atropine..	0.03	0,00015
Aconitine[2]	0,5	0,00025

1. A cette dose, la nicotine donne lieu, non pas à une sensation gustative, mais à une sensation olfactive; la preuve, c'est que la sensation produite disparaît, si on se bouche le nez. Il faut aller jusqu'à la dose de 0gr,1 par litre pour éprouver sur la langue, le nez bouché, une sensation piquante qui n'est pas non plus une sensation, à proprement parler, gustative, mais tactile.

2. Pour l'aconitine, même observation que pour la nicotine. On sent une

Alcaloïdes	Degré de la dilution par litre.	Quantité de substance nécessaire pour être perçue.
	grammes.	grammes.
Cocaïne.	0,15	0,00075
Morphine	0,15	0,00075
Méthylamine..	0,15	0,00075
Ammoniaque	0,4	0,002
Urée	7,5	0,035

Il résulte de ces faits que la dose sensible à la gustation est extrêmement variable, puisque il faut une dose deux mille fois plus considérable de morphine que de strychnine pour éveiller une sensation.

On remarquera aussi qu'il n'y a pas de rapport entre la toxicité et l'amertume, puisque l'atropine, beaucoup plus toxique que la quinine, est cependant bien moins sensible au goût.

saveur nettement vireuse, mais qui n'est pas vraiment une saveur : c'est une odeur qui disparaît quand on se bouche le nez.

XXXVII

SUR

L'ÉLIMINATION DES IODURES

ET DE

QUELQUES MÉDICAMENTS PAR L'URINE

Par M. Joseph Roux.

Dans ce travail, nous avons d'abord cherché à élucider certains points touchant l'élimination des médicaments par l'urine, son début et sa durée, en tenant compte à la fois de l'influence de la dose (forte ou faible, répétée ou unique) et de l'état des reins.

Dans une seconde partie nous nous sommes particulièrement attaché à chercher dans quel organe les iodures se retrouvent en plus grande abondance; puis nous avons voulu savoir si cette affinité est profonde, si les cellules du parenchyme forment avec les sels une combinaison stable.

Nous avons étudié ces points à la fois sur l'homme sain et sur les animaux au laboratoire, et sur l'individu malade à l'hôpital.

Nous avons limité nos recherches à trois substances : l'iodure de potassium principalement, le sulfate de quinine et l'antipyrine.

Cette question de l'élimination des substances employées en thérapeutique est un des points qui intéressent non seulement la science pure, mais encore la clinique.

Il nous suffira de citer l'inutilité ou les dangers qu'offre l'introduction dans l'organisme d'une substance qui peut former des combinaisons inefficaces ou toxiques avec un médicament non encore éliminé.

De même l'accumulation des médicaments ordonnés même à faible dose peut être nuisible à des malades dont le filtre rénal est oblitéré : ainsi M. Rendu[1] a vu se développer des accidents terribles, terminés par la mort dans le coma, chez un individu atteint de néphrite interstitielle, et auquel il avait prescrit un gramme d'iodure de potassium.

Les intoxications saturnines et mercurielles rentrent aussi dans cette catégorie, mais nous n'avons pas ici à nous en occuper[2].

Nous n'avons pas non plus abordé la question de l'influence de l'iodure de potassium sur la quantité de l'urine émise, ni sur sa teneur en urée; ces recherches ont été publiées par M. Bruneau[3] en 1880.

Le début de l'élimination des médicaments et sa durée ont déjà été étudiés par G.-A. Stehberger[4]; toutefois cet auteur s'est surtout attaché à retrouver des matières colorantes : garance, bois de campêche, etc.

Kramer[5] parle d'un malade qui élimina en sept jours l'io-

---

1. *Bulletin de la Société médicale des hôpitaux*, 1885.

2. Voyez Quinquaud, *Société française de dermatologie et syphiligraphie*. Première séance, 1er avril 1890, *in Bulletin médical* du 13 avril.

3. Bruneau, Thèse de pharmacie, 1880, *Du passage de quelques médicaments dans les urines*.

4. G.-A. Stehberger, *Journal complémentaire du Dictionnaire des sciences médicales*, 1826, t. XXV, p. 321.

5. Kramer, « Sur le passage des sels dans le sang et sur les matières sécrétées » (*Archives générales de médecine*), 4e série, t. VIII, 1845, p. 214, cité par Longet, *Traité de Physiologie*, t. II, p. 321, 3e édit., 1873.)

dure de potassium absorbé pendant un traitement de cinquante jours.

WÖHLER[1] cite le fait d'un jeune chien à la mamelle dans l'estomac et dans l'urine duquel on trouva de l'iode après que sa mère en eut pris.

D'autres auteurs ont cherché le moment de l'apparition des substances odorantes : asparagine, térébenthine, etc... En somme on ne trouve nulle part cette question traitée avec les développements que mérite son importance clinique.

M. HAYEM, dans des observations qui n'ont pas été publiées, a noté la présence de l'iode pendant des périodes de douze jours chez des malades qui ont été soumis longtemps à un traitement ioduré à des doses dépassant 2 grammes.

Pour M. MOLÈNES[2], la durée d'élimination varie suivant la dose, et elle peut être parfois de dix à douze jours quand on a dépassé 10 grammes.

Un autre expérimentateur, HERMANN HOFFMANN[3], a pris régulièrement, toutes les heures, 0,20 d'iodure de potassium, et il a cherché à quel moment de la journée le maximum était éliminé ; il a trouvé que c'était à quatre heures après midi, l'expérience ayant commencé à six heures du matin. Après le repas il a éliminé 0,55 en deux heures, et dans la proportion de 0,50 par litre.

I

Technique chimique.

RECHERCHE DE L'IODURE EN SOLUTION AQUEUSE

Les procédés sont nombreux ; citons rapidement les principaux : nous indiquerons plus en détail celui qui nous a servi à faire nos recherches.

1. WÖHLER, *Journal des progrès des sciences médicales,* 1827, I, p. 45.
2. MOLÈNES, *Archives de méd.,* juin 1889, p. 658.
3. HERMANN HOFFMANN, *Archives de Pflüger,* 1887, t. XLI, p. 171.

1° Emploi de l'amidon :

On ajoute à la solution quelques gouttes d'empois d'amidon étendu d'eau, puis on y verse goutte à goutte de l'eau de chlore : l'iode mis en liberté colore immédiatement l'amidon en bleu. Il faut opérer à froid et éviter avec soin un excès de chlore.

2° L'azotate d'argent :

Ce sel donne un précipité jaune d'iodure d'argent, insoluble dans l'acide azotique et dans l'ammoniaque, mais blanchissant au contact de ce dernier réactif.

3° L'acétate de plomb :

Il produit avec les iodures un précipité jaune un peu soluble dans l'eau bouillante.

4° Les sels de thallium :

Produisent également un précipité jaune insoluble dans l'eau bouillante.

5° Les sels mercuriques :

Donnent un beau précipité rouge soluble dans l'iodure de potassium, etc.

La réaction à laquelle nous nous sommes arrêté et qui nous a servi pendant toutes nos recherches est fondée sur l'expérience suivante : lorsqu'on ajoute de l'eau de chlore à la solution d'un iodure, le chlore se substitue à l'iode, qui devient libre et colore le liquide en brun clair (si on chauffe cette liqueur, elle laisse dégager de l'iode et se décolore. Une nouvelle addition d'eau chlorée produit une nouvelle coloration, et le même phénomène se reproduit jusqu'à expulsion complète de l'iode, la liqueur froide reste alors tout à fait incolore quand on y ajoute de nouveau du chlore). Si au fond du tube à essai on met une goutte de chloroforme grosse comme une noisette, le chloroforme s'empare de l'iode et se colore en violet, ce qui rend la réaction beaucoup plus sensible. En effet, le chloroforme présente alors une coloration bien plus vive que l'eau n'en présenterait pour la même quantité d'iode.

Comme pour la réaction avec l'empois d'amidon, il est bon

de verser l'eau de chlore seulement goutte à goutte et d'agiter souvent le chloroforme. Enfin il faut, pour plus de sûreté, employer une eau chlorée très diluée. On en comprendra facilement la raison si l'on remarque que la coloration violette du chloroforme doit disparaître lorsque l'on a mis six équivalents de chlore pour un équivalent d'iodure.

$$Cl^6 + KI + 3H^2O = IO^3K + 6ClH.$$

Ainsi avec une eau chlorée très forte on dépasse fatalement la dose, surtout si l'on ne cherche que des traces d'iodure.

La sensibilité de cette réaction est considérable, puisque avec 0,0125 d'iodure par litre nous l'avons retrouvée avec une netteté absolue.

RECHERCHE DE L'IODURE DANS L'URINE

Wœhler, dans son mémoire[1], nous dit que le chlore ne convient pas pour la recherche de l'iodure de potassium dans l'urine parce qu'un léger excès de ce corps s'empare de l'iode devenu libre et le transforme en acide iodique, lequel ne réagit pas sur l'amidon; d'après lui le seul moyen de découvrir l'iode consiste à mettre dans les urines un peu de chlorate de potasse et un peu d'amidon, à faire tomber avec précaution sur l'un et l'autre, au fond du vase, une goutte d'acide sulfurique ou chlorhydrique; par ce procédé l'amidon devient violet souvent au bout de quelques minutes.

Indiquons ensuite le procédé de M. Bouis[2] basé sur ce que le perchlorure de fer déplace l'iode de ses combinaisons : on verse dans un tube à essai un peu de l'urine à analyser, on additionne d'un peu de perchlorure de fer et l'on chauffe

---

1. Wœhler, *Recherches sur le passage des substances dans l'urine* (*Zeitschrift für Physiologie*, t. 1, 1824, traduit dans le *Journal des progrès des sciences et institutions médicales*, 1827, t. 1, p. 46 et suivantes.

2. Bouis, *Manuel de médecine légale, chimie légale*, p. 694.

après avoir placé à l'orifice du tube un morceau de papier écolier légèrement mouillé, l'iode se trouvant déplacé ; ses vapeurs arrivant sur le papier donnent la coloration bleue de l'iodure d'amidon.

Comme on le voit, la présence des matières organiques est ici un obstacle ; car l'iode mis en liberté se combine avec elles, et l'on arrive à mettre un excès de chlore sans avoir rien vu.

Une autre difficulté, c'est qu'ici le chloroforme s'émulsionne bien plus facilement que dans l'eau, et masque sa propre coloration ; il faut attendre qu'il soit reposé.

Citons encore quelques réactions, car, tandis que la recherche de l'iodure en solution aqueuse intéresse surtout le chimiste, les moyens de le déceler dans l'urine doivent intéresser le clinicien.

Les papiers réactifs ont été essayés par M. Gérard[1] : il a employé du papier écolier ordinaire trempé dans la solution normale de perchlorure de fer ; l'iode mis en liberté se combine à l'amidon du papier et donne un iodure d'amidon qui est bleu.

Nous avions espéré simplifier nos recherches par l'emploi de ce papier ; mais, même en l'amidonnant au préalable, nous n'avons pu obtenir un papier réactif dont la sensibilité dépassât 0 gr. 20 d'iodure par litre d'urine : ce chiffre nous a paru insuffisant.

Yvon[2] recommande l'emploi d'amidon avec l'acide azotique nitreux.

Chauvet[3] s'est servi du chloroforme avec 3 ou 4 centimètres cubes d'acide azotique, le tube à essai étant rempli d'urine aux deux tiers.

---

1. Gérard, Thèse de doctorat. Paris, 1880, *Contribution à l'étude de la durée d'élimination des médicaments.*

2. Yvon, *Manuel de l'analyse des urines*, 1880, p. 283.

3. Chauvet, Thèse de doctorat. Paris, 1877. *Du danger des médicaments actifs dans les cas de lésions rénales.*

Le procédé qui nous a servi est le suivant : dans un tube à expérience on met 4 ou 5 centimètres cubes d'urine, 1 centimètre cube de chloroforme qui gagne le fond, puis avec une pipette une seule goutte d'acide nitrique fumant ; on agite doucement : le chloroforme se colore en violet. — Cette réaction est très sensible.

A défaut de chloroforme on prend de l'éther : celui-ci surnage et la coloration que lui donne l'iode est brune.

A défaut d'acide nitrique fumant on emploie l'acide azotique ordinaire additionné d'acide chlorhydrique à parties égales, et on en met deux gouttes.

La sensibilité de cette réaction est de 0,05 par litre.

Nos réactions ont été faites selon cette méthode tant à l'hôpital qu'au laboratoire.

DOSAGE DES IODURES DANS L'EAU.

Le dosage des iodures n'étant guère affaire de clinicien, nous ne dirions que peu de mots sur sa technique, si nous n'avions pas à décrire un procédé dont nous n'avons trouvé mention nulle part, et qui, conséquemment, nous appartient.

Les auteurs donnent les procédés suivants, tous fort minutieux, soit qu'ils nécessitent des réactifs absolument purs, soit qu'ils obligent à des pesées fort délicates ; les voici brièvement rapportés :

Dosage de l'iode à l'état d'iodure d'argent :

On précipite la solution de l'iodure avec l'azotate d'argent après l'avoir acidifiée à l'acide azotique, puis on lave le précipité d'iodure d'argent, on le sèche, on le pèse et on déduit du poids obtenu la quantité d'argent métallique que contient ce sel.

Par l'iodure de palladium, le procédé est à peu près identique ; nous n'insisterons donc pas davantage.

Par le perchlorure de fer enfin, et par l'iodate de sodium,

on met l'iode en liberté, et on le dose par un des procédés volumétriques.

Le procédé que nous avons employé est basé sur la réaction que nous avons à dessein exposée en détail un peu plus
haut : une même quantité de chlore déplace toujours une
quantité proportionnelle d'iode dont s'empare le chloroforme ;
aussi avons-nous titré par comparaison une eau chlorée très
diluée, nous servant pour cela d'une solution d'iodure de potassium au millième. Après quelques tâtonnements on arrive
à avoir une eau chlorée dont 10 centimètres cubes correspondent à un milligramme d'iodure, la décoloration du chloroforme indiquant le moment où l'iode est saturé.

Il est naturellement indispensable d'agir en solution légèrement acide.

Il faut aussi vérifier chaque jour le titre de l'eau chlorée
dont on se sert, car elle s'altère rapidement. Cet inconvénient
est largement compensé par la précision des résultats que
l'on obtient et par la sensibilité de la réaction.

Voici comment nous avons procédé : nous avons pris un
centimètre cube de la solution à examiner, autant de chloroforme, puis, ayant noté la hauteur de l'eau chlorée dans la
burette de Gay-Lussac, nous avons, en prenant soin d'agiter
fréquemment, laissé tomber l'eau chlorée d'abord goutte à
goutte, puis plus largement si nous trouvions beaucoup
d'iode, de façon à colorer d'abord et à décolorer ensuite le
chloroforme ; les dernières traces d'iode sont difficiles à enlever au chloroforme, il faut agiter fortement : c'est un avantage au point de vue de la précision du dosage.

Enfin, lorsque le chloroforme est décoloré, on ajoute une
trace d'iodure afin de voir si on avait juste atteint la limite
ou si on l'avait dépassée. Dans ce dernier cas le chloroforme
reste incolore ; dans la première hypothèse il se colore de
nouveau, et l'on peut considérer le dosage comme exact.

Dans toutes nos manipulations nous avons fait trois
épreuves aussi exactes que possible, et nous en avons pris la

moyenne lorsque nous trouvions une différence un peu appréciable.

DOSAGE DES IODURES DANS L'URINE.

Il est indispensable de détruire par la calcination toutes les matières organiques, car elles sont un obstacle bien plus grand ici que pour la recherche qualitative.

On additionne l'urine de carbonate de soude pour la rendre fortement alcaline, afin que l'iodure ne puisse se décomposer par la présence d'un acide ; puis on surveille le moment où l'évaporation touche à sa fin, car à ce moment l'urine risque de déborder. Quand il ne reste plus de liquide, on peut ajouter quelques cristaux d'azotate d'ammoniaque dont la déflagration hâte la calcination : il est indispensable d'avoir une coupelle métallique ; le nickel suffit.

On reprend les cendres avec de l'eau, on chauffe de nouveau, puis on filtre avec soin, et l'on dose comme dans une solution aqueuse ordinaire acidifiée avec l'acide acétique.

II

Début de l'élimination des différentes substances.

DÉBUT DE L'ÉLIMINATION

Injection pleurale.

EXPÉRIENCE 1. — Le jeudi 17 avril 1890 on fait à un chien de 16 kil. une injection intrapleurale contenant :

<table>
<tr><td></td><td>grammes.</td></tr>
<tr><td>Iodure de potassium . . . . .</td><td>0,25</td></tr>
<tr><td>Ferrocyanure de potassium . .</td><td>0,25</td></tr>
</table>

L'injection commence à 4 h. 49 et dure 10 secondes.
Un tube à essai recueille la salive.

<pre>
                   h. m.
      A 4,50 on examine le tube. .   Réaction négative 1er tube.
      A 4,51 nouveau tube. . . . .   Réaction positive 2e   —
      A 4,52 nouveau tube. . . . .   Réaction négative 3o   —
      A 4,53 nouveau tube. . . . .   Réaction positive 4e   —
              Les suivants. . . . .   Réaction positive 4e   —
</pre>

Le chien avait reçu de la pilocarpine ; mais, malgré cette précaution, la quantité de salive recueillie a été trop minime pour que nous puissions examiner l'iode contenu.

La présence du ferrocyanure, décelé par une trace de perchlorure de fer, nous permet pourtant peut-être de conclure à la présence simultanée de l'iodure de potassium.

Si nous avions pris la salive au lieu de l'urine, c'est uniquement parce que pendant ce même laps de temps une canule placée dans l'uretère ne nous a pas fourni une seule goutte d'urine à examiner : soit en somme *deux minutes* se sont écoulées entre l'introduction du ferrocyanure et le début de l'élimination.

DÉBUT DE L'ÉLIMINATION

Expérience personnelle. — Ingestion stomacale.

EXPÉRIENCE II. — Le 15 avril à 4 heures de l'après-midi, je prends en solution aqueuse un gramme d'iodure de potassium.

Ma vessie a été vidée au préalable par le cathétérisme, l'urine examinée, et la sonde a été laissée en place.

L'urine a été recueillie dans les tubes à essai.

La première émission d'urine a eu lieu 2 minutes après l'absorption du médicament.

La seconde émission, 2 minutes 15 secondes.

La troisième émission a eu lieu au bout de 3 minutes.

Les deux premiers échantillons ne contenaient pas d'iodure ; le troisième en contenait, ainsi que les suivants.

Par conséquent, après ingestion d'une dose d'un gramme en solution, l'iodure est apparu dans mes urines en *moins de trois minutes*.

DÉBUT DE L'ÉLIMINATION

EXPÉRIENCE III. — Le nommé C... Alphonse, âgé de vingt-trois ans, entré le 28 janvier 1890, salle Malgaigne, lit n° 54, à l'hôpital Necker, service de M. DUPLAY.

Atteint d'exstrophie de la vessie.

Le 20 février 1890, à 10 h. 52 du matin, le malade prend à jeun une potion contenant 1 gramme d'iodure de potassium. L'urine de chaque rein est recueillie à part à l'orifice de chaque uretère. On applique simplement deux tubes à essai au-dessous des petites saillies au sommet desquelles s'ouvrent ces canaux, l'urine s'y écoule d'une façon intermittente, et pas toujours simultanée pour chaque rein, le bassinet jouant le rôle de petite vessie et se vidant par contraction seulement de temps en temps.

Nous avons ainsi recueilli de l'urine de ce malade dix échantillons pour le rein droit et onze échantillons pour le rein gauche, pendant dix minutes que nous l'avons observé; chacun de ces échantillons correspond à une miction du bassinet et dans tous nous avons trouvé de l'iodure.

Le premier a été recueilli *une minute et 45 secondes* après l'absorption du médicament.

La réaction a été faite avec le chloroforme et le mélange des acides nitrique et chlorhydrique.

Dans la matinée les urines de ce malade avaient été examinées par le même procédé et n'avaient pas donné de réaction.

Pour cette expérience nous étions en collaboration avec M. CHAVANE, interne des hôpitaux, qui prépare en ce moment un travail sur le même sujet; nous lui devons de pouvoir publier cet intéressant compte rendu.

DÉBUT DE L'ÉLIMINATION

Injection hypodermique.

EXPÉRIENCE IV. — Le mardi 22 avril 1890 on fait à un chien de 7 kil., endormi, et ayant reçu 2 centigrammes de pilocarpine, *une injection hypodermique* à la cuisse de 5 centigrammes de ferrocyanure de potassium.

On commence à 4 h. 8 minutes. L'injection dure 10 secondes, et ce n'est qu'à 4 h. 28 minutes que nous avons la réaction du ferrocyanure avec le perchlorure de fer dans la salive, soit 20 *minutes*.

Cette expérience a été faite pour montrer la différence de la rapidité d'absorption par les séreuses ou par le tissu sous-cutané.

DÉBUT DE L'ÉLIMINATION CHEZ UN SATURNIN

EXPÉRIENCE V. — Le nommé M..., âgé de 58 ans, profession, peintre en bâtiments, entré le 3 décembre 1889, salle Piorry, à l'hôpital de la Pitié, lit n° 20, service de M. LANCEREAUX.

Ce malade a eu des coliques de plomb pour lesquelles il est entré à l'hôpital.

Le 4 décembre, à la visite du matin, on prescrit 1 gramme d'iodure de potassium. Je me rends le soir dans le service au moment de la distribution des médicaments.

A 2 h. 55 minutes le malade prend une cuillerée à bouche d'une solution iodurée titrée à 1 gramme par cuillerée.

Température du malade le matin 36°,2; le soir idem.

A 3 h. 5, iode dans la salive.

A 3 h. 15, rien dans l'urine.

A 3 h. 25, rien dans l'urine.

A 3 h. 30, iode dans l'urine.

Soit au total *plus de* 30 *minutes* se sont écoulées avant l'apparition de l'iode dans la vessie.

Le malade a quitté le service avant rétablissement complet, et prenant encore de l'iodure. Nous n'avons donc pu savoir combien de temps il aurait mis à éliminer les dernières doses.

DÉBUT DE L'ÉLIMINATION

EXPÉRIENCE VI. — Nous avons cherché sur le même malade que plus haut le début de l'élimination d'une dose égale de salicylate de soude.

Mardi 2 mars 1890, une demi-heure après le repas, à 11 h. 5 minutes, on lui donne une potion contenant 1 gramme de salicylate. On recherche l'acide salycilique par la réaction avec le perchlorure de fer.

Début de l'élimination.

Rein droit..	11 h. 12 m. 20 s.	
TOTAL. . . .	7 m. 20 s.	
Rein gauche..	11 h. 13 m. 10 s.	
TOTAL. . . .	8 m. 10 s.	
DIFFÉRENCE : 50 secondes.		

Il y a à tenir compte, dans cette expérience, de ce qu'elle a été faite après le repas, la première ayant été faite avant.

III

Durée de l'élimination.

Faible dose. — Expérience personnelle.

EXPÉRIENCE VII. — Le 15 avril, à 4 heures de l'après-midi, je prends en solution 50 centigrammes d'iodure de potassium.

Voici sous forme de tableau la durée de l'élimination :

22 NOVEMBRE.	23 NOVEMBRE.	24 NOVEMBRE.
	1 h. 25, positif.	
	3 h., — positif.	
6 h. 45. — Début. —	6 h. 45, positif.	6 h., négatif.
9 h. 45, positif.	8 h. 40, positif.	8 h. 42, négatif.
	9 h. 40, positif.	8 h. 40, salive négatif.
	11 h. 15, positif.	9 h. 45, négatif.
Midi 45, positif.		
2 h. 15, positif.	2 h. 10, positif.	
3 h. 45, positif.	2 h. 30, salive positif.	
4 h. 30, positif.	3 h., sal. positif.	
	3 h. 45, ur. p.	
6 h. 11, positif.		
6 h. 30, sal. positif.	5 h., s. ur. positif.	
	5 h. 30, sal. positif.	
	6 h., salive négatif.	
9 h. 30, positif.	8 h., négatif	
	10 h., négatif	
	11 h. 30, négatif	

L'élimination s'est donc terminée entre 5 heures et 5 h. 30, soit au bout *de 36 heures.*

Les urines émises après 6 heures du soir le 23, et celles du 24 au matin, n'ont donné aucune réaction d'iodure.

DURÉE DE L'ÉLIMINATION

Faible dose. — Expérience personnelle.

EXPÉRIENCE VIII. — Le 15 avril, à 4 heures de l'après-midi, je prends en solution 1 gramme d'iodure de potassium.

Voici le tableau que j'ai dressé, analogue au précédent.

15 AVRIL.	16 AVRIL.	17 AVRIL.	18 AVRIL.
		1 h., positif	
			2 h., négatif
	4 h. 30, positif.		4 h., négatif
		5 h. 40, positif —	
		9 h., positif	
	midi, positif	midi, positif	
		2 h., positif	
4 h., début.		5 h., — positif —	
	6 h. 5, positif —	6 h. 30, négatif	
	7 h. 40, positif —	7 h. 10, négatif	
		8 h. 20, négatif	
9 h. 20, positif.—			
	10 h. 15, positif —		
		11 h., négatif.	

L'élimination s'est donc terminée entre 2 heures et 5 heures, mettons à 4 heures, c'est-à-dire au bout de 48 heures, en chiffre rond.

DURÉE DE L'ÉLIMINATION

Dose répétée faible.

EXPÉRIENCE IX. — La nommée P... Marie, âgée de 29 ans, entrée le 6 janvier, hôpital Andral, service de M. le professeur DEBOVE, lit n° 12, soignée pour une paralysie alcoolique.

Cette malade a pris 1 gramme d'iodure de potassium par jour dans une potion, depuis le lendemain de son entrée jusqu'au mardi 15 avril; soit environ trois mois.

Nous avons examiné ses urines chaque jour depuis la cessation du traitement, et nous avons retrouvé de l'iodure jusqu'au jeudi 17.

Soit : pendant *deux jours* seulement. A partir du troisième jour, nous n'avons plus rien retrouvé.

DURÉE DE L'ÉLIMINATION

Dose répétée faible

EXPÉRIENCE X. — Le nommé O...Jean, âgé de 30 ans, garçon de café, entré le 27 avril 1889, salle Béhier, lit n° 32, à l'hôpital Saint-Antoine, service de M. le professeur HAYEM.

A pris de l'iodure de potassium successivement aux doses de 2, 1.5 et 3 grammes.

Depuis le 21 octobre il est à 3 grammes.

On cesse le 26 novembre : il est donc resté plus d'un mois à 3 grammes.

Réaction positive pendant *trois jours* dans l'urine émise devant nous par le malade. Nous avons examiné ses urines jusqu'au 3 décembre pour voir si l'iodure apparaîtrait de nouveau.

DURÉE DE L'ÉLIMINATION

Dose répétée faible.

EXPÉRIENCE XI. — Le nommé D... Félix, âgé de 59 ans, passementier, entré le 26 mars 1890, salle Bouillaud, lit n° 10, à l'hôpital de la Charité, service de M. le professeur POTAIN.

Emphysème. — Le 27 mars commence son traitement avec 30 centigrammes d'iodure de sodium, jusqu'au 4 avril, où il prend sa dernière dose à midi, soit, en 9 jours, 2^{gr},70.

Réaction positive jusqu'au 7 avril à 10 heures, soit plus de 72 *heures*.

DURÉE DE L'ÉLIMINATION

Dose répétée faible.

EXPÉRIENCE XII. — Le nommé P... Clément, âgé de 65 ans, menuisier, entré le 18 octobre 1888, salle Béhier, lit n° 23, à l'hôpital Saint-Antoine, service de M. le professeur HAYEM.

Prend depuis un an, d'une façon à peu près continue, 1 à 2 grammes d'iodure par jour.

Suppression de l'iodure le 18 octobre 1889.

On retrouve de l'iodure dans les urines jusqu'au 27 octobre 1889, soit pendant une période de *neuf jours*.

Cette observation nous a été communiquée par M. LÉVY, externe du service, qui a fait la réaction avec l'eau amidonnée.

Nous voyons donc l'élimination se prolonger avec l'âge des malades, c'est-à-dire en raison de l'affaiblissement de leurs reins.

Pour la durée de l'élimination de la dose unique, nous avons dû nous contenter des observations prises sur nous-même, à cause de la difficulté qu'il y a à obtenir d'un malade qu'il urine chaque fois dans un récipient particulier.

DURÉE DE L'ÉLIMINATION

Forte dose.

Expérience XIII. — Le mercredi 26 mars, à 7 heures du soir, je prends à table une solution contenant 6 grammes d'iodure de potassium pour 50 grammes d'eau environ au commencement du repas.

A partir de minuit coryza intense, éternuements, jusqu'à 2 heures de l'après-midi. Si je rapporte ce détail, c'est que, pour éviter les phénomènes d'iodisme, on a conseillé de commencer le traitement ioduré en donnant d'emblée 6 grammes ; pour mon compte j'en ai été extrêmement déprimé.

Durant toute l'élimination j'ai eu dans la bouche un goût métallique très prononcé.

26 MARS.	27 MARS.	28 MARS.	29 MARS.	30 MARS.
	1. h. coryza			1 h. —positif—
			3 h. — positif	5 h. — négatif
				7 h. — négatif
			8 h. — positif	
		midi — positif	midi — positif	
		2 h. fin du coryza	2 h. — positif	
		4 h. — positif —	4 h. — positif	
			5 h. — positif	
			7 h. — positif	
		8 h. — positif—	9 h. — positif	
7 h. — début			10 h. — positif	
8 h. salivation				
Min. coryza.				

L'élimination de 6 grammes s'est donc terminée le 30 mars entre
10 heures et 1 heure, soit chiffre moyen à 11 h. 30, ce qui nous donne un
total de 76 h. 30.

DURÉE DE L'ÉLIMINATION

Dose forte répétée.

EXPÉRIENCE XIV. — La nommée P... Louise, âgée de 6 ans, entrée le
9 janvier 1890, salle Archambault, lit n° 7, à l'hôpital des Enfants-Assistés,
service de M. VARIOT.

Cette malade était atteinte de psoriasis, et l'on avait institué le traitement préconisé par GRÈVES en 1881 [1] au moyen de l'iodure de potassium
donné à des doses extrêmement fortes, puisque l'on est allé jusqu'à
60 grammes par jour chez l'adulte, tandis qu'habituellement, même dans
les lésions syphilitiques les plus graves, la dose journalière oscille entre 8
et 12 grammes.

Le 10 janvier, premier jour du traitement, l'enfant prend 6 grammes
d'iodure en solution pendant le repas, elle continue en augmentant la
dose d'un gramme par jour jusqu'au 1er février; ce jour-là la dose avait
atteint 28 grammes, des accidents d'iodisme apparurent, vomissements, etc.; le traitement ioduré fut supprimé et remplacé par l'acide
chrysophanique.

Pendant les 23 jours qu'a duré son traitement, elle a donc absorbé
380 grammes d'iodure, son psoriasis n'a pas été amélioré; son poids n'a
pas varié, et est resté de 15 kil.

Nous avons retrouvé de l'iodure dans ses urines jusqu'au 12 février au
matin, soit pendant une période de 11 *jours* après la suppression du
médicament.

Le soir, ses parents sont venus la chercher, et depuis nous n'avons pas
pu la revoir pour compléter notre observation.

IV

Fixation et localisation des substances médicamenteuses.

Nos expériences sur les animaux ont surtout porté sur la
localisation de l'iodure de sodium dans les divers tissus.

Nous avons préféré employer l'iodure de sodium pour

1. GRÈVES, *Bulletin médical*, 21 juillet 1889.

éviter l'influence toxique bien connue des sels de potassium.

Toutefois, entreprenant des recherches quantitatives, nous avons dû employer une précaution spéciale.

En effet, tandis que l'iodure de potassium est un sel anhydre, l'iodure de sodium est déliquescent, donc la quantité d'iode que contient un gramme de ce sel varie suivant son degré d'hydratation ; cette question a été traitée par M. Dubousquet-Laborderie, à la Société de thérapeutique, séance du 26 mars 1890. Aussi, pour donner à nos solutions titrées toute la précision désirable, n'avons-nous employé l'iodure de sodium qu'après calcination à une douce chaleur.

Si nous donnons ces détails, c'est afin que l'on puisse se rendre un compte exact de la manière dont nous avons conduit nos expériences, pour que le contrôle par des recherches ultérieures puisse se faire dans des conditions identiques, ou du moins en connaissant avec précision comment nous avons opéré.

Expérience sur la localisation de l'iodure. Calcination, dosage.

EXPÉRIENCE XV. — Nous avons cherché dans quel organe l'iodure se localisait de préférence, afin de voir si la thérapeutique des lésions de tel ou tel tissu pouvait bénéficier davantage du traitement ioduré.

22 décembre 1889.— Nous avons pris un lapin de 2 k. 170 gr.; nous lui avons injecté une solution contenant 6 grammes d'iodure de sodium calciné, solution au dixième.

Nous commençons l'administration de l'iodure à 3 h. 15; le lapin est maintenu étendu sur le dos, et nous lui injectons dans la cavité péritonéale, coup sur coup, deux seringues de 5 cc., contenant chacune 50 centigrammes d'iodure.

<pre>
            h. m.
A 3,45, second gramme. . . . .   2 piqûres.
A 4,15, troisième gramme.   2   —
A 4,15, quatrième et cinquième grammes. .   4   —
A 5,15, sixième gramme.   2   —
            A 6 heures, saignée totale.
</pre>

Nous avons employé les injections péritonéales, parce que, en raison de la surface d'absorption, le médicament passe rapidement dans la circulation, et que ce mode évite les dangers de l'injection intraveineuse, toujours plus délicate ; en effet, ici, il suffit de piquer perpendiculairement à la paroi.

Pour pratiquer la saignée du lapin nous avons choisi la carotide : on place une ligature, puis, deux centimètres plus bas, une pince ; on ouvre l'artère entre les deux, on y introduit une canule munie d'un tube, on la lie, on place l'extrémité du tube de caoutchouc dans un récipient, puis on lève la pince et le sang s'écoule sans qu'on ait à craindre d'en perdre.

Nous avons ainsi recueilli :

<pre>
                 grammes.
    Sang. . .   45,50
    Foie . . .   80,50
    Cerveau. .   10,50
    Reins. . .   12,92
    Muscles. .   95,35
</pre>

Chacune de ces parties a été calcinée séparément dans un creuset métallique après addition de carbonate de soude.

Quand la calcination touche à sa fin, nous ajoutons peu à peu des cristaux d'azotate d'ammoniaque, dont la déflagration contribue à calciner les dernières parties.

Le résidu a été repris à chaud par une quantité d'eau quelconque, environ 50 grammes, filtré, puis légèrement acidifié à l'acide acétique, comme nous l'avons dit plus haut. Ces solutions obtenues ont été alors soigneusement pesées dans des récipients tarés, puis nous avons cherché, au moyen de l'eau chlorée titrée, combien un centimètre cube de chaque solution contenait d'iodure de sodium, quantité que nous avons ensuite rapportée à 100 grammes de l'organe examiné.

Voici les chiffres que nous avons trouvés en iodure de sodium :

<pre>
              grammes.
    Cerveau. .   0,019   pour 100 grammes.
    Foie.. . .   0,0519   —
    Sang. . .   0,084   —
    Muscles. .   0.094   —
    Reins. . .   1,702   —
</pre>

Comme on le voit, le rein contient une quantité considérable d'iodure par rapport au cerveau. Aussi avons-nous pensé à rendre plus évidente cette proportion, en la traduisant, non par des chiffres, mais par des longueurs : nous avons donc dressé le tableau suivant où les centigrammes sont représentés par des millimètres.

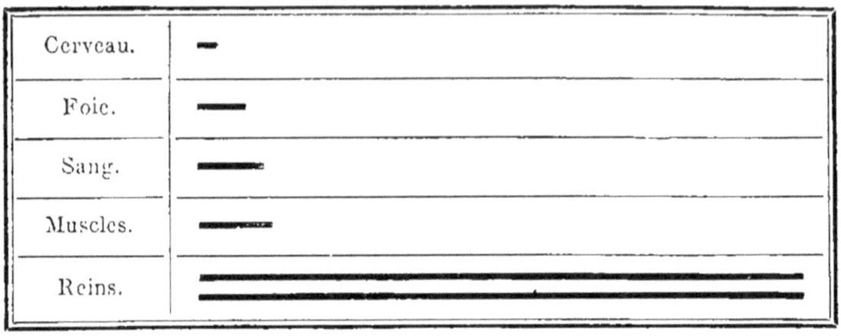

JOSEPH ROUX.

Cerveau.	—
Foie.	▬
Sang.	▬▬
Muscles.	▬▬
Reins.	▬▬▬▬▬▬▬▬▬▬▬▬▬▬▬▬

Il s'ensuivrait peut-être de là qu'en thérapeutique, on devrait prescrire des doses plus fortes d'iodure dans les maladies du cerveau que dans celles du foie, ces dernières devant être plus fortes que celles prescrites dans les altérations du rein : la clinique avait déjà permis d'arriver à ce même résultat; en effet, M. Guyot[1] est d'avis qu'il est nécessaire, pour obtenir des résultats thérapeutiques sérieux dans le cas de lésions syphilitiques des centres nerveux, de faire ingérer aux malades des doses élevées d'iodure : aussi donne-t-il en semblable circonstance 8 et 12 grammes d'iodure dans les vingt-quatre heures, pendant plusieurs mois.

Expérience sur la localisation de l'iodure. Calcination, Dosage.

EXPÉRIENCE XVI. — Les chiffres de la précédente expérience sont tellement expressifs que nous avons cherché à les vérifier par une seconde, et nous avons recommencé sur un autre lapin la même série de manipulations.

Voici les chiffres que nous avons obtenus :

28 février 1890. — Lapin, $2^{kil},180$ — Iodure de sodium, 6 grammes. — De 2 heures à 2. h. 30, injection péritonéale de 6 grammes d'iodure. — Solution à 1/10. — 12 injections de 5 cc. — A 3 heures, saignée de la carotide comme plus haut. — A 3 h. 10, autopsie, la cavité abdominale contient un liquide séro-sanguinolent.

Poids des organes que nous avons examinés :

	grammes.
Cerveau. .	9,50
Muscles. .	13,50
Sang. . .	49,65
Foie. . .	11,50
Reins. . .	13,50
Urine. . .	24,15

1. Guyot, *Bulletin de la Société médicale des hôpitaux*, 22 mai 1885, p. 206.

Nous y avons trouvé une quantité d'iodure sensiblement égale à celle de la première expérience (pour la calcination nous n'avons pris qu'une partie du foie) :

         Cerveau. .   0,018 pour 100 grammes.
         Muscles. .   0,047   —
         Sang. . .   0,107   —
         Foie . . .   0,137   —
         Reins. . .   0,280   —
         Urine. . .   1,014   —

Voici le tableau analogue au précédent où nous avons aussi traduit les chiffres par des longueurs.

Cerveau.	—
Muscles.	▬
Sang.	▬▬
Foie.	▬▬
Reins.	▬▬▬
Urine.	▬▬▬▬▬

Ces chiffres sont un peu différents des premiers. Qu'il me suffise, pour l'expliquer de faire remarquer que l'animal a été sacrifié beaucoup plus vite dans ce cas-ci que la première fois.

Hydrotomie des deux reins.

EXPÉRIENCE XVII. — Cette prédilection de l'iodure pour la substance rénale nous a conduit à d'autres expériences destinées à savoir si le rein fixe l'iodure dans ses cellules ou bien s'il n'agit que comme les autres tissus après avoir simplement filtré l'iodure, c'est-à-dire, s'il n'est qu'imbibé d'urine iodurée.

19 mars 1890. — Lapin de 2 kil. injection péritonéale de 6 grammes d'iodure dans une solution au dixième ; une heure après, nous sacrifions l'animal et nous l'hydrotomisons pendant 24 heures environ : la canule est placée dans l'aorte, pression égale à 1 m. 50.

20 mars. — Calcination des reins en milieu alcalin.

21 mars. — Dosage en milieu faiblement acide.

Réaction complètement négative ; nous ne trouvons plus la moindre trace d'iodure dans les reins où nous en avions trouvé aux expériences précédentes environ 1 p. 100.

Hydrotomie d'un seul rein. Comparaison entre les deux reins.

EXPÉRIENCE XVIII. — Nous avons repris cette expérience, non plus cette fois sur les deux reins d'un lapin en même temps, mais sur chacun des reins d'un chien pris à part et examiné d'une façon différente.

21 mars 1890. — Chien, 7^{kil},800. Injection péritonéale de 12 grammes d'iodure de sodium.

4 h. 30, injection, 24 piqûres.

6 heures, mort par piqûre du bulbe.

Poids de chaque rein, 18 grammes.

Urine recueillie, 50 cc.

Nous faisons l'hydrotomie d'un des reins pendant 24 heures sous une pression d'environ 1^m,50.

22 mars. — Nous calcinons séparément l'un et l'autre rein et l'urine. Dosage de l'iodure.

Rein hydrotomisé	0,000	pour 100 grammes.
Rein non hydrotomisé . .	0,0748	—
Urine.	0,1824	—

Ces deux expériences nous démontrent que le rein ne fixe pas l'iodure, et qu'il n'agit que comme les autres tissus, puisqu'un courant d'eau suffit à enlever toute trace d'iodure.

Circulation artificielle d'iodure dans les reins.

Une solution iodurée a été mise en circulation dans les reins d'un chien, puis nous avons cherché si la quantité d'iodure que nous retrouvions par calcination du rein était plus grande que celle qui correspondait à la quantité de liquide infiltré dans cet organe, et si le rein avait déjà soustrait de l'iodure aux premières portions du liquide en mouvement.

EXPÉRIENCE XIX. — 31 mars 1890. — Chien de 5 kil.

Injection dans l'aorte d'une solution contenant :

Bicarbonate de soude. .	2 grammes par litre.		
Sel marin.	8	—	—
Urée	20	—	—
Iodure de potassium . .	2	—	—

On fait passer 6 litres dans les reins, l'aorte étant liée au-dessous des artères rénales.

Durée du passage de l'iodure, 1 h. 20 minutes.

Pression du liquide, 2 mètres, équivalant à la pression normale.

Le caoutchouc qui amène la solution iodurée traverse un vase rempli d'eau chaude, les reins et la portion du chien enlevée avec eux sont mis dans un cristallisoir chauffé au bain-marie.

	grammes.
Poids des reins imbibés.	48,35
Poids probable avant l'expérience	34
Poids de la solution infiltrée dans les reins. .	14,35
Contenant en iodure.	0,02870
Iodure retrouvé après calcination	0,0236

Or nous voyons que, si l'on veut tenir compte des pertes dues à la calcination, on peut dire que le rein a joué en présence de cette solution le rôle d'éponge.

Circulation artificielle d'iodure dans les reins.

Expérience XX. — 1ᵉʳ avril 1890. — Chien, de 20 kil.
Injection dans l'aorte d'une solution contenant :

Bicarbonate de soude . .	2 grammes par litre.
Sel marin.	8 — —
Iodure de potassium. . .	2 — —

On fait passer 6 litres sous une pression de 2 mètres, les reins sont dans un récipient chauffé au bain-marie, et le tube qui amène la solution iodurée passe dans un vase rempli d'eau chaude.

	grammes.
Poids des reins imbibés	57,55
Poids probable avant l'hydrotomie . .	50
Poids de la solution infiltrée.	7,55
Contenant en iodure.	0,0151
Iodure retrouvé après calcination . . .	0,012

Le résultat est analogue au précédent.

V

Recherche de la quinine dans l'urine.

Différents réactifs d'une grande sensibilité sont connus depuis longtemps pour la recherche des alcaloïdes, tels sont les réactifs de Bouchardat, de Dragendorff et de Mayer. Nous allons, du reste, en rappeler les formules en indiquant la coloration du précipité qu'ils donnent avec les alcaloïdes.

1° Iodure de potassium ioduré.

Réactif de Bouchardat.

Donne, avec les alcaloïdes, un précipité brun kermès ou marron.

	grammes.
Iode.	10
Iodure de potassium. .	20
Eau	500

2° Iodure double de potassium et de bismuth.

Réactif de Dragendorff.

Donne, avec les alcaloïdes, un précipité rouge orangé très abondant.

Sous-nitrate de bismuth. .	1 gr. 50
Iodure de potassium. . . .	7 grammes.
Acide chlorhydrique . . .	XX gouttes.
Eau.	20 grammes.

Ce réactif se prépare en délayant le sous-nitrate dans l'eau, on porte à l'ébullition, et l'on ajoute successivement l'iodure et l'acide : il faut avoir soin, pour l'emploi de ce réactif, d'opérer en liqueur acide pour empêcher le dédoublement du sel de bismuth.

3° *Iodure double de potassium et de mercure.*

Réactif de MAYER.

Donne, avec les alcaloïdes, un précipité blanc jaunâtre gélatineux.

	grammes.
Bichlorure de mercure . .	13,541
Iodure de potassium . . .	49,80
Eau distillée.	Q. S. pour un litre.

Les deux premiers, lorsqu'on les applique à la recherche des alcaloïdes dans l'urine, donnent un précipité aussi bien dans l'urine normale que dans l'urine des malades qui ont pris des alcaloïdes.

Le troisième ne précipite pas, il est vrai, dans l'urine normale, mais sa sensibilité dans l'urine est bien inférieure à celle qu'il présente dans l'eau.

MM. BOUCHARD et CADIER[1] ont décrit un procédé de recherche des alcaloïdes dans l'urine qui est en même temps un procédé de dosage : ils ont employé le réactif de TANRET légèrement modifié : on le prépare en dissolvant dans l'eau distillée du sublimé, puis on ajoute de l'iodure de potassium jusqu'à ce que tout l'iodure rouge de mercure qui se forme au début soit redissous, alors on met encore un excès d'iodure de potassium et on acidifie fortement avec l'acide acétique.

Ce réactif serait d'une sensibilité extrême, malheureusement ces auteurs indiquent aussi cinq causes d'erreur; nous renvoyons à leur travail pour la manière d'éviter chacune d'elles.

GUYOCHIN[2] regarde le temps d'élimination de la quinine comme connu, sans expériences à l'appui. A faible dose, l'élimination serait terminée après un à deux jours et à haute dose

1. BOUCHARD et CADIER, *Gazette médicale de Paris*, novembre 1876.
2. GUYOCHIN, Thèse de doctorat de Paris, 1872, *Absorption et transformation de la quinine dans l'économie.*

après trois ou quatre jours. Cet auteur a employé comme réactif une solution analogue à celle de MM. BOUCHARD et CADIER, puis, s'étant occupé de savoir si le sulfate de quinine est éliminé en nature, il a employé pour le retrouver à l'état de pureté le procédé suivant; l'urine a été évaporée au bain-marie à une douce chaleur presque jusqu'à siccité, le résidu est placé dans un flacon et agité vivement avec de l'éther ordinaire, l'éther est décanté dans une capsule et abandonné à l'évaporation libre, puis on reprend avec l'eau acidulée avec de l'acide chlorhydrique pur, et on précipite à l'ammoniaque.

L'alcaloïde extrait selon ce procédé est du sulfate de quinine.

Pour cette recherche de la quinine dans les urines, nous ne devons pas nous flatter de retrouver la totalité de la quinine absorbée; un fait cité par GUYOCHIN, d'après M. ORDONEZ, praticien de la Nouvelle-Grenade, vient bien le démontrer. En effet, il dit ceci : « quand on administre le sulfate de quinine aux ouvriers indigènes souvent atteints de fièvres intermittentes, il arrive que leurs déjections sont délaissées par certains animaux qui en faisaient leur pâture. » Il est possible que le sulfate de quinine, passant en partie inabsorbé, donne aux matières fécales une amertume qui les ferait délaisser par les animaux.

Le procédé qui nous a servi est celui de PERSONNE [1]; il comprend les opérations suivantes, dont le détail paraîtra un peu long, mais qui cependant ne demande pas un temps bien considérable, car on fait simultanément les réactions sur tous les échantillons que l'on a à examiner.

1° Alcaliniser l'urine avec du carbonate de soude.

2° Précipiter la quinine par le tannin.

---

1. PERSONNE, *Journal de pharmacie et chimie*, série 4, t. XXVIII, p. 354.

3° Ajouter un peu d'acétate de soude pour aider à recueillir le précipité sur le filtre.

4° Filtrer.

5° Laver le précipité sur le filtre.

6° Recueillir ce précipité.

7° Ajouter de la chaux hydratée pulvérulente.

8° Ajouter du sable pour diviser le magna.

9° Pétrir dans un verre de montre ou une petite capsule de porcelaine.

10° Sécher à l'étuve.

11° Reprendre au chloroforme.

12° Filtrer.

13° Évaporer le chloroforme.

14° Reprendre le résidu chloroformique par l'eau acidulée avec de l'acide sulfurique.

15° Voir la fluorescence.

16° Précipiter au réactif de Bouchardat (iodure de potassium ioduré).

Nous avons longtemps cherché une méthode plus expéditive, partant plus clinique, mais nous n'avons pu en trouver.

Ici, comme pour l'iodure de potassium, nous n'avons pu avoir de malade qui nous fournisse de l'urine émise dans des récipients numérotés.

Nous avons dû opérer sur nous-même, mais notre sensibilité aux médicaments nous a forcé bien vite à nous arrêter.

Nous nous bornons à donner le résumé de nos expériences et un tableau où nous les avons indiquées, ainsi que les chiffres que nous avons pu trouver dans les auteurs.

DURÉE DE L'ÉLIMINATION

Dose faible.

Expérience XXII. — *Expérience personnelle.* — Le 28 novembre, à 6 h. du soir, je prends 0,50 de sulfate de quinine avant le repas. Le tableau ci-dessous indique à quel moment j'ai examiné mes urines.

524 JOSEPH ROUX.

26 MARS.	27 MARS.	28 MARS
		4 h. 30 — positif —
	6 h. — positif — fluor.	
	8 h. 30 — positif — fluor.	8 h. 30 — positif —
	11 h. — positif — fluor.	midi — négatif —
	2 h. 30 — positif — fluor.	2 h. — négatif —
		4 h. — négatif —
6 h. et 6 h. 30	5 h. 30 — positif — 7 h. — positif — 8 h. 30 — positif —	
10 h. 30, fluor. réac. p.	10 h. 30 — positif —	

L'élimination est donc terminée entre 4 h. 40 et 8 h. 8, soit à 6 heures, c'est-à-dire au bout de 36 *heures*. — 15 *analyses*.

DURÉE DE L'ÉLIMINATION

Dose faible.

EXPÉRIENCE XXIII. — *Expérience personnelle.* — Le 5 février, à 3 h. 50. je prends un gramme de lactate de quinine.

L'élimination s'est donc terminée entre 8 heures et 11 h. 15, ce qui donne comme total pour un gramme de lactate de quinine 53 h. 40 environ.

VI

Recherche de l'antipyrine dans l'urine.

DENUX[1] recommande d'ajouter 5 gouttes d'acide sulfurique pour 6 cc. d'urine et davantage si l'urine était alcaline,

---

1. DENUX, Thèse de la Faculté de médecine de Paris, 1884-1885, *Étude sur la valeur thérapeutique de l'antipyrine.*

si le mélange se trouble, on filtre, puis on ajoute une dizaine de gouttes du réactif iodique, cette réaction serait surtout marquée entre 4 et 20 heures après l'émission de l'urine.

Arduin[1] s'est servi de quelques gouttes de perchlorure de fer, qui donnent une coloration vin de Porto aux urines, il a même obtenu cette réaction en badigeonnant de perchlorure des malades qui prenaient de l'antipyrine; l'élimination par la sueur étant suffisante pour produire cette coloration.

MM. Hénocque et Huchard[2], à l'hôpital Bichat, ont eu recours à l'examen spectroscopique.

M. Yvon conseille de décolorer l'urine avec le sous-acétate de plomb, filtrer et colorer au perchlorure de fer; il indique comme moyen plus précis de chauffer l'urine avec de l'acide azotique fumant; on obtient une coloration verte qui passe au rouge quand on ajoute un excès d'acide. Pour notre compte nous n'avons jamais obtenu cette dernière réaction avec l'urine antipyrinée physiologiquement, même à la dose très forte de 5 grammes par jour. Nous l'avons eue facilement avec l'urine antipyrinée mécaniquement en chauffant dans un tube à essai un centimètre cube d'urine, et, quand elle bout, on ajoute une goutte d'acide azotique fumant avec une pipette; cette réaction est peu sensible.

On peut donc conclure que l'antipyrine subit dans l'organisme un dédoublement, puisqu'elle ne donne plus les mêmes réactions.

Une autre réaction ne se trouve pas non plus dans l'urine physiologiquement antipyrinée. Lorsqu'on chauffe l'antipyrine avec de l'acide azotique jusqu'à réaction, on a, quand elle est achevée, un liquide rouge pourpre; si alors on verse

---

1. Arduin, Thèse de la Faculté de médecine de Paris, 1884-1885, *Contribution à l'étude thérapeutique et physiologique de l'antipyrine.*

2. Hénocque et Huchard, *Journal de pharmacie et de chimie,* 1885, n° 1, p. 25.

de l'eau et que l'on filtre, le liquide filtre rouge, et il reste un précipité violet sur le filtre.

Comme nous l'avons dit, cette réaction n'a été positive que pour l'antipyrine ajoutée directement à l'urine et extraite ensuite ; elle a été négative même après l'absorption de 5 grammes d'antipyrine : ce sont des urines provenant du service de M. Cadet de Gassicourt, à l'hôpital Trousseau, qui nous ont servi dans ces recherches.

Caravias [1], avant de mettre du perchlorure de fer dans l'urine, la décolore au noir animal ; il a trouvé l'antipyrine dans l'urine après l'absorption d'un gramme, et il en a suivi l'élimination pendant 15 heures.

Unbach [2] dit qu'après ingestion l'antipyrine apparaît dans l'urine *aussitôt*, sans préciser le temps que représente ce mot pour lui : il a décrit l'action de l'antipyrine sur l'élimination de l'urée.

Le procédé que nous avons employé est analogue à celui qui nous a servi pour la recherche de la quinine.

Toutefois faisons remarquer que l'antipyrine est soluble dans le chloroforme, et que celle que l'on ajoute dans l'urine se retrouve en employant ce dissolvant, tandis que, dans l'urine antipyrinée physiologiquement, nous ne retrouvons la réaction de l'iodure ioduré de potassium que si nous employons l'alcool pour dissoudre le résidu.

Nous avons aussi essayé un papier au perchlorure de fer, sans résultat d'ailleurs.

Or, voici ce qui nous est arrivé : comme à chaque expérience nous avions la précaution de faire la contre-épreuve avec une urine normale, un jour que nous examinions nos urines, comparativement à celles d'un malade de l'hôpital de la Charité, qui prenait 3 grammes d'antipyrine par jour, nous

---

1. Caravias, Thèse de doctorat de Paris, 1886-1887, *Recherches expérimentales et cliniques sur l'antipyrine.*

2. Unbach, *Archiv fur experimentelle Pathologie und Pharmacologie*; t. XXI, 1886 pp. 161 à 168.

avons trouvé une réaction identique dans les deux échantillons.

Nous nous sommes rappelé avoir mangé la veille de la chair de porc fumée. Quelques jours après, avec une alimentation semblable, nous avons retrouvé cette même réaction, de telle sorte que les expériences que nous avions faites sur la durée de l'élimination de l'antipyrine tombent du même coup, puisqu'il suffit de si peu de chose pour modifier cette réaction.

Nous avons alors vu que le résidu alcoolique de nos urines, traitées de la façon indiquée plus haut, transformait le ferricyanure de potassium en ferrocyanure de potassium, ce qui est la caractéristique des ptomaïnes, lesquelles existeraient dans le jambon fumé.

Pour retrouver cette réaction dans l'urine normale, il faut en examiner une bien plus grande quantité que dans ce cas-ci, mais on la retrouve toujours.

M. Charles Richet a déjà signalé cette transformation du ferricyanure en ferrocyanure par l'urine normale sans manipulation antérieure, on la décèle par la simple addition d'une goutte de perchlorure de fer, on a une coloration d'un bleu extrêmement intense.

Nous pouvons donc conclure avec Otto Schweissinger [1] que la recherche de l'antipyrine dans l'urine exige de nouvelles études.

Conclusions.

1° L'élimination des médicaments qui passent dans l'urine, et spécialement de l'iodure de potassium, commence deux ou trois minutes après injection dans une séreuse ou même ingestion stomacale.

2° Elle se prolonge en général, chez des individus nor-

---

1. Otto Schweissinger, *Journal de pharmacie et de chimie*, 1885, n° 1, p. 33

maux, au moins pendant 36 heures, pour des doses moyennes.

3° Dans le cas de doses répétées massives, l'élimination peut se prolonger pendant au moins 11 jours.

4° L'iodure de potassium ne se fixe pas sur le tissu du rein d'une manière *stable* ; mais néanmoins il se localise dans cet organe, de telle sorte que le rein contient environ cinq fois plus d'iodure que le sang ou les muscles, et ceux-ci trois fois plus que le cerveau ; l'urine en contient dix fois plus que le sang.

5° Le sulfate de quinine à doses moyennes (de $0^{gr},50$ à 1 gramme) chez l'homme sain, s'élimine en 48 heures environ. L'élimination commence déjà dans le courant de la première demi-heure.

XXXVIII

ÉTUDE EXPÉRIMENTALE ET CLINIQUE

SUR LA COCAINE

Par M. E. Delbosc.

Introduction.

En 1884, Koller découvrait l'action analgésique de la cocaïne sur la muqueuse conjonctivale et faisait entrer définitivement dans le domaine thérapeutique une substance que l'on connaissait depuis longtemps, mais qu'on ne savait pas encore utiliser. On étudia alors les propriétés physiologiques de ce nouvel agent, et on s'aperçut que toutes les muqueuses pouvaient être également soumises à son action. On imagina enfin de l'employer en injections hypodermiques, et cette méthode généralisa son emploi ; car l'anesthésie locale, qu'il est facile d'obtenir par ce moyen, peut remplacer, dans bien des cas, les anesthésiques généraux.

Se servir de la cocaïne devint bientôt chose vulgaire.

Mais une réaction ne tarda pas à se faire ; on cita des cas d'empoisonnement, et certains auteurs allèrent jusqu'à proscrire le nouvel alcaloïde. D'autres lui sont restés fidèles ; ils ne croient pas la cocaïne coupable de tous les méfaits qu'on lui impute, et il leur suffit de l'employer avec prudence pour ne jamais observer d'accidents sérieux. Ainsi nous voyons notre maître, M. P. Reclus, s'en servir depuis trois ans et s'en servir toujours avec un égal succès : jamais de phénomènes toxiques inquiétants.

Est-ce à dire que la cocaïne soit absolument inoffensive ? Nous sommes loin de le prétendre ; mais, avec M. Reclus, nous ne croyons pas légitimée la crainte exagérée qui pousse certains chirurgiens à ne pas se servir de ce médicament. C'est pour soutenir cette opinion que nous entreprenons ce travail ; notre but est en effet de prouver que la cocaïne n'est pas aussi dangereuse qu'on veut bien le dire. Ce fait ressortira, croyons-nous, de l'étude physiologique et clinique de cette substance.

Nous diviserons notre travail en deux parties :

1° Étude des effets physiologiques de la cocaïne ;

2° Examen et analyse des divers empoisonnements publiés jusqu'à ce jour.

PREMIÈRE PARTIE

ACTION PHYSIOLOGIQUE DE LA COCAÏNE

La cocaïne a été regardée tout d'abord comme un anesthésique général ; mais cette assimilation n'est plus exacte depuis que l'on connaît mieux les propriétés physiologiques de cette substance. Elle ne saurait être comparée à aucun autre médicament, si ce n'est peut-être à la morphine.

Nous étudierons la cocaïne successivement dans ses effets locaux et dans ses effets généraux.

ACTION LOCALE

Lorsqu'on applique sur la peau dénudée, sur les muqueuses, ou qu'on introduit sous le tissu cellulaire sous-cutané une solution de cocaïne, le tégument en contact avec le liquide pâlit, revêt une teinte livide et devient bientôt insensible aux piqûres. Trois minutes suffisent pour obtenir ce résultat; et toutes les parties qui auront été imprégnées de la solution pourront être coupées, dilacérées; le sujet n'accusera aucune douleur. Toutefois la sensation du contact est conservée; la douleur seule est supprimée; c'est en un mot, une simple analgésie.

Cette insensibilité partielle a été regardée, tout d'abord, comme un phénomène secondaire. Le premier effet de la cocaïne étant de provoquer une contraction des tuniques vasculaires, les cellules sensitives, insuffisamment nourries, perdraient alors leurs fonctions physiologiques.

M. Arloing[1] a prouvé que ces deux phénomènes étaient absolument indépendants.

Il rapporte d'abord l'anémie, la pâleur des tissus, à une excitation des filets vaso-constricteurs du grand sympathique. Il suffit, en effet, de cocaïniser l'œil d'un lapin et de faire ensuite la section du sympathique cervical pour voir une vascularisation énorme de la conjonctive succéder à l'anémie de cette membrane. Et cependant l'œil reste toujours insensible. Dès lors, il faut renoncer à expliquer l'analgésie par la constriction des vaisseaux.

M. Arloing croit à une action directe de la cocaïne sur les fibres terminales sensitives. Et cette opinion n'est pas une simple hypothèse; il l'appuie sur les expériences suivantes :

1. Arloing, *Lyon médical*, 17 mai 1885.

Un fragment du nerf sciatique d'une grenouille est immergé dans une solution forte de cocaïne. Le nerf devient brun-jaunâtre, et on trouve à l'examen microscopique que tout le contenu des fibres nerveuses est coagulé, dissocié. Un autre fragment de nerf, immergé pendant le même temps dans de l'eau distillée, ne présente de coagulation qu'au voisinage de la gaîne de Schwann. Il faut donc admettre que la cocaïne agit en altérant le protoplasma des éléments nerveux.

D'ailleurs il est à remarquer que, dans un nerf mixte, les fibres sensitives sont les premières atteintes ; les fibres motrices ne le sont que secondairement. Feinberg[1] a vu que la cocaïne, appliquée sur un nerf mis à nu, produit une anesthésie locale qui se propage à la périphérie, tandis que le bout central du nerf et sa motilité restent intacts.

Parfois, après une application locale de cocaïne, on obtient une analgésie généralisée à tout le tégument. M. Laborde[2], qui, le premier, a vu ce phénomène, renonce à l'expliquer ; il se contente de faire observer que le système nerveux centra n'est pas influencé ; car l'excitabilité du tronc nerveux est conservée et même augmentée. M. Brown-Séquard[3] croit que ce phénomène doit être rapproché de ce cas cité par M. A. Richet, en 1846, dans lequel une simple cautérisation au fer rouge produisit une analgésie non seulement du point touché, mais encore du corps tout entier.

En résumé, on peut dire que la cocaïne, appliquée sur une muqueuse, ou injectée dans le tissu cellulaire sous-cutané, suspend les fonctions physiologiques des cellules sensitives avec lesquelles on la met en contact. Une faible quantité d'alcaloïde suffit pour obtenir ce résultat. Ainsi, un centigramme de sel en solution, injecté dans le derme, donnera une analgésie parfaite de toute la partie du derme baignée par le liquide.

---

1. Feinberg, (*Zur Cocaïnwirkung*). Berlin. Klin. Woch. n° 10, p. 166, 7 mars 1887.
2. Laborde, *Soc. de Biol.*, 24 décembre 1884.
3. Brown-Séquard. *Soc. de Biol.*, 14 mars 1885.

ACTION GÉNÉRALE

A côté de ces effets purement locaux, la cocaïne, dans certaines circonstances, peut donner lieu à des phénomènes généraux souvent remarquables.

L'évolution de ces phénomènes est subordonnée à des causes diverses.

La quantité de substance active a naturellement une influence prépondérante. Une certaine dose produira une simple excitation, tandis qu'une dose un peu supérieure provoquera des convulsions.

Le mode d'administration est loin d'être indifférent. Ainsi, en ingestion stomacale, un animal pourra absorber impunément une quantité de cocaïne qui, injectée dans son tissu cellulaire et surtout dans son péritoine, produirait des symptômes généraux alarmants; et cette même dose, poussée dans une veine, amènerait sûrement la mort. La quantité de substance active est donc relative; tout dépend de la rapidité d'absorption.

L'espèce de l'animal sur lequel on expérimente n'a pas une moins grande importance. Un poisson, par exemple, ne réagit pas de la même manière qu'un chien. Le premier, toute proportion gardée, résiste à une dose de cocaïne qui tue infailliblement le second. Nous essaierons d'expliquer ces différences, car c'est là, croyons-nous, le point intéressant de cette action générale.

En 1879, ANREP[1] avait étudié les effets physiologiques de la cocaïne et le premier avait indiqué l'action de cette substance sur les centres nerveux. Il avait vu que la cocaïne augmente tout d'abord l'excitabilité du sujet. Cette première action est manifeste pour un animal à sang chaud, et semble faire défaut lorsqu'on expérimente sur un animal à sang froid.

1. ANREP, *Ueber die physiologische Wirkung des Cocains* (*Pflüger's Arch.* t. XXXI, p. 38).

En injectant sous la peau d'une grenouille une solution de cocaïne, on voit, pendant deux ou trois minutes, l'animal s'agiter, sauter sans que rien ne l'y invite. Mais cette excitation est fugace, car elle cesse bientôt et on n'observe plus qu'une espèce de paralysie flasque. Toutefois il y a encore une exagération des réflexes, indice de l'excitabilité de la moelle. Mais cette excitabilité peut être rapidement épuisée; il est vrai qu'elle est récupérée presque aussi facilement. En effet, l'animal réagit moins bien à mesure qu'on multiplie les excitations; mais, si on le laisse reposer un instant, il répond avec autant d'énergie à de nouvelles excitations.

Sur un animal à sang chaud, cette première action de la cocaïne est des plus manifestes. Un lapin, par exemple, se mettra à courir de lui-même; s'il s'arrête, il suffira de le toucher légèrement pour le voir repartir.

Lorsque la dose de cocaïne est trop forte, l'excitabilité augmente rapidement, et des convulsions éclatent. A partir de ce moment, on obtient des effets véritablement toxiques. On pourrait peut-être appeler dose *physiologique*, la dose d'alcaloïde capable d'exalter simplement les fonctions physiologiques de l'animal sans les perturber, c'est-à-dire sans donner naissance à des convulsions.

Mais en même temps se produisent d'autres phénomènes accessoires qui, d'ailleurs, ont tous la même origine.

Ainsi VULPIAN[1] a noté chez le chien une propulsion des globes oculaires, de la mydriase, et un agrandissement des paupières, résultat absolument semblable, ajoute-t-il, à celui que l'on obtient en faradisant le bout supérieur du cordon cervical sympathique coupé en travers. VULPIAN croyait, en effet, que la cocaïne excitait tout d'abord les origines cervicales du sympathique, c'est-à-dire la moelle. Cette excitation avait pour conséquence une constriction des vaisseaux, qui lui permettait de comprendre l'élévation de la pression san-

---

1. VULPIAN, *Comptes rendus de l'Ac. des Sc.*, 17 novembre 1884.

guine. Cette élévation succédait d'ailleurs à un abaissement primitif, dû à un effet direct de la cocaïne sur les parois du cœur.

M. Laborde[1] croit également à une excitation des filets vaso-constricteurs du grand sympathique, car il a observé (toujours sur le lapin) une anémie constante des vaisseaux auriculaires.

La fréquence excessive des battements du cœur doit être expliquée de la même façon. Aussi tous ces phénomènes, joints à l'hyperexcitabilité réflexe, sont-ils une preuve non douteuse de l'action de la cocaïne sur la moelle.

Mais les autres parties de l'axe encéphalo-médullaire sont également influencées. On doit penser tout naturellement au bulbe, en présence des modifications apportées dans le rythme respiratoire, et à l'encéphale, pour expliquer l'impulsion motrice irrésistible qui anime un animal cocaïnisé. Il est bon de remarquer que cette action sur l'encéphale est beaucoup plus manifeste chez l'homme, dont les facultés psychiques sont notablement augmentées et souvent même perturbées.

De tous ces faits, nous pouvons conclure que la cocaïne, à dose physiologique, est un excitant de l'axe encéphalo-médullaire avec prédominance peut-être médullaire.

Lorsqu'on dépasse cette dose physiologique (que nous essaierons de déterminer dans la suite) on voit éclater des convulsions qui, toniques d'abord, deviennent rapidement cloniques. L'animal ne succombe pas toujours; la survie dépend de la quantité d'alcaloïde, d'où la possibilité d'admettre une dose *convulsivante*, qui n'est pas une dose *mortelle*.

Mais pourquoi des convulsions ?

M. Laborde[2] croyait qu'elles étaient dues à l'excitation de la moelle. Une expérience très simple de Danini vient détruire cette hypothèse. A un animal cocaïnisé et en attaque

1. Laborde, *Soc. de Biol.*, 27 décembre 1884.
2. Laborde, *Loc. cit.*, p. 10.

convulsive, il suffit de couper la moelle pour arrêter les convulsions. Le point de départ de ces attaques épileptiformes
n'est donc pas dans la moelle, mais dans la partie de l'axe
située au-dessus de la section, c'est-à-dire dans les centres
supérieurs. M. Ch. Richet, qui a répété cette expérience de
Danini, pense que les convulsions sont dues à l'excitation des
zones motrices de l'encéphale.

Certaines susbtances peuvent modifier les convulsions.

Skinner[1] a vu que l'atropine les arrêtait. Le chloral a un
effet analogue, de même le chloroforme.

La morphine, au contraire, est un synergique de la cocaïne
au point de vue convulsivant.

M. Pradal[2], élève de M. Grasset, a observé qu'une dose
de cocaïne, incapable de donner naissance à des convulsions,
produisait immédiatement une crise épileptiforme, si l'on
ajoutait une dose égale de morphine. Et cependant les sujets
morphinomanes peuvent absorber sans danger une quantité
considérable de cocaïne. M. Chouppe[3] explique ce fait en disant
que les cellules cérébrales ont leur excitabilité tellement
déprimée par l'action continue du premier alcaloïde qu'elles
ne peuvent plus réagir sous l'excitation du second.

Enfin la température a une influence manifeste sur les
convulsions.

MM. Grasset et Jeannel[4] avaient nié cette influence. Mais
MM. Ch. Richet et Langlois[5] ont prouvé que la cocaïne ne
diffère pas des autres poisons convulsivants. De nombreuses
expériences leur ont permis d'établir ce fait « que la dose
convulsive de la cocaïne varie avec la température organique
de l'animal. Elle est plus faible quand la température est élevée,
et inversement ». Ces expérimentateurs croient qu'il s'opère

1. Skinner, *Bulletin de Thérapeutique*, 15 juillet 1886.
2. Pradal, *Thèse de doctorat de Montpellier*, 1885.
3. Chouppe, *Soc. de Biol.*, 2 février 1889.
4. Grasset et Jeannel, *Comptes rendus de l'Ac. des Sc.*, 9 février 1885.
   Ch. Richet et Langlois, *Comptes rendus de l'Ac. des Sc.*, 4 juin 1888.

une combinaison chimique entre la cellule vivante et la substance toxique qui a diffusé du sang dans les tissus. Cette combinaison chimique, cause déterminante de la convulsion,
s'effectue seulement à une température donnée, et est plus ou
moins complète suivant la température.

Dès lors, il semble facile d'expliquer l'absence de convulsions pour les animaux à sang froid. « *A priori*, d'après
MM. Ch. Richet et Langlois, on peut supposer que la température est trop basse pour permettre les phénomènes convulsifs ;
mais des grenouilles échauffées à 30° ne présentent pas de
convulsions : et, d'autre part, des chiens refroidis à 28° ont
des convulsions, très atténuées, il est vrai, mais encore caractéristiques. »

Par conséquent, la température ne peut expliquer qu'une
partie du phénomène ; un autre facteur doit intervenir.
M. Ch. Richet croit à la prépondérance du système cérébral qui,
plus ou moins développé, va s'imprégner d'une plus ou moins
grande quantité de substance toxique, et réagir d'autant mieux.
En un mot, il y a une relation directe entre la dose convulsive et la masse cérébrale.

Quelques expériences faites sous la direction de M. Ch. Richet nous ont permis d'établir cette relation.

Un premier fait se dégage de nos recherches : la cocaïne n'est pas convulsivante pour les animaux à sang froid.
M. Kobert[1] aurait cependant obtenu des convulsions avec des
grenouilles. M. Ch. Richet, dans ses nombreuses expériences,
n'a jamais vu rien de semblable. J'ai, moi-même, injecté à des
grenouilles des doses très variables de cocaïne ; nombre d'entre
elles sont mortes ; mais je n'ai pas eu une seule convulsion.
Il faut croire que la cocaïne allemande ne se présente pas
avec cette pureté, que des chimistes, sans doute intéressés,
refusent, bien à tort, à la cocaïne française. En effet, un produit, absolument pur, introduit dans le tissu sous-cutané de

---

1. Kobert, *Archiv für experimentelle Pathologie und Pharmakologie*, 1882,
p. 52.

la grenouille, ne donnera jamais naissance à des mouvements convulsifs. De même pour les autres animaux à sang froid : les tortues et les tanches que nous avons injectées ne sont jamais entrées en convulsion.

Bien différents sont les animaux à sang chaud ; pour eux, la convulsion est la règle ; il suffit d'injecter une dose convenable de cocaïne. Cette dose varie avec la taille de l'animal. Pour avoir des résultats comparables entre eux, nous avons choisi un point de repère fixe, une unité invariable. Nous avons tout rapporté au kilogramme d'animal. Par suite, lorsque nous dirons avoir injecté 5, 10, 15 centigrammes de substance active, ce chiffre sera indépendant du poids total du sujet.

Dans le cours de ces expériences, un fait nous a frappé tout d'abord. Avec deux animaux de même espèce, mais de poids différent, celui qui pesait le moins était toujours plus sensible à l'action de la cocaïne ; et cependant la dose de substance active était proportionnellement la même.

La raison, croyons-nous, est que le rapport entre le poids total du corps et le poids du cerveau est à l'avantage du sujet le plus petit.

Ce rapport est très important ; et cette importance va être mise en relief par l'étude comparative des doses de cocaïne nécessaires pour produire des convulsions suivant l'espèce animale. Voici les résultats trouvés dans les auteurs, combinés avec nos propres expériences. Nous en donnons un résumé succinct sous forme de tableau :

COBAYE : INJECTION DANS LE TISSU CELLULAIRE
OU LE PÉRITOINE

	Dose de cocaïne. — grammes.	
Thèse de COMPAIN, Paris, 1886 .	0,02	légère excitation.
Observation personnelle. . . .	0,03	excitation.
—	0,06	vive excitation.
—	0,07	convulsions, survie.

Dose
de cocaïne.

—

grammes.

Observation personnelle. .	0,08	convulsions, mort.
— . .	0,08	—
LABORDE..	0,08	—
Dose convulsivante. .	0,07	

LAPIN : INJECTION DANS LE PÉRITOINE

(1° *Observations personnelles.*)

Dose de cocaïne.

—

grammes.

0,05. . .	rien.
0,10. . .	excitation.
0,12. . .	—
0,15. . .	vive excitation.
0,15. . .	convulsions, survie.
0,18. . .	vive excitation.
0,18. . .	convulsions, survie.
0,20. . .	—
0,20. . .	convulsions, mort.
0,20. . .	—
0,22. . .	—

Dose convulsivante. . . 0,18.

Si nous rapprochons ces deux résultats, nous voyons que le lapin est beaucoup plus réfractaire à la cocaïne que le cobaye. Il est vrai que ce dernier possède une masse cérébrale plus considérable, ce qui rentre parfaitement dans notre loi. Si nous prenons toujours pour unité le kilogramme d'animal, le lapin aura, en effet, un cerveau de 4 grammes et le cobaye de 7. (Il est bien évident que ces derniers chiffres ne sont qu'une moyenne.)

Continuons notre étude avec les oiseaux. Voici le résultat de nos expériences sur les pigeons.

PIGEONS : INJECTION DANS LE MUSCLE GRAND PECTORAL

Dose de cocaïne.

grammes.

0,02. .	excitation.
0,05. .	perte de l'équilibre.
0,06. .	convulsions, survie.
0,07. .	convulsions, mort.
0,08. .	—

La dose convulsive est donc pour les pigeons 0,06. Nos chiffres et ceux qu'ont donnés d'autres auteurs nous permettent en outre de fixer à 8 grammes le poids moyen du cerveau rapporté au kilogramme d'animal.

Pour les chiens, nous n'avons pas eu besoin de faire des expériences. MM. Ch. Richet et Langlois ont prouvé d'une façon définitive que la dose convulsive était 0,02. Nous nous sommes contenté de rechercher le poids du cerveau, et, en le ramenant à notre unité, nous avons obtenu le poids de 9 grammes.

Enfin les expériences faites par M. Grasset et son élève M. Pradal nous permettent de faire figurer dans nos tableaux les résultats obtenus avec le singe.

SINGE

Dose de cocaïne.

grammes.

	Dose	
Grasset, *Comptes rendus de l'Académie des Sciences*, 9 février 1885.	0,003	rien.
—	0,006	rien.
—	0,088	rien.
—	0,017	convulsions, survie.
Pradal (*Thèse de Montpellier*), 1885 . .	0,023	—
Grasset.	0,027	—
Pradal.	0,030	—
Dose convulsive approximative	0,012	

Le poids moyen du cerveau rapporté à un kilogramme d'animal et calculé d'après les chiffres de Cuvier est 18 grammes.

Si maintenant nous groupons les résultats obtenus, nous verrons que l'hypothèse de M. Ch. Richet se trouve vérifiée. Le tableau suivant qui résume nos recherches est significatif à cet égard.

	Poids du cerveau rapporté au kil. d'animal.	Dose convulsive.
	grammes.	grammes.
Lapin . .	4	0,18
Cobaye. .	7	0,07
Pigeon . .	8	0,06
Chien. . .	9	0,02
Singe. . .	18	0,012

Du simple examen de ce tableau, il résulte que la dose de cocaïne nécessaire pour produire des convulsions est d'autant plus petite que la masse cérébrale est plus grande.

Avec ces données ne serait-il pas possible de déterminer d'une façon approximative cette même dose chez l'homme?

Tout d'abord il nous est facile de trouver une des inconnues. En effet, d'après Cuvier[1], le rapport moyen entre la masse cérébrale de l'homme et le poids total de son corps est $\frac{1}{28}$, ce qui donne le chiffre 35 en rapportant cette proportion à notre unité conventionnelle. Or, en consultant le tableau ci-dessus, on s'aperçoit que la différence dans la masse cérébrale est plus petite du chien au singe que du singe à l'homme; par suite la différence dans la dose convulsive entre le singe et l'homme doit être plus grande qu'entre le singe et le chien. Elle sera donc inférieure à 0,005 ; nous la fixerons d'une façon un peu arbitraire à 0,002 ou 0,003.

Lorsqu'on emploie une quantité de cocaïne supérieure à celle qui est capable de provoquer des mouvements épileptiformes, l'animal est souvent tué. Il suffit en effet de se reporter à nos tableaux pour voir que la dose mortelle suit la dose convulsive. La même loi préside d'ailleurs à l'évolution de ces

1. Cuvier, *Leçons d'anatomie comparée*, t. II, p. 149.

deux phénomènes; et, pour tuer un animal, il faudra une quantité de cocaïne d'autant moindre que le cerveau sera plus développé.

La preuve en a été donnée par nos expériences sur les animaux à sang chaud. Toutefois nous avons été heureux de voir que les résultats obtenus par nous sur des animaux à sang froid venaient encore confirmer la loi de M. Ch. Richet. Ainsi la grenouille et la tanche, chez qui le poids de la masse cérébrale rapporté au kilo d'animal est sensiblement le même, ont à peu près la même dose mortelle : 0,08 à 0,10. Au contraire la tortue, dont la masse cérébrale est moindre, est tuée par 0,20 de cocaïne.

Nous ne poursuivrons pas plus loin notre étude physiologique sur les animaux. Ce que nous avons appris va nous permettre de comprendre l'action de la cocaïne sur l'homme, et d'aborder immédiatement après l'étude critique des empoisonnements publiés jusqu'à ce jour.

ACTION DE LA COCAÏNE SUR L'HOMME

La cocaïne produit chez l'homme des effets locaux identiques à ceux que nous avons observés sur les animaux. Le mécanisme de l'analgésie est absolument le même : il se fait toujours une action chimique locale qui suspend les fonctions physiologiques des cellules sensitives.

Les effets généraux seront également faciles à comprendre. Il faut noter cependant qu'ils sont excessivement variables dans leur évolution : aujourd'hui on observera tel phénomène, et demain un phénomène pour ainsi dire opposé. Il semble que la cocaïne dans son action générale n'est pas comparable à elle-même. Aussi l'empoisonnement par cette substance peut-il se présenter sous mille formes diverses.

Cependant, et d'une façon générale, l'intoxication se manifeste par une extrême pâleur de la face, une accélération des battements du cœur, respiration fréquente et super-

ficielle, angoisse précordiale, perte incomplète de connaissance avec sentiment de fin prochaine, en un mot collapsus
voisin du coma.

Beaucoup de ces phénomènes peuvent être observés sur
les animaux, quand on ne dépasse pas ce que nous avons
appelé la dose physiologique. De là une première similitude
d'action. Et cette similitude se poursuit lorsqu'on emploie
une quantité plus forte de cocaïne, c'est-à-dire lorsqu'on
atteint la dose convulsivante. Alors, comme pour l'animal, on
obtient presque sans symptômes prémonitoires des soubresauts qui deviennent ou qui sont d'emblée des mouvements
convulsifs.

Cette dose convulsive ne saurait être déterminée d'une
façon absolument précise. Nous l'avons fixée (voir ci-dessus)
à 0,002 ou 0,003 par kil., ce qui donne pour un adulte le chiffre de 0,20. Et en effet l'ensemble des observations publiées
jusqu'à ce jour semble prouver que cette quantité de cocaïne
en injection sous-cutanée est susceptible de donner des convulsions.

Si maintenant nous prenons, un à un, ces phénomènes,
nous voyons que tous peuvent être expliqués par l'action de
.la cocaïne sur le système nerveux, et, plus spécialement, par
une excitation de l'axe encéphalo-médullaire. Or cette excitation, variable suivant la dose d'alcaloïde, donnera naissance
à des phénomènes également variables dans leur évolution,
c'est-à-dire plus ou moins graves.

Dans l'intoxication légère, la moelle sera la première et
souvent la seule prise. D'où la pâleur de la face et des téguments; car c'est dans la moelle que se trouvent principalement les origines du grand sympathique, et l'on sait, d'après
les travaux de M. Dastre, que les phénomènes de la circulation
se trouvent sous la dépendance de ce système sympathique.
On conçoit alors que l'excitation de la moelle, due à la cocaïne,
se manifeste, grâce aux filets vaso-constricteurs, par une
diminution notable du calibre des vaisseaux. En effet la

pâleur des téguments est quelquefois poussée à l'extrême.

On comprend que, sous cette même influence, la circulation de l'encéphale soit modifiée. Schilling[1] en a eu la preuve directe : dans un cas d'empoisonnement il a examiné le fond de l'œil à l'ophthalmoscope, et il a trouvé que les vaisseaux de la rétine étaient à peine visibles.

Ce fait d'anémie cérébrale est à retenir; car c'est là, croyons-nous, la véritable cause de certains accidents qui ne manqueront pas d'éclater, si une circonstance, insignifiante en elle-même, vient favoriser leur éclosion. Que le sujet à opérer reste debout, qu'il soit en proie à une anémie profonde, ou qu'il se trouve sous le coup d'un état émotif accentué, dont l'effet est de ralentir la circulation du cerveau, anémié déjà par la cocaïne, on comprendra, avec M. Dujardin-Beaumetz[2], qu'on se trouve en présence d'accidents vertigineux, de lipothymies, de tendances à la syncope, ou même d'une syncope.

Ces symptômes dus à une simple anémie cérébrale sont plus effrayants que dangereux. Il suffira souvent de faire respirer au malade deux ou trois gouttes de nitrite d'amyle pour ramener à l'état normal la circulation cérébrale, et faire disparaître du même coup les phénomènes de syncope.

C'est encore à l'influence prédominante de la cocaïne sur l'axe médullaire que sont dus les troubles circulatoires. Car l'excitation de la moelle cervico-dorsale, dans laquelle le sympathique prend ses fibres cardiaques, produit une précipitation des battements du cœur, qui les amène au taux de 150 à 160 par minute. On comprend de même que la pression sanguine s'élève dans les premiers moments pour baisser bientôt, car les battements du cœur, quoique nombreux, sont très petits, perdant en force ce qu'ils gagnent en vitesse. (Loi de Marey.)

Cette excitation du grand sympathique peut encore expliquer bien des phénomènes. Sous son influence tous les orga-

---

1. Schilling, in *Ærzl, Intelligenzblatt*, 1885, n° 52.
2. Dujardin-Beaumetz, *Gazette hebdomadaire*, 6 février 1885.

nes à muscles lisses pourront se contracter; et cette action se manifestera plus particulièrement sur la pupille qui se dilatera, sur l'estomac dont les contractions seront parfois augmentées jusqu'à produire le vomissement, sur l'intestin dont le péristaltisme pourra aller jusqu'à effet purgatif.

D'autres fois les phénomènes médullaires passeront inaperçus ou même n'existeront pas; les effets de la cocaïne se localiseront sur le bulbe; alors on verra la respiration s'accélérer, grâce à l'excitation directe des origines des pneumogastriques (Mosso)[1]. Dans les premiers moments, la fréquence des contractions diaphragmatiques devient extrême : les mouvements sont précipités, petits, superficiels, puis se ralentissent progressivement par épuisement nerveux.

Si, au contraire, la cocaïne porte son action sur l'encéphale, on voit alors éclater la série des phénomènes psychiques. Le sujet pourra avoir des attendrissements subits, puis sans transition des accès de fureur. Parfois ses facultés intellectuelles seront surexcitées au plus haut degré : il se rappellera tout à coup certains faits qui s'étaient passés, il y a 20, 30 ans, et qu'il avait totalement oubliés.

Enfin, si la dose de cocaïne est trop forte, on voit éclater tout à coup des symptômes plus graves : des convulsions. Les mouvements, toniques d'abord et cloniques ensuite, deviennent plus violents, à mesure qu'on se rapproche de la terminaison fatale. Pendant cette période convulsive, on peut voir la face se cyanoser, la respiration s'embarrasser; les battements du cœur deviennent de moins en moins perceptibles, et le malade meurt. Cependant tous ceux qui présentent des convulsions sont loin de succomber. Le nombre en est très restreint, comme on le verra dans la suite. Mais, dans les cas qui ont été publiés, la mort a toujours été précédée de convulsions; et, si on remarque que les animaux à sang chaud nous donnent un résultat identique, on pourra en conclure,

---

1 Ugolino Mosso, *Arch. f. experim. Path. u. Pharmak.*, t. XXIII, p. 153, 1887.

non sans une apparence de raison, que ces deux phénomènes, convulsions et mort, sont intimement liés. Or les convulsions sont dues à une excitation par la cocaïne des centres nerveux supérieurs; il faut croire que la mort est le résultat d'une action toxique sur ces mêmes centres.

Un dernier problème mériterait d'être résolu. Pourquoi la cocaïne présente-t-elle des effets si variables suivant les individus? Pourquoi localise-t-elle son action tantôt sur une des parties de l'axe encéphalo-médullaire, tantôt sur une autre? La dose que l'on emploie influe certainement sur l'évolution des phénomènes. Mais peut-être faut-il tenir compte des idiosyncrasies, des susceptibilités individuelles? Il y a là un point qui nous échappe; nous nous contenterons de le signaler.

* * *

DEUXIÈME PARTIE

ÉTUDE CRITIQUE DES EMPOISONNEMENTS DUS A LA COCAINE

Notre but étant de légitimer l'emploi judicieux et correct de la cocaïne, nous nous garderons bien de présenter cette substance comme absolument inoffensive, car ce serait s'exposer à de fâcheux mécomptes. Il y a des cas d'empoisonnement, et des cas bien graves, puisqu'ils se sont terminés d'une façon fatale. Mais cette toxicité a été, croyons-nous, beaucoup exagérée.

Et d'abord on ne saurait trop s'élever contre cette habitude de considérer tout phénomène un peu insolite comme l'indice d'un empoisonnement. Il faut l'avouer, les propriétés physiologiques de la cocaïne ne sont pas bien connues; elles sont même si peu connues qu'on ne sait pas encore utiliser cette substance à l'intérieur. Aussi, lorsque, employé dans des conditions plus ou moins favorables, ce médicament sera absorbé et manifestera ses propriétés normales en modifiant, d'une façon cependant très légère, certaines fonctions de l'organisme, immédiatement on croira à une intoxication.

Mais, dans cet ordre d'idées, peu de substances seraient absolument inoffensives. Que de fois l'administration d'un médicament ne produit pas l'effet qu'on est en droit d'attendre? Et, si un phénomène inattendu vient remplacer le phénomène habituel, faudra-t-il penser à l'empoisonnement? Ainsi un purgatif vulgaire, administré dans certaines conditions, pourra donner des vomissements et pas la moindre selle. Pour être logique, ce malade est empoisonné, comme est empoisonné encore celui qui, ayant trop mangé, se trouve sous le coup d'une indigestion et est en proie à de violentes nausées.

Ces faits sont certainement beaucoup plus graves que certains phénomènes produits par la cocaïne et décorés du nom d'empoisonnements. Un malade a été analgésié par notre alcaloïde, il pâlit en voyant l'opérateur saisir ses instruments; son cœur s'accélère : aussitôt ces symptômes, dus à une simple émotion, sont regardés comme toxiques, et l'observation est publiée. Nous nous sommes contenté de réunir les empoisonnements sérieux et authentiques; et, si notre dossier est incomplet par rapport à certains faits légers et presque insignifiants, nous croyons posséder à peu près tous les cas ayant eu une certaine gravité.

Nous présentons notre dossier sous forme de tableau :

OBSERVATEURS.	PHÉNOMÈNES OBSERVÉS.	DOSES.
		grammes.
Adams Frost (*Tribune méd.*, 1er janv. 1888).	Pâleur de la face, sueurs profuses, pouls petit et ralenti.	0,0005
Ziem (*Allg. med. Centralzeitung*, 1885, n° 90).	Pâleur de la face, embarras de la respiration.	0,004
Heuse (*Tribune méd.*, 1er janvier 1888).	Dyspnée, vomissements.	0,0045
Mayerhausen (*France méd.*, 27 fév. 1886).	Céphalalgie, sécheresse de la gorge, nausées ; puis agitation, inappétence pendant 48 heures.	0,005
Call (*Soc. médico-chirurgicale de Madrid*, cité par Mattison dans *Therapeutic gazette*, du 16 janv. 1888).	Mouvements convulsifs.	0,005
Bull. gén. de thérap., 1885, p. 422.	Céphalalgie, malaise, titubation, perte de l'appétit.	0,005
Mowat (*Lancet*, 13 oct. 1888).	Petitesse du pouls, convulsions.	0,0075
Tipton (*Tribune méd.*, 1er janv. 1888).	Pâleur de la face, vomissements, petitesse du pouls.	0,008
Reich (*Paris méd.*, 6 fév. 1886).	Tremblements, sueurs froides, vertiges.	0,01
Coculet (*Art dentaire*, janv. 1888, p. 644).	Pâleur de la face, syncope, puis convulsions et contractures.	0,01
Ducourneau (*Art dentaire*, avril 1888, p. 718).	Stupeur, angoisse.	0,01
Knapp (*Paris méd.*, 8 fév. 1886).	Lividité cadavérique, sueurs.	0,011
Ibid.	Pâleur de la face.	0,012
Reich (*Paris méd.*, 6 fév. 1886).	Défaillance, vomissements.	0,012
Hall et Halster (*Gaz. méd. de Paris*, 1885, n° 4).	Vertiges, vomissements.	0,012 à 0,014
Howel Way (*Tribune méd.*, 1er janv. 1888).	4 cas d'intoxication.	0,012 à 0,015
Galezowski (*Tribune méd.*, 1er janv. 1888).	Titubation, embarras paralytique de la langue pendant 30 heures.	0,015

OBSERVATEURS.	PHÉNOMÈNES OBSERVÉS.	DOSES.
		grammes.
Cosmos (11 fév. 1888).	Syncope, accidents graves pendant 1 heure.	0,015
Bresgen (*Trib. méd.*, 1er janv. 1888).	Nausées, troubles dans la marche, excitation suivie de dépression.	0,015
Griswald (*Trib. méd.*, 1er janvier 1888).	Défaillance, vertige, pouls filiforme, troubles de la vue, syncope.	0,018
Blodgett (*Boston M. et S. Journal*, cité par Mattison, *loc. cit.*).	Défaillance, sueurs froides, intervalle de collapsus profond avec perte de connaissance, délire.	0,018
Stevens (*France méd.*, 27 fév. 1886).	Convulsions, perte de sensibilité.	0,02
Préterre (*La cocaïne en chirurgie dentaire*, p. 25).	Mouvements convulsifs, troubles visuels.	0,02
Mannheim (*Berl. kl. Woch.*, 1888, p. 583).	Résolution musculaire, troubles de la circulation, angoisse, excitation cérébrale pendant 3 heures; 3 jours après nouvel accès, suivi d'autres accès pendant des semaines.	0,02
Meyer et Bardet (*Bull. de thérap.* 1885, p. 122).	Syncope.	0,02
Stevens (*France méd.*, 27 fév. 1886).	Défaillance, vertiges.	0,024
Mac Intyre (*St-Louis M. et S. Journal, France méd.*, 25 nov. 1886).	Paralysie partielle, embarras de la respiration, incapacité de parole et de déglutition.	0,03
Préterre (*Cocaïne en chirurgie dentaire*, p. 28).	Céphalalgie, nausées, troubles visuels, pleurs abondants.	0,03
Préterre (*Cocaïne en chirurgie dentaire*, p. 26).	Nausées, difficulté de respirer, embarras de la parole; ensuite pleurs, suivis d'accès d'hilarité.	0,03
O. Williams (*New-York med., Journal*, cité par Mattison, *loc. cit.*).	Dilatation de la pupille, sécheresse de la gorge; troubles de la vue pendant une semaine.	0,0314

OBSERVATEURS.	PHÉNOMÈNES OBSERVÉS.	DOSES.
		grammes.
PRÉTERRE (*Cocaïne en chirurgie dentaire*, p. 30).	Nausée, crampe dans les mollets, fièvres pendant la nuit.	0,04
ABADIE (*Soc. d'Ophthalm.*, 2 oct. 1888).	Mort.	0,05
PRÉTERRE (*Cocaïne en chirurgie dentaire*, p. 50).	Sensation d'étouffement, impossibilité d'avaler, prostration, aphonie, faiblesse dans les jambes.	0,05
LABORDE (*Soc. de Biologie*, 15 oct. 1887).	3 heures de collapsus voisin du coma.	0,05
PRÉTERRE (*Cocaïne en chirurgie dentaire*, p. 20).	Difficulté d'avaler, troubles de la vision, faiblesse dans les jambes.	0,05
PRÉTERRE (*Cocaïne en chirurgie dentaire*, p. 12).	Sueurs et refroidissement des extrémités.	0,05
STICKLER (*Medical Record* cité par MATTISON, *loc. cit.*).	Vertiges, nausées, diarrhée.	0,05
THUILLER (*Art dentaire*, juin 1887, p. 458).	Sueurs froides, nausées, vomissements.	0,05
JAMES MAGILL (*Brit. med. Journal*, p. 617, mars 1887).	Pâleur, angoisse précordiale, troubles circulatoires.	0,06
WHISTLER (*Bull. médical*, 29 fév. 1888).	Accélération des battements du cœur, état marqué d'hilarité.	0,06
ADDINSELL (*Therapeutic Gazette*, 16 janvier 1888).	Palpitation, sentiment de suffocation, excitation générale et loquacité.	0,06
SCHILLING (*London, Med. Record*, 15 mars 1885).	Syncope de 3 minutes.	0,06
GODDING (*Lancet*, 25 fév. 1888).	Délire, refroidissement des extrémités.	0,06
SCHUBERT (*Tribune méd.*, 1er janvier 1888).	Troubles de la vue et syncope.	0,06
WALTER TOTHILL (*London med. Journal*, cité par MATTISON, *loc. cit.*).	Deux heures et demie de syncope.	0,064

OBSERVATEURS.	PHÉNOMÈNES OBSERVÉS.	DOSES.
		grammes.
WALTER TOTHILL (*London med. Journal,* cité par MATTISON, *loc. cit.*).	Délire, troubles de la circulation et de la respiration.	0,064
HOWEL WAY (*Med. News,* 30 avril 1887).	Tendance à la syncope pendant six heures.	0,065
WOOD (*Therapeutic Gazette,* 18 juin 1888).	Convulsions.	0,05
PRÉTERRE (*Cocaïne en chirurgie dentaire,* p. 37).	Étouffement, tremblement nerveux, faiblesse dans les jambes, pleurs.	0,07
BARSHY (*British med. Journal,* cité par MATTISON, *loc. cit.*).	Pâleur, vertiges, dyspnée, vomissements.	0,07
GRUBE (*Tribune méd.,* 1er janvier 1888).	Vertiges, vomissements, oppression.	0,08
PRÉTERRE (*Cocaïne en chirurgie dentaire,* p. 55).	Céphalalgie, nausées, troubles visuels.	0,08
SCHNYDER (*Corresp. Blatt. f. schw. Aerzte,* cité par MATTISON, *loc. cit.*).	Mouvements convulsifs, refroidissement des extrémités.	0,09
PITTS (*Lancet,* 1887, 24 déc.).	Troubles de la circulation et de la respiration, vomissements.	0,09
PRÉTERRE (*Cocaïne en chirurgie dentaire,* p. 23).	Constriction à la gorge, engourdissement des pieds, prostration, syncope.	0,10
UUNKORSKY (*Bull. méd.,* juillet 1888).	Douleurs lombaires, vertiges, collapsus pendant une heure.	0,10
BULLOCK (*Boston M. et S. Journal,* 16 juin 1887).	Vertiges, prostration, dyspnée, faiblesse du pouls.	0,10
SZUMAN (*Therap. Monatshefte,* 1888, p. 394).	Syncope, raideur des extrémités.	0,10
MOREAU (*Soc. de Biol.,* 1887, p. 560).	Excitation cérébrale, analgésie généralisée.	0,10
HŒNEL (*Berlin. klin. Woch.,* 22 oct. 1888).	Syncope et convulsions.	0,115

OBSERVATEURS.	PHÉNOMÈNES OBSERVÉS.	DOSES.
		grammes.
Whiste (*Union méd.*, 22 sept. 1888).	Vertiges, tendances syncopales.	0,12
Samuel Earle (*Therapeutic Gaz.*, 16 janv. 1888).	Convulsions pendant une demi-heure.	0,12
Service de M. Reclus, communiqué par M. Cestan.	Excitation cérébrale; accès de fureur et d'attendrissement.	0,15
Service de M. Reclus (Obs. pers.).	Troubles de la respiration, résolution musculaire.	0,15
Roberts (*Lancet*, cité par Mattison. *loc. cit.*).	Délire, amaurose pendant quatre heures.	0,18
Manheim (*Tribune méd.*, 1er janv. 1888).	Dyspnée, dysphagie pendant vingt heures.	0,20
Steer Bowher (*Trib. méd.*, 1er janv. 1888).	Nausées, état de collapsus.	0,24
Moissard (*Courrier méd.*, 22 déc. 1888).	Troubles respiratoires, nausées, crampes dans les jambes, hallucinations.	0,25
Kilham (*Lancet*, 8 janv. 1887).	Confusions des idées, imminence de suffocation.	0,25
Samuel Earle (*Maryland med. Journal*, cité par Mattison, *loc. cit.*).	Convulsions, syncope de 5 minutes.	0,30
Kilham (*Lancet*, 1er janv. 1887).	Nausées, incohérence de la parole et des idées.	0,30
Centr. Bl. f. kl. Med., 1889. n° 16, p. 296.	Agitation, subdelirium, troubles intellectuels suivis de céphalalgie.	0,65
Symes (*Med. news*, 11 juill. 1888).	Mort.	0,75
Déjerine (*Soc. de Biol.*, 17 déc. 1887).	État demi-comateux, contracture musculaire généralisée.	1,00
Heyman (*Bull. de thérapeut.*, 1886, p. 95).	Dix heures de collapsus.	1,00
Kolomin (*Therap. Monatshefte*, 1888).	Mort.	1,04

OBSERVATEURS.	PHÉNOMÈNES OBSERVÉS.	DOSES.
		grammes.
Bulletin méd. du 24 fév. 1889.	Mort.	1,25
Ricci (*Deutsche med. Woch.*, 1887, n° 41, p. 894).	Excitation extrême, gesticulations choréiques, accélération du pouls et de la respiration; 4 jours plus tard, retour des mêmes accidents.	1,25
Montalti (*Sperimentale*, sept. 1888, p. 294).	Mort.	1,50

Nous croyons cette statistique suffisamment complète ; car nous avons la conscience d'avoir scrupuleusement consigné, après de longues et patientes recherches, la plupart des empoisonnements ayant offert une certaine gravité. En parcourant ce tableau, on ne trouve que cinq terminaisons fatales, et encore y en a-t-il une dont la cause est à discuter. Et cependant, s'il fallait en croire certains auteurs, le nombre des cas malheureux serait tellement grand qu'on ne saurait se servir de la cocaïne sans s'exposer à tuer le patient.

Ainsi M. Roux, dans la *Revue médicale de la Suisse romande*, février 1889, écrit cette phrase : « *Le nombre d'empoisonnements mortels par la cocaïne atteignait en octobre dernier, le chiffre respectable de* 126. » M. Roux, à qui nous nous sommes adressé directement, a bien voulu, dans une lettre rectificative, nous indiquer les sources où il avait puisé son chiffre. Tout d'abord, il avoue avoir fait une erreur : ce n'est pas 126 cas mortels qu'il faudrait dire, mais simplement 126 empoisonnements dont quelques-uns seraient mortels : il ne connaît pas le chiffre exact des cas malheureux. C'est d'une compilation faite par M. Dumont, de Berne, que M. Roux avait tiré ses conclusions. Or, à son tour, M. Dumont s'était beaucoup aidé des travaux de Mattison sur la cocaïne.

Nous avons lu une analyse de ce travail dans la *Tribune*

médicale du 1ᵉʳ janvier 1888 ; nous avons même consulté une reproduction de l'article de Mattison dans la *Therapeutic gazette* du 16 janvier 1888. Au commencement de cet article, on y parle bien de quatre cas mortels ; [mais, en lisant attentivement le travail, il nous a été impossible de les y trouver. En effet, certaines observations sont rédigées en termes tellement vagues que souvent on ne peut dire s'il y a eu une terminaison heureuse ou malheureuse. Or, comment discuter des faits qui manquent à ce point [de précision ?

Et ce qui nous fait croire que nous possédons le dossier à peu près complet de la cocaïne, c'est que, dans un article écrit par M. le professeur Lépine dans la *Semaine médicale* du 22 mai 1889, nous avons trouvé peu de faits dont nous n'eussions déjà connaissance.

Mais, avant d'aller plus loin, un aveu est nécessaire. On voit que, dans ce tableau, les empoisonnements n'ont pas été [présentés par ordre de gravité. Les faits ont été rangés suivant la dose employée. Et nous sommes obligé d'avouer que, pour une dose inférieure à 0,05, notre dossier n'est pas complet. Lorsque, pour la même quantité de cocaïne, plusieurs cas se présentaient à nous avec les mêmes symptômes, nous n'en retenions que quelques-uns. Mais, à partir de 0,05, dose que l'on emploie ordinairement, nous avons noté sans exception tous les faits venus à notre connaissance.

Examinons l'ensemble des empoisonnements dus à une quantité de cocaïne inférieure à 5 centigrammes. Et d'abord que penser des accidents provoqués par l'administration de doses presque infinitésimales ? Peut-on croire sérieusement à l'intoxication ? Il faudrait alors que la cocaïne fût plus dangereuse que le plus toxique des alcaloïdes. Nous sommes disposé à croire avec M. Unkowsky et M. Hugenschmidt que l'émotion joue un rôle manifeste dans le développement de certains accidents.

Le fait suivant rapporté par M. Hugenschmit [1] en est une preuve frappante.

« Il est appelé pour administrer la cocaïne à une dame d'une soixantaine d'années, ayant à subir une opération dentaire très douloureuse. Il la trouve très surexcitée et persuadée d'après les récits d'un médecin que le médicament dont on va se servir est des plus dangereux. Dans de telles conditions M. Hugenschmidt refuse d'administrer la cocaïne : mais, pressé par la dame, il fait semblant d'accéder à son désir et injecte 10 gouttes d'*eau distillée*. En moins de trente secondes, la malade se plaignait de douleurs terribles dans la tête, se levait rapidement, faisait quelques pas et tombait dans un fauteuil en criant : « Je meurs ! » Puis survint une syncope qui dura une demi-heure. »

Or supposons que M. Hugenschmidt n'ait pas injecté de l'eau distillée pure ; on aurait mis ces accidents sur le compte de la cocaïne ; d'où un empoisonnement assez grave, puisqu'il y aurait eu une syncope d'une demi-heure. Aussi sommes-nous tout disposé à croire que nombre d'intoxications relèvent d'un mécanisme semblable.

Que trouvons-nous comme symptômes pour une dose inférieure à 0,05 ? En consultant notre tableau, nous voyons que les phénomènes le plus souvent observés sont : la pâleur de la face, des sueurs froides, des vertiges, des défaillances, de la sécheresse de la gorge, un embarras de la respiration, des syncopes. Or une simple émotion peut parfaitement produire tous ces accidents. D'ailleurs, pour confirmer cette hypothèse, il est à remarquer que, dans beaucoup d'observations, le sujet était maladif, impressionnable, nerveux ou hystérique.

Cependant nous nous garderons bien de nier les faits. Même au-dessous de 5 centigrammes la cocaïne peut avoir des effets actifs. Mais nous nous refusons à donner une

1. Hugenschmidt, « De la cocaïne en injections hypodermiques » (*Bulletin médical*, 1888, nº 72, p. 1195).

gravité quelconque à ces accidents, d'ailleurs très rares, puisque, pour un cas où il s'est produit un symptôme désagréable, nous pourrions en citer 50 où tout s'est passé correctement. Nous croyons plutôt à une idiosyncrasie qui, en dehors de toute hérédité nerveuse, rend un sujet plus sensible qu'un autre à l'action de l'alcaloïde. Et alors la cocaïne devrait être mise au nombre de ces substances pour lesquelles il existe une susceptibilité individuelle.

De tous ces faits, il résulte qu'une dose inférieure à 0,05 peut être employée impunément. Les quelques accidents qui peuvent en résulter seront peut-être désagréables, mais jamais dangereux.

Peut-on employer une dose plus forte ? Consultons encore notre tableau, et tout de suite nous sommes frappé de ce fait que l'administration de 0,05 a donné lieu à une issue fatale. Étudions en détail cet empoisonnement : il a une importance capitale ; car, si la mort était véritablement due à la cocaïne, l'emploi de cette substance devrait être proscrit. »

C'est à la Société d'ophthalmologie de Paris, dans la séance du 2 octobre 1888, que M. Abadie a rapporté son observation :

« Femme de 71 ans, pour opération d'entropion, reçoit dans la paupière le contenu d'une seringue de Pravaz, remplie d'une solution de cocaïne à 5 p. 100. Tout d'abord aucune sensation ; mais l'opération est à peine terminée que la malade chancelle, perd connaissance, avec face vultueuse, lèvres bleuâtres, comme dans une asphyxie. Respiration artificielle, deux piqûres d'éther, caféine. La respiration se rétablit, la malade prononce quelques paroles, et M. Abadie la quitte, la croyant sauvée. Le lendemain il apprend que la malade a succombé dans la nuit, cinq heures après l'accident. Pas d'autopsie ; mais la fille de cette dame fait savoir que, trois mois auparavant, sa mère était tombée de la même façon et était restée six heures sans connaissance. »

Ce récit donna lieu à un échange d'observations entre les collègues de M. Abadie. M. Gorecki n'a pas cru à l'intoxication ;

M. Meyer non plus, parce que la malade a eu la face vultueuse, la respiration stertoreuse, phénomènes qui ne sont pas ceux de l'empoisonnement cocaïnique, mais plutôt de l'apoplexie cérébrale en rapport avec l'âge et les antécédents du sujet.

Pour nous, dans cette observation, nous ne voyons pas les effets de la cocaïne. Jamais un empoisonnement par cette substance n'a donné lieu à la congestion de la face. Le visage est toujours d'une pâleur, d'une lividité cadavériques. La face aurait cependant pu se congestionner si la malade avait eu des convulsions; or elle est tombée sans connaissance, ne présentant pas un seul mouvement convulsif. C'est là encore un fait qui nous oblige à mettre hors de cause la cocaïne; car, dans toutes les observations que nous avons pu recueillir, il n'y a pas un seul cas où la mort n'ait été précédée de convulsions. Dès lors est-il permis de mettre sur le compte de la cocaïne des accidents qui sont le contraire des phénomènes cocaïniques? Nous partageons plutôt l'opinion de M. Meyer, et nous rapportons cette mort à l'apoplexie cérébrale.

La cocaïne ne peut donc pas tuer à 0,05. Nous dirons mieux : à cette dose et même à dose supérieure, jusqu'à 0,10 centigrammes, elle n'est pas dangereuse.

L'ensemble des cas d'empoisonnement présente cependant des phénomènes qui paraissent assez graves. Ainsi nous avons quelques observations avec mouvements convulsifs. Mais ce symptôme a été vu le plus souvent chez des sujets nerveux, prédisposés, des hystériques. Or la cocaïne est très propre à faire éclater des accidents névrosiques chez ceux qui possèdent en germe ces accidents. D'ailleurs nous nous garderons bien de nier les prédispositions individuelles, les idiosyncrasies qui se manifestent d'autant mieux que la quantité de substance active est plus considérable.

Quant aux autres symptômes, certains d'entre eux peuvent recevoir l'explication que nous avons donnée plus haut. Il est hors de doute que l'état de surexcitation, d'émotion

inséparable de l'idée d'opération, ne soit chez des sujets pu-
sillanimes l'origine de certains troubles de la vue, de certains
vertiges ou même de certaines syncopes.

On pourrait nous objecter des faits semblables à celui
d'Howel Way, qui dans un but expérimental s'injecta un
grain de cocaïne, et fut, comme il le raconte lui-même, à deux
doigts de la mort. Il semble facile d'interpréter ces accidents
en se rappelant les propriétés de la cocaïne. On sait qu'un des
principaux effets de cette substance, employée à faible dose,
est l'exaltation du système sympathique avec diminution
consécutive du calibre des vaisseaux sous l'influence de l'action prédominante des filets vaso-constricteurs. D'où une
anémie de la base de l'encéphale, donnant naissance à quelques vertiges, à quelques troubles des systèmes circulatoire
et respiratoire. En présence de ces symptômes, une émotion,
qui pourra paraître bien légitime, s'emparera du sujet, lui
fera penser instinctivement et malgré lui à un danger réel.
L'effet de l'émotion s'ajoutant à l'action de la cocaïne viendra
ralentir encore la circulation cérébrale ; les deux phénomènes
réagiront ainsi l'un sur l'autre, et la syncope deviendra immi-
nente. C'est là, croyons-nous, le cas d'Howel Way ; et bien
d'autres peuvent être expliqués de la même manière.

Ces phénomènes, qui paraissent d'une gravité exceptionnelle, ne sont pas à redouter. Et ce qui le prouve, c'est qu'il
suffit de faire respirer au malade deux ou trois gouttes de
nitrite d'amyle, pour ramener à l'état normal la circulation
cérébrale et faire disparaître presque aussitôt tout accident de
syncope. Ce fait a été très remarquable dans le cas d'Howel
Way, et dans bien d'autres, comme le prouvent de nombreuses observations. Nous voyons donc que la cocaïne à 0,1, donne
naissance à des phénomènes plus effrayants que dangereux.

Continuons notre examen, et, dans une troisième étape,
étudions les empoisonnements survenus aveç des doses variables de 0,10 à 0,20 centigr. Ici encore nous nous trouvons
en présence d'accidents qui sont jugés très graves au premier

abord ; mais cette gravité est plus apparente que réelle : deux ou trois gouttes de nitrite d'amyle font le plus souvent disparaître ces accidents.

Cependant il faut appeler l'attention sur un phénomène nouveau, peu dangereux en lui-même, mais intéressant à noter parce qu'il est l'indice d'une action plus énergique de la cocaïne sur l'organisme : nous voulons parler de l'excitation cérébrale. Un bel exemple de cette excitation a été observé par M. RECLUS. Nous reproduisons ici cette observation, due à l'obligeance de notre ami CESTAN, interne des hôpitaux :

« Homme d'une quarantaine d'années, très nerveux, très impressionnable, se présente pour être opéré d'un lipome de l'épaule droite. Il craint beaucoup l'opération dont il appréhende les suites. Le champ opératoire est anesthésié avec 15 centigrammes de cocaïne. On procède à l'extirpation de la tumeur. L'excitation du malade augmente ; il se met à pleurer, puis s'indigne de ses pleurs, est pris d'accès de fureur suivis d'accès d'attendrissement. En dernier lieu, loquacité extraordinaire peu en harmonie avec son caractère froid et réservé. Ces phénomènes durent trois heures environ. »

A propos de ce cas, on pourrait faire observer qu'il est bien ennuyeux pour un malade de venir raconter, dans son inconscience, des choses souvent très intimes et dont il se garderait de dévoiler le secret s'il était de sang-froid. Mais ce n'est pas là une raison suffisante pour se priver des avantages de la cocaïne. D'ailleurs les anesthésiques et le chloroforme ne sont pas à l'abri de ce reproche. Que de fois n'a-t-on pas vu sous l'influence de l'excitation chloroformique un sujet raconter certains épisodes de sa vie et entrer dans les détails les plus intimes? Cela ne saurait être un obstacle sérieux à l'emploi de la cocaïne.

Ce qui devrait rendre plus circonspect, ce sont les convulsions qu'on a obtenues à des doses plus petites que 0,20. C'est là un indice que la cocaïne ne se contente plus d'exciter les centres psycho-moteurs, mais qu'elle exerce sur ces mêmes centres une action véritablement toxique. Heureusement les convulsions sont loin d'être la règle. Dans les deux observations que nous avons relevées, une première fois la cocaïne avait été pour des hémorroïdes injectée dans une région très riche en vaisseaux ; la seconde fois on avait employé une solution très concentrée. Or, dans l'un et l'autre cas, l'absorption avait dû être extrêmement rapide. Et si nous en croyons nos expériences, c'est là une condition des plus favorables à l'éclosion des accidents convulsifs.

Ainsi la cocaïne pourrait être employée à la dose de 20 centigrammes ; toutefois, nous nous abstiendrons de conseiller cette dose à cause des phénomènes dont nous venons de parler. Il est vrai que nous citerions facilement nombre de cas de la pratique de M. Reclus où 20 centigrammes n'ont produit aucun symptôme fâcheux, pas même la pâleur de la face.

Mais, au delà de cette dose, nous pensons qu'il faut être très ménager de l'emploi de la cocaïne : les accidents se multiplient, les phénomènes deviennent de plus en plus graves, et, quoiqu'il faille arriver à la quantité énorme de 0,75 pour trouver le premier cas authentique de mort, nous continuons à croire qu'il ne faut pas dépasser 0,20.

Nous ne discuterons plus les cas de mort que nous avons pu réunir ; nous nous contenterons de les citer avec quelques détails.

M. Simes, dans le *Medical News*, 11 juillet 1888, rapporte l'observation suivante :

Il s'agissait d'un homme de 29 ans, bien portant d'ailleurs, à qui on injecta dans l'urèthre un drachme (près de 4 grammes) d'une solution de cocaïne à 20 p. 100 (c'est-à-dire 0,75 environ). A peine la seringue était-elle retirée que le malade se met à délirer. Les yeux commencent à se convulser, le regard devient fixe, les pupilles dilatées, de l'écume sort de la bouche, la respiration s'arrête, et tout le corps est secoué de violentes convulsions épileptiformes qui se renouvellent avec une intensité croissante. La respiration est de plus en plus faible ; il survient une forte cyanose, et le malade meurt 20 *minutes* après l'injection. A l'autopsie, on trouve les poumons à l'état normal, mais fortement hyperémiés, le cœur sain (le ventricule droit est vide, le gauche rempli de caillots *post mortem*). Les viscères abdominaux et le cerveau sont également très congestionnés. La muqueuse de l'urèthre est saine.

Le cas du professeur Kolomin est trop connu pour que nous ayons besoin d'insister longuement : Emploi de la cocaïne pour grattage du rectum. Injection dans le rectum de 24 grains d'alcaloïde. Vingt ou trente minutes après l'opération, symptômes d'empoisonnement. Perte de connaissance, violentes convulsions épileptiformes, arrêt de la respiration. Éther, nitrite d'amyle, respiration artificielle, lavement avec substances irritantes, tout fut inutile. En trois heures, le malade avait succombé.

Un autre cas a été relevé par nous dans le *Bulletin médical* du 24 février 1889.

Un interne de l'*University College Hospital* avait ordonné $1^{gr},25$ de cocaïne qu'il avait l'intention d'injecter lui-même dans la vessie d'un homme de 30 ans, affligé d'une cystite aiguë. Il néglige d'indiquer sur l'ordonnance l'emploi du médicament, et le pharmacien le donne comme potion. Le malade l'ingère : il ne présente tout d'abord aucun symptôme, mais au bout d'une demi-heure des convulsions se déclarent, et c'est ainsi qu'il meurt.

Enfin le dernier cas a été publié par M. Montalti dans le journal italien *Lo Sperimentale :*

Ce cas a donné lieu à une expertise médico-légale : il est relatif à une femme qui absorba par méprise 5 grammes d'une solution à 30 p. 100 de chlorhydrate de cocaïne, c'est-à-dire $1,50$ d'alcaloïde. Quinze minutes après l'ingestion du médicament, la malade se plaignit de constriction à la gorge, fut prise d'envie de vomir, mais sans vomissements. On observa en même temps des troubles de la vue, de la dilatation de la pupille, de la cyanose des lèvres; le pouls devint filiforme, des convulsions éclatèrent et la malade succomba. A l'autopsie on trouva une petite caverne dans le poumon droit; le cœur avait une légère surcharge graisseuse. L'encéphale, les méninges et les viscères abdominaux étaient congestionnés. La mort fut considérée dans les conclusions médico-légales comme le résultat d'un empoisonnement par la cocaïne.

Tels sont, avec quelques détails, les seuls cas de mort que nous avons pu trouver dans les auteurs, car nous nous refusons à reconnaître l'action de la cocaïne dans l'observation présentée par M. ABADIE à la Société ophthalmologique de Paris. On voit que la terminaison fatale est, en somme, chose rare. Si l'on faisait le dossier du chloroforme, on trouverait la table de léthalité bien plus considérable. D'ailleurs la cocaïne ne donne la mort qu'à dose encore assez élevée. De plus, il est à remarquer que l'évolution des phénomènes dépend beaucoup du mode d'administration. Ainsi, dans l'observation rapportée par M. MONTALTI, la cocaïne avait été prise à l'intérieur et absorbée par l'estomac. Nous croyons qu'une dose moitié moindre, en injection sous-cutanée, aurait pu également tuer le sujet. Tout dépend, en effet, de la rapidité d'absorption. Nos expériences sur les lapins démontrent parfaitement ce fait : nous avons eu des accidents mortels en injectant dans le péritoine 0,20 centigrammes de cocaïne par kil. d'animal; or, 0,05 centigrammes, poussés dans la veine auriculaire, ont produit ces mêmes accidents; l'importance de la dose est donc quelque peu relative; et il sera permis de donner en ingestion stomacale une quantité de cocaïne qu'il faudrait bien se garder d'introduire dans le tissu cellulaire.

Cette distinction n'est pas inutile; elle mérite d'être prise en considération; car on peut parfaitement piquer une veine avec l'aiguille de la seringue et introduire directement la solution de cocaïne dans le calibre de cette veine. Le fait a dû se produire; et lorsque, en dehors de toute prédisposition, une

dose minime de substance active donne naissance à des phénomènes d'une gravité exceptionnelle, nous serions tout disposé à croire que la solution a été poussée dans une veine.

Mais comment se mettre en garde contre cet accident? La
chose est facile; on n'aura qu'à se conformer au mode opératoire employé par notre maître M. RECLUS, et exposé par
lui et son élève ISCH WALL dans la *Revue de chirurgie*, 10 février 1889. Cette méthode consiste à pousser le piston de la
seringue à mesure qu'on enfonce l'aiguille dans les tissus.
On pourra peut-être piquer une veine et introduire une goutte
de liquide dans le calibre de cette veine, mais le reste de la
solution sera certainement déversé dans le tissu cellulaire. On
évite ainsi de porter directement la cocaïne dans la circulation
générale et de la mettre en contact pour ainsi dire immédiat
avec les centres nerveux.

L'absorption trop rapide de cette substance a pour plusieurs
auteurs de graves inconvénients. Telle est l'opinion du professeur WOLFLER [1]. Se basant sur sa propre statistique, il a
vu qu'on pouvait injecter aux extrémités une dose d'un tiers
plus forte qu'à la face. Il paraît admettre comme possible
que la cocaïne introduite au voisinage de l'encéphale y par-
vienne d'une manière plus immédiate (par les gaines lymphatiques?) que par la circulation générale.

De même, pour éviter dans une certaine mesure cette
rapidité d'absorption, il ne faut pas employer des solutions
trop concentrées. Cette façon d'agir ne peut offrir que des
avantages.

On sait que la cocaïne produit l'analgésie par action directe
sur les cellules sensitives; plus la solution sera étendue, plus
on pourra multiplier le contact du liquide médicamenteux
avec les cellules nerveuses; et cependant la dose totale de
cocaïne sera plus faible. La solution à 2 p. 100 nous paraît la
plus convenable. Or nous avons vu qu'on peut employer

---

1. WOLFLER, *Wiener med. Woch*, 1889, n° 18.

presque impunément 0,20 centigrammes de cocaïne, il sera donc permis d'injecter 10 cc. de notre solution. Et quel champ opératoire ne pourrait-on pas analgésier avec le contenu de 10 seringues de Pravaz?

D'ailleurs nous croyons cette dose rarement nécessaire, et il sera prudent de ne pas y recourir, si l'on a affaire à des sujets nerveux, anémiques ou hystériques. Si, en vertu d'une prédisposition individuelle, un accident éclatait, on pourrait donner au patient une injection d'éther, et de préférence lui faire respirer deux ou trois gouttes de nitrite d'amyle. Le plus souvent on verrait le malade revenir immédiatement à lui, et la guérison serait maintenue par l'administration de la caféïne. S'il se produisait des accidents convulsifs, il serait bon de donner du chloral. On a conseillé également le chloroforme et l'éther.

Conclusions.

Nos expériences viennent confirmer l'opinion généralement admise : la cocaïne est moins toxique chez les animaux que chez l'homme.

Malgré les plus actives recherches et les investigations les plus minutieuses, nous n'avons pu recueillir dans la littérature médicale que *quatre* empoisonnements mortels, et il est à noter que, dans ces différents cas, la quantité de substance active a toujours été très considérable : 0,75 ; 1,20 ; 1,25 ; 1,50.

Jamais, à la dose de 0,20 en injection hypodermique, et malgré l'apparente gravité des symptômes d'intoxication, le danger de mort n'a été réel.

On peut donc sans crainte employer cette dose de 0,20 ; toutefois elle sera bien rarement nécessaire, car, avec 0,05 d'alcaloïde en solution à 2 p. 100, le champ opératoire anesthésié sera déjà très étendu.

FIN DU TOME DEUXIÈME

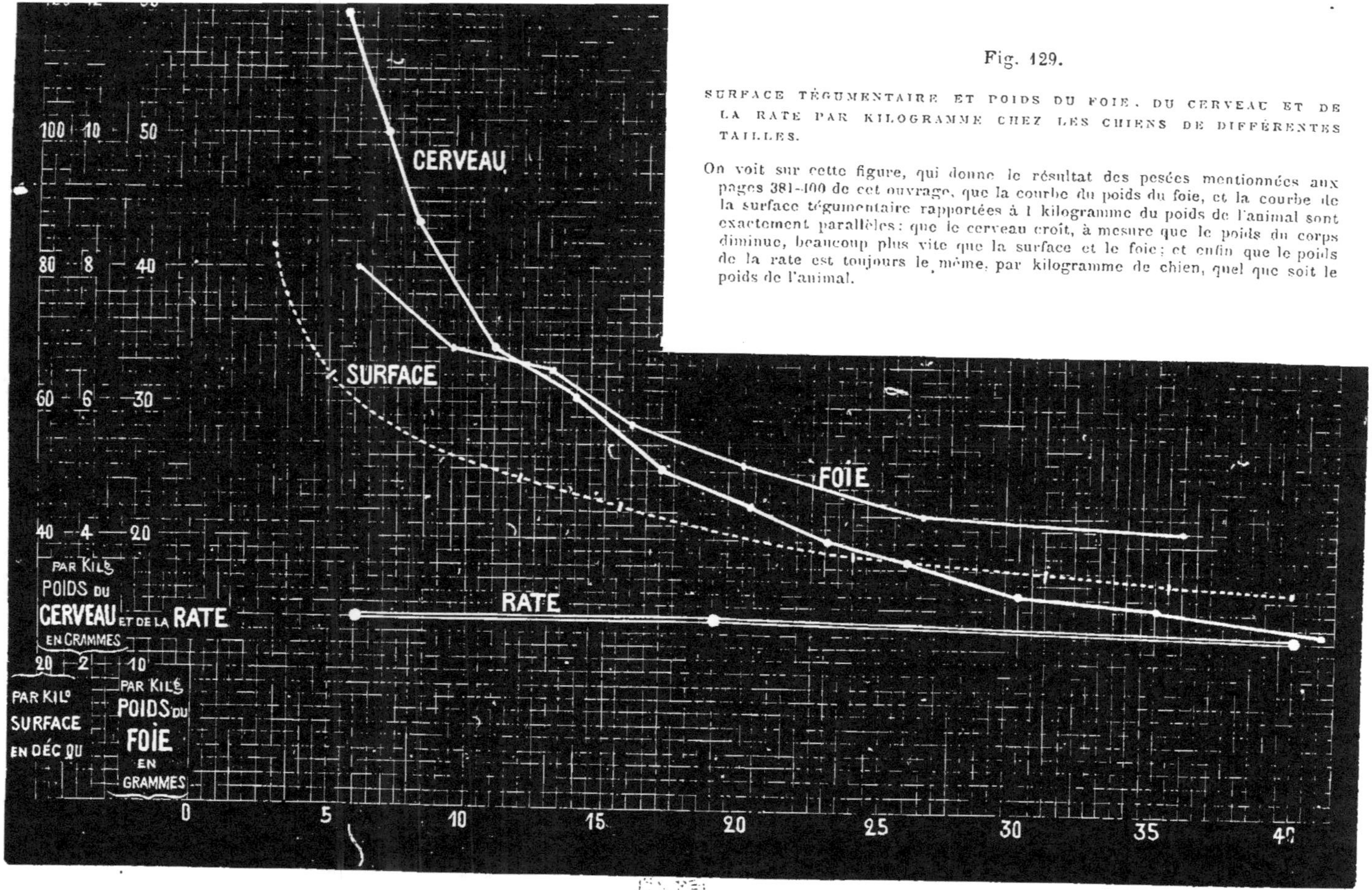

Fig. 129.

SURFACE TÉGUMENTAIRE ET POIDS DU FOIE, DU CERVEAU ET DE LA RATE PAR KILOGRAMME CHEZ LES CHIENS DE DIFFÉRENTES TAILLES.

On voit sur cette figure, qui donne le résultat des pesées mentionnées aux pages 381-400 de cet ouvrage, que la courbe du poids du foie, et la courbe de la surface tégumentaire rapportées à 1 kilogramme du poids de l'animal sont exactement parallèles: que le cerveau croît, à mesure que le poids du corps diminue, beaucoup plus vite que la surface et le foie; et enfin que le poids de la rate est toujours le même, par kilogramme de chien, quel que soit le poids de l'animal.

TABLE DES MÉMOIRES

CONTENUS DANS LE TOME SECOND

1. *Revue scientifique*, 1888, 1er sem., t. XLI, pp. 353 et 426.
2. *Revue scientifique*, 1890, t. XLVI, pp. 321 et 392.
3. Thèse de la Fac. de méd. de Paris, 1892 : Steinheil.
4. *Arch. de physiologie*, 1892, (4), p. 250.
5. *Arch. de physiologie*, 1892, (4), p. 465.
6. *Bull. de la Soc. de Biol.*, 21 déc. 1889, p. 727.
7. *Arch. de physiologie*, 1880, 2e série, t. VIII, p. 1.
8. *Arch. de physiologie*, 1882, 2e série, t. X, p. 536.
9. *Bull. de la Soc. de Biol.*, 17 nov. 1883, p. 584.
10. *Bull. de la Soc. de Biol.*, 16 fév. 1882, p. 74.

11. *Revue scientifique*, 1889, 1er sem., pp. 641, 711, 801 et 2e sem., p. 106.

12. *Bull. de la Soc. de Biol.*, 1882, p. 692.

13. *Arch. de physiologie*, 1891, (4), p. 1.

14. *Arch. de physiologie*, t. I, (3), 1883, p. 636.

15. *Bull. de la Soc. de Biol.*, 8 août 1884, p. 563.

16. *Bull. de la Soc. de Biol.*, 28 févr. 1885, p. 136.

17. *Bull. de la Soc. de Biol.*, 30 mai 1891, p. 405.

18. *Arch. de physiologie*, t. X, (2), 1882, pp. 145 et 366, et t. VII (3), 1886, p. 100.

19. *Bull. de la Soc. de Biol.*, 18 avril 1885, p. 237.

20. Thèse de la Fac. de méd. de Paris, 1890 : Ollier Henry.

21. Thèse de la Fac. de méd. de Paris, 1889, Jouve.

Paris. — Typ. Chamerot et Renouard, 19, rue des Saints-Pères. — 29215.